令和２年

# 牛　乳　乳　製　品　統　計

## 大臣官房統計部

令和３年11月

農林水産省

# 目　　次

# 利用者のために

## 1　調査の目的

牛乳乳製品統計調査は、牛乳及び乳製品の生産、出荷、在庫等に関する実態を明らかにし、畜産行政の資料を整備することを目的とする。

## 2　調査の根拠

本調査は、統計法（平成19年法律第53号）第９条第１項に基づく総務大臣の承認を受けて実施した基幹統計調査である。

## 3　調査機関

本調査は、農林水産省大臣官房統計部及び農林水産大臣が委託した民間事業者（以下「民間事業者」という。）を通じて実施した。

## 4　調査の体系

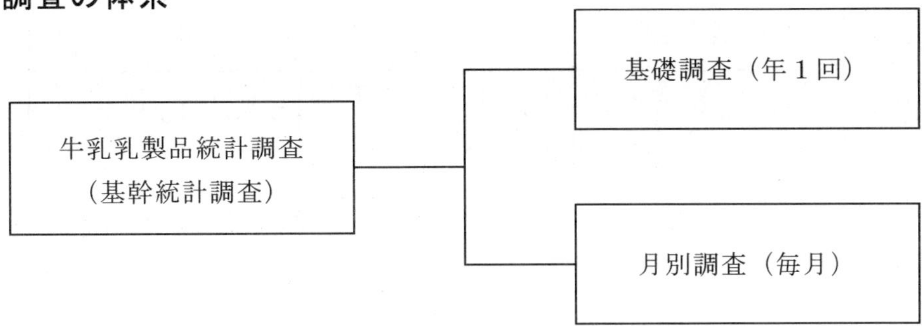


## 5　調査の範囲

日本標準産業分類に掲げる次の産業に属する事業所のうち牛乳処理場及び乳製品工場（以下「処理場・工場」という。）並びにこれらを管理する本店又は主たる事務所（以下「本社」という。）とする。

注：　本調査で分類させる処理場・工場と日本標準産業分類の対応は次表のとおり。

| 調査の分類 | 日本標準産業分類上の分類 |
|---|---|
| 処理場・工場 | 09　食料品製造業<br>091　畜産食料品製造業<br>0913　処理牛乳・乳飲料製造業<br>0914　乳製品製造業（処理牛乳、乳飲料を除く） |

## 6　調査の対象

事業所母集団データベースから処理場・工場に該当する事業所を抽出し、都道府県又は保健所等から収集した休廃業等の状況を反映させた情報を母集団とする。

(1)　基礎調査

令和２年12月31日現在で稼働している全国の全ての処理場・工場

ただし、アイスクリームのみを製造する乳製品工場のうち、年間製造量が５万リットルに満たない工場並びに乳飲料、はっ酵乳及び乳酸菌飲料のみを製造する牛乳処理場のうち、生乳を処理しない工場は調査の対象から除外した。

(2) 月別調査

ア　全ての乳製品工場

イ　前年（令和元年）の基礎調査結果における12月の月間受乳量が300トン以上の牛乳処理場

ウ　前年（令和元年）の基礎調査結果における12月の月間受乳量が300トン未満であって、かつ、県外から生乳を受乳又は、県外へ飲用牛乳等を出荷（出荷予定を含む。）している牛乳処理場

エ　ア～ウの処理場・工場における12月の月間受乳量が、基礎調査対象工場の都道府県別の12月の月間受乳量の80％に満たない場合について、カバレッジが80％を超えるまでの牛乳処理場

オ　ア～エの処理場・工場を管理する本店又は主たる事務所

## 7　調査対象処理場・工場数

基礎調査及び月別調査の調査対象処理場・工場数は次表のとおりである。

| | 基礎調査 | 月別調査 | 本社 |
|---|---|---|---|
| 調査対象数 | 事業所 559 | 事業所 350 | 社 15 |
| 回収率 | % 100 | % 100 | % 100 |

## 8　調査期間

令和２年（１月～12月）の１年間を調査期間とし、基礎調査は12月31日現在、月別調査は毎月末日現在で実施した。

## 9　調査事項

(1) 基礎調査

経営組織、常用従業者数、生乳の送受乳量及び用途別処理量、牛乳等の種類別生産量、飲用牛乳等の県外出荷の有無及び容器容量別生産量、生産能力、乳製品の種類別生産量及び年末在庫量

(2) 月別調査

生乳の集乳地域別受乳量及び仕向け地域別送乳量、生乳の用途別処理量、牛乳等の種類別生産量、飲用牛乳等の仕向け地域別出荷量、乳製品の種類別生産量及び月末在庫量

## 10　調査方法

民間事業者が調査対象処理場・工場に調査票を郵送により配布し、郵送若しくはFAXにより回収する自計調査又は政府統計共同利用システムオンライン調査システムにより調査対象処理場・工場が入力した電子調査票を民間事業者がオンラインにより回収する自計調査として実施した。

## 11　集計方法

本調査の集計は、農林水産省大臣官房統計部において行った。

(1) 基礎調査

都道府県別の数値は、各都道府県の調査対象処理場・工場の調査結果を合計して算出し、全国計は都道府県ごとの計を合計して算出した。

(2)　月別調査

ア　「牛乳等向け処理量」、「牛乳等向けのうち、業務用向け処理量」、「欠減」、「牛乳生産量」、「牛乳のうち、業務用生産量」、「牛乳のうち、学校給食用生産量」、「加工乳・成分調整牛乳生産量」、「加工乳・成分調整牛乳のうち、業務用生産量」、「加工乳・成分調整牛乳のうち、成分調整牛乳生産量」、「乳飲料生産量」、「はっ酵乳生産量」及び「乳酸菌飲料生産量」の各項目の都道府県計値は、次の方法により、月別調査対象処理場・工場の調査値と月別調査対象処理場・工場以外の推計値を合計して算出した。

$$T = T_1 + T_2$$

- $T$　：推計対象項目の推計値
- $T_1$：月別調査対象処理場・工場に係る調査結果の合計
- $T_2$：月別調査対象処理場・工場以外に係る推計値

$$T_2 = \frac{X}{Y} y$$

- $X$　：月別調査対象処理場・工場に係る月別調査の調査結果の合計
- $Y$　：月別調査対象処理場・工場に係る基礎調査の調査結果の合計
- $y$　：月別調査対象処理場・工場以外に係る基礎調査の調査結果の合計

また、全国計は、各都道府県の計を合計して算出した。

イ　ア以外の項目

各都道府県の計は、月別調査対象処理場・工場の調査結果を合計して算出し、全国計は各都道府県の計を合計して算出した。

## 12　実績精度

本調査は、基礎調査及び乳製品工場に対する月別調査にあっては全数調査、牛乳処理場に対する月別調査にあっては一定規模以上の処理場に対する月別調査結果と基礎調査結果から全体を推計しており、実績精度は算出していない。

## 13　用語の解説

本調査における品目の定義は、次のとおりである。

| | |
|---|---|
| 生乳 | 搾乳したままの人の手を加えない牛の乳をいう。 |
| 生乳生産量 | 初乳（分娩後５日内の乳）を除く生乳の総量をいう。<br>処理場・工場に出荷された生乳の数量及び生産者の自家飲用や子牛ほ乳用などの出荷されない生乳の数量を含めた。<br>なお、生産者が疾病、薬剤投与等により生乳を廃棄した場合は、生産量に含めない。 |
| 牛乳等 | 飲用牛乳等に乳飲料、はっ酵乳及び乳酸菌飲料を加えたものを総称して牛乳等という。<br>「乳及び乳製品の成分規格等に関する省令」（昭和26年厚生省令第52号。以下「乳等省令」という。）では、乳飲料、はっ酵乳及び乳酸菌飲料は乳製品に分類しているが、これ |

らは製造過程及び施設が飲用牛乳等と同一又は類似しており、流通も同一であることから、本調査では牛乳等として分類した。

飲用牛乳等

直接飲用に供する目的又はこれを原料とした食品の製造若しくは加工の用に供する目的で販売する牛乳、成分調整牛乳及び加工乳をいう。

牛乳

生乳以外のものを混入することなく、直接飲用又はこれを原料とした食品の製造若しくは加工の用に供する目的で販売する牛の乳で、乳等省令に沿って製造されたものをいう（以下の加工乳からアイスクリームまでについても同様に、乳等省令に沿って製造されたものとする。）。

なお、本調査では、ロングライフミルク（ＬＬ牛乳）及び特別牛乳は牛乳に含まれる。

加工乳

生乳、牛乳又は特別牛乳若しくはこれらを原料として製造した食品を加工したもの（成分調整牛乳、はっ酵乳及び乳酸菌飲料を除く。）をいう。

成分調整牛乳

生乳から乳脂肪分その他の成分の一部を除去したものをいう。

業務用

牛乳、成分調整牛乳及び加工乳のうち、直接飲用に仕向けられたものを除き、製菓用や飲料用等の食品原料用（製造・加工用）として仕向けられたものをいう。

学校給食用

牛乳のうち、学校給食用（幼稚園の給食用は除く。）のものをいう。

乳飲料

生乳、牛乳又は特別牛乳若しくはこれらを原料として製造した食品を主要原料とした飲料をいう。

はっ酵乳

乳又はこれと同等以上の無脂乳固形分を含む乳等を乳酸菌又は酵母ではっ酵させ、糊状若しくは液状にしたもの又はこれらを凍結したものをいう。

なお、本調査での乳とは、乳等省令で定める乳から生山羊乳、殺菌山羊乳及び生めん羊乳を除いたものをいう。

乳酸菌飲料

乳等（乳及び乳製品並びにこれらを主原料とする食品をいう。）を乳酸菌若しくは酵母ではっ酵させたものを加工し、又は主要原料とした飲料（はっ酵乳を除く。）をいう。

乳製品

粉乳、バター、クリーム、チーズ、れん乳及びアイスクリーム等をいい、本調査では全粉乳、脱脂粉乳、調製粉乳、ホエイパウダー、バター、クリーム、チーズ、加糖れん乳、無糖れん乳、脱脂加糖れん乳及びアイスクリームを調査した。

乳製品生産量

　製菓、製パン、飲料等の原料や家庭用として販売する目的で生産した乳製品の量をいう。
　なお、他の工場で完成品となったものを単に詰め替えたものは含めない。

全粉乳

　生乳、牛乳又は特別牛乳からほとんど全ての水分を除去し、粉末状にしたものをいう。

脱脂粉乳

　生乳、牛乳又は特別牛乳の乳脂肪分を除去したものからほとんど全ての水分を除去し、粉末状にしたものをいう。

調製粉乳

　生乳、牛乳又は特別牛乳若しくはこれらを原料として製造した食品を加工し、又は主要原料とし、これに乳幼児に必要な栄養素を加え粉末状にしたものをいう。

ホエイパウダー

　乳を乳酸菌で発酵させ、又は乳に酵素若しくは酸を加えてできた乳清からほとんど全ての水分を除去し、粉末状にしたものをいう。
　本調査では、ホエイパウダーの総量に加えて、タンパク質含有量25%未満のもの及び同25%以上45%未満のものを調査した。

バター

　生乳、牛乳又は特別牛乳から得られた脂肪粒を練圧したものをいう。

クリーム

　生乳、牛乳又は特別牛乳から乳脂肪分以外の成分を除去したものをいう。
　なお、平成28年12月の調査までは、「クリームを生産する目的で脂肪分離したもの」に限定して調査していたところであるが、29年１月以降は、バター、チーズを製造する過程で製造されるクリーム及び飲用牛乳等の脂肪調整用の抽出クリームのうち、製菓、製パン、飲料等の原料や家庭用として販売するものを含めて、クリームとして調査した。

脱脂濃縮乳

　生乳、牛乳又は特別牛乳から乳脂肪分を除去し濃縮したものをいう。

濃縮乳

　生乳、牛乳又は特別牛乳を濃縮したものをいう。

チーズ

　ナチュラルチーズ及びプロセスチーズをいう。
　ナチュラルチーズとは、次の１又は２のものをいう。
　１　乳、バターミルク、クリーム又はこれらを混合したもののほとんどの全て又は一部のタンパク質を酵素、その

他の凝固剤により凝固させた凝乳から乳清の一部を除去したもの又はこれらを熟成したもの
2　1に掲げるもののほか、乳等を原料として、タンパク質の凝固作用を含む製造技術を用いて製造したものであって、1と同様の化学的、物理的及び官能的特性を有するもの

プロセスチーズとは、ナチュラルチーズを粉砕し、加熱溶融し、乳化したものをいう。

なお、本調査では、同一工場内で製造するプロセスチーズに仕向けた原料用ナチュラルチーズは除いた。

直接消費用ナチュラルチーズ

業務用（菓子原料用等）又は家庭用として直接販売されるナチュラルチーズをいい、チーズの内訳として調査した。

加糖れん乳

生乳、牛乳又は特別牛乳にしょ糖を加えて濃縮したものをいう。

無糖れん乳

濃縮乳（生乳、牛乳又は特別牛乳を濃縮したもの）であって直接飲用に供する目的で販売するものをいう。

脱脂加糖れん乳

生乳、牛乳又は特別牛乳の乳脂肪分を除去したものにしょ糖を加えて濃縮したものをいう。

アイスクリーム

乳若しくはこれらを原料として製造した食品を加工し、又は主要原料としたものを凍結させたものであって、乳固形分3.0％以上を含むアイスクリーム類のうち、本調査では、乳脂肪分８％以上のハードアイスクリームを対象として調査した。

乳製品在庫量

調査月の月末時点で、まだ出荷されていない乳製品の在庫量をいい、他社から買い受けたもの、輸入したもの及び農畜産業振興機構が放出したカレントアクセス分を買い受けたものを含めた。

なお、本調査では、全粉乳、脱脂粉乳、ホエイパウダー及びバターについて在庫量を把握し、脱脂粉乳、ホエイパウダー及びバターについては国産及び輸入に区分した。

全粉乳、脱脂粉乳、ホエイパウダー及びバターのいずれかを生産又は委託生産している事業者が保有しているものを在庫量として計上した。

注：カレントアクセスとは

ウルグアイ・ラウンドで関税化した乳製品については、最低限のアクセス機会の提供が義務づけられることになり、基準期間（1986～1988年）の輸入数量を維持することが合意された。これをカレントアクセスという。

具体的には、バター及び脱脂粉乳について、基準期間における平均輸入量13万7,000トン（生乳換算）を輸入すること

| | |
|---|---|
| | が義務づけられている。<br>ただし、輸入品目について、バターにするか、脱脂粉乳にするか、双方の組み合わせにするかはわが国の判断に委ねられている。 |
| 生乳の移出(入)量 | 処理場・工場が県外の生産者・集乳所又は処理場・工場から生乳を受乳した量を移入量といい、生産者・集乳所又は処理場・工場が県外の処理場・工場へ生乳を送乳した量を移出量という。<br>生乳の都道府県間の移出（入）量を把握することによって、都道府県別の生乳の生産量及び処理量を明らかにする。 |
| 生乳処理量 | 牛乳等及び乳製品を製造するために仕向けた生乳の量等をいう。 |
| 牛乳等向け | 牛乳等に仕向けたものをいう。 |
| 業務用向け | 牛乳等向けのうち、製菓用や飲料用等の食品原料用（製造・加工用）の牛乳、成分調整牛乳及び加工乳として仕向けたものをいう。 |
| 乳製品向け | 生乳のまま乳製品に仕向けたものをいう。 |
| チーズ向け | 乳製品向けのうち、チーズを製造するために仕向けたものをいう。<br>なお、「クリーム」の調査定義の変更により、平成29年1月以降は、チーズを製造する過程で生産されたクリームに仕向けられた生乳を「チーズ向け」に含めていない。 |
| クリーム向け | 乳製品向けのうち、クリームを製造するために仕向けたものをいう。<br>なお、平成29年1月以降は、バター、チーズ等を製造する過程で製造されるクリーム及び飲用牛乳等の脂肪調整用の抽出クリームに仕向けた生乳についても、クリーム向けに仕向けた生乳として扱い、「クリーム向け」に含めた。 |
| 脱脂濃縮乳向け | 乳製品向けのうち、脱脂濃縮乳を製造するために仕向けたものをいう。 |
| 濃縮乳向け | 乳製品向けのうち、濃縮乳を製造するために仕向けたものをいう。 |
| その他 | 輸送や牛乳乳製品の製造工程で減耗したもの等をいう。<br>なお、自家飲用及び子牛のほ乳用等で処理したものもここに含めた。 |

| | |
|---|---|
| 欠減 | その他のうち、輸送や牛乳乳製品の製造工程で減耗したものをいう。 |
| 常用従業者 | 役員、正社員、準社員、派遣、アルバイト、パート等に関わりなく、12月31日現在で、次の①～④のいずれかに該当する者をいう。<br>①　期限を定めず雇用している者<br>②　１ヶ月以上の期間を定めて雇用している者<br>③　人材派遣会社からの派遣従業者、親企業等からの出向従業者等で、上記①、②に該当する者<br>④　重役、理事などの役員又は事業主の家族のうち、常時勤務している者 |
| ガラスびん | 着色していない透明なガラス瓶であって、口径26mm以上のものをいう。 |
| 紙製容器 | 防水加工を施したポリエチレン等の合成樹脂を用いる加工紙によって製造された容器（合成樹脂加工紙製容器包装）であって、テトラパック（三角形・小型）、ツーパック（直方体・小型）及びピュアパック（直方体屋根付き・大型）をいう。 |
| 生乳の貯乳能力 | 処理場・工場における貯乳タンクの貯乳可能量をいう。 |
| 生産能力 | 処理場・工場における、各品目別の、単位時間（１時間）当たり又はバット（バターチャーン、チーズバット、濃縮機）当たりの最大生産可能量をいい、各製造工程中でボトルネックとなる工程の生産（処理）能力を調査した。<br>具体的には、飲用牛乳等及びはっ酵乳は充てん機、粉乳は乾燥機、クリームはクリームセパレーター（分離機）、バターはバターチャーン、チーズはチーズバット、れん乳は濃縮機、等である。 |
| 飲用牛乳等出荷(入荷）量 | 処理場・工場が県外の処理場・工場及び卸・小売業へ飲用牛乳等を出荷した量を出荷量といい、県外の処理場・工場から飲用牛乳等を入荷した量を入荷量という。 |
| 乳製品工場 | 乳製品を製造する施設をいう。ただし、乳製品工場のうち、アイスクリームのみを製造する工場で年間製造量が５万リットルに満たないものは除いた。 |
| 牛乳処理場 | 生乳又は牛乳を処理して牛乳等を製造する施設であって、乳製品工場以外のものをいう。 |

## 14　利用上の注意

(1)　統計表の地域区分

本統計表で用いる全国農業地域及び地方農政局の区分は、次のとおりである。

ア　全国農業地域

| 全国農業地域名 | 細　分 | 所属都道府県名 |
|---|---|---|
| 北海道 | － | 北海道 |
| 東北 | － | 青森、岩手、宮城、秋田、山形、福島 |
| 北陸 | － | 新潟、富山、石川、福井 |
| 関東・東山 | 北関東 | 茨城、栃木、群馬 |
| | 南関東 | 埼玉、千葉、東京、神奈川 |
| | 東　山 | 山梨、長野 |
| 東海 | － | 岐阜、静岡、愛知、三重 |
| 近畿 | － | 滋賀、京都、大阪、兵庫、奈良、和歌山 |
| 中国 | － | 鳥取、島根、岡山、広島、山口 |
| 四国 | － | 徳島、香川、愛媛、高知 |
| 九州 | － | 福岡、佐賀、長崎、熊本、大分、宮崎、鹿児島 |
| 沖縄 | － | 沖縄 |

注：　統計表中の「関東」とは、上記区分の「関東・東山」地域の細分にある「北関東」及び「南関東」を合わせたものである。

イ　地方農政局

| 地方農政局名 | 所属都府県名 |
|---|---|
| 東北農政局 | アの東北の所属都道府県と同じ |
| 関東農政局 | 茨城、栃木、群馬、埼玉、千葉、東京、神奈川、山梨、長野、静岡 |
| 北陸農政局 | アの北陸の所属都道府県と同じ |
| 東海農政局 | 岐阜、愛知、三重 |
| 近畿農政局 | アの近畿の所属都道府県と同じ |
| 中国四国農政局 | 鳥取、島根、岡山、広島、山口、徳島、香川、愛媛、高知 |
| 九州農政局 | アの九州の所属都道府県と同じ |

注：　東北農政局、北陸農政局、近畿農政局及び九州農政局の結果については、全国農業地域における各地域の結果と同じであることから、統計表章はしていない。

(2)　統計数値については、表示単位未満を四捨五入したため、合計値と内訳が一致しない場合がある。

(3)　統計表に用いた記号

統計表に用いた記号は、次のとおりである。

「0.0」：単位に満たないもの（例：0.04%→0.0%）

「－」：事実のないもの

「…」：事実不詳又は調査を欠くもの

「ｘ」：個人又は法人その他の団体に関する秘密を保護するため、統計数値を公表しないもの
「△」：負数又は減少したもの
「ｎｃ」：計算不能

(4)　秘匿措置
統計調査結果について、調査対象処理場・工場数が２以下の場合には、個人又は法人その他の団体に関する調査結果の秘密保護の観点から、当該結果を「ｘ」表示とする秘匿措置を施している。
なお、全体（計）からの差引きにより、秘匿措置を講じた当該結果が推定できる場合には、本来秘匿措置を施す必要のない箇所についても「ｘ」表示としている。

(5)　この統計表に掲載された数値を他に転載する場合は、「牛乳乳製品統計」（農林水産省）による旨を記載してください。

## 15　ホームページ掲載案内

本調査の累年データについては、農林水産省のホームページ中の「統計情報」の分野別分類「作付面積・生産量、被害、家畜の頭数など」の「牛乳乳製品統計調査」で御覧いただけます。
【 https://www.maff.go.jp/j/tokei/kouhyou/gyunyu/index.html#l 】

## 16　お問合せ先

農林水産省　大臣官房統計部
生産流通消費統計課消費統計室　食品産業動向班
電話　（代表）　03-3502-8111　内線3717
（直通）　03-3591-0783
ＦＡＸ　03-3502-3634

※ 本調査に関するご意見・ご要望は、上記問い合わせ先のほか、農林水産省ホームページでも受け付けております。
【 https://www.contactus.maff.go.jp/j/form/tokei/kikaku/160815.html 】

# I　調査結果の概要

# 1　生乳生産量と用途別処理量

## (1)　生乳生産量
### ―　生乳の生産量は1.7%増加　―

生乳の生産量は743万8,218 tで、前年に比べ12万4,688 t（1.7%）増加した。

図１　生乳の生産量の推移（全国）

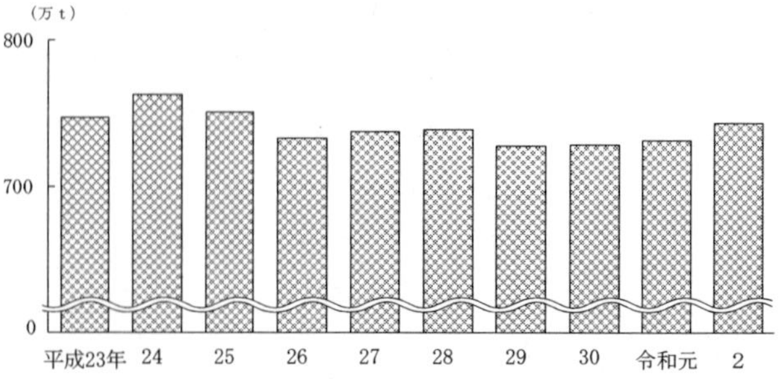


表１　生乳の生産量（全国、北海道・都府県別）

| 年　次 | 生乳生産量 | | | 対前年比 | | |
|---|---|---|---|---|---|---|
| | 全国 | 北海道 | 都府県 | 全国 | 北海道 | 都府県 |
| | t | t | t | % | % | % |
| 令和元年 | 7,313,530 | 4,048,197 | 3,265,333 | 100.3 | 102.1 | 98.2 |
| 2 | 7,438,218 | 4,153,714 | 3,284,504 | 101.7 | 102.6 | 100.6 |

図２　生乳の生産量の推移（全国）（月別）

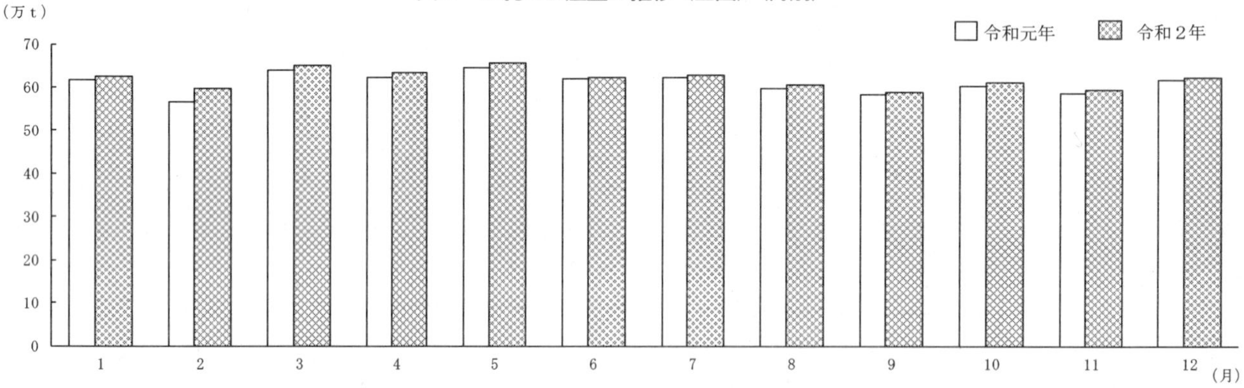


## (2)　全国農業地域別生乳生産量
### ―　北海道の生乳生産量シェアは55.8%　―

生乳の生産量を全国農業地域別にみると、北海道が415万3,714 t（全国に占める割合55.8%）で最も多く、次いで関東が98万3,460 t（同13.2%）、九州が62万1,176 t（同8.4%）の順となっている。

図３　生乳生産量シェア（全国農業地域別）

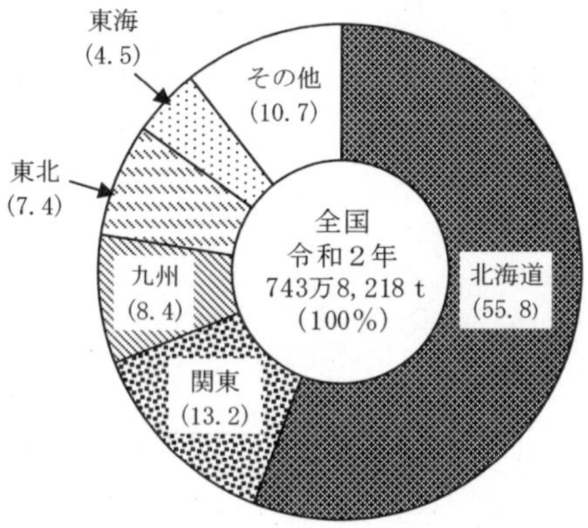


表２　生乳の生産量（全国農業地域別）

単位：t

| 年次 | 全国 | 北海道 | 東北 | 北陸 | 関東 | 東山 | 東海 | 近畿 | 中国 | 四国 | 九州 | 沖縄 |
|---|---|---|---|---|---|---|---|---|---|---|---|---|
| 令和元年 | 7,313,530 | 4,048,197 | 548,641 | 75,347 | 991,738 | 107,128 | 339,838 | 158,520 | 293,199 | 113,137 | 614,605 | 23,180 |
| 2 | 7,438,218 | 4,153,714 | 553,395 | 74,958 | 983,460 | 108,249 | 334,143 | 160,898 | 312,371 | 112,837 | 621,176 | 23,017 |
| 対前年比（%） | 101.7 | 102.6 | 100.9 | 99.5 | 99.2 | 101.0 | 98.3 | 101.5 | 106.5 | 99.7 | 101.1 | 99.3 |

### (3) 用途別処理量

#### ― 牛乳等向けは0.5%、乳製品向けは3.2%増加 ―

生乳の処理量を用途別にみると、牛乳等向け処理量は401万9,561ｔ、乳製品向け処理量は337万4,111ｔで、前年に比べそれぞれ１万9,906ｔ（0.5%）、10万4,442ｔ（3.2%）増加した。

図４　牛乳等向け及び乳製品向け処理量の推移（全国）

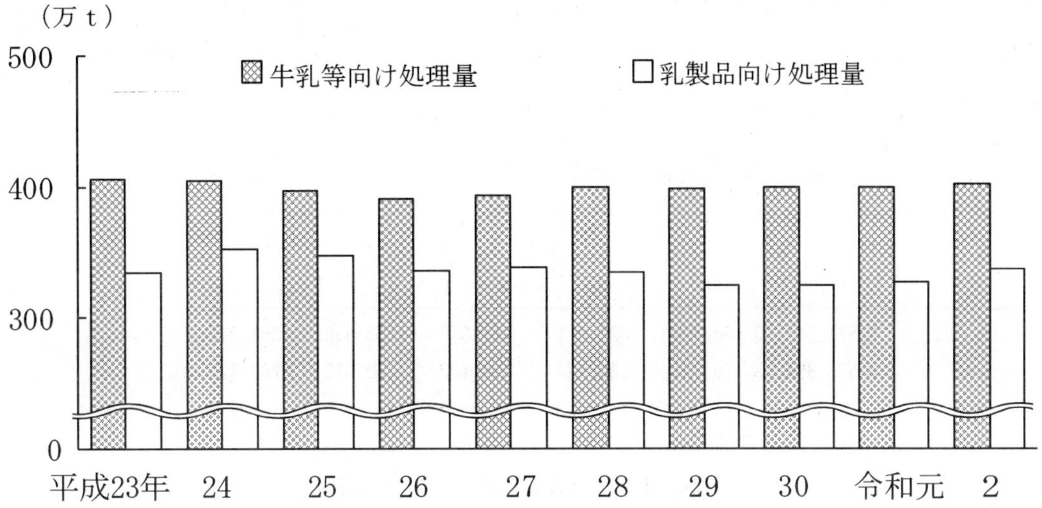


表３　生乳の用途別処理量（全国）

単位：ｔ

| 年次 | 生乳生産量 | 用途別処理量 | | | | |
|---|---|---|---|---|---|---|
| | | 牛乳等向け | 業務用向け | 乳製品向け | その他 | 欠減 |
| 令和元年 | 7,313,530 | 3,999,655 | 346,127 | 3,269,669 | 44,206 | 10,258 |
| 2 | 7,438,218 | 4,019,561 | 300,580 | 3,374,111 | 44,546 | 10,120 |
| 対前年比（%） | 101.7 | 100.5 | 86.8 | 103.2 | 100.8 | 98.7 |

## 2　牛乳等生産量

### (1)　飲用牛乳等生産量
#### ―　牛乳の生産量は0.6%増加　―

飲用牛乳等の生産量をみると、牛乳の生産量は317万9,724klで、前年に比べ1万9,260kl（0.6%）増加し、加工乳・成分調整牛乳の生産量は39万4,132klで、前年に比べ1万6,947kl（4.1%）減少した。

図5　牛乳及び加工乳・成分調整牛乳の生産量の推移（全国）

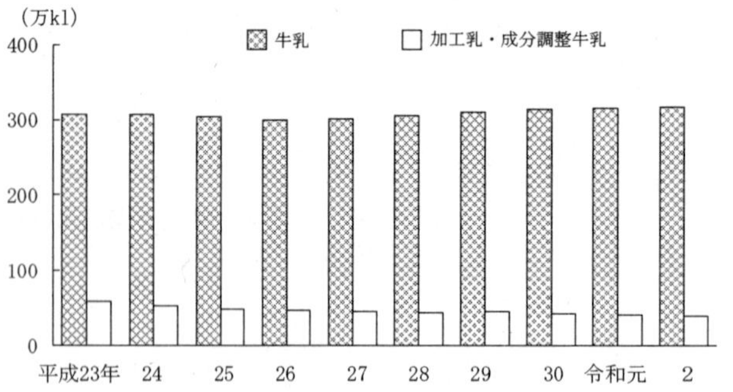


表4　飲用牛乳等の生産量（全国）

単位：kl

| 年　次 | 飲用牛乳等 | | | | | |
|---|---|---|---|---|---|---|
| | 計 | 牛乳 | | 加工乳・成分調整牛乳 | | |
| | | | 業務用 | | 業務用 | 成分調整牛乳 |
| 令和元年 | 3,571,543 | 3,160,464 | 322,321 | 411,079 | 58,478 | 288,215 |
| 2 | 3,573,856 | 3,179,724 | 280,924 | 394,132 | 42,612 | 282,329 |
| 対前年比（%） | 100.1 | 100.6 | 87.2 | 95.9 | 72.9 | 98.0 |

図6　牛乳の生産量の推移（全国）（月別）

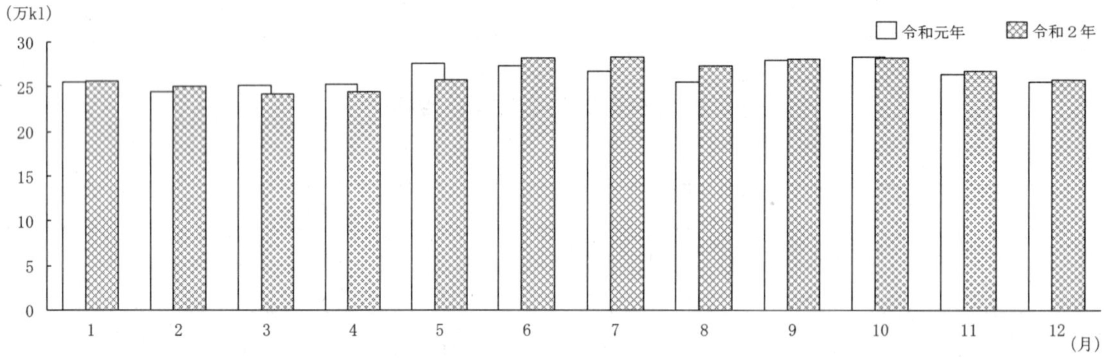


### (2)　全国農業地域別飲用牛乳等生産量
#### ―　関東の飲用牛乳等生産量シェアは30.7%　―

飲用牛乳等の生産量を全国農業地域別にみると、関東が109万7,000kl（全国に占める割合30.7%）で最も多く、次いで北海道が55万6,848kl（同15.6%）、九州が39万6,801kl（同11.1%）の順となっている。

図7　飲用牛乳等生産量シェア（全国農業地域別）

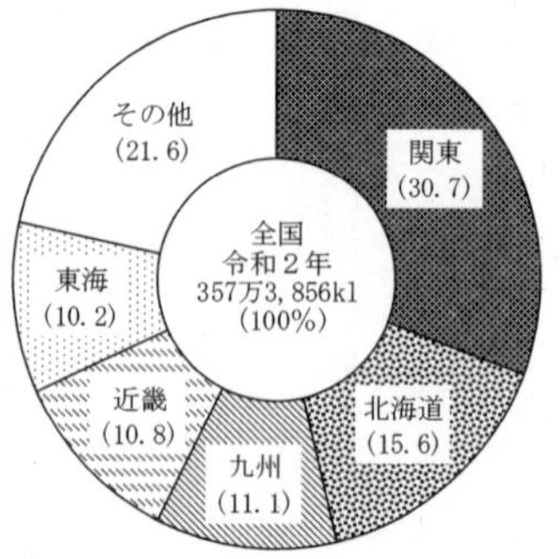


表5　飲用牛乳等生産量（全国農業地域別）

単位：kl

| 年 次 | 全国 | 北海道 | 東北 | 北陸 | 関東 | 東山 | 東海 | 近畿 | 中国 | 四国 | 九州 | 沖縄 |
|---|---|---|---|---|---|---|---|---|---|---|---|---|
| 令和元年 | 3,571,543 | 546,980 | 241,314 | 77,129 | 1,079,126 | 116,235 | 366,343 | 389,919 | 261,675 | 81,348 | 386,049 | 25,425 |
| 2 | 3,573,856 | 556,848 | 228,508 | 73,612 | 1,097,000 | 116,790 | 363,146 | 387,678 | 243,233 | 85,398 | 396,801 | 24,842 |
| 対前年比（%） | 100.1 | 101.8 | 94.7 | 95.4 | 101.7 | 100.5 | 99.1 | 99.4 | 93.0 | 105.0 | 102.8 | 97.7 |

### (3)　乳飲料、はっ酵乳及び乳酸菌飲料の生産量
### －　はっ酵乳の生産量は 2.9%増加　－

乳飲料の生産量は 110 万 8,195kl で、前年に比べ１万 9,684kl（1.7%）減少し、はっ酵乳の生産量は 105 万 9,866kl、乳酸菌飲料の生産量は 11 万 7,248kl で、前年に比べそれぞれ３万 274kl（2.9%）、1,256kl（1.1%）増加した。

図８　乳飲料、はっ酵乳及び乳酸菌飲料生産量の推移（全国）

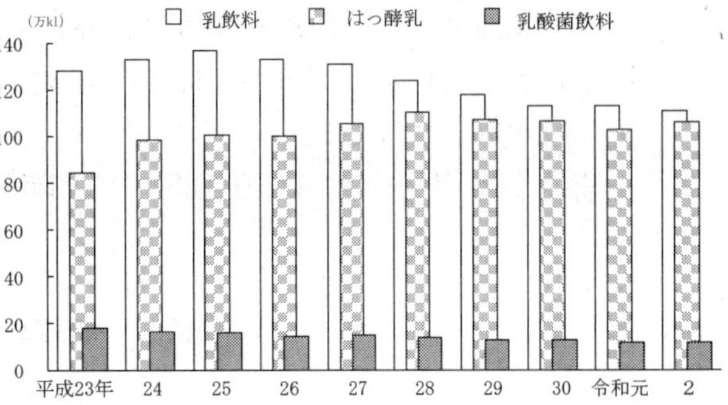


表６　乳飲料、はっ酵乳及び乳酸菌飲料の生産量（全国）

単位：kl

| 年　次 | 乳飲料 | はっ酵乳 | 乳酸菌飲料 |
|---|---|---|---|
| 令和元年 | 1,127,879 | 1,029,592 | 115,992 |
| 2 | 1,108,195 | 1,059,866 | 117,248 |
| 対前年比（%） | 98.3 | 102.9 | 101.1 |

図９　乳飲料の生産量の推移（全国）（月別）

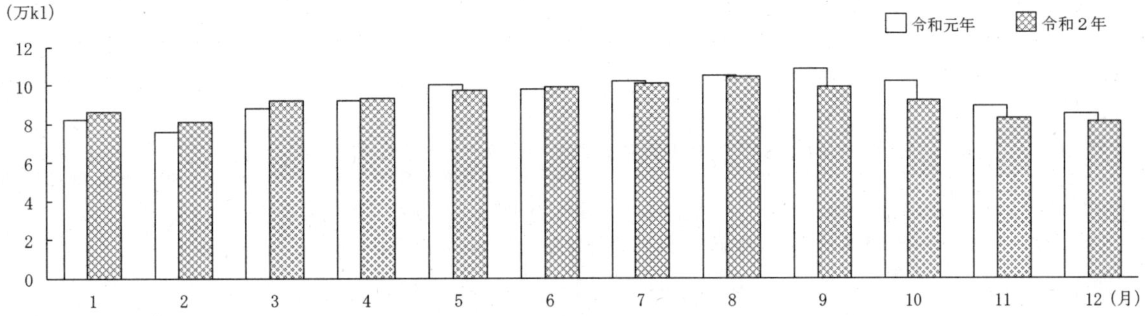


図 10　はっ酵乳の生産量の推移（全国）（月別）

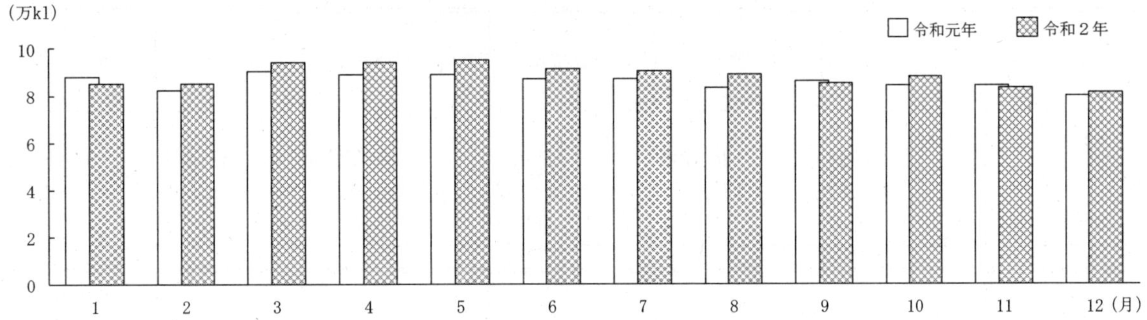


図 11　乳酸菌飲料の生産量の推移（全国）（月別）

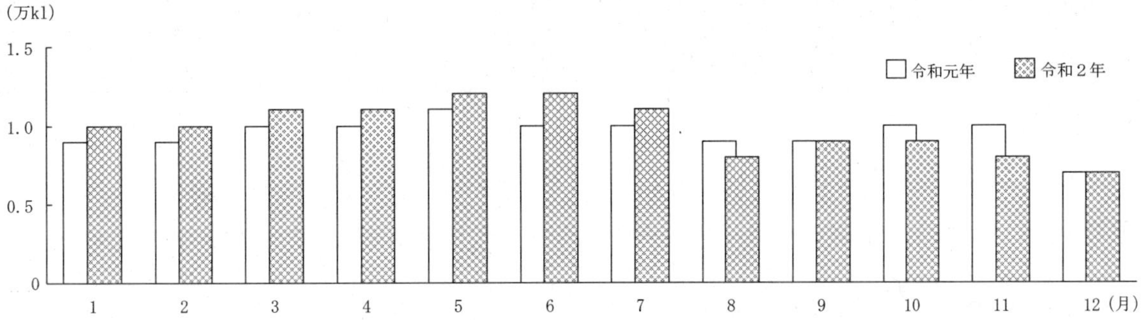

## 3　乳製品生産量

### －　チーズの生産量は2.4%増加　－

主な乳製品の生産量をみると、脱脂粉乳は13万9,953ｔ、バターは7万1,520ｔ、チーズは15万9,796ｔで、前年に比べそれぞれ1万5,053ｔ（12.1%）、9,079ｔ（14.5%）、3,805ｔ（2.4%）増加した。

また、クリームは11万125ｔで、前年に比べ6,172ｔ（5.3%）減少した。

**図12　主要乳製品の生産量の推移（全国）**

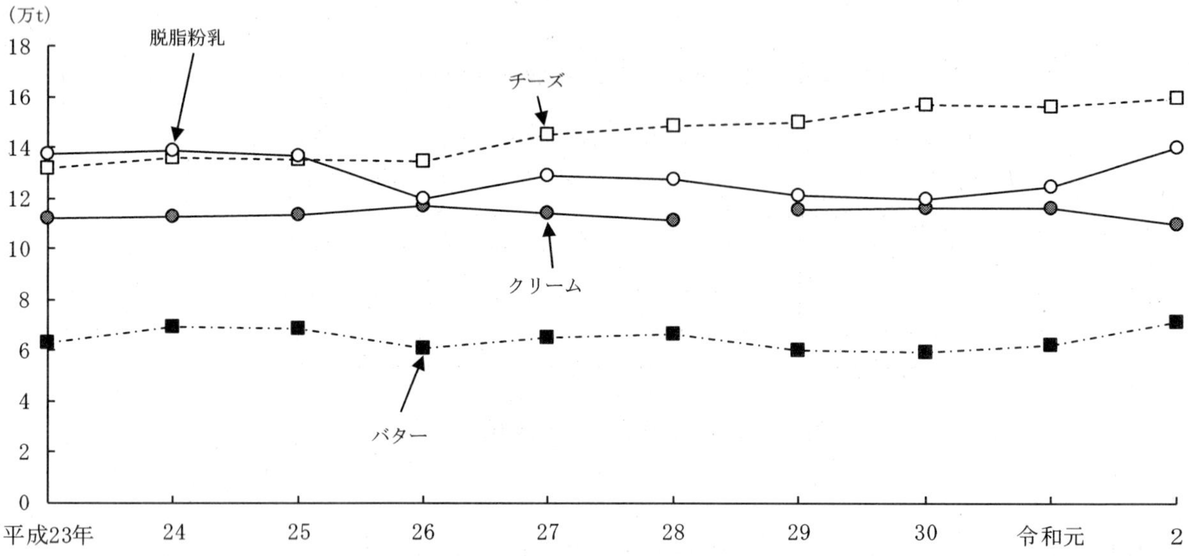


クリームの生産量について、平成28年12月の調査までは、「クリームを生産する目的で脂肪分離したもの」に限定していたところであるが、29年1月以降は、バター、チーズを製造する過程で製造されるクリーム及び飲用牛乳等の脂肪調整用の抽出クリームのうち、製菓、製パン、飲料等の原料や家庭用として販売するものを含めている。

このため、28年以前と29年とでは、数値の連続性が保てないことに留意されたい。

**表7　乳製品の生産量（全国）**

| 年 次 | 全粉乳 | 脱脂粉乳 | 調製粉乳 | ホエイパウダー | バター | クリーム |
|---|---|---|---|---|---|---|
| | t | t | t | t | t | t |
| 令和元年 | **9,994** | **124,900** | **27,336** | **19,371** | **62,441** | **116,297** |
| 2 | **9,067** | **139,953** | **28,232** | **18,859** | **71,520** | **110,125** |
| 対前年比（%） | 90.7 | 112.1 | 103.3 | 97.4 | 114.5 | 94.7 |

| 年 次 | チーズ | 直接消費用ナチュラルチーズ | 加糖れん乳 | 無糖れん乳 | 脱脂加糖れん乳 | 乳脂肪分8％以上のアイスクリーム |
|---|---|---|---|---|---|---|
| | t | t | t | t | t | kl |
| 令和元年 | **155,991** | **24,989** | **34,203** | **419** | **3,831** | **146,909** |
| 2 | **159,796** | **25,807** | **30,329** | **388** | **3,321** | **131,543** |
| 対前年比（%） | 102.4 | 103.3 | 88.7 | 92.6 | 86.7 | 89.5 |

図 13　脱脂粉乳の生産量の推移（全国）（月別）

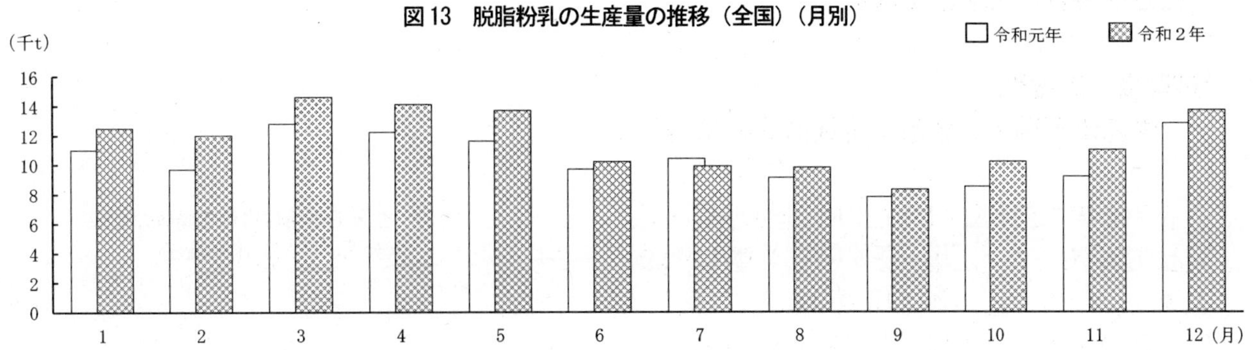


図 14　バターの生産量の推移（全国）（月別）

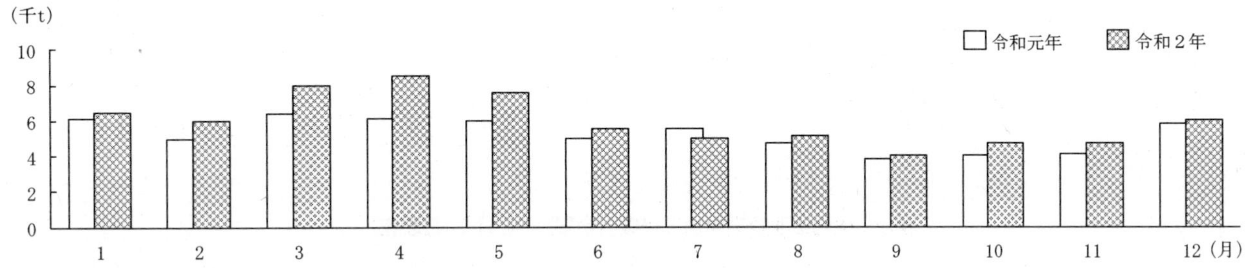


図 15　クリームの生産量の推移（全国）（月別）

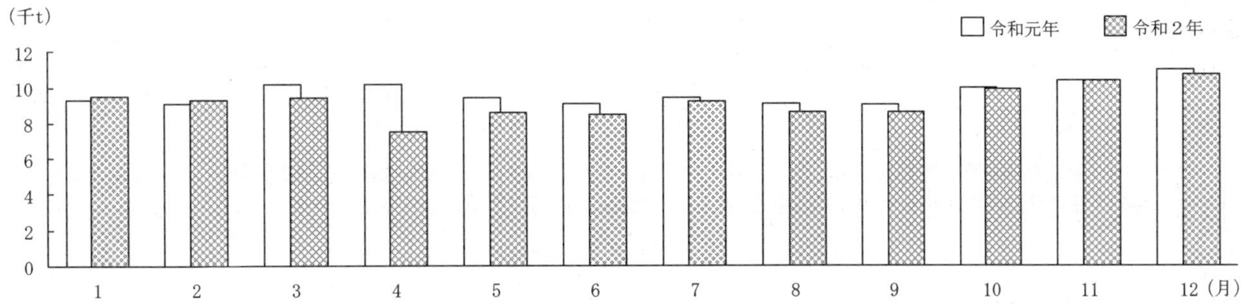


図 16　チーズの生産量の推移（全国）（月別）

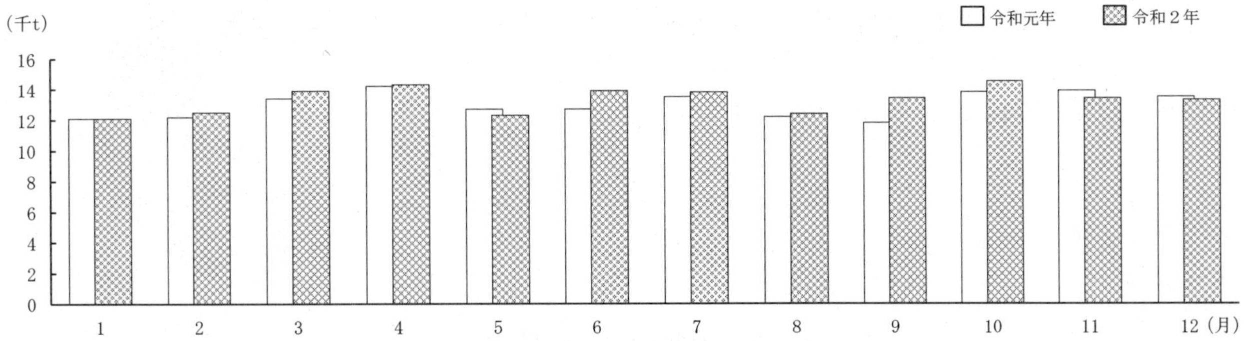

## 4　牛乳処理場及び乳製品工場数

### (1)　処理場・工場数
### －　牛乳処理場・乳製品工場数は559工場　－

令和２年12月31日現在の牛乳処理場・乳製品工場（以下「工場」という。）数は559工場で、前年に比べ４工場減少した。

生乳を処理した工場を製造種別にみると、牛乳処理場が361工場で、前年に比べ７工場減少し、乳製品工場が138工場で、１工場減少した。

また、生乳処理量規模別にみると、１日当たり２ｔ以上の工場数は、牛乳処理場が191工場で、前年に比べ４工場減少し、乳製品工場が38工場で前年と同数であった。

図17　生乳処理量規模別工場数の推移（全国）（12月31日現在）

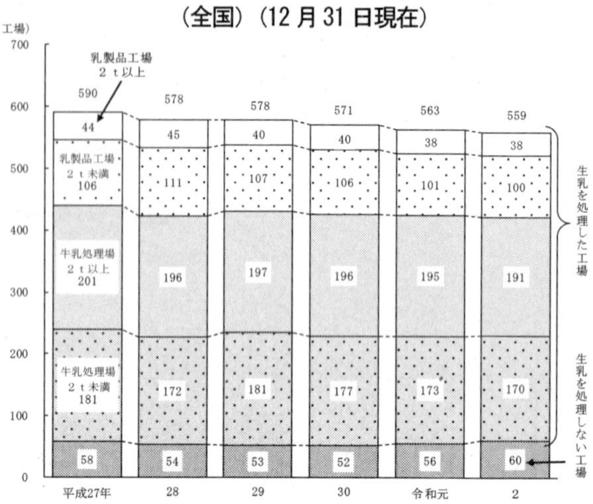


表８　生乳処理量規模別工場数（全国）（12月31日現在）

単位：工場

| 区分 | 合計 | 生乳を処理した工場 | | | | | | | | 生乳を処理しない工場 |
|---|---|---|---|---|---|---|---|---|---|---|
| | | 計 | 牛乳処理場 | | | 乳製品工場 | | | | |
| | | | 小計 | ２ｔ未満 | ２ｔ以上 | 小計 | ２ｔ未満 | ２ｔ以上 | | |
| 令和元年 | 563 | 507 | 368 | 173 | 195 | 139 | 101 | 38 | | 56 |
| 2 | 559 | 499 | 361 | 170 | 191 | 138 | 100 | 38 | | 60 |
| 対前年差 | △ 4 | △ 8 | △ 7 | △ 3 | △ 4 | △ 1 | △ 1 | 0 | | 4 |
| 構成割合（％） | | | | | | | | | | |
| 令和元年 | 100.0 | 90.1 | 65.4 | 30.7 | 34.6 | 24.7 | 17.9 | 6.7 | | 9.9 |
| 2 | 100.0 | 89.3 | 64.6 | 30.4 | 34.2 | 24.7 | 17.9 | 6.8 | | 10.7 |

注：割合については、表示単位未満を四捨五入しているため、計と内訳が一致しない場合がある（図18において同じ）。

ここでいう牛乳処理場及び乳製品工場とは、12月における１日当たりの生乳の平均処理量を基に区分し、生乳を主として牛乳等の生産に仕向けた工場を「牛乳処理場」、主として乳製品の生産に仕向けた工場を「乳製品工場」とした。

### (2)　全国農業地域別工場数
### －　北海道の工場シェアは21.6%　－

全国農業地域別の工場数をみると、北海道が121工場（全国に占める割合21.6%）で最も多く、次いで関東が114工場（同20.4%）、東北が57工場（同10.2%）の順となっている。

図18　全国農業地域別工場シェア（12月31日現在）

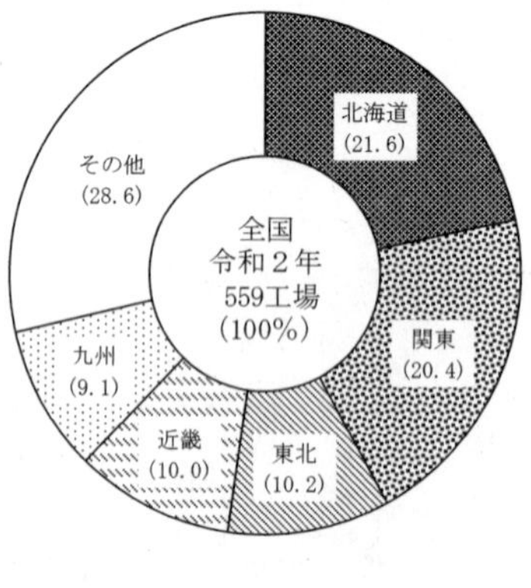


表９　全国農業地域別工場数（12月31日現在）

単位：工場

| 年　次 | 全国 | 北海道 | 東北 | 北陸 | 関東 | 東山 | 東海 | 近畿 | 中国 | 四国 | 九州 | 沖縄 |
|---|---|---|---|---|---|---|---|---|---|---|---|---|
| 令和元年 | 563 | 119 | 59 | 33 | 114 | 30 | 50 | 57 | 33 | 9 | 52 | 7 |
| 2 | 559 | 121 | 57 | 32 | 114 | 30 | 50 | 56 | 30 | 10 | 51 | 8 |
| 対前年差 | △ 4 | 2 | △ 2 | △ 1 | 0 | 0 | 0 | △ 1 | △ 3 | 1 | △ 1 | 1 |

### (3)　製造品目別処理場・工場数
### －　牛乳を製造した工場は 357 工場　－

令和２年１月から 12 月に飲用牛乳等を製造した工場数は 358 工場で、このうち牛乳を製造した工場数は 357 工場であった。

また、加工乳・成分調整牛乳を製造した工場数は 102 工場であり、はっ酵乳、乳飲料、乳酸菌飲料を製造した工場数は、それぞれ 265 工場、204 工場、36 工場であった。

乳製品を製造した工場数は 327 工場で、このうちチーズを製造した工場数は 182 工場、乳脂肪分８％以上のアイスクリームを製造した工場数は 122 工場であった。

**表 10　牛乳等を製造した工場数（全国）（12 月 31 日現在）**

単位：工場

| 年次 | 飲用牛乳等 | | | | | | | 乳飲料 | はっ酵乳 | 乳酸菌飲料 |
|---|---|---|---|---|---|---|---|---|---|---|
| | 計 | 牛乳 | | | 加工乳・成分調整牛乳 | | | | | |
| | | | 業務用 | 学校給食用 | | 業務用 | 成分調整牛乳 | | | |
| 令和元年 | 366 | 364 | 162 | 194 | 106 | 15 | 60 | 211 | 262 | 37 |
| 2 | 358 | 357 | 160 | 189 | 102 | 13 | 57 | 204 | 265 | 36 |
| 対前年差 | △ 8 | △ 7 | △ 2 | △ 5 | △ 4 | △ 2 | △ 3 | △ 7 | 3 | △ 1 |

注：内訳は各製品を製造した工場数であり、内訳と合計は一致しない（表 11 において同じ。）。

**表 11　乳製品を製造した工場数（全国）（12 月 31 日現在）**

単位：工場

| 年次 | 乳製品 | | | | | | | | | | | | |
|---|---|---|---|---|---|---|---|---|---|---|---|---|---|
| | 計 | 粉乳 | | | ホエイパウダー | バター | クリーム | チーズ | | れん乳 | | | 乳脂肪分８％以上のアイスクリーム |
| | | 全粉乳 | 脱脂粉乳 | 調製粉乳 | | | | | 直接消費用ナチュラルチーズ | 加糖れん乳 | 無糖れん乳 | 脱脂加糖れん乳 | |
| 令和元年 | 322 | 9 | 26 | 5 | 6 | 70 | 75 | 177 | 157 | 22 | 3 | 10 | 122 |
| 2 | 327 | 10 | 27 | 5 | 5 | 73 | 73 | 182 | 162 | 21 | 2 | 10 | 122 |
| 対前年差 | 5 | 1 | 1 | 0 | △ 1 | 3 | △ 2 | 5 | 5 | △ 1 | △ 1 | 0 | 0 |

# Ⅱ　統計表

## 1　生乳生産量及び用途別処理量（全国農業地域別・処理内訳）（月別）

| 全国農業地域・用途別処理内訳 | | 年計 | | | | 1月 | 2 | 3 |
|---|---|---|---|---|---|---|---|---|
| | | 実数 | 用途別割合 | 地域別割合 | 対前年比 | | | |
| | | t | % | % | % | t | t | t |
| **全国** | | | | | | | | |
| **生乳生産量** | (1) | 7,438,218 | - | 100.0 | 101.7 | 624,875 | 596,539 | 649,751 |
| **処理量** | (2) | 7,438,218 | 100.0 | 100.0 | 101.7 | 624,875 | 596,539 | 649,751 |
| **牛乳等向け** | (3) | 4,019,561 | 54.0 | 100.0 | 100.5 | 325,479 | 314,118 | 311,006 |
| **うち、業務用向け** | (4) | 300,580 | 4.0 | 100.0 | 86.8 | 26,576 | 25,018 | 24,928 |
| **乳製品向け** | (5) | 3,374,111 | 45.4 | 100.0 | 103.2 | 295,657 | 278,785 | 335,008 |
| **うち、チーズ向け** | (6) | 432,063 | 5.8 | 100.0 | 101.5 | 36,283 | 33,505 | 41,458 |
| **クリーム向け** | (7) | 675,114 | 9.1 | 100.0 | 95.0 | 56,810 | 54,486 | 57,120 |
| **脱脂濃縮乳向け** | (8) | 531,554 | 7.1 | 100.0 | 96.6 | 44,418 | 42,671 | 47,843 |
| **濃縮乳向け** | (9) | 5,990 | 0.1 | 100.0 | 85.6 | 518 | 456 | 489 |
| **その他** | (10) | 44,546 | 0.6 | 100.0 | 100.8 | 3,739 | 3,636 | 3,737 |
| **うち、欠減** | (11) | 10,120 | 0.1 | 100.0 | 98.7 | 897 | 797 | 904 |
| 北海道 | | | | | | | | |
| 生乳生産量 | (12) | 4,153,714 | - | 55.8 | 102.6 | 345,765 | 328,165 | 353,638 |
| 処理量 | (13) | 3,620,890 | 100.0 | 48.7 | 102.9 | 307,546 | 296,126 | 330,645 |
| 牛乳等向け | (14) | 570,743 | 15.8 | 14.2 | 102.6 | 44,063 | 43,337 | 45,365 |
| うち、業務用向け | (15) | 62,617 | 1.7 | 20.8 | 84.5 | 5,128 | 4,847 | 5,047 |
| 乳製品向け | (16) | 3,027,079 | 83.6 | 89.7 | 103.0 | 261,516 | 250,863 | 283,347 |
| うち、チーズ向け | (17) | 426,904 | 11.8 | 98.8 | 101.7 | 35,830 | 33,117 | 41,051 |
| クリーム向け | (18) | 603,781 | 16.7 | 89.4 | 95.6 | 50,191 | 48,988 | 50,851 |
| 脱脂濃縮乳向け | (19) | 527,148 | 14.6 | 99.2 | 96.6 | 44,159 | 42,386 | 47,376 |
| 濃縮乳向け | (20) | 5,613 | 0.2 | 93.7 | 84.5 | 488 | 426 | 459 |
| その他 | (21) | 23,068 | 0.6 | 51.8 | 99.8 | 1,967 | 1,926 | 1,933 |
| うち、欠減 | (22) | 571 | - | 5.6 | 103.1 | 80 | 42 | 55 |
| 東北 | | | | | | | | |
| 生乳生産量 | (23) | 553,395 | - | 7.4 | 100.9 | 46,598 | 44,772 | 49,031 |
| 処理量 | (24) | 367,869 | 100.0 | 4.9 | 97.2 | 31,674 | 28,279 | 34,432 |
| 牛乳等向け | (25) | 277,402 | 75.4 | 6.9 | 95.5 | 22,206 | 21,285 | 22,337 |
| うち、業務用向け | (26) | 19,264 | 5.2 | 6.4 | 79.1 | 1,684 | 1,752 | 1,576 |
| 乳製品向け | (27) | 87,592 | 23.8 | 2.6 | 103.3 | 9,215 | 6,741 | 11,841 |
| うち、チーズ向け | (28) | 1,440 | 0.4 | 0.3 | 76.5 | 125 | 98 | 103 |
| クリーム向け | (29) | 7,071 | 1.9 | 1.0 | 90.0 | 855 | 569 | 521 |
| 脱脂濃縮乳向け | (30) | 473 | 0.1 | 0.1 | 73.4 | 50 | 43 | 45 |
| 濃縮乳向け | (31) | - | - | - | nc | - | - | - |
| その他 | (32) | 2,875 | 0.8 | 6.5 | 94.2 | 253 | 253 | 254 |
| うち、欠減 | (33) | 354 | 0.1 | 3.5 | 94.1 | 33 | 33 | 34 |
| 北陸 | | | | | | | | |
| 生乳生産量 | (34) | 74,958 | - | 1.0 | 99.5 | 6,409 | 6,068 | 6,757 |
| 処理量 | (35) | 87,730 | 100.0 | 1.2 | 94.6 | 7,131 | 6,851 | 6,385 |
| 牛乳等向け | (36) | 84,750 | 96.6 | 2.1 | 94.6 | 6,825 | 6,630 | 6,063 |
| うち、業務用向け | (37) | 5,750 | 6.6 | 1.9 | 89.8 | 495 | 373 | 610 |
| 乳製品向け | (38) | 2,407 | 2.7 | 0.1 | 96.6 | 254 | 158 | 247 |
| うち、チーズ向け | (39) | 68 | 0.1 | - | 87.2 | 6 | 4 | 5 |
| クリーム向け | (40) | 1,557 | 1.8 | 0.2 | 104.6 | 107 | 110 | 123 |
| 脱脂濃縮乳向け | (41) | 77 | 0.1 | - | 105.5 | 19 | 14 | 33 |
| 濃縮乳向け | (42) | 17 | - | 0.3 | nc | - | - | - |
| その他 | (43) | 573 | 0.7 | 1.3 | 96.3 | 52 | 63 | 75 |
| うち、欠減 | (44) | 354 | 0.4 | 3.5 | 118.8 | 32 | 43 | 55 |
| 関東 | | | | | | | | |
| 生乳生産量 | (45) | 983,460 | - | 13.2 | 99.2 | 84,074 | 80,730 | 89,359 |
| 処理量 | (46) | 1,376,695 | 100.0 | 18.5 | 102.7 | 111,295 | 108,364 | 114,602 |
| 牛乳等向け | (47) | 1,270,698 | 92.3 | 31.6 | 101.9 | 102,775 | 100,389 | 99,448 |
| うち、業務用向け | (48) | 89,447 | 6.5 | 29.8 | 86.1 | 8,357 | 8,268 | 8,066 |
| 乳製品向け | (49) | 97,090 | 7.1 | 2.9 | 112.8 | 7,814 | 7,336 | 14,456 |
| うち、チーズ向け | (50) | 519 | - | 0.1 | 107.9 | 43 | 37 | 42 |
| クリーム向け | (51) | 26,754 | 1.9 | 4.0 | 91.8 | 2,332 | 1,778 | 2,438 |
| 脱脂濃縮乳向け | (52) | - | - | - | nc | - | - | - |
| 濃縮乳向け | (53) | - | - | - | nc | - | - | - |
| その他 | (54) | 8,907 | 0.6 | 20.0 | 108.2 | 706 | 639 | 698 |
| うち、欠減 | (55) | 4,141 | 0.3 | 40.9 | 99.9 | 352 | 285 | 344 |
| 東山 | | | | | | | | |
| 生乳生産量 | (56) | 108,249 | - | 1.5 | 101.0 | 8,766 | 8,646 | 9,300 |
| 処理量 | (57) | 134,283 | 100.0 | 1.8 | 101.8 | 10,635 | 10,409 | 10,766 |
| 牛乳等向け | (58) | 128,944 | 96.0 | 3.2 | 101.7 | 10,207 | 9,993 | 10,288 |
| うち、業務用向け | (59) | 5,568 | 4.1 | 1.9 | 97.4 | 502 | 508 | 627 |
| 乳製品向け | (60) | 3,895 | 2.9 | 0.1 | 101.4 | 315 | 318 | 364 |
| うち、チーズ向け | (61) | 889 | 0.7 | 0.2 | 69.0 | 93 | 63 | 81 |
| クリーム向け | (62) | 1,472 | 1.1 | 0.2 | 114.6 | 123 | 120 | 135 |
| 脱脂濃縮乳向け | (63) | - | - | - | nc | - | - | - |
| 濃縮乳向け | (64) | - | - | - | nc | - | - | - |
| その他 | (65) | 1,444 | 1.1 | 3.2 | 111.6 | 113 | 98 | 114 |
| うち、欠減 | (66) | 913 | 0.7 | 9.0 | 109.5 | 74 | 59 | 75 |

| 4 | 5 | 6 | 7 | 8 | 9 | 10 | 11 | 12 | |
|---|---|---|---|---|---|---|---|---|---|
| t | t | t | t | t | t | t | t | t | |
| 633, 914 | 657, 120 | 623, 450 | 627, 939 | 607, 364 | 589, 070 | 612, 391 | 593, 699 | 622, 106 | (1) |
| 633, 914 | 657, 120 | 623, 450 | 627, 939 | 607, 364 | 589, 070 | 612, 391 | 593, 699 | 622, 106 | (2) |
| 314, 441 | 335, 101 | 355, 202 | 359, 884 | 345, 174 | 355, 038 | 352, 934 | 330, 346 | 320, 838 | (3) |
| 21, 552 | 18, 850 | 23, 466 | 24, 875 | 24, 753 | 27, 305 | 28, 548 | 29, 016 | 25, 693 | (4) |
| 315, 848 | 318, 410 | 264, 526 | 264, 284 | 258, 434 | 230, 274 | 255, 707 | 259, 590 | 297, 588 | (5) |
| 38, 810 | 43, 818 | 35, 701 | 33, 278 | 34, 367 | 32, 761 | 33, 205 | 32, 919 | 35, 958 | (6) |
| 46, 950 | 53, 524 | 53, 909 | 57, 539 | 53, 551 | 54, 510 | 60, 851 | 62, 606 | 63, 258 | (7) |
| 45, 039 | 46, 128 | 45, 568 | 46, 231 | 45, 132 | 43, 019 | 43, 975 | 41, 295 | 40, 235 | (8) |
| 431 | 459 | 468 | 568 | 485 | 413 | 666 | 575 | 462 | (9) |
| 3, 625 | 3, 609 | 3, 722 | 3, 771 | 3, 756 | 3, 758 | 3, 750 | 3, 763 | 3, 680 | (10) |
| 799 | 786 | 847 | 871 | 855 | 861 | 851 | 862 | 790 | (11) |
| 344, 848 | 360, 922 | 349, 639 | 356, 719 | 350, 880 | 337, 553 | 345, 253 | 332, 212 | 348, 120 | (12) |
| 314, 596 | 330, 625 | 295, 989 | 295, 189 | 290, 529 | 273, 336 | 288, 242 | 287, 785 | 310, 282 | (13) |
| 43, 846 | 46, 705 | 49, 421 | 50, 659 | 51, 650 | 54, 795 | 49, 577 | 46, 003 | 45, 322 | (14) |
| 4, 197 | 4, 573 | 5, 228 | 5, 179 | 5, 364 | 5, 992 | 5, 816 | 5, 968 | 5, 278 | (15) |
| 268, 832 | 282, 012 | 244, 673 | 242, 607 | 236, 955 | 216, 623 | 236, 745 | 239, 859 | 263, 047 | (16) |
| 38, 411 | 43, 443 | 35, 289 | 32, 847 | 33, 909 | 32, 325 | 32, 698 | 32, 445 | 35, 539 | (17) |
| 41, 204 | 47, 544 | 48, 213 | 51, 743 | 47, 767 | 49, 054 | 55, 000 | 56, 713 | 56, 513 | (18) |
| 44, 618 | 45, 838 | 45, 146 | 45, 857 | 44, 681 | 42, 642 | 43, 582 | 40, 898 | 39, 965 | (19) |
| 399 | 428 | 436 | 536 | 453 | 381 | 635 | 543 | 429 | (20) |
| 1, 918 | 1, 908 | 1, 895 | 1, 923 | 1, 924 | 1, 918 | 1, 920 | 1, 923 | 1, 913 | (21) |
| 47 | 40 | 42 | 45 | 45 | 43 | 43 | 44 | 45 | (22) |
| 47, 547 | 48, 861 | 45, 837 | 46, 372 | 45, 210 | 43, 510 | 45, 668 | 44, 023 | 45, 966 | (23) |
| 34, 602 | 33, 283 | 30, 636 | 30, 993 | 28, 865 | 27, 592 | 28, 305 | 27, 346 | 31, 862 | (24) |
| 22, 022 | 23, 609 | 24, 922 | 25, 126 | 23, 890 | 24, 750 | 23, 252 | 22, 376 | 21, 627 | (25) |
| 1, 162 | 1, 049 | 1, 546 | 1, 655 | 1, 677 | 1, 782 | 1, 987 | 1, 863 | 1, 531 | (26) |
| 12, 330 | 9, 429 | 5, 483 | 5, 636 | 4, 741 | 2, 609 | 4, 818 | 4, 737 | 10, 012 | (27) |
| 110 | 93 | 111 | 143 | 143 | 137 | 132 | 145 | 100 | (28) |
| 472 | 497 | 574 | 580 | 562 | 510 | 495 | 560 | 876 | (29) |
| 31 | 22 | 57 | 46 | 13 | 8 | 65 | 63 | 30 | (30) |
| - | - | - | - | - | - | - | - | - | (31) |
| 250 | 245 | 231 | 231 | 234 | 233 | 235 | 233 | 223 | (32) |
| 30 | 25 | 28 | 28 | 31 | 30 | 32 | 30 | 20 | (33) |
| 6, 622 | 6, 817 | 6, 257 | 6, 204 | 5, 859 | 5, 709 | 6, 079 | 5, 929 | 6, 248 | (34) |
| 6, 720 | 6, 852 | 7, 947 | 7, 895 | 7, 315 | 7, 697 | 7, 905 | 7, 474 | 7, 558 | (35) |
| 6, 508 | 6, 630 | 7, 745 | 7, 674 | 7, 069 | 7, 482 | 7, 684 | 7, 233 | 7, 207 | (36) |
| 419 | 326 | 384 | 419 | 563 | 457 | 493 | 616 | 595 | (37) |
| 161 | 180 | 170 | 184 | 190 | 174 | 178 | 198 | 313 | (38) |
| 5 | 5 | 5 | 7 | 5 | 5 | 6 | 7 | 8 | (39) |
| 133 | 139 | 127 | 140 | 135 | 130 | 135 | 117 | 161 | (40) |
| 1 | - | - | - | 1 | 1 | - | - | 8 | (41) |
| 2 | 1 | 2 | 2 | 2 | 2 | 1 | 2 | 3 | (42) |
| 51 | 42 | 32 | 37 | 56 | 41 | 43 | 43 | 38 | (43) |
| 31 | 22 | 15 | 20 | 39 | 24 | 26 | 26 | 21 | (44) |
| 87, 678 | 89, 513 | 81, 969 | 81, 122 | 76, 006 | 74, 180 | 79, 408 | 78, 031 | 81, 390 | (45) |
| 114, 705 | 121, 241 | 117, 559 | 120, 611 | 117, 222 | 112, 483 | 117, 702 | 111, 492 | 109, 419 | (46) |
| 101, 050 | 107, 617 | 111, 142 | 113, 111 | 108, 781 | 107, 887 | 111, 464 | 105, 277 | 101, 757 | (47) |
| 6, 225 | 5, 569 | 6, 601 | 7, 327 | 7, 352 | 7, 965 | 8, 162 | 8, 554 | 7, 001 | (48) |
| 12, 987 | 12, 946 | 5, 647 | 6, 699 | 7, 634 | 3, 785 | 5, 441 | 5, 411 | 6, 934 | (49) |
| 44 | 44 | 42 | 46 | 49 | 37 | 54 | 36 | 45 | (50) |
| 2, 163 | 2, 427 | 2, 242 | 2, 267 | 2, 313 | 2, 180 | 2, 211 | 2, 161 | 2, 242 | (51) |
| - | - | - | - | - | - | - | - | - | (52) |
| - | - | - | - | - | - | - | - | - | (53) |
| 668 | 678 | 770 | 801 | 807 | 811 | 797 | 804 | 728 | (54) |
| 314 | 324 | 342 | 373 | 379 | 383 | 369 | 376 | 300 | (55) |
| 9, 142 | 9, 584 | 9, 307 | 8, 991 | 9, 258 | 8, 659 | 8, 785 | 8, 819 | 8, 992 | (56) |
| 11, 331 | 12, 218 | 11, 640 | 11, 745 | 11, 582 | 10, 956 | 11, 391 | 10, 869 | 10, 741 | (57) |
| 10, 878 | 11, 780 | 11, 237 | 11, 293 | 11, 126 | 10, 548 | 10, 925 | 10, 373 | 10, 296 | (58) |
| 462 | 461 | 505 | 426 | 401 | 323 | 351 | 424 | 578 | (59) |
| 344 | 331 | 304 | 310 | 334 | 287 | 342 | 355 | 291 | (60) |
| 74 | 56 | 67 | 59 | 82 | 66 | 103 | 85 | 60 | (61) |
| 121 | 132 | 120 | 122 | 127 | 120 | 122 | 111 | 119 | (62) |
| - | - | - | - | - | - | - | - | - | (63) |
| - | - | - | - | - | - | - | - | - | (64) |
| 109 | 107 | 99 | 142 | 122 | 121 | 124 | 141 | 154 | (65) |
| 70 | 68 | 51 | 94 | 74 | 73 | 76 | 93 | 106 | (66) |

## 1　生乳生産量及び用途別処理量（全国農業地域別・処理内訳）（月別）（続き）

| 全国農業地域・用途別処理内訳 | | 年計 実数 | 年計 用途別割合 | 年計 地域別割合 | 年計 対前年比 | 1月 | 2 | 3 |
|---|---|---|---|---|---|---|---|---|
| | | t | % | % | % | t | t | t |
| 東海 | | | | | | | | |
| 生乳生産量 | (67) | 334,143 | - | 4.5 | 98.3 | 29,191 | 27,982 | 30,780 |
| 処理量 | (68) | 422,397 | 100.0 | 5.7 | 98.7 | 35,544 | 34,031 | 33,998 |
| 牛乳等向け | (69) | 397,104 | 94.0 | 9.9 | 99.3 | 32,828 | 31,837 | 30,088 |
| うち、業務用向け | (70) | 28,809 | 6.8 | 9.6 | 78.3 | 2,299 | 2,120 | 2,043 |
| 乳製品向け | (71) | 22,767 | 5.4 | 0.7 | 88.8 | 2,508 | 1,990 | 3,681 |
| うち、チーズ向け | (72) | 275 | 0.1 | 0.1 | 107.8 | 24 | 19 | 22 |
| クリーム向け | (73) | 1,177 | 0.3 | 0.2 | 85.7 | 103 | 104 | 110 |
| 脱脂濃縮乳向け | (74) | - | - | - | nc | - | - | - |
| 濃縮乳向け | (75) | 360 | 0.1 | 6.0 | 100.0 | 30 | 30 | 30 |
| その他 | (76) | 2,526 | 0.6 | 5.7 | 100.0 | 208 | 204 | 229 |
| うち、欠減 | (77) | 1,285 | 0.3 | 12.7 | 90.2 | 111 | 107 | 132 |
| 近畿 | | | | | | | | |
| 生乳生産量 | (78) | 160,898 | - | 2.2 | 101.5 | 13,524 | 13,041 | 14,577 |
| 処理量 | (79) | 442,940 | 100.0 | 6.0 | 100.1 | 37,150 | 35,513 | 32,599 |
| 牛乳等向け | (80) | 440,903 | 99.5 | 11.0 | 101.0 | 36,785 | 35,217 | 32,431 |
| うち、業務用向け | (81) | 36,543 | 8.3 | 12.2 | 98.4 | 3,121 | 2,893 | 2,495 |
| 乳製品向け | (82) | 854 | 0.2 | - | 19.3 | 242 | 171 | 62 |
| うち、チーズ向け | (83) | 146 | - | - | 105.8 | 11 | 13 | 11 |
| クリーム向け | (84) | 557 | 0.1 | 0.1 | 13.5 | 221 | 146 | 37 |
| 脱脂濃縮乳向け | (85) | - | - | - | nc | - | - | - |
| 濃縮乳向け | (86) | - | - | - | nc | - | - | - |
| その他 | (87) | 1,183 | 0.3 | 2.7 | 89.8 | 123 | 125 | 106 |
| うち、欠減 | (88) | 822 | 0.2 | 8.1 | 97.2 | 90 | 92 | 73 |
| 中国 | | | | | | | | |
| 生乳生産量 | (89) | 312,371 | - | 4.2 | 106.5 | 26,095 | 24,910 | 27,695 |
| 処理量 | (90) | 317,828 | 100.0 | 4.3 | 94.3 | 27,182 | 24,437 | 25,153 |
| 牛乳等向け | (91) | 292,134 | 91.9 | 7.3 | 93.9 | 24,754 | 22,077 | 22,253 |
| うち、業務用向け | (92) | 13,956 | 4.4 | 4.6 | 78.4 | 1,340 | 920 | 1,357 |
| 乳製品向け | (93) | 23,557 | 7.4 | 0.7 | 99.1 | 2,249 | 2,178 | 2,723 |
| うち、チーズ向け | (94) | 566 | 0.2 | 0.1 | 93.4 | 46 | 45 | 45 |
| クリーム向け | (95) | 4,310 | 1.4 | 0.6 | 89.4 | 413 | 425 | 439 |
| 脱脂濃縮乳向け | (96) | - | - | - | nc | - | - | - |
| 濃縮乳向け | (97) | - | - | - | nc | - | - | - |
| その他 | (98) | 2,137 | 0.7 | 4.8 | 95.5 | 179 | 182 | 177 |
| うち、欠減 | (99) | 941 | 0.3 | 9.3 | 88.6 | 77 | 80 | 75 |
| 四国 | | | | | | | | |
| 生乳生産量 | (100) | 112,837 | - | 1.5 | 99.7 | 9,626 | 9,225 | 10,098 |
| 処理量 | (101) | 98,531 | 100.0 | 1.3 | 105.0 | 7,676 | 7,332 | 7,454 |
| 牛乳等向け | (102) | 95,594 | 97.0 | 2.4 | 104.4 | 7,480 | 7,178 | 6,885 |
| うち、業務用向け | (103) | 8,633 | 8.8 | 2.9 | 96.8 | 756 | 611 | 606 |
| 乳製品向け | (104) | 2,626 | 2.7 | 0.1 | 137.6 | 172 | 127 | 545 |
| うち、チーズ向け | (105) | 86 | 0.1 | - | 98.9 | 4 | 5 | 5 |
| クリーム向け | (106) | 1,391 | 1.4 | 0.2 | 92.1 | 142 | 122 | 95 |
| 脱脂濃縮乳向け | (107) | - | - | - | nc | - | - | - |
| 濃縮乳向け | (108) | - | - | - | nc | - | - | - |
| その他 | (109) | 311 | 0.3 | 0.7 | 82.9 | 24 | 27 | 24 |
| うち、欠減 | (110) | 59 | 0.1 | 0.6 | 92.2 | 3 | 6 | 3 |
| 九州 | | | | | | | | |
| 生乳生産量 | (111) | 621,176 | - | 8.4 | 101.1 | 52,820 | 51,049 | 56,342 |
| 処理量 | (112) | 545,437 | 100.0 | 7.3 | 103.8 | 46,950 | 43,178 | 51,689 |
| 牛乳等向け | (113) | 437,763 | 80.3 | 10.9 | 102.6 | 35,468 | 34,160 | 33,824 |
| うち、業務用向け | (114) | 28,713 | 5.3 | 9.6 | 96.8 | 2,767 | 2,601 | 2,368 |
| 乳製品向け | (115) | 106,244 | 19.5 | 3.1 | 108.8 | 11,372 | 8,903 | 17,742 |
| うち、チーズ向け | (116) | 1,170 | 0.2 | 0.3 | 92.8 | 101 | 104 | 93 |
| クリーム向け | (117) | 27,044 | 5.0 | 4.0 | 98.5 | 2,323 | 2,124 | 2,371 |
| 脱脂濃縮乳向け | (118) | 3,856 | 0.7 | 0.7 | 95.8 | 190 | 228 | 389 |
| 濃縮乳向け | (119) | - | - | - | nc | - | - | - |
| その他 | (120) | 1,430 | 0.3 | 3.2 | 101.1 | 110 | 115 | 123 |
| うち、欠減 | (121) | 624 | 0.1 | 6.2 | 97.2 | 44 | 49 | 57 |
| 沖縄 | | | | | | | | |
| 生乳生産量 | (122) | 23,017 | - | 0.3 | 99.3 | 2,007 | 1,951 | 2,174 |
| 処理量 | (123) | 23,618 | 100.0 | 0.3 | 98.6 | 2,092 | 2,019 | 2,028 |
| 牛乳等向け | (124) | 23,526 | 99.6 | 0.6 | 98.4 | 2,088 | 2,015 | 2,024 |
| うち、業務用向け | (125) | 1,280 | 5.4 | 0.4 | 88.0 | 127 | 125 | 133 |
| 乳製品向け | (126) | - | - | - | nc | - | - | - |
| うち、チーズ向け | (127) | - | - | - | nc | - | - | - |
| クリーム向け | (128) | - | - | - | nc | - | - | - |
| 脱脂濃縮乳向け | (129) | - | - | - | nc | - | - | - |
| 濃縮乳向け | (130) | - | - | - | nc | - | - | - |
| その他 | (131) | 92 | 0.4 | 0.2 | 204.4 | 4 | 4 | 4 |
| うち、欠減 | (132) | 56 | 0.2 | 0.6 | 466.7 | 1 | 1 | 1 |

| 4 | 5 | 6 | 7 | 8 | 9 | 10 | 11 | 12 | |
|---|---|---|---|---|---|---|---|---|---|
| t | t | t | t | t | t | t | t | t | |
| 30,067 | 30,635 | 27,966 | 27,297 | 25,184 | 24,655 | 26,518 | 26,214 | 27,654 | (67) |
| 33,440 | 33,686 | 36,269 | 37,050 | 35,448 | 36,761 | 37,243 | 34,421 | 34,506 | (68) |
| 30,076 | 31,793 | 34,691 | 35,596 | 33,670 | 35,600 | 35,904 | 32,912 | 32,109 | (69) |
| 2,213 | 1,583 | 1,906 | 2,253 | 2,424 | 2,964 | 3,016 | 3,069 | 2,919 | (70) |
| 3,189 | 1,689 | 1,302 | 1,243 | 1,580 | 959 | 1,135 | 1,308 | 2,183 | (71) |
| 16 | 21 | 24 | 24 | 25 | 21 | 26 | 23 | 30 | (72) |
| 100 | 102 | 82 | 96 | 102 | 90 | 97 | 74 | 117 | (73) |
| - | - | - | - | - | - | - | - | - | (74) |
| 30 | 30 | 30 | 30 | 30 | 30 | 30 | 30 | 30 | (75) |
| 175 | 204 | 276 | 211 | 198 | 202 | 204 | 201 | 214 | (76) |
| 78 | 107 | 168 | 103 | 90 | 94 | 96 | 93 | 106 | (77) |
| 14,282 | 14,606 | 13,376 | 13,305 | 12,463 | 12,254 | 13,110 | 12,820 | 13,540 | (78) |
| 33,949 | 35,641 | 40,058 | 39,518 | 37,481 | 39,641 | 39,715 | 36,452 | 35,223 | (79) |
| 33,798 | 35,482 | 39,908 | 39,372 | 37,358 | 39,514 | 39,593 | 36,328 | 35,117 | (80) |
| 2,674 | 1,891 | 2,784 | 3,695 | 2,860 | 3,717 | 3,799 | 3,388 | 3,226 | (81) |
| 55 | 58 | 58 | 52 | 33 | 29 | 33 | 32 | 29 | (82) |
| 7 | 10 | 11 | 13 | 12 | 12 | 16 | 16 | 14 | (83) |
| 35 | 35 | 34 | 26 | 6 | 5 | 4 | 4 | 4 | (84) |
| - | - | - | - | - | - | - | - | - | (85) |
| - | - | - | - | - | - | - | - | - | (86) |
| 96 | 101 | 92 | 94 | 90 | 98 | 89 | 92 | 77 | (87) |
| 63 | 68 | 64 | 66 | 62 | 70 | 61 | 64 | 49 | (88) |
| 26,885 | 27,656 | 26,017 | 25,974 | 24,562 | 24,598 | 26,065 | 25,388 | 26,526 | (89) |
| 25,393 | 27,521 | 28,887 | 28,142 | 26,149 | 26,782 | 26,887 | 25,832 | 25,463 | (90) |
| 22,825 | 25,217 | 26,814 | 26,212 | 24,635 | 25,216 | 25,024 | 23,936 | 23,171 | (91) |
| 1,107 | 946 | 1,538 | 850 | 882 | 831 | 973 | 1,795 | 1,417 | (92) |
| 2,389 | 2,129 | 1,891 | 1,752 | 1,341 | 1,391 | 1,681 | 1,720 | 2,113 | (93) |
| 38 | 40 | 46 | 53 | 49 | 50 | 53 | 52 | 49 | (94) |
| 403 | 353 | 306 | 291 | 281 | 272 | 292 | 321 | 514 | (95) |
| - | - | - | - | - | - | - | - | - | (96) |
| - | - | - | - | - | - | - | - | - | (97) |
| 179 | 175 | 182 | 178 | 173 | 175 | 182 | 176 | 179 | (98) |
| 77 | 73 | 84 | 80 | 75 | 77 | 84 | 78 | 81 | (99) |
| 9,915 | 10,140 | 9,377 | 9,226 | 8,690 | 8,773 | 9,322 | 9,046 | 9,399 | (100) |
| 7,997 | 8,175 | 9,014 | 8,715 | 8,270 | 8,872 | 8,688 | 8,144 | 8,194 | (101) |
| 7,618 | 7,777 | 8,863 | 8,565 | 8,118 | 8,722 | 8,534 | 7,992 | 7,862 | (102) |
| 689 | 483 | 776 | 669 | 731 | 953 | 876 | 774 | 709 | (103) |
| 355 | 374 | 127 | 126 | 124 | 119 | 126 | 126 | 305 | (104) |
| 5 | 9 | 5 | 5 | 8 | 5 | 12 | 11 | 12 | (105) |
| 104 | 99 | 122 | 121 | 116 | 114 | 114 | 115 | 127 | (106) |
| - | - | - | - | - | - | - | - | - | (107) |
| - | - | - | - | - | - | - | - | - | (108) |
| 24 | 24 | 24 | 24 | 28 | 31 | 28 | 26 | 27 | (109) |
| 3 | 3 | 3 | 3 | 7 | 10 | 7 | 5 | 6 | (110) |
| 54,850 | 56,374 | 51,813 | 50,866 | 47,470 | 47,482 | 50,325 | 49,402 | 52,383 | (111) |
| 49,381 | 45,929 | 43,389 | 46,048 | 42,670 | 43,151 | 44,302 | 41,916 | 46,834 | (112) |
| 34,029 | 36,551 | 38,406 | 40,252 | 37,053 | 38,733 | 38,975 | 35,957 | 34,355 | (113) |
| 2,328 | 1,892 | 2,118 | 2,308 | 2,404 | 2,225 | 2,952 | 2,449 | 2,301 | (114) |
| 15,206 | 9,262 | 4,871 | 5,675 | 5,502 | 4,298 | 5,208 | 5,844 | 12,361 | (115) |
| 100 | 97 | 101 | 81 | 85 | 103 | 105 | 99 | 101 | (116) |
| 2,215 | 2,196 | 2,089 | 2,153 | 2,142 | 2,035 | 2,381 | 2,430 | 2,585 | (117) |
| 389 | 268 | 365 | 328 | 437 | 368 | 328 | 334 | 232 | (118) |
| - | - | - | - | - | - | - | - | - | (119) |
| 146 | 116 | 112 | 121 | 115 | 120 | 119 | 115 | 118 | (120) |
| 80 | 50 | 44 | 53 | 47 | 52 | 51 | 47 | 50 | (121) |
| 2,078 | 2,012 | 1,892 | 1,863 | 1,782 | 1,697 | 1,858 | 1,815 | 1,888 | (122) |
| 1,800 | 1,949 | 2,062 | 2,033 | 1,833 | 1,799 | 2,011 | 1,968 | 2,024 | (123) |
| 1,791 | 1,940 | 2,053 | 2,024 | 1,824 | 1,791 | 2,002 | 1,959 | 2,015 | (124) |
| 76 | 77 | 80 | 94 | 95 | 96 | 123 | 116 | 138 | (125) |
| - | - | - | - | - | - | - | - | - | (126) |
| - | - | - | - | - | - | - | - | - | (127) |
| - | - | - | - | - | - | - | - | - | (128) |
| - | - | - | - | - | - | - | - | - | (129) |
| - | - | - | - | - | - | - | - | - | (130) |
| 9 | 9 | 9 | 9 | 9 | 8 | 9 | 9 | 9 | (131) |
| 6 | 6 | 6 | 6 | 6 | 5 | 6 | 6 | 6 | (132) |

## 2　生乳生産量（都道府県別）（月別）

| 都道府県 | 年計 | | | 1月 | 2 | 3 | 4 |
|---|---|---|---|---|---|---|---|
| | 実数 | 全国生産量に対する割合 | 対前年比 | | | | |
| | t | % | % | t | t | t | t |
| **全国 (1)** | **7,438,218** | **100.0** | **101.7** | **624,875** | **596,539** | **649,751** | **633,914** |
| 北海道 (2) | 4,153,714 | 55.8 | 102.6 | 345,765 | 328,165 | 353,638 | 344,848 |
| 青森 (3) | 75,638 | 1.0 | 105.7 | 6,148 | 5,997 | 6,536 | 6,377 |
| 岩手 (4) | 212,862 | 2.9 | 100.4 | 17,866 | 17,119 | 18,671 | 17,965 |
| 宮城 (5) | 110,526 | 1.5 | 100.3 | 9,407 | 9,068 | 9,888 | 9,591 |
| 秋田 (6) | 23,317 | 0.3 | 98.3 | 2,010 | 1,942 | 2,106 | 2,058 |
| 山形 (7) | 64,386 | 0.9 | 101.6 | 5,482 | 5,304 | 5,797 | 5,725 |
| 福島 (8) | 66,666 | 0.9 | 98.2 | 5,685 | 5,342 | 6,033 | 5,831 |
| 茨城 (9) | 171,083 | 2.3 | 99.2 | 14,853 | 14,246 | 15,639 | 15,187 |
| 栃木 (10) | 329,793 | 4.4 | 99.8 | 27,946 | 26,857 | 29,728 | 29,022 |
| 群馬 (11) | 206,180 | 2.8 | 99.2 | 17,499 | 16,880 | 18,645 | 18,407 |
| 埼玉 (12) | 47,326 | 0.6 | 97.6 | 4,085 | 3,917 | 4,452 | 4,391 |
| 千葉 (13) | 189,753 | 2.6 | 98.6 | 16,255 | 15,534 | 17,273 | 17,100 |
| 東京 (14) | 9,074 | 0.1 | 102.4 | 795 | 765 | 857 | 844 |
| 神奈川 (15) | 30,251 | 0.4 | 97.8 | 2,641 | 2,531 | 2,765 | 2,727 |
| 新潟 (16) | 40,213 | 0.5 | 99.7 | 3,448 | 3,258 | 3,661 | 3,533 |
| 富山 (17) | 11,177 | 0.2 | 102.6 | 932 | 896 | 1,002 | 1,010 |
| 石川 (18) | 18,227 | 0.2 | 97.4 | 1,577 | 1,491 | 1,628 | 1,597 |
| 福井 (19) | 5,341 | 0.1 | 99.0 | 452 | 423 | 466 | 482 |
| 山梨 (20) | 18,144 | 0.2 | 108.8 | 1,421 | 1,356 | 1,384 | 1,458 |
| 長野 (21) | 90,105 | 1.2 | 99.6 | 7,345 | 7,290 | 7,916 | 7,684 |
| 岐阜 (22) | 32,840 | 0.4 | 99.9 | 2,775 | 2,664 | 2,941 | 2,852 |
| 静岡 (23) | 89,108 | 1.2 | 99.7 | 7,633 | 7,330 | 8,193 | 8,080 |
| 愛知 (24) | 158,074 | 2.1 | 98.5 | 13,901 | 13,239 | 14,776 | 14,448 |
| 三重 (25) | 54,121 | 0.7 | 94.6 | 4,882 | 4,749 | 4,870 | 4,687 |
| 滋賀 (26) | 17,946 | 0.2 | 105.7 | 1,522 | 1,460 | 1,793 | 1,742 |
| 京都 (27) | 27,803 | 0.4 | 105.0 | 2,375 | 2,273 | 2,523 | 2,478 |
| 大阪 (28) | 9,238 | 0.1 | 97.3 | 825 | 795 | 870 | 848 |
| 兵庫 (29) | 77,648 | 1.0 | 99.5 | 6,466 | 6,245 | 6,944 | 6,794 |
| 奈良 (30) | 23,770 | 0.3 | 104.6 | 1,917 | 1,862 | 2,039 | 2,035 |
| 和歌山 (31) | 4,493 | 0.1 | 93.6 | 419 | 406 | 408 | 385 |
| 鳥取 (32) | 61,130 | 0.8 | 103.2 | 5,242 | 5,012 | 5,475 | 5,336 |
| 島根 (33) | 73,148 | 1.0 | 110.0 | 5,992 | 5,718 | 6,370 | 6,250 |
| 岡山 (34) | 113,747 | 1.5 | 110.2 | 9,442 | 9,058 | 10,093 | 9,807 |
| 広島 (35) | 48,811 | 0.7 | 101.1 | 4,067 | 3,819 | 4,309 | 4,115 |
| 山口 (36) | 15,535 | 0.2 | 97.2 | 1,352 | 1,303 | 1,448 | 1,377 |
| 徳島 (37) | 26,431 | 0.4 | 97.6 | 2,309 | 2,231 | 2,443 | 2,395 |
| 香川 (38) | 36,097 | 0.5 | 101.9 | 2,974 | 2,796 | 3,065 | 3,055 |
| 愛媛 (39) | 30,431 | 0.4 | 99.3 | 2,627 | 2,540 | 2,776 | 2,696 |
| 高知 (40) | 19,878 | 0.3 | 99.5 | 1,716 | 1,658 | 1,814 | 1,769 |
| 福岡 (41) | 73,603 | 1.0 | 96.8 | 6,373 | 6,114 | 6,653 | 6,417 |
| 佐賀 (42) | 14,346 | 0.2 | 100.1 | 1,240 | 1,209 | 1,343 | 1,308 |
| 長崎 (43) | 45,575 | 0.6 | 99.5 | 3,966 | 3,868 | 4,170 | 4,052 |
| 熊本 (44) | 259,179 | 3.5 | 102.5 | 21,719 | 20,951 | 23,118 | 22,771 |
| 大分 (45) | 70,970 | 1.0 | 102.7 | 6,109 | 5,868 | 6,506 | 6,314 |
| 宮崎 (46) | 79,296 | 1.1 | 102.3 | 6,685 | 6,474 | 7,298 | 7,087 |
| 鹿児島 (47) | 78,207 | 1.1 | 99.1 | 6,728 | 6,565 | 7,254 | 6,901 |
| 沖縄 (48) | 23,017 | 0.3 | 99.3 | 2,007 | 1,951 | 2,174 | 2,078 |

| 5 | 6 | 7 | 8 | 9 | 10 | 11 | 12 | |
|---|---|---|---|---|---|---|---|---|
| t | t | t | t | t | t | t | t | |
| **657, 120** | **623, 450** | **627, 939** | **607, 364** | **589, 070** | **612, 391** | **593, 699** | **622, 106** | (1) |
| 360, 922 | 349, 639 | 356, 719 | 350, 880 | 337, 553 | 345, 253 | 332, 212 | 348, 120 | (2) |
| 6, 715 | 6, 421 | 6, 414 | 6, 385 | 6, 033 | 6, 297 | 5, 952 | 6, 363 | (3) |
| 18, 569 | 17, 767 | 17, 832 | 17, 459 | 16, 953 | 17, 810 | 17, 080 | 17, 771 | (4) |
| 9, 773 | 9, 152 | 9, 170 | 8, 952 | 8, 589 | 9, 038 | 8, 811 | 9, 087 | (5) |
| 2, 120 | 1, 989 | 1, 928 | 1, 880 | 1, 758 | 1, 852 | 1, 801 | 1, 873 | (6) |
| 5, 905 | 5, 311 | 5, 329 | 5, 113 | 4, 942 | 5, 160 | 5, 068 | 5, 250 | (7) |
| 5, 779 | 5, 197 | 5, 699 | 5, 421 | 5, 235 | 5, 511 | 5, 311 | 5, 622 | (8) |
| 15, 460 | 14, 227 | 13, 957 | 13, 079 | 12, 683 | 13, 872 | 13, 619 | 14, 261 | (9) |
| 29, 698 | 27, 589 | 27, 360 | 25, 786 | 25, 239 | 26, 734 | 26, 393 | 27, 441 | (10) |
| 18, 767 | 16, 996 | 17, 152 | 16, 140 | 15, 844 | 16, 768 | 16, 198 | 16, 884 | (11) |
| 4, 468 | 3, 944 | 3, 871 | 3, 510 | 3, 455 | 3, 702 | 3, 655 | 3, 876 | (12) |
| 17, 468 | 15, 867 | 15, 523 | 14, 570 | 14, 104 | 15, 224 | 15, 123 | 15, 712 | (13) |
| 847 | 765 | 735 | 653 | 648 | 706 | 707 | 752 | (14) |
| 2, 805 | 2, 581 | 2, 524 | 2, 268 | 2, 207 | 2, 402 | 2, 336 | 2, 464 | (15) |
| 3, 661 | 3, 383 | 3, 342 | 3, 138 | 3, 041 | 3, 232 | 3, 198 | 3, 318 | (16) |
| 1, 028 | 920 | 905 | 863 | 842 | 920 | 868 | 991 | (17) |
| 1, 645 | 1, 508 | 1, 516 | 1, 443 | 1, 420 | 1, 492 | 1, 428 | 1, 482 | (18) |
| 483 | 446 | 441 | 415 | 406 | 435 | 435 | 457 | (19) |
| 1, 591 | 1, 550 | 1, 577 | 1, 570 | 1, 500 | 1, 547 | 1, 582 | 1, 608 | (20) |
| 7, 993 | 7, 757 | 7, 414 | 7, 688 | 7, 159 | 7, 238 | 7, 237 | 7, 384 | (21) |
| 2, 908 | 2, 711 | 2, 676 | 2, 594 | 2, 572 | 2, 710 | 2, 654 | 2, 783 | (22) |
| 8, 217 | 7, 372 | 7, 259 | 6, 900 | 6, 609 | 7, 068 | 6, 971 | 7, 476 | (23) |
| 14, 713 | 13, 408 | 12, 901 | 11, 565 | 11, 472 | 12, 459 | 12, 269 | 12, 923 | (24) |
| 4, 797 | 4, 475 | 4, 461 | 4, 125 | 4, 002 | 4, 281 | 4, 320 | 4, 472 | (25) |
| 1, 760 | 1, 380 | 1, 387 | 1, 427 | 1, 268 | 1, 368 | 1, 371 | 1, 468 | (26) |
| 2, 531 | 2, 290 | 2, 287 | 2, 099 | 2, 094 | 2, 280 | 2, 233 | 2, 340 | (27) |
| 855 | 785 | 764 | 701 | 681 | 704 | 674 | 736 | (28) |
| 6, 961 | 6, 571 | 6, 522 | 6, 010 | 6, 000 | 6, 382 | 6, 210 | 6, 543 | (29) |
| 2, 097 | 1, 980 | 1, 982 | 1, 898 | 1, 878 | 2, 022 | 1, 984 | 2, 076 | (30) |
| 402 | 370 | 363 | 328 | 333 | 354 | 348 | 377 | (31) |
| 5, 503 | 5, 058 | 5, 010 | 4, 735 | 4, 747 | 4, 987 | 4, 892 | 5, 133 | (32) |
| 6, 448 | 6, 135 | 6, 192 | 5, 835 | 5, 802 | 6, 181 | 5, 951 | 6, 274 | (33) |
| 10, 038 | 9, 486 | 9, 411 | 8, 817 | 8, 915 | 9, 576 | 9, 370 | 9, 734 | (34) |
| 4, 250 | 4, 043 | 4, 110 | 3, 985 | 3, 972 | 4, 099 | 3, 951 | 4, 091 | (35) |
| 1, 417 | 1, 295 | 1, 251 | 1, 190 | 1, 162 | 1, 222 | 1, 224 | 1, 294 | (36) |
| 2, 395 | 2, 209 | 2, 147 | 1, 942 | 1, 949 | 2, 114 | 2, 091 | 2, 206 | (37) |
| 3, 209 | 2, 997 | 3, 003 | 2, 889 | 2, 964 | 3, 099 | 2, 973 | 3, 073 | (38) |
| 2, 758 | 2, 532 | 2, 445 | 2, 320 | 2, 330 | 2, 486 | 2, 396 | 2, 525 | (39) |
| 1, 778 | 1, 639 | 1, 631 | 1, 539 | 1, 530 | 1, 623 | 1, 586 | 1, 595 | (40) |
| 6, 609 | 6, 150 | 6, 056 | 5, 630 | 5, 628 | 5, 968 | 5, 876 | 6, 129 | (41) |
| 1, 327 | 1, 225 | 1, 152 | 1, 065 | 1, 073 | 1, 120 | 1, 103 | 1, 181 | (42) |
| 4, 128 | 3, 752 | 3, 710 | 3, 450 | 3, 447 | 3, 662 | 3, 589 | 3, 781 | (43) |
| 23, 466 | 21, 691 | 21, 410 | 20, 040 | 20, 132 | 21, 237 | 20, 751 | 21, 893 | (44) |
| 6, 469 | 5, 845 | 5, 753 | 5, 439 | 5, 369 | 5, 696 | 5, 585 | 6, 017 | (45) |
| 7, 229 | 6, 634 | 6, 507 | 6, 063 | 5, 994 | 6, 389 | 6, 261 | 6, 675 | (46) |
| 7, 146 | 6, 516 | 6, 278 | 5, 783 | 5, 839 | 6, 253 | 6, 237 | 6, 707 | (47) |
| 2, 012 | 1, 892 | 1, 863 | 1, 782 | 1, 697 | 1, 858 | 1, 815 | 1, 888 | (48) |

# 3　生乳移出量（都道府県別）（月別）

| 都道府県 | 年計 | | 1　月 | 2 | 3 | 4 | 5 |
|---|---|---|---|---|---|---|---|
| | 実　数 | 生乳生産量に対する割合 | | | | | |
| | t | % | t | t | t | t | t |
| **全　国 (1)** | **1,794,204** | **24.1** | **146,222** | **137,496** | **146,715** | **146,293** | **148,470** |
| 北海道 (2) | 532,824 | 12.8 | 38,219 | 32,039 | 22,993 | 30,252 | 30,297 |
| 青　森 (3) | 67,107 | 88.7 | 5,484 | 5,318 | 6,071 | 5,778 | 5,950 |
| 岩　手 (4) | 94,849 | 44.6 | 7,730 | 7,980 | 7,275 | 6,733 | 8,071 |
| 宮　城 (5) | 46,463 | 42.0 | 3,912 | 3,949 | 4,758 | 4,357 | 4,229 |
| 秋　田 (6) | 15,777 | 67.7 | 1,389 | 1,317 | 1,580 | 1,501 | 1,449 |
| 山　形 (7) | 38,862 | 60.4 | 3,483 | 3,364 | 3,864 | 3,714 | 3,697 |
| 福　島 (8) | 21,006 | 31.5 | 1,819 | 1,592 | 2,559 | 2,510 | 2,345 |
| 茨　城 (9) | 33,063 | 19.3 | 2,793 | 2,716 | 2,091 | 2,160 | 1,910 |
| 栃　木 (10) | 164,345 | 49.8 | 15,269 | 14,762 | 17,160 | 16,183 | 15,337 |
| 群　馬 (11) | 101,509 | 49.2 | 8,539 | 8,480 | 9,016 | 9,150 | 9,223 |
| 埼　玉 (12) | 7,001 | 14.8 | 573 | 426 | 854 | 968 | 838 |
| 千　葉 (13) | 69,258 | 36.5 | 6,411 | 6,071 | 7,971 | 7,132 | 6,644 |
| 東　京 (14) | - | - | - | - | - | - | - |
| 神奈川 (15) | - | - | - | - | - | - | - |
| 新　潟 (16) | 7,922 | 19.7 | 734 | 582 | 1,366 | 911 | 968 |
| 富　山 (17) | 1,997 | 17.9 | 145 | 125 | 444 | 388 | 443 |
| 石　川 (18) | 330 | 1.8 | 55 | - | 139 | 102 | 17 |
| 福　井 (19) | 5,281 | 98.9 | 447 | 418 | 461 | 477 | 478 |
| 山　梨 (20) | 17,917 | 98.7 | 1,406 | 1,342 | 1,367 | 1,441 | 1,575 |
| 長　野 (21) | 15,571 | 17.3 | 1,371 | 1,360 | 1,755 | 1,437 | 1,460 |
| 岐　阜 (22) | 2,267 | 6.9 | 178 | 93 | 498 | 457 | 328 |
| 静　岡 (23) | 19,933 | 22.4 | 1,799 | 1,648 | 2,000 | 1,691 | 1,654 |
| 愛　知 (24) | 30,453 | 19.3 | 2,592 | 2,676 | 4,138 | 3,701 | 4,210 |
| 三　重 (25) | 25,500 | 47.1 | 2,636 | 2,533 | 2,723 | 2,369 | 2,257 |
| 滋　賀 (26) | 7,062 | 39.4 | 619 | 574 | 745 | 677 | 591 |
| 京　都 (27) | 8,740 | 31.4 | 767 | 710 | 764 | 750 | 776 |
| 大　阪 (28) | 972 | 10.5 | 89 | 68 | 102 | 92 | 100 |
| 兵　庫 (29) | 6,876 | 8.9 | 530 | 617 | 766 | 804 | 534 |
| 奈　良 (30) | 23,611 | 99.3 | 1,902 | 1,847 | 2,024 | 2,023 | 2,085 |
| 和歌山 (31) | 4,114 | 91.6 | 385 | 373 | 374 | 352 | 372 |
| 鳥　取 (32) | 353 | 0.6 | - | - | - | 82 | 95 |
| 島　根 (33) | 55,402 | 75.7 | 4,597 | 4,329 | 4,955 | 4,889 | 5,009 |
| 岡　山 (34) | 34,800 | 30.6 | 2,640 | 2,842 | 4,024 | 3,144 | 2,865 |
| 広　島 (35) | 12,288 | 25.2 | 1,104 | 713 | 1,579 | 1,094 | 1,262 |
| 山　口 (36) | 407 | 2.6 | - | - | 113 | 294 | - |
| 徳　島 (37) | 17,494 | 66.2 | 1,427 | 1,382 | 1,725 | 1,578 | 1,714 |
| 香　川 (38) | 24,379 | 67.5 | 2,217 | 2,052 | 2,232 | 2,231 | 2,342 |
| 愛　媛 (39) | 4,839 | 15.9 | 395 | 367 | 516 | 411 | 464 |
| 高　知 (40) | 11,181 | 56.2 | 1,106 | 1,047 | 1,268 | 1,041 | 984 |
| 福　岡 (41) | 13,510 | 18.4 | 1,270 | 902 | 2,394 | 1,702 | 1,825 |
| 佐　賀 (42) | 3,973 | 27.7 | 365 | 390 | 642 | 639 | 451 |
| 長　崎 (43) | 33,335 | 73.1 | 2,989 | 2,821 | 3,434 | 3,127 | 3,006 |
| 熊　本 (44) | 90,442 | 34.9 | 7,626 | 8,520 | 6,990 | 6,474 | 9,220 |
| 大　分 (45) | 20,007 | 28.2 | 1,740 | 1,672 | 1,922 | 1,570 | 1,363 |
| 宮　崎 (46) | 44,476 | 56.1 | 2,609 | 2,641 | 3,454 | 4,511 | 4,675 |
| 鹿児島 (47) | 56,170 | 71.8 | 4,861 | 4,838 | 5,463 | 5,118 | 5,243 |
| 沖　縄 (48) | 538 | 2.3 | - | - | 146 | 278 | 114 |

| 6 | 7 | 8 | 9 | 10 | 11 | 12 | |
|---|---|---|---|---|---|---|---|
| t | t | t | t | t | t | t | |
| **154,883** | **160,685** | **156,123** | **155,829** | **156,962** | **141,974** | **142,552** | (1) |
| 53,650 | 61,530 | 60,351 | 64,217 | 57,011 | 44,427 | 37,838 | (2) |
| 5,580 | 5,666 | 5,750 | 5,255 | 5,481 | 5,156 | 5,618 | (3) |
| 8,399 | 8,479 | 8,248 | 7,925 | 8,242 | 8,067 | 7,700 | (4) |
| 3,526 | 3,567 | 3,572 | 3,205 | 3,685 | 3,620 | 4,083 | (5) |
| 1,296 | 1,271 | 1,293 | 1,076 | 1,176 | 1,168 | 1,261 | (6) |
| 3,012 | 2,957 | 2,920 | 2,653 | 2,939 | 3,058 | 3,201 | (7) |
| 1,309 | 1,396 | 1,620 | 1,342 | 1,427 | 1,310 | 1,777 | (8) |
| 1,915 | 3,691 | 2,546 | 3,919 | 4,624 | 2,144 | 2,554 | (9) |
| 12,955 | 12,697 | 11,027 | 11,518 | 11,941 | 12,296 | 13,200 | (10) |
| 8,042 | 8,604 | 7,897 | 7,881 | 8,472 | 7,690 | 8,515 | (11) |
| 598 | 485 | 516 | 287 | 414 | 463 | 579 | (12) |
| 5,578 | 4,662 | 4,836 | 4,326 | 4,816 | 5,033 | 5,778 | (13) |
| - | - | - | - | - | - | - | (14) |
| - | - | - | - | - | - | - | (15) |
| 377 | 358 | 646 | 312 | 487 | 546 | 635 | (16) |
| 56 | 4 | 100 | - | 38 | 61 | 193 | (17) |
| - | - | - | - | - | - | 17 | (18) |
| 441 | 436 | 410 | 401 | 430 | 430 | 452 | (19) |
| 1,529 | 1,557 | 1,546 | 1,478 | 1,525 | 1,562 | 1,589 | (20) |
| 1,112 | 1,071 | 1,186 | 1,049 | 1,072 | 1,239 | 1,459 | (21) |
| 78 | 100 | 128 | 59 | 116 | 62 | 170 | (22) |
| 1,618 | 1,520 | 1,595 | 1,529 | 1,571 | 1,544 | 1,764 | (23) |
| 2,173 | 1,809 | 1,689 | 1,489 | 2,038 | 1,954 | 1,984 | (24) |
| 1,878 | 1,762 | 1,812 | 1,594 | 1,789 | 1,972 | 2,175 | (25) |
| 554 | 569 | 535 | 524 | 558 | 546 | 570 | (26) |
| 711 | 714 | 671 | 686 | 746 | 706 | 739 | (27) |
| 70 | 67 | 69 | 76 | 78 | 78 | 83 | (28) |
| 497 | 504 | 417 | 396 | 547 | 581 | 683 | (29) |
| 1,967 | 1,969 | 1,885 | 1,865 | 2,009 | 1,971 | 2,064 | (30) |
| 340 | 333 | 297 | 303 | 323 | 317 | 345 | (31) |
| 149 | - | - | - | 27 | - | - | (32) |
| 4,517 | 4,606 | 4,385 | 4,209 | 4,598 | 4,457 | 4,851 | (33) |
| 2,731 | 2,556 | 2,606 | 2,579 | 2,741 | 2,838 | 3,234 | (34) |
| 684 | 997 | 887 | 853 | 936 | 982 | 1,197 | (35) |
| - | - | - | - | - | - | - | (36) |
| 1,466 | 1,392 | 1,262 | 1,188 | 1,386 | 1,415 | 1,559 | (37) |
| 2,178 | 2,241 | 2,155 | 1,858 | 1,682 | 1,586 | 1,605 | (38) |
| 382 | 378 | 360 | 368 | 409 | 384 | 405 | (39) |
| 818 | 828 | 762 | 686 | 847 | 849 | 945 | (40) |
| 844 | 387 | 697 | 481 | 460 | 1,075 | 1,473 | (41) |
| 195 | 180 | 165 | 30 | 225 | 255 | 436 | (42) |
| 2,586 | 2,645 | 2,620 | 2,353 | 2,486 | 2,512 | 2,756 | (43) |
| 8,288 | 6,816 | 7,302 | 6,585 | 7,675 | 7,793 | 7,153 | (44) |
| 1,688 | 1,502 | 1,687 | 1,468 | 1,809 | 1,708 | 1,878 | (45) |
| 4,563 | 4,083 | 3,733 | 3,781 | 3,730 | 3,659 | 3,037 | (46) |
| 4,533 | 4,296 | 3,940 | 4,025 | 4,396 | 4,460 | 4,997 | (47) |
| - | - | - | - | - | - | - | (48) |

## 4 生乳移入量（都道府県別）（月別）

| 都道府県 | 年計 | | 1月 | 2 | 3 | 4 | 5 |
|---|---|---|---|---|---|---|---|
| | 実数 | 生乳生産量に対する割合 | | | | | |
| | t | % | t | t | t | t | t |
| **全国 (1)** | **1,794,204** | **24.1** | **146,222** | **137,496** | **146,715** | **146,293** | **148,470** |
| 北海道 (2) | − | − | − | − | − | − | − |
| 青森 (3) | x | x | x | x | x | x | x |
| 岩手 (4) | 19,179 | 9.0 | 1,477 | 1,100 | 2,823 | 3,002 | 1,974 |
| 宮城 (5) | 39,211 | 35.5 | 3,100 | 2,508 | 3,828 | 3,539 | 3,577 |
| 秋田 (6) | x | x | x | x | x | x | x |
| 山形 (7) | − | − | − | − | − | − | − |
| 福島 (8) | 40,148 | 60.2 | 4,316 | 3,419 | 4,857 | 5,107 | 4,612 |
| 茨城 (9) | 162,289 | 94.9 | 10,958 | 11,365 | 16,624 | 17,025 | 17,630 |
| 栃木 (10) | 7,933 | 2.4 | 651 | 637 | 641 | 624 | 682 |
| 群馬 (11) | 88,239 | 42.8 | 7,506 | 7,350 | 7,205 | 6,732 | 6,783 |
| 埼玉 (12) | 66,364 | 140.2 | 4,935 | 5,036 | 3,750 | 4,144 | 4,390 |
| 千葉 (13) | 71,765 | 37.8 | 5,759 | 5,472 | 4,561 | 4,672 | 5,222 |
| 東京 (14) | 84,012 | 925.9 | 6,837 | 6,693 | 6,968 | 6,704 | 7,108 |
| 神奈川 (15) | 287,809 | 951.4 | 24,160 | 23,536 | 22,586 | 22,719 | 23,865 |
| 新潟 (16) | 18,822 | 46.8 | 1,393 | 1,311 | 1,479 | 1,513 | 1,648 |
| 富山 (17) | x | x | x | x | x | x | x |
| 石川 (18) | 9,480 | 52.0 | 710 | 597 | 559 | 463 | 293 |
| 福井 (19) | x | x | x | x | x | x | x |
| 山梨 (20) | 3,779 | 20.8 | 246 | 301 | 378 | 366 | 350 |
| 長野 (21) | 55,743 | 61.9 | 4,400 | 4,164 | 4,210 | 4,701 | 5,319 |
| 岐阜 (22) | 59,068 | 179.9 | 4,995 | 5,024 | 5,136 | 5,062 | 4,722 |
| 静岡 (23) | 29,745 | 33.4 | 1,904 | 2,311 | 2,016 | 1,280 | 1,598 |
| 愛知 (24) | 74,491 | 47.1 | 6,413 | 5,422 | 5,157 | 5,027 | 4,959 |
| 三重 (25) | 3,103 | 5.7 | 246 | 242 | 268 | 222 | 221 |
| 滋賀 (26) | 13,284 | 74.0 | 1,051 | 1,005 | 532 | 655 | 620 |
| 京都 (27) | 98,998 | 356.1 | 8,587 | 7,853 | 6,906 | 7,676 | 7,957 |
| 大阪 (28) | 111,436 | 1,206.3 | 8,924 | 8,976 | 7,466 | 7,615 | 8,242 |
| 兵庫 (29) | 109,699 | 141.3 | 9,356 | 8,827 | 7,893 | 8,419 | 8,674 |
| 奈良 (30) | x | x | x | x | x | x | x |
| 和歌山 (31) | x | x | x | x | x | x | x |
| 鳥取 (32) | x | x | x | x | x | x | x |
| 島根 (33) | − | − | − | − | − | − | − |
| 岡山 (34) | 56,193 | 49.4 | 5,080 | 3,907 | 4,343 | 3,928 | 4,985 |
| 広島 (35) | 34,652 | 71.0 | 2,821 | 2,396 | 2,347 | 2,544 | 2,910 |
| 山口 (36) | x | x | x | x | x | x | x |
| 徳島 (37) | x | x | x | x | x | x | x |
| 香川 (38) | x | x | x | x | x | x | x |
| 愛媛 (39) | x | x | x | x | x | x | x |
| 高知 (40) | x | x | x | x | x | x | x |
| 福岡 (41) | 116,829 | 158.7 | 9,750 | 9,239 | 9,791 | 9,200 | 9,602 |
| 佐賀 (42) | 3,579 | 24.9 | 285 | 268 | 324 | 364 | 295 |
| 長崎 (43) | 281 | 0.6 | 68 | 13 | 13 | 13 | 27 |
| 熊本 (44) | 23,375 | 9.0 | 2,098 | 848 | 5,670 | 4,866 | 1,647 |
| 大分 (45) | 6,577 | 9.3 | 60 | 256 | − | − | 225 |
| 宮崎 (46) | 35,533 | 44.8 | 3,329 | 3,289 | 3,848 | 3,229 | 3,542 |
| 鹿児島 (47) | − | − | − | − | − | − | − |
| 沖縄 (48) | 1,139 | 4.9 | 85 | 68 | − | − | 51 |

| 6 | 7 | 8 | 9 | 10 | 11 | 12 | |
|---|---|---|---|---|---|---|---|
| t | t | t | t | t | t | t | |
| **154, 883** | **160, 685** | **156, 123** | **155, 829** | **156, 962** | **141, 974** | **142, 552** | (1) |
| – | – | – | – | – | – | – | (2) |
| x | x | x | x | x | x | x | (3) |
| 1, 086 | 1, 194 | 1, 258 | 927 | 1, 102 | 1, 074 | 2, 162 | (4) |
| 3, 966 | 3, 934 | 3, 952 | 3, 947 | 2, 248 | 2, 425 | 2, 187 | (5) |
| x | x | x | x | x | x | x | (6) |
| – | – | – | – | – | – | – | (7) |
| 2, 869 | 2, 829 | 1, 848 | 664 | 2, 237 | 2, 203 | 5, 187 | (8) |
| 11, 325 | 13, 693 | 15, 485 | 12, 722 | 14, 056 | 10, 247 | 11, 159 | (9) |
| 664 | 683 | 740 | 696 | 679 | 651 | 585 | (10) |
| 7, 971 | 8, 993 | 7, 679 | 7, 360 | 7, 817 | 6, 844 | 5, 999 | (11) |
| 6, 535 | 6, 884 | 5, 971 | 6, 826 | 6, 708 | 6, 047 | 5, 138 | (12) |
| 6, 975 | 6, 886 | 6, 667 | 6, 271 | 7, 188 | 6, 154 | 5, 938 | (13) |
| 7, 424 | 7, 160 | 6, 954 | 7, 299 | 6, 976 | 6, 994 | 6, 895 | (14) |
| 23, 784 | 25, 329 | 24, 542 | 25, 060 | 25, 137 | 24, 150 | 22, 941 | (15) |
| 1, 597 | 1, 625 | 1, 670 | 1, 704 | 1, 704 | 1, 483 | 1, 695 | (16) |
| x | x | x | x | x | x | x | (17) |
| 967 | 864 | 942 | 997 | 1, 077 | 1, 099 | 912 | (18) |
| x | x | x | x | x | x | x | (19) |
| 285 | 304 | 302 | 261 | 294 | 340 | 352 | (20) |
| 4, 689 | 5, 078 | 4, 754 | 4, 563 | 4, 909 | 4, 511 | 4, 445 | (21) |
| 4, 740 | 5, 192 | 5, 125 | 4, 837 | 5, 201 | 4, 496 | 4, 538 | (22) |
| 3, 100 | 2, 939 | 3, 111 | 3, 247 | 3, 158 | 2, 696 | 2, 385 | (23) |
| 5, 948 | 6, 587 | 7, 051 | 8, 430 | 7, 562 | 6, 279 | 5, 656 | (24) |
| 262 | 226 | 201 | 263 | 318 | 268 | 366 | (25) |
| 1, 518 | 1, 470 | 1, 237 | 1, 328 | 1, 483 | 1, 300 | 1, 085 | (26) |
| 8, 938 | 8, 447 | 8, 573 | 9, 415 | 9, 225 | 7, 858 | 7, 563 | (27) |
| 10, 525 | 10, 570 | 9, 507 | 10, 347 | 10, 524 | 9, 639 | 9, 101 | (28) |
| 9, 840 | 9, 882 | 9, 575 | 10, 147 | 9, 634 | 9, 034 | 8, 418 | (29) |
| x | x | x | x | x | x | x | (30) |
| x | x | x | x | x | x | x | (31) |
| x | x | x | x | x | x | x | (32) |
| – | – | – | – | – | – | – | (33) |
| 5, 565 | 5, 676 | 5, 212 | 5, 379 | 4, 550 | 3, 821 | 3, 747 | (34) |
| 3, 254 | 3, 396 | 2, 971 | 3, 107 | 3, 180 | 2, 936 | 2, 790 | (35) |
| x | x | x | x | x | x | x | (36) |
| x | x | x | x | x | x | x | (37) |
| x | x | x | x | x | x | x | (38) |
| x | x | x | x | x | x | x | (39) |
| x | x | x | x | x | x | x | (40) |
| 9, 992 | 10, 170 | 10, 481 | 10, 035 | 10, 015 | 9, 423 | 9, 131 | (41) |
| 295 | 294 | 302 | 277 | 292 | 284 | 299 | (42) |
| 27 | 27 | 13 | 27 | 40 | 13 | – | (43) |
| 584 | 1, 138 | 835 | 858 | 865 | 952 | 3, 014 | (44) |
| 812 | 887 | 1, 185 | 990 | 1, 067 | 690 | 405 | (45) |
| 2, 563 | 2, 575 | 2, 528 | 2, 205 | 2, 479 | 2, 614 | 3, 332 | (46) |
| – | – | – | – | – | – | – | (47) |
| 170 | 170 | 51 | 102 | 153 | 153 | 136 | (48) |

## 5　生乳移出入量（都道府県別）（月別）

### (1)　年計

| 移出<br>移入 | 全　国 | 北海道 | 青　森 | 岩　手 | 宮　城 | 秋　田 | 山　形 | 福　島 | 茨　城 | 栃　木 | 群　馬 |
|---|---|---|---|---|---|---|---|---|---|---|---|
| **全　国 (1)** | **1,794,204** | 532,824 | 67,107 | 94,849 | 46,463 | 15,777 | 38,862 | 21,006 | 33,063 | 164,345 | 101,509 |
| 北海道 (2) | - | - | - | - | - | - | - | - | - | - | - |
| 青　森 (3) | x | x | x | x | x | x | x | x | x | x | x |
| 岩　手 (4) | **19,179** | - | 10,279 | - | 810 | 7,160 | 121 | - | - | 447 | 321 |
| 宮　城 (5) | **39,211** | - | 23,909 | 12,416 | - | - | 2,869 | 17 | - | - | - |
| 秋　田 (6) | x | x | x | x | x | x | x | x | x | x | x |
| 山　形 (7) | - | - | - | - | - | - | - | - | - | - | - |
| 福　島 (8) | **40,148** | - | 68 | 3,288 | 9,646 | 285 | 51 | - | - | 26,133 | 677 |
| 茨　城 (9) | **162,289** | 74,421 | 15,889 | 19,166 | 4,995 | 1,830 | 4,569 | 10,219 | - | 10,602 | 4,243 |
| 栃　木 (10) | **7,933** | - | - | 7,717 | - | - | - | - | 201 | - | - |
| 群　馬 (11) | **88,239** | 20,970 | 4,232 | 6,075 | 5,895 | 4,437 | 3,331 | 1,422 | 411 | 31,732 | - |
| 埼　玉 (12) | **66,364** | 20,017 | 2,165 | 11,615 | 3,099 | 1,270 | 322 | 2,369 | 1,222 | 20,556 | 3,312 |
| 千　葉 (13) | **71,765** | 18,840 | 764 | 2,628 | 3,748 | 180 | - | 120 | 21,735 | 21,749 | 1,965 |
| 東　京 (14) | **84,012** | 5,658 | 913 | 2,358 | 2,457 | 505 | - | - | 5,148 | 16,535 | 30,743 |
| 神奈川 (15) | **287,809** | 126,169 | 8,638 | 9,802 | 10,602 | 110 | 20,374 | 6,859 | - | 21,583 | 27,004 |
| 新　潟 (16) | **18,822** | 5,042 | 94 | 8,540 | 45 | - | 3,609 | - | 560 | - | 778 |
| 富　山 (17) | x | x | x | x | x | x | x | x | x | x | x |
| 石　川 (18) | **9,480** | 5,745 | 156 | - | - | - | 459 | - | - | - | 685 |
| 福　井 (19) | x | x | x | x | x | x | x | x | x | x | x |
| 山　梨 (20) | **3,779** | - | - | - | - | - | - | - | - | - | - |
| 長　野 (21) | **55,743** | 2,996 | - | - | 567 | - | 220 | - | 1,379 | - | 25,903 |
| 岐　阜 (22) | **59,068** | 31,279 | - | 1,129 | - | - | 1,288 | - | - | 9,057 | 3,303 |
| 静　岡 (23) | **29,745** | 7,032 | - | 4,170 | 2,271 | - | 1,140 | - | 990 | 5,883 | 2,464 |
| 愛　知 (24) | **74,491** | 26,428 | - | 5,945 | 2,328 | - | 509 | - | 1,403 | - | - |
| 三　重 (25) | **3,103** | - | - | - | - | - | - | - | - | - | - |
| 滋　賀 (26) | **13,284** | 7,292 | - | - | - | - | - | - | - | - | - |
| 京　都 (27) | **98,998** | 66,143 | - | - | - | - | - | - | - | - | - |
| 大　阪 (28) | **111,436** | 51,492 | - | - | - | - | - | - | - | - | 72 |
| 兵　庫 (29) | **109,699** | 41,373 | - | - | - | - | - | - | - | - | - |
| 奈　良 (30) | x | x | x | x | x | x | x | x | x | x | x |
| 和歌山 (31) | x | x | x | x | x | x | x | x | x | x | x |
| 鳥　取 (32) | x | x | x | x | x | x | x | x | x | x | x |
| 島　根 (33) | - | - | - | - | - | - | - | - | - | - | - |
| 岡　山 (34) | **56,193** | 21,893 | - | - | - | - | - | - | 14 | - | 39 |
| 広　島 (35) | **34,652** | - | - | - | - | - | - | - | - | - | - |
| 山　口 (36) | x | x | x | x | x | x | x | x | x | x | x |
| 徳　島 (37) | x | x | x | x | x | x | x | x | x | x | x |
| 香　川 (38) | x | x | x | x | x | x | x | x | x | x | x |
| 愛　媛 (39) | x | x | x | x | x | x | x | x | x | x | x |
| 高　知 (40) | x | x | x | x | x | x | x | x | x | x | x |
| 福　岡 (41) | **116,829** | - | - | - | - | - | - | - | - | - | - |
| 佐　賀 (42) | **3,579** | - | - | - | - | - | - | - | - | - | - |
| 長　崎 (43) | **281** | - | - | - | - | - | - | - | - | - | - |
| 熊　本 (44) | **23,375** | - | - | - | - | - | - | - | - | 68 | - |
| 大　分 (45) | **6,577** | - | - | - | - | - | - | - | - | - | - |
| 宮　崎 (46) | **35,533** | - | - | - | - | - | - | - | - | - | - |
| 鹿児島 (47) | - | - | - | - | - | - | - | - | - | - | - |
| 沖　縄 (48) | **1,139** | - | - | - | - | - | - | - | - | - | - |

単位：t

| 埼玉 | 千葉 | 東京 | 神奈川 | 新潟 | 富山 | 石川 | 福井 | 山梨 | 長野 | 岐阜 | 静岡 | |
|---|---|---|---|---|---|---|---|---|---|---|---|---|
| **7,001** | **69,258** | **-** | **-** | **7,922** | **1,997** | **330** | **5,281** | **17,917** | **15,571** | **2,267** | **19,933** | (1) |
| - | - | - | - | - | - | - | - | - | - | - | - | (2) |
| x | x | x | x | x | x | x | x | x | x | x | x | (3) |
| - | 41 | - | - | - | - | - | - | - | - | - | - | (4) |
| - | - | - | - | - | - | - | - | - | - | - | - | (5) |
| x | x | x | x | x | x | x | x | x | x | x | x | (6) |
| - | - | - | - | - | - | - | - | - | - | - | - | (7) |
| - | - | - | - | - | - | - | - | - | - | - | - | (8) |
| 1,015 | 11,533 | - | - | 1,224 | 452 | 206 | - | - | 286 | 116 | - | (9) |
| - | 15 | - | - | - | - | - | - | - | - | - | - | (10) |
| 2,630 | 169 | - | - | 4,720 | 722 | - | - | 141 | 1,352 | - | - | (11) |
| - | 130 | - | - | 287 | - | - | - | - | - | - | - | (12) |
| - | - | - | - | 15 | - | - | - | - | 21 | - | - | (13) |
| 2,529 | 8,839 | - | - | - | - | - | - | 3,052 | 2,481 | - | 2,774 | (14) |
| 827 | 48,531 | - | - | - | - | - | - | 7,020 | - | - | 290 | (15) |
| - | - | - | - | - | 132 | 22 | - | - | - | - | - | (16) |
| x | x | x | x | x | x | x | x | x | x | x | x | (17) |
| - | - | - | - | 895 | 568 | - | 972 | - | - | - | - | (18) |
| x | x | x | x | x | x | x | x | x | x | x | x | (19) |
| - | - | - | - | - | - | - | - | - | 3,779 | - | - | (20) |
| - | - | - | - | 752 | - | - | - | 3,891 | - | - | - | (21) |
| - | - | - | - | - | - | - | - | - | 1,436 | - | - | (22) |
| - | - | - | - | - | - | - | - | 3,813 | - | - | - | (23) |
| - | - | - | - | - | - | - | - | - | 6,216 | 1,425 | 13,744 | (24) |
| - | - | - | - | - | - | - | - | - | - | - | 3,050 | (25) |
| - | - | - | - | 29 | 59 | - | 4,309 | - | - | - | - | (26) |
| - | - | - | - | - | - | - | - | - | - | - | - | (27) |
| - | - | - | - | - | - | - | - | - | - | - | - | (28) |
| - | - | - | - | - | - | - | - | - | - | - | - | (29) |
| x | x | x | x | x | x | x | x | x | x | x | x | (30) |
| x | x | x | x | x | x | x | x | x | x | x | x | (31) |
| x | x | x | x | x | x | x | x | x | x | x | x | (32) |
| - | - | - | - | - | - | - | - | - | - | - | - | (33) |
| - | - | - | - | - | - | - | - | - | - | - | 75 | (34) |
| - | - | - | - | - | - | - | - | - | - | - | - | (35) |
| x | x | x | x | x | x | x | x | x | x | x | x | (36) |
| x | x | x | x | x | x | x | x | x | x | x | x | (37) |
| x | x | x | x | x | x | x | x | x | x | x | x | (38) |
| x | x | x | x | x | x | x | x | x | x | x | x | (39) |
| x | x | x | x | x | x | x | x | x | x | x | x | (40) |
| - | - | - | - | - | - | - | - | - | - | - | - | (41) |
| - | - | - | - | - | - | - | - | - | - | - | - | (42) |
| - | - | - | - | - | - | - | - | - | - | - | - | (43) |
| - | - | - | - | - | - | 68 | - | - | - | 635 | - | (44) |
| - | - | - | - | - | - | - | - | - | - | - | - | (45) |
| - | - | - | - | - | - | - | - | - | - | - | - | (46) |
| - | - | - | - | - | - | - | - | - | - | - | - | (47) |
| - | - | - | - | - | - | - | - | - | - | - | - | (48) |

## 5　生乳移出入量（都道府県別）（月別）（続き）

### (1)　年計（続き）

| 移出＼移入 | 愛知 | 三重 | 滋賀 | 京都 | 大阪 | 兵庫 | 奈良 | 和歌山 | 鳥取 | 島根 | 岡山 | 広島 |
|---|---|---|---|---|---|---|---|---|---|---|---|---|
| **全国 (1)** | 30,453 | 25,500 | 7,062 | 8,740 | 972 | 6,876 | 23,611 | 4,114 | 353 | 55,402 | 34,800 | 12,288 |
| 北海道 (2) | – | – | – | – | – | – | – | – | – | – | – | – |
| 青森 (3) | x | x | x | x | x | x | x | x | x | x | x | x |
| 岩手 (4) | – | – | – | – | – | – | – | – | – | – | – | – |
| 宮城 (5) | – | – | – | – | – | – | – | – | – | – | – | – |
| 秋田 (6) | x | x | x | x | x | x | x | x | x | x | x | x |
| 山形 (7) | – | – | – | – | – | – | – | – | – | – | – | – |
| 福島 (8) | – | – | – | – | – | – | – | – | – | – | – | – |
| 茨城 (9) | 1,307 | 216 | – | – | – | – | – | – | – | – | – | – |
| 栃木 (10) | – | – | – | – | – | – | – | – | – | – | – | – |
| 群馬 (11) | – | – | – | – | – | – | – | – | – | – | – | – |
| 埼玉 (12) | – | – | – | – | – | – | – | – | – | – | – | – |
| 千葉 (13) | – | – | – | – | – | – | – | – | – | – | – | – |
| 東京 (14) | 20 | – | – | – | – | – | – | – | – | – | – | – |
| 神奈川 (15) | – | – | – | – | – | – | – | – | – | – | – | – |
| 新潟 (16) | – | – | – | – | – | – | – | – | – | – | – | – |
| 富山 (17) | x | x | x | x | x | x | x | x | x | x | x | x |
| 石川 (18) | – | – | – | – | – | – | – | – | – | – | – | – |
| 福井 (19) | x | x | x | x | x | x | x | x | x | x | x | x |
| 山梨 (20) | – | – | – | – | – | – | – | – | – | – | – | – |
| 長野 (21) | 17,438 | 2,597 | – | – | – | – | – | – | – | – | – | – |
| 岐阜 (22) | 4,473 | 2,008 | – | – | – | – | – | – | – | – | 4,541 | – |
| 静岡 (23) | 1,982 | – | – | – | – | – | – | – | – | – | – | – |
| 愛知 (24) | – | 14,294 | – | – | – | – | – | – | – | – | – | – |
| 三重 (25) | 53 | – | – | – | – | – | – | – | – | – | – | – |
| 滋賀 (26) | – | 1,308 | – | – | 88 | – | – | – | – | – | – | – |
| 京都 (27) | 3,150 | 4,462 | 1,327 | – | 566 | 2,510 | 3,386 | – | – | 1,960 | 2,247 | – |
| 大阪 (28) | 475 | 422 | 3,325 | – | – | 4,332 | 5,905 | 4,114 | 14 | 2,105 | 8,352 | – |
| 兵庫 (29) | 316 | – | 2,410 | 8,740 | 291 | – | 14,320 | – | 339 | 1,634 | 13,350 | 581 |
| 奈良 (30) | x | x | x | x | x | x | x | x | x | x | x | x |
| 和歌山 (31) | x | x | x | x | x | x | x | x | x | x | x | x |
| 鳥取 (32) | x | x | x | x | x | x | x | x | x | x | x | x |
| 島根 (33) | – | – | – | – | – | – | – | – | – | – | – | – |
| 岡山 (34) | – | – | – | – | – | – | – | – | – | 15,661 | – | 8,392 |
| 広島 (35) | – | – | – | – | – | – | – | – | – | 24,464 | 5,131 | – |
| 山口 (36) | x | x | x | x | x | x | x | x | x | x | x | x |
| 徳島 (37) | x | x | x | x | x | x | x | x | x | x | x | x |
| 香川 (38) | x | x | x | x | x | x | x | x | x | x | x | x |
| 愛媛 (39) | x | x | x | x | x | x | x | x | x | x | x | x |
| 高知 (40) | x | x | x | x | x | x | x | x | x | x | x | x |
| 福岡 (41) | – | – | – | – | – | – | – | – | – | – | – | – |
| 佐賀 (42) | – | – | – | – | – | – | – | – | – | – | – | – |
| 長崎 (43) | – | – | – | – | – | – | – | – | – | – | 281 | – |
| 熊本 (44) | 1,154 | 193 | – | – | – | – | – | – | – | 328 | 20 | 357 |
| 大分 (45) | – | – | – | – | – | – | – | – | – | – | – | – |
| 宮崎 (46) | – | – | – | – | – | – | – | – | – | – | – | – |
| 鹿児島 (47) | – | – | – | – | – | – | – | – | – | – | – | – |
| 沖縄 (48) | – | – | – | – | – | – | – | – | – | – | – | – |

単位：t

| 山口 | 徳島 | 香川 | 愛媛 | 高知 | 福岡 | 佐賀 | 長崎 | 熊本 | 大分 | 宮崎 | 鹿児島 | 沖縄 | |
|---|---|---|---|---|---|---|---|---|---|---|---|---|---|
| **407** | **17,494** | **24,379** | **4,839** | **11,181** | **13,510** | **3,973** | **33,335** | **90,442** | **20,007** | **44,476** | **56,170** | **538** | (1) |
| - | - | - | - | - | - | - | - | - | - | - | - | - | (2) |
| x | x | x | x | x | x | x | x | x | x | x | x | x | (3) |
| - | - | - | - | - | - | - | - | - | - | - | - | - | (4) |
| - | - | - | - | - | - | - | - | - | - | - | - | - | (5) |
| x | x | x | x | x | x | x | x | x | x | x | x | x | (6) |
| - | - | - | - | - | - | - | - | - | - | - | - | - | (7) |
| - | - | - | - | - | - | - | - | - | - | - | - | - | (8) |
| - | - | - | - | - | - | - | - | - | - | - | - | - | (9) |
| - | - | - | - | - | - | - | - | - | - | - | - | - | (10) |
| - | - | - | - | - | - | - | - | - | - | - | - | - | (11) |
| - | - | - | - | - | - | - | - | - | - | - | - | - | (12) |
| - | - | - | - | - | - | - | - | - | - | - | - | - | (13) |
| - | - | - | - | - | - | - | - | - | - | - | - | - | (14) |
| - | - | - | - | - | - | - | - | - | - | - | - | - | (15) |
| - | - | - | - | - | - | - | - | - | - | - | - | - | (16) |
| x | x | x | x | x | x | x | x | x | x | x | x | x | (17) |
| - | - | - | - | - | - | - | - | - | - | - | - | - | (18) |
| x | x | x | x | x | x | x | x | x | x | x | x | x | (19) |
| - | - | - | - | - | - | - | - | - | - | - | - | - | (20) |
| - | - | - | - | - | - | - | - | - | - | - | - | - | (21) |
| - | - | - | - | - | - | - | - | - | - | 554 | - | - | (22) |
| - | - | - | - | - | - | - | - | - | - | - | - | - | (23) |
| - | - | - | - | - | - | - | 132 | - | - | 2,067 | - | - | (24) |
| - | - | - | - | - | - | - | - | - | - | - | - | - | (25) |
| - | 122 | - | - | - | - | - | - | - | - | 77 | - | - | (26) |
| - | 97 | 359 | 179 | - | 2,482 | - | 190 | 6,865 | 628 | 2,447 | - | - | (27) |
| - | 5,469 | 5,554 | - | 1,122 | - | - | 455 | 12,338 | 34 | 5,619 | 237 | - | (28) |
| - | 439 | 2,681 | - | - | 697 | - | 769 | 3,393 | 238 | 2,302 | 15,826 | - | (29) |
| x | x | x | x | x | x | x | x | x | x | x | x | x | (30) |
| x | x | x | x | x | x | x | x | x | x | x | x | x | (31) |
| x | x | x | x | x | x | x | x | x | x | x | x | x | (32) |
| - | - | - | - | - | - | - | - | - | - | - | - | - | (33) |
| - | - | 397 | 3,902 | - | - | - | 480 | 2,084 | 340 | 2,916 | - | - | (34) |
| - | 1,315 | 980 | - | - | - | - | 390 | 544 | 595 | 1,233 | - | - | (35) |
| x | x | x | x | x | x | x | x | x | x | x | x | x | (36) |
| x | x | x | x | x | x | x | x | x | x | x | x | x | (37) |
| x | x | x | x | x | x | x | x | x | x | x | x | x | (38) |
| x | x | x | x | x | x | x | x | x | x | x | x | x | (39) |
| x | x | x | x | x | x | x | x | x | x | x | x | x | (40) |
| - | - | - | - | - | - | - | 28,138 | 49,884 | 17,313 | 21,142 | 352 | - | (41) |
| - | - | - | - | - | - | - | - | 3,429 | - | 150 | - | - | (42) |
| - | - | - | - | - | - | - | - | - | - | - | - | - | (43) |
| 407 | - | - | 17 | - | 6,112 | 3,973 | 2,781 | - | 859 | 1,643 | 4,222 | 538 | (44) |
| - | - | - | - | - | 1,216 | - | - | 5,361 | - | - | - | - | (45) |
| - | - | - | - | - | - | - | - | - | - | - | 35,533 | - | (46) |
| - | - | - | - | - | - | - | - | - | - | - | - | - | (47) |
| - | - | - | - | - | - | - | - | 1,139 | - | - | - | - | (48) |

## 5　生乳移出入量（都道府県別）（月別）（続き）

### (2)　1月分

| 移入＼移出 | | 全国 | 北海道 | 青森 | 岩手 | 宮城 | 秋田 | 山形 | 福島 | 茨城 | 栃木 | 群馬 |
|---|---|---|---|---|---|---|---|---|---|---|---|---|
| 全国 | (1) | 146,222 | 38,219 | 5,484 | 7,730 | 3,912 | 1,389 | 3,483 | 1,819 | 2,793 | 15,269 | 8,539 |
| 北海道 | (2) | - | - | - | - | - | - | - | - | - | - | - |
| 青森 | (3) | x | x | x | x | x | x | x | x | x | x | x |
| 岩手 | (4) | 1,477 | - | 796 | - | 47 | 573 | - | - | - | 31 | 30 |
| 宮城 | (5) | 3,100 | - | 1,757 | 1,183 | - | - | 160 | - | - | - | - |
| 秋田 | (6) | x | x | x | x | x | x | x | x | x | x | x |
| 山形 | (7) | - | - | - | - | - | - | - | - | - | - | - |
| 福島 | (8) | 4,316 | - | 17 | 325 | 845 | - | - | - | - | 3,039 | 90 |
| 茨城 | (9) | 10,958 | 4,084 | 1,371 | 1,091 | 340 | 70 | 581 | 821 | - | 707 | 386 |
| 栃木 | (10) | 651 | - | - | 651 | - | - | - | - | - | - | - |
| 群馬 | (11) | 7,506 | 1,171 | 218 | 390 | 268 | 671 | 340 | 162 | - | 3,573 | - |
| 埼玉 | (12) | 4,935 | 1,349 | 124 | 786 | 489 | 75 | 66 | 226 | - | 1,470 | 225 |
| 千葉 | (13) | 5,759 | 1,006 | 80 | 271 | 325 | - | - | - | 2,302 | 1,602 | 173 |
| 東京 | (14) | 6,837 | 442 | 182 | 310 | 90 | - | - | - | 491 | 1,509 | 2,221 |
| 神奈川 | (15) | 24,160 | 9,602 | 851 | 817 | 922 | - | 1,382 | 610 | - | 2,004 | 2,653 |
| 新潟 | (16) | 1,393 | 309 | - | 666 | - | - | 346 | - | - | - | 50 |
| 富山 | (17) | x | x | x | x | x | x | x | x | x | x | x |
| 石川 | (18) | 710 | 274 | 88 | - | - | - | - | - | - | - | 82 |
| 福井 | (19) | x | x | x | x | x | x | x | x | x | x | x |
| 山梨 | (20) | 246 | - | - | - | - | - | - | - | - | - | - |
| 長野 | (21) | 4,400 | - | - | - | 56 | - | 20 | - | - | - | 2,202 |
| 岐阜 | (22) | 4,995 | 2,398 | - | 77 | - | - | 405 | - | - | 929 | 294 |
| 静岡 | (23) | 1,904 | 136 | - | 554 | 315 | - | 100 | - | - | 405 | 75 |
| 愛知 | (24) | 6,413 | 1,777 | - | 609 | 215 | - | 83 | - | - | - | - |
| 三重 | (25) | 246 | - | - | - | - | - | - | - | - | - | - |
| 滋賀 | (26) | 1,051 | 566 | - | - | - | - | - | - | - | - | - |
| 京都 | (27) | 8,587 | 5,792 | - | - | - | - | - | - | - | - | - |
| 大阪 | (28) | 8,924 | 4,194 | - | - | - | - | - | - | - | - | 58 |
| 兵庫 | (29) | 9,356 | 3,221 | - | - | - | - | - | - | - | - | - |
| 奈良 | (30) | x | x | x | x | x | x | x | x | x | x | x |
| 和歌山 | (31) | x | x | x | x | x | x | x | x | x | x | x |
| 鳥取 | (32) | x | x | x | x | x | x | x | x | x | x | x |
| 島根 | (33) | - | - | - | - | - | - | - | - | - | - | - |
| 岡山 | (34) | 5,080 | 1,898 | - | - | - | - | - | - | - | - | - |
| 広島 | (35) | 2,821 | - | - | - | - | - | - | - | - | - | - |
| 山口 | (36) | x | x | x | x | x | x | x | x | x | x | x |
| 徳島 | (37) | x | x | x | x | x | x | x | x | x | x | x |
| 香川 | (38) | x | x | x | x | x | x | x | x | x | x | x |
| 愛媛 | (39) | x | x | x | x | x | x | x | x | x | x | x |
| 高知 | (40) | x | x | x | x | x | x | x | x | x | x | x |
| 福岡 | (41) | 9,750 | - | - | - | - | - | - | - | - | - | - |
| 佐賀 | (42) | 285 | - | - | - | - | - | - | - | - | - | - |
| 長崎 | (43) | 68 | - | - | - | - | - | - | - | - | - | - |
| 熊本 | (44) | 2,098 | - | - | - | - | - | - | - | - | - | - |
| 大分 | (45) | 60 | - | - | - | - | - | - | - | - | - | - |
| 宮崎 | (46) | 3,329 | - | - | - | - | - | - | - | - | - | - |
| 鹿児島 | (47) | - | - | - | - | - | - | - | - | - | - | - |
| 沖縄 | (48) | 85 | - | - | - | - | - | - | - | - | - | - |

単位：t

| 埼玉 | 千葉 | 東京 | 神奈川 | 新潟 | 富山 | 石川 | 福井 | 山梨 | 長野 | 岐阜 | 静岡 | |
|---|---|---|---|---|---|---|---|---|---|---|---|---|
| **573** | **6,411** | **-** | **-** | **734** | **145** | **55** | **447** | **1,406** | **1,371** | **178** | **1,799** | (1) |
| - | - | - | - | - | - | - | - | - | - | - | - | (2) |
| x | x | x | x | x | x | x | x | x | x | x | x | (3) |
| - | - | - | - | - | - | - | - | - | - | - | - | (4) |
| - | - | - | - | - | - | - | - | - | - | - | - | (5) |
| x | x | x | x | x | x | x | x | x | x | x | x | (6) |
| - | - | - | - | - | - | - | - | - | - | - | - | (7) |
| - | - | - | - | - | - | - | - | - | - | - | - | (8) |
| 91 | 921 | - | - | 173 | 26 | 33 | - | - | 61 | - | - | (9) |
| - | - | - | - | - | - | - | - | - | - | - | - | (10) |
| 177 | 31 | - | - | 316 | 69 | - | - | 7 | 113 | - | - | (11) |
| - | 110 | - | - | 15 | - | - | - | - | - | - | - | (12) |
| - | - | - | - | - | - | - | - | - | - | - | - | (13) |
| 247 | 578 | - | - | - | - | - | - | 273 | 184 | - | 310 | (14) |
| 58 | 4,771 | - | - | - | - | - | - | 460 | - | - | 30 | (15) |
| - | - | - | - | - | - | 22 | - | - | - | - | - | (16) |
| x | x | x | x | x | x | x | x | x | x | x | x | (17) |
| - | - | - | - | 136 | 50 | - | 80 | - | - | - | - | (18) |
| x | x | x | x | x | x | x | x | x | x | x | x | (19) |
| - | - | - | - | - | - | - | - | - | 246 | - | - | (20) |
| - | - | - | - | 94 | - | - | - | 347 | - | - | - | (21) |
| - | - | - | - | - | - | - | - | - | 136 | - | - | (22) |
| - | - | - | - | - | - | - | - | 319 | - | - | - | (23) |
| - | - | - | - | - | - | - | - | - | 631 | 161 | 1,213 | (24) |
| - | - | - | - | - | - | - | - | - | - | - | 246 | (25) |
| - | - | - | - | - | - | - | 367 | - | - | - | - | (26) |
| - | - | - | - | - | - | - | - | - | - | - | - | (27) |
| - | - | - | - | - | - | - | - | - | - | - | - | (28) |
| - | - | - | - | - | - | - | - | - | - | - | - | (29) |
| x | x | x | x | x | x | x | x | x | x | x | x | (30) |
| x | x | x | x | x | x | x | x | x | x | x | x | (31) |
| x | x | x | x | x | x | x | x | x | x | x | x | (32) |
| - | - | - | - | - | - | - | - | - | - | - | - | (33) |
| - | - | - | - | - | - | - | - | - | - | - | - | (34) |
| - | - | - | - | - | - | - | - | - | - | - | - | (35) |
| x | x | x | x | x | x | x | x | x | x | x | x | (36) |
| x | x | x | x | x | x | x | x | x | x | x | x | (37) |
| x | x | x | x | x | x | x | x | x | x | x | x | (38) |
| x | x | x | x | x | x | x | x | x | x | x | x | (39) |
| x | x | x | x | x | x | x | x | x | x | x | x | (40) |
| - | - | - | - | - | - | - | - | - | - | - | - | (41) |
| - | - | - | - | - | - | - | - | - | - | - | - | (42) |
| - | - | - | - | - | - | - | - | - | - | - | - | (43) |
| - | - | - | - | - | - | - | - | - | - | 17 | - | (44) |
| - | - | - | - | - | - | - | - | - | - | - | - | (45) |
| - | - | - | - | - | - | - | - | - | - | - | - | (46) |
| - | - | - | - | - | - | - | - | - | - | - | - | (47) |
| - | - | - | - | - | - | - | - | - | - | - | - | (48) |

## 5　生乳移出入量（都道府県別）（月別）（続き）

### (2)　1月分（続き）

| 移入＼移出 | 愛知 | 三重 | 滋賀 | 京都 | 大阪 | 兵庫 | 奈良 | 和歌山 | 鳥取 | 島根 | 岡山 | 広島 |
|---|---|---|---|---|---|---|---|---|---|---|---|---|
| **全国 (1)** | **2,592** | **2,636** | **619** | **767** | **89** | **530** | **1,902** | **385** | **-** | **4,597** | **2,640** | **1,104** |
| 北海道 (2) | - | - | - | - | - | - | - | - | - | - | - | - |
| 青森 (3) | x | x | x | x | x | x | x | x | x | x | x | x |
| 岩手 (4) | - | - | - | - | - | - | - | - | - | - | - | - |
| 宮城 (5) | - | - | - | - | - | - | - | - | - | - | - | - |
| 秋田 (6) | x | x | x | x | x | x | x | x | x | x | x | x |
| 山形 (7) | - | - | - | - | - | - | - | - | - | - | - | - |
| 福島 (8) | - | - | - | - | - | - | - | - | - | - | - | - |
| 茨城 (9) | 118 | 84 | - | - | - | - | - | - | - | - | - | - |
| 栃木 (10) | - | - | - | - | - | - | - | - | - | - | - | - |
| 群馬 (11) | - | - | - | - | - | - | - | - | - | - | - | - |
| 埼玉 (12) | - | - | - | - | - | - | - | - | - | - | - | - |
| 千葉 (13) | - | - | - | - | - | - | - | - | - | - | - | - |
| 東京 (14) | - | - | - | - | - | - | - | - | - | - | - | - |
| 神奈川 (15) | - | - | - | - | - | - | - | - | - | - | - | - |
| 新潟 (16) | - | - | - | - | - | - | - | - | - | - | - | - |
| 富山 (17) | x | x | x | x | x | x | x | x | x | x | x | x |
| 石川 (18) | - | - | - | - | - | - | - | - | - | - | - | - |
| 福井 (19) | x | x | x | x | x | x | x | x | x | x | x | x |
| 山梨 (20) | - | - | - | - | - | - | - | - | - | - | - | - |
| 長野 (21) | 1,429 | 252 | - | - | - | - | - | - | - | - | - | - |
| 岐阜 (22) | 271 | 159 | - | - | - | - | - | - | - | - | 326 | - |
| 静岡 (23) | - | - | - | - | - | - | - | - | - | - | - | - |
| 愛知 (24) | - | 1,606 | - | - | - | - | - | - | - | - | - | - |
| 三重 (25) | - | - | - | - | - | - | - | - | - | - | - | - |
| 滋賀 (26) | - | 104 | - | - | 4 | - | - | - | - | - | - | - |
| 京都 (27) | 422 | 371 | 124 | - | 66 | 171 | 301 | - | - | 399 | 140 | - |
| 大阪 (28) | 60 | 43 | 203 | - | - | 359 | 512 | 385 | - | 148 | 474 | - |
| 兵庫 (29) | 137 | - | 292 | 767 | 19 | - | 1,089 | - | - | 281 | 1,262 | - |
| 奈良 (30) | x | x | x | x | x | x | x | x | x | x | x | x |
| 和歌山 (31) | x | x | x | x | x | x | x | x | x | x | x | x |
| 鳥取 (32) | x | x | x | x | x | x | x | x | x | x | x | x |
| 島根 (33) | - | - | - | - | - | - | - | - | - | - | - | - |
| 岡山 (34) | - | - | - | - | - | - | - | - | - | 1,010 | - | 1,104 |
| 広島 (35) | - | - | - | - | - | - | - | - | - | 2,057 | 356 | - |
| 山口 (36) | x | x | x | x | x | x | x | x | x | x | x | x |
| 徳島 (37) | x | x | x | x | x | x | x | x | x | x | x | x |
| 香川 (38) | x | x | x | x | x | x | x | x | x | x | x | x |
| 愛媛 (39) | x | x | x | x | x | x | x | x | x | x | x | x |
| 高知 (40) | x | x | x | x | x | x | x | x | x | x | x | x |
| 福岡 (41) | - | - | - | - | - | - | - | - | - | - | - | - |
| 佐賀 (42) | - | - | - | - | - | - | - | - | - | - | - | - |
| 長崎 (43) | - | - | - | - | - | - | - | - | - | - | 68 | - |
| 熊本 (44) | 155 | 17 | - | - | - | - | - | - | - | 13 | - | - |
| 大分 (45) | - | - | - | - | - | - | - | - | - | - | - | - |
| 宮崎 (46) | - | - | - | - | - | - | - | - | - | - | - | - |
| 鹿児島 (47) | - | - | - | - | - | - | - | - | - | - | - | - |
| 沖縄 (48) | - | - | - | - | - | - | - | - | - | - | - | - |

単位：t

| 山口 | 徳島 | 香川 | 愛媛 | 高知 | 福岡 | 佐賀 | 長崎 | 熊本 | 大分 | 宮崎 | 鹿児島 | 沖縄 | |
|---|---|---|---|---|---|---|---|---|---|---|---|---|---|
| - | 1,427 | 2,217 | 395 | 1,106 | 1,270 | 365 | 2,989 | 7,626 | 1,740 | 2,609 | 4,861 | - | (1) |
| - | - | - | - | - | - | - | - | - | - | - | - | - | (2) |
| x | x | x | x | x | x | x | x | x | x | x | x | x | (3) |
| - | - | - | - | - | - | - | - | - | - | - | - | - | (4) |
| - | - | - | - | - | - | - | - | - | - | - | - | - | (5) |
| x | x | x | x | x | x | x | x | x | x | x | x | x | (6) |
| - | - | - | - | - | - | - | - | - | - | - | - | - | (7) |
| - | - | - | - | - | - | - | - | - | - | - | - | - | (8) |
| - | - | - | - | - | - | - | - | - | - | - | - | - | (9) |
| - | - | - | - | - | - | - | - | - | - | - | - | - | (10) |
| - | - | - | - | - | - | - | - | - | - | - | - | - | (11) |
| - | - | - | - | - | - | - | - | - | - | - | - | - | (12) |
| - | - | - | - | - | - | - | - | - | - | - | - | - | (13) |
| - | - | - | - | - | - | - | - | - | - | - | - | - | (14) |
| - | - | - | - | - | - | - | - | - | - | - | - | - | (15) |
| - | - | - | - | - | - | - | - | - | - | - | - | - | (16) |
| x | x | x | x | x | x | x | x | x | x | x | x | x | (17) |
| - | - | - | - | - | - | - | - | - | - | - | - | - | (18) |
| x | x | x | x | x | x | x | x | x | x | x | x | x | (19) |
| - | - | - | - | - | - | - | - | - | - | - | - | - | (20) |
| - | - | - | - | - | - | - | - | - | - | - | - | - | (21) |
| - | - | - | - | - | - | - | - | - | - | - | - | - | (22) |
| - | - | - | - | - | - | - | - | - | - | - | - | - | (23) |
| - | - | - | - | - | - | - | - | - | - | 118 | - | - | (24) |
| - | - | - | - | - | - | - | - | - | - | - | - | - | (25) |
| - | 10 | - | - | - | - | - | - | - | - | - | - | - | (26) |
| - | 14 | 150 | - | - | 51 | - | - | 399 | 17 | 170 | - | - | (27) |
| - | 416 | 421 | - | 120 | - | - | 70 | 970 | - | 474 | 17 | - | (28) |
| - | 14 | 436 | - | - | 85 | - | 45 | 276 | - | 251 | 1,181 | - | (29) |
| x | x | x | x | x | x | x | x | x | x | x | x | x | (30) |
| x | x | x | x | x | x | x | x | x | x | x | x | x | (31) |
| x | x | x | x | x | x | x | x | x | x | x | x | x | (32) |
| - | - | - | - | - | - | - | - | - | - | - | - | - | (33) |
| - | - | 37 | 293 | - | - | - | 46 | 480 | 17 | 195 | - | - | (34) |
| - | 124 | - | - | - | - | - | 47 | 51 | 34 | 152 | - | - | (35) |
| x | x | x | x | x | x | x | x | x | x | x | x | x | (36) |
| x | x | x | x | x | x | x | x | x | x | x | x | x | (37) |
| x | x | x | x | x | x | x | x | x | x | x | x | x | (38) |
| x | x | x | x | x | x | x | x | x | x | x | x | x | (39) |
| x | x | x | x | x | x | x | x | x | x | x | x | x | (40) |
| - | - | - | - | - | - | - | 2,426 | 4,855 | 1,521 | 932 | 16 | - | (41) |
| - | - | - | - | - | - | - | - | 285 | - | - | - | - | (42) |
| - | - | - | - | - | - | - | - | - | - | - | - | - | (43) |
| - | - | - | - | - | 658 | 365 | 355 | - | 151 | 49 | 318 | - | (44) |
| - | - | - | - | - | 15 | - | - | 45 | - | - | - | - | (45) |
| - | - | - | - | - | - | - | - | - | - | - | 3,329 | - | (46) |
| - | - | - | - | - | - | - | - | - | - | - | - | - | (47) |
| - | - | - | - | - | - | - | - | 85 | - | - | - | - | (48) |

## 5　生乳移出入量（都道府県別）（月別）（続き）

### (3)　２月分

| 移入＼移出 | 全　国 | 北海道 | 青　森 | 岩　手 | 宮　城 | 秋　田 | 山　形 | 福　島 | 茨　城 | 栃　木 | 群　馬 |
|---|---|---|---|---|---|---|---|---|---|---|---|
| **全　　国 (1)** | **137,496** | **32,039** | **5,318** | **7,980** | **3,949** | **1,317** | **3,364** | **1,592** | **2,716** | **14,762** | **8,480** |
| 北 海 道 (2) | **-** | - | - | - | - | - | - | - | - | - | - |
| 青　　森 (3) | **x** | x | x | x | x | x | x | x | x | x | x |
| 岩　　手 (4) | **1,100** | - | 543 | - | - | 542 | - | - | - | - | - |
| 宮　　城 (5) | **2,508** | - | 1,499 | 989 | - | - | 20 | - | - | - | - |
| 秋　　田 (6) | **x** | x | x | x | x | x | x | x | x | x | x |
| 山　　形 (7) | **-** | - | - | - | - | - | - | - | - | - | - |
| 福　　島 (8) | **3,419** | - | - | 395 | 802 | 20 | - | - | - | 2,202 | - |
| 茨　　城 (9) | **11,365** | 3,901 | 1,833 | 1,486 | 485 | 190 | 568 | 721 | - | 903 | 355 |
| 栃　　木 (10) | **637** | - | - | 637 | - | - | - | - | - | - | - |
| 群　　馬 (11) | **7,350** | 1,084 | 416 | 585 | 443 | 215 | 480 | 90 | - | 3,445 | - |
| 埼　　玉 (12) | **5,036** | 1,377 | 190 | 826 | 120 | 185 | 51 | 181 | - | 1,701 | 238 |
| 千　　葉 (13) | **5,472** | 802 | 57 | 296 | 259 | 75 | - | 45 | 2,273 | 1,518 | 147 |
| 東　　京 (14) | **6,693** | 239 | 111 | 248 | 140 | 90 | - | - | 443 | 1,786 | 2,470 |
| 神 奈 川 (15) | **23,536** | 8,846 | 635 | 797 | 1,144 | - | 1,521 | 555 | - | 1,923 | 2,670 |
| 新　　潟 (16) | **1,311** | 349 | - | 646 | - | - | 277 | - | - | - | 39 |
| 富　　山 (17) | **x** | x | x | x | x | x | x | x | x | x | x |
| 石　　川 (18) | **597** | 206 | 34 | - | - | - | 36 | - | - | - | 85 |
| 福　　井 (19) | **x** | x | x | x | x | x | x | x | x | x | x |
| 山　　梨 (20) | **301** | - | - | - | - | - | - | - | - | - | - |
| 長　　野 (21) | **4,164** | 17 | - | - | 26 | - | - | - | - | - | 2,134 |
| 岐　　阜 (22) | **5,024** | 2,340 | - | 248 | - | - | 275 | - | - | 960 | 267 |
| 静　　岡 (23) | **2,311** | 255 | - | 371 | 300 | - | 100 | - | - | 324 | 75 |
| 愛　　知 (24) | **5,422** | 1,066 | - | 456 | 230 | - | 36 | - | - | - | - |
| 三　　重 (25) | **242** | - | - | - | - | - | - | - | - | - | - |
| 滋　　賀 (26) | **1,005** | 479 | - | - | - | - | - | - | - | - | - |
| 京　　都 (27) | **7,853** | 3,812 | - | - | - | - | - | - | - | - | - |
| 大　　阪 (28) | **8,976** | 3,077 | - | - | - | - | - | - | - | - | - |
| 兵　　庫 (29) | **8,827** | 2,503 | - | - | - | - | - | - | - | - | - |
| 奈　　良 (30) | **x** | x | x | x | x | x | x | x | x | x | x |
| 和 歌 山 (31) | **x** | x | x | x | x | x | x | x | x | x | x |
| 鳥　　取 (32) | **x** | x | x | x | x | x | x | x | x | x | x |
| 島　　根 (33) | **-** | - | - | - | - | - | - | - | - | - | - |
| 岡　　山 (34) | **3,907** | 1,686 | - | - | - | - | - | - | - | - | - |
| 広　　島 (35) | **2,396** | - | - | - | - | - | - | - | - | - | - |
| 山　　口 (36) | **x** | x | x | x | x | x | x | x | x | x | x |
| 徳　　島 (37) | **x** | x | x | x | x | x | x | x | x | x | x |
| 香　　川 (38) | **x** | x | x | x | x | x | x | x | x | x | x |
| 愛　　媛 (39) | **x** | x | x | x | x | x | x | x | x | x | x |
| 高　　知 (40) | **x** | x | x | x | x | x | x | x | x | x | x |
| 福　　岡 (41) | **9,239** | - | - | - | - | - | - | - | - | - | - |
| 佐　　賀 (42) | **268** | - | - | - | - | - | - | - | - | - | - |
| 長　　崎 (43) | **13** | - | - | - | - | - | - | - | - | - | - |
| 熊　　本 (44) | **848** | - | - | - | - | - | - | - | - | - | - |
| 大　　分 (45) | **256** | - | - | - | - | - | - | - | - | - | - |
| 宮　　崎 (46) | **3,289** | - | - | - | - | - | - | - | - | - | - |
| 鹿 児 島 (47) | **-** | - | - | - | - | - | - | - | - | - | - |
| 沖　　縄 (48) | **68** | - | - | - | - | - | - | - | - | - | - |

単位：t

| 埼玉 | 千葉 | 東京 | 神奈川 | 新潟 | 富山 | 石川 | 福井 | 山梨 | 長野 | 岐阜 | 静岡 | |
|---|---|---|---|---|---|---|---|---|---|---|---|---|
| **426** | **6,071** | **-** | **-** | **582** | **125** | **-** | **418** | **1,342** | **1,360** | **93** | **1,648** | (1) |
| - | - | - | - | - | - | - | - | - | - | - | - | (2) |
| x | x | x | x | x | x | x | x | x | x | x | x | (3) |
| - | 15 | - | - | - | - | - | - | - | - | - | - | (4) |
| - | - | - | - | - | - | - | - | - | - | - | - | (5) |
| x | x | x | x | x | x | x | x | x | x | x | x | (6) |
| - | - | - | - | - | - | - | - | - | - | - | - | (7) |
| - | - | - | - | - | - | - | - | - | - | - | - | (8) |
| 16 | 907 | - | - | - | - | - | - | - | - | - | - | (9) |
| - | - | - | - | - | - | - | - | - | - | - | - | (10) |
| 155 | - | - | - | 284 | 40 | - | - | 7 | 106 | - | - | (11) |
| - | - | - | - | 167 | - | - | - | - | - | - | - | (12) |
| - | - | - | - | - | - | - | - | - | - | - | - | (13) |
| 180 | 309 | - | - | - | - | - | - | 189 | 238 | - | 250 | (14) |
| 75 | 4,840 | - | - | - | - | - | - | 520 | - | - | 10 | (15) |
| - | - | - | - | - | - | - | - | - | - | - | - | (16) |
| x | x | x | x | x | x | x | x | x | x | x | x | (17) |
| - | - | - | - | 73 | 85 | - | 78 | - | - | - | - | (18) |
| x | x | x | x | x | x | x | x | x | x | x | x | (19) |
| - | - | - | - | - | - | - | - | - | 301 | - | - | (20) |
| - | - | - | - | 58 | - | - | - | 328 | - | - | - | (21) |
| - | - | - | - | - | - | - | - | - | 136 | - | - | (22) |
| - | - | - | - | - | - | - | - | 298 | - | - | - | (23) |
| - | - | - | - | - | - | - | - | - | 579 | 93 | 1,146 | (24) |
| - | - | - | - | - | - | - | - | - | - | - | 242 | (25) |
| - | - | - | - | - | - | - | 340 | - | - | - | - | (26) |
| - | - | - | - | - | - | - | - | - | - | - | - | (27) |
| - | - | - | - | - | - | - | - | - | - | - | - | (28) |
| - | - | - | - | - | - | - | - | - | - | - | - | (29) |
| x | x | x | x | x | x | x | x | x | x | x | x | (30) |
| x | x | x | x | x | x | x | x | x | x | x | x | (31) |
| x | x | x | x | x | x | x | x | x | x | x | x | (32) |
| - | - | - | - | - | - | - | - | - | - | - | - | (33) |
| - | - | - | - | - | - | - | - | - | - | - | - | (34) |
| - | - | - | - | - | - | - | - | - | - | - | - | (35) |
| x | x | x | x | x | x | x | x | x | x | x | x | (36) |
| x | x | x | x | x | x | x | x | x | x | x | x | (37) |
| x | x | x | x | x | x | x | x | x | x | x | x | (38) |
| x | x | x | x | x | x | x | x | x | x | x | x | (39) |
| x | x | x | x | x | x | x | x | x | x | x | x | (40) |
| - | - | - | - | - | - | - | - | - | - | - | - | (41) |
| - | - | - | - | - | - | - | - | - | - | - | - | (42) |
| - | - | - | - | - | - | - | - | - | - | - | - | (43) |
| - | - | - | - | - | - | - | - | - | - | - | - | (44) |
| - | - | - | - | - | - | - | - | - | - | - | - | (45) |
| - | - | - | - | - | - | - | - | - | - | - | - | (46) |
| - | - | - | - | - | - | - | - | - | - | - | - | (47) |
| - | - | - | - | - | - | - | - | - | - | - | - | (48) |

## 5　生乳移出入量（都道府県別）（月別）（続き）

### (3)　2月分（続き）

| 移出 ＼ 移入 | 愛知 | 三重 | 滋賀 | 京都 | 大阪 | 兵庫 | 奈良 | 和歌山 | 鳥取 | 島根 | 岡山 | 広島 |
|---|---|---|---|---|---|---|---|---|---|---|---|---|
| **全国 (1)** | **2,676** | **2,533** | **574** | **710** | **68** | **617** | **1,847** | **373** | **-** | **4,329** | **2,842** | **713** |
| 北海道 (2) | - | - | - | - | - | - | - | - | - | - | - | - |
| 青森 (3) | x | x | x | x | x | x | x | x | x | x | x | x |
| 岩手 (4) | - | - | - | - | - | - | - | - | - | - | - | - |
| 宮城 (5) | - | - | - | - | - | - | - | - | - | - | - | - |
| 秋田 (6) | x | x | x | x | x | x | x | x | x | x | x | x |
| 山形 (7) | - | - | - | - | - | - | - | - | - | - | - | - |
| 福島 (8) | - | - | - | - | - | - | - | - | - | - | - | - |
| 茨城 (9) | - | - | - | - | - | - | - | - | - | - | - | - |
| 栃木 (10) | - | - | - | - | - | - | - | - | - | - | - | - |
| 群馬 (11) | - | - | - | - | - | - | - | - | - | - | - | - |
| 埼玉 (12) | - | - | - | - | - | - | - | - | - | - | - | - |
| 千葉 (13) | - | - | - | - | - | - | - | - | - | - | - | - |
| 東京 (14) | - | - | - | - | - | - | - | - | - | - | - | - |
| 神奈川 (15) | - | - | - | - | - | - | - | - | - | - | - | - |
| 新潟 (16) | - | - | - | - | - | - | - | - | - | - | - | - |
| 富山 (17) | x | x | x | x | x | x | x | x | x | x | x | x |
| 石川 (18) | - | - | - | - | - | - | - | - | - | - | - | - |
| 福井 (19) | x | x | x | x | x | x | x | x | x | x | x | x |
| 山梨 (20) | - | - | - | - | - | - | - | - | - | - | - | - |
| 長野 (21) | 1,374 | 227 | - | - | - | - | - | - | - | - | - | - |
| 岐阜 (22) | 256 | 161 | - | - | - | - | - | - | - | - | 381 | - |
| 静岡 (23) | 588 | - | - | - | - | - | - | - | - | - | - | - |
| 愛知 (24) | - | 1,631 | - | - | - | - | - | - | - | - | - | - |
| 三重 (25) | - | - | - | - | - | - | - | - | - | - | - | - |
| 滋賀 (26) | - | 99 | - | - | - | - | - | - | - | - | - | - |
| 京都 (27) | 428 | 313 | 124 | - | 44 | 266 | 277 | - | - | 205 | 186 | - |
| 大阪 (28) | 30 | 102 | 166 | - | - | 351 | 508 | 373 | - | 584 | 648 | - |
| 兵庫 (29) | - | - | 284 | 710 | 24 | - | 1,062 | - | - | 368 | 1,110 | - |
| 奈良 (30) | x | x | x | x | x | x | x | x | x | x | x | x |
| 和歌山 (31) | x | x | x | x | x | x | x | x | x | x | x | x |
| 鳥取 (32) | x | x | x | x | x | x | x | x | x | x | x | x |
| 島根 (33) | - | - | - | - | - | - | - | - | - | - | - | - |
| 岡山 (34) | - | - | - | - | - | - | - | - | - | 866 | - | 713 |
| 広島 (35) | - | - | - | - | - | - | - | - | - | 1,880 | 340 | - |
| 山口 (36) | x | x | x | x | x | x | x | x | x | x | x | x |
| 徳島 (37) | x | x | x | x | x | x | x | x | x | x | x | x |
| 香川 (38) | x | x | x | x | x | x | x | x | x | x | x | x |
| 愛媛 (39) | x | x | x | x | x | x | x | x | x | x | x | x |
| 高知 (40) | x | x | x | x | x | x | x | x | x | x | x | x |
| 福岡 (41) | - | - | - | - | - | - | - | - | - | - | - | - |
| 佐賀 (42) | - | - | - | - | - | - | - | - | - | - | - | - |
| 長崎 (43) | - | - | - | - | - | - | - | - | - | - | 13 | - |
| 熊本 (44) | - | - | - | - | - | - | - | - | - | - | - | - |
| 大分 (45) | - | - | - | - | - | - | - | - | - | - | - | - |
| 宮崎 (46) | - | - | - | - | - | - | - | - | - | - | - | - |
| 鹿児島 (47) | - | - | - | - | - | - | - | - | - | - | - | - |
| 沖縄 (48) | - | - | - | - | - | - | - | - | - | - | - | - |

単位：t

| 山口 | 徳島 | 香川 | 愛媛 | 高知 | 福岡 | 佐賀 | 長崎 | 熊本 | 大分 | 宮崎 | 鹿児島 | 沖縄 | |
|---|---|---|---|---|---|---|---|---|---|---|---|---|---|
| - | 1,382 | 2,052 | 367 | 1,047 | 902 | 390 | 2,821 | 8,520 | 1,672 | 2,641 | 4,838 | - | (1) |
| - | - | - | - | - | - | - | - | - | - | - | - | - | (2) |
| x | x | x | x | x | x | x | x | x | x | x | x | x | (3) |
| - | - | - | - | - | - | - | - | - | - | - | - | - | (4) |
| - | - | - | - | - | - | - | - | - | - | - | - | - | (5) |
| x | x | x | x | x | x | x | x | x | x | x | x | x | (6) |
| - | - | - | - | - | - | - | - | - | - | - | - | - | (7) |
| - | - | - | - | - | - | - | - | - | - | - | - | - | (8) |
| - | - | - | - | - | - | - | - | - | - | - | - | - | (9) |
| - | - | - | - | - | - | - | - | - | - | - | - | - | (10) |
| - | - | - | - | - | - | - | - | - | - | - | - | - | (11) |
| - | - | - | - | - | - | - | - | - | - | - | - | - | (12) |
| - | - | - | - | - | - | - | - | - | - | - | - | - | (13) |
| - | - | - | - | - | - | - | - | - | - | - | - | - | (14) |
| - | - | - | - | - | - | - | - | - | - | - | - | - | (15) |
| - | - | - | - | - | - | - | - | - | - | - | - | - | (16) |
| x | x | x | x | x | x | x | x | x | x | x | x | x | (17) |
| - | - | - | - | - | - | - | - | - | - | - | - | - | (18) |
| x | x | x | x | x | x | x | x | x | x | x | x | x | (19) |
| - | - | - | - | - | - | - | - | - | - | - | - | - | (20) |
| - | - | - | - | - | - | - | - | - | - | - | - | - | (21) |
| - | - | - | - | - | - | - | - | - | - | - | - | - | (22) |
| - | - | - | - | - | - | - | - | - | - | - | - | - | (23) |
| - | - | - | - | - | - | - | - | - | - | 185 | - | - | (24) |
| - | - | - | - | - | - | - | - | - | - | - | - | - | (25) |
| - | 10 | - | - | - | - | - | - | - | - | 77 | - | - | (26) |
| - | - | 15 | - | - | 306 | - | - | 1,556 | 85 | 236 | - | - | (27) |
| - | 485 | 732 | - | 128 | - | - | 40 | 1,006 | - | 729 | 17 | - | (28) |
| - | 97 | 368 | - | - | 187 | - | 60 | 557 | 17 | 199 | 1,281 | - | (29) |
| x | x | x | x | x | x | x | x | x | x | x | x | x | (30) |
| x | x | x | x | x | x | x | x | x | x | x | x | x | (31) |
| x | x | x | x | x | x | x | x | x | x | x | x | x | (32) |
| - | - | - | - | - | - | - | - | - | - | - | - | - | (33) |
| - | - | 39 | 303 | - | - | - | 31 | 160 | 34 | 75 | - | - | (34) |
| - | - | - | - | - | - | - | 31 | 34 | 51 | 60 | - | - | (35) |
| x | x | x | x | x | x | x | x | x | x | x | x | x | (36) |
| x | x | x | x | x | x | x | x | x | x | x | x | x | (37) |
| x | x | x | x | x | x | x | x | x | x | x | x | x | (38) |
| x | x | x | x | x | x | x | x | x | x | x | x | x | (39) |
| x | x | x | x | x | x | x | x | x | x | x | x | x | (40) |
| - | - | - | - | - | - | - | 2,529 | 4,450 | 1,434 | 810 | 16 | - | (41) |
| - | - | - | - | - | - | - | - | 268 | - | - | - | - | (42) |
| - | - | - | - | - | - | - | - | - | - | - | - | - | (43) |
| - | - | - | - | - | 42 | 390 | 130 | - | 51 | - | 235 | - | (44) |
| - | - | - | - | - | 15 | - | - | 241 | - | - | - | - | (45) |
| - | - | - | - | - | - | - | - | - | - | - | 3,289 | - | (46) |
| - | - | - | - | - | - | - | - | - | - | - | - | - | (47) |
| - | - | - | - | - | - | - | - | 68 | - | - | - | - | (48) |

## 5　生乳移出入量（都道府県別）（月別）（続き）

### (4)　３月分

| 移入＼移出 | 全　国 | 北海道 | 青　森 | 岩　手 | 宮　城 | 秋　田 | 山　形 | 福　島 | 茨　城 | 栃　木 | 群　馬 |
|---|---|---|---|---|---|---|---|---|---|---|---|
| **全　　国 (1)** | **146,715** | **22,993** | **6,071** | **7,275** | **4,758** | **1,580** | **3,864** | **2,559** | **2,091** | **17,160** | **9,016** |
| 北 海 道 (2) | - | - | - | - | - | - | - | - | - | - | - |
| 青　　森 (3) | x | x | x | x | x | x | x | x | x | x | x |
| 岩　　手 (4) | 2,823 | - | 1,402 | - | 199 | 1,035 | 35 | - | - | 93 | 59 |
| 宮　　城 (5) | 3,828 | - | 2,088 | 1,221 | - | - | 519 | - | - | - | - |
| 秋　　田 (6) | x | x | x | x | x | x | x | x | x | x | x |
| 山　　形 (7) | - | - | - | - | - | - | - | - | - | - | - |
| 福　　島 (8) | 4,857 | - | - | 371 | 1,263 | - | - | - | - | 3,118 | 105 |
| 茨　　城 (9) | 16,624 | 2,081 | 2,389 | 1,499 | 1,135 | 225 | 1,035 | 1,646 | - | 2,114 | 1,151 |
| 栃　　木 (10) | 641 | - | - | 641 | - | - | - | - | - | - | - |
| 群　　馬 (11) | 7,205 | 1,071 | 20 | 319 | 666 | 180 | - | 158 | - | 3,772 | - |
| 埼　　玉 (12) | 3,750 | 747 | 37 | 768 | 190 | 30 | 16 | 266 | - | 1,403 | 188 |
| 千　　葉 (13) | 4,561 | 359 | - | 206 | 268 | 30 | - | - | 1,559 | 1,972 | 167 |
| 東　　京 (14) | 6,968 | 52 | 17 | 35 | 357 | 80 | - | - | 532 | 1,717 | 2,407 |
| 神 奈 川 (15) | 22,586 | 8,688 | 118 | 847 | 354 | - | 1,426 | 489 | - | 1,662 | 2,642 |
| 新　　潟 (16) | 1,479 | 407 | - | 697 | - | - | 317 | - | - | - | 58 |
| 富　　山 (17) | x | x | x | x | x | x | x | x | x | x | x |
| 石　　川 (18) | 559 | - | - | - | - | - | 83 | - | - | - | 26 |
| 福　　井 (19) | x | x | x | x | x | x | x | x | x | x | x |
| 山　　梨 (20) | 378 | - | - | - | - | - | - | - | - | - | - |
| 長　　野 (21) | 4,210 | 34 | - | - | 26 | - | 20 | - | - | - | 1,879 |
| 岐　　阜 (22) | 5,136 | 2,519 | - | 93 | - | - | 317 | - | - | 1,086 | 274 |
| 静　　岡 (23) | 2,016 | 34 | - | 267 | 180 | - | 80 | - | - | 223 | 60 |
| 愛　　知 (24) | 5,157 | 737 | - | 311 | 120 | - | 16 | - | - | - | - |
| 三　　重 (25) | 268 | - | - | - | - | - | - | - | - | - | - |
| 滋　　賀 (26) | 532 | - | - | - | - | - | - | - | - | - | - |
| 京　　都 (27) | 6,906 | 2,222 | - | - | - | - | - | - | - | - | - |
| 大　　阪 (28) | 7,466 | 1,191 | - | - | - | - | - | - | - | - | - |
| 兵　　庫 (29) | 7,893 | 1,090 | - | - | - | - | - | - | - | - | - |
| 奈　　良 (30) | x | x | x | x | x | x | x | x | x | x | x |
| 和 歌 山 (31) | x | x | x | x | x | x | x | x | x | x | x |
| 鳥　　取 (32) | x | x | x | x | x | x | x | x | x | x | x |
| 島　　根 (33) | - | - | - | - | - | - | - | - | - | - | - |
| 岡　　山 (34) | 4,343 | 1,761 | - | - | - | - | - | - | - | - | - |
| 広　　島 (35) | 2,347 | - | - | - | - | - | - | - | - | - | - |
| 山　　口 (36) | x | x | x | x | x | x | x | x | x | x | x |
| 徳　　島 (37) | x | x | x | x | x | x | x | x | x | x | x |
| 香　　川 (38) | x | x | x | x | x | x | x | x | x | x | x |
| 愛　　媛 (39) | x | x | x | x | x | x | x | x | x | x | x |
| 高　　知 (40) | x | x | x | x | x | x | x | x | x | x | x |
| 福　　岡 (41) | 9,791 | - | - | - | - | - | - | - | - | - | - |
| 佐　　賀 (42) | 324 | - | - | - | - | - | - | - | - | - | - |
| 長　　崎 (43) | 13 | - | - | - | - | - | - | - | - | - | - |
| 熊　　本 (44) | 5,670 | - | - | - | - | - | - | - | - | - | - |
| 大　　分 (45) | - | - | - | - | - | - | - | - | - | - | - |
| 宮　　崎 (46) | 3,848 | - | - | - | - | - | - | - | - | - | - |
| 鹿 児 島 (47) | - | - | - | - | - | - | - | - | - | - | - |
| 沖　　縄 (48) | - | - | - | - | - | - | - | - | - | - | - |

単位：t

| 埼玉 | 千葉 | 東京 | 神奈川 | 新潟 | 富山 | 石川 | 福井 | 山梨 | 長野 | 岐阜 | 静岡 | |
|---|---|---|---|---|---|---|---|---|---|---|---|---|
| **854** | **7,971** | **-** | **-** | **1,366** | **444** | **139** | **461** | **1,367** | **1,755** | **498** | **2,000** | (1) |
| - | - | - | - | - | - | - | - | - | - | - | - | (2) |
| x | x | x | x | x | x | x | x | x | x | x | x | (3) |
| - | - | - | - | - | - | - | - | - | - | - | - | (4) |
| - | - | - | - | - | - | - | - | - | - | - | - | (5) |
| x | x | x | x | x | x | x | x | x | x | x | x | (6) |
| - | - | - | - | - | - | - | - | - | - | - | - | (7) |
| - | - | - | - | - | - | - | - | - | - | - | - | (8) |
| 231 | 1,708 | - | - | 397 | 242 | 139 | - | - | 159 | - | - | (9) |
| - | - | - | - | - | - | - | - | - | - | - | - | (10) |
| 223 | 61 | - | - | 428 | 179 | - | - | 8 | 120 | - | - | (11) |
| - | - | - | - | 105 | - | - | - | - | - | - | - | (12) |
| - | - | - | - | - | - | - | - | - | - | - | - | (13) |
| 326 | 559 | - | - | - | - | - | - | 193 | 282 | - | 411 | (14) |
| 74 | 5,643 | - | - | - | - | - | - | 593 | - | - | 50 | (15) |
| - | - | - | - | - | - | - | - | - | - | - | - | (16) |
| x | x | x | x | x | x | x | x | x | x | x | x | (17) |
| - | - | - | - | 342 | 23 | - | 85 | - | - | - | - | (18) |
| x | x | x | x | x | x | x | x | x | x | x | x | (19) |
| - | - | - | - | - | - | - | - | - | 378 | - | - | (20) |
| - | - | - | - | 94 | - | - | - | 332 | - | - | - | (21) |
| - | - | - | - | - | - | - | - | - | 118 | - | - | (22) |
| - | - | - | - | - | - | - | - | 241 | - | - | - | (23) |
| - | - | - | - | - | - | - | - | - | 698 | 153 | 1,271 | (24) |
| - | - | - | - | - | - | - | - | - | - | - | 268 | (25) |
| - | - | - | - | - | - | - | 376 | - | - | - | - | (26) |
| - | - | - | - | - | - | - | - | - | - | - | - | (27) |
| - | - | - | - | - | - | - | - | - | - | - | - | (28) |
| - | - | - | - | - | - | - | - | - | - | - | - | (29) |
| x | x | x | x | x | x | x | x | x | x | x | x | (30) |
| x | x | x | x | x | x | x | x | x | x | x | x | (31) |
| x | x | x | x | x | x | x | x | x | x | x | x | (32) |
| - | - | - | - | - | - | - | - | - | - | - | - | (33) |
| - | - | - | - | - | - | - | - | - | - | - | - | (34) |
| - | - | - | - | - | - | - | - | - | - | - | - | (35) |
| x | x | x | x | x | x | x | x | x | x | x | x | (36) |
| x | x | x | x | x | x | x | x | x | x | x | x | (37) |
| x | x | x | x | x | x | x | x | x | x | x | x | (38) |
| x | x | x | x | x | x | x | x | x | x | x | x | (39) |
| x | x | x | x | x | x | x | x | x | x | x | x | (40) |
| - | - | - | - | - | - | - | - | - | - | - | - | (41) |
| - | - | - | - | - | - | - | - | - | - | - | - | (42) |
| - | - | - | - | - | - | - | - | - | - | - | - | (43) |
| - | - | - | - | - | - | - | - | - | - | 280 | - | (44) |
| - | - | - | - | - | - | - | - | - | - | - | - | (45) |
| - | - | - | - | - | - | - | - | - | - | - | - | (46) |
| - | - | - | - | - | - | - | - | - | - | - | - | (47) |
| - | - | - | - | - | - | - | - | - | - | - | - | (48) |

## 5　生乳移出入量（都道府県別）（月別）（続き）

### (4)　3月分（続き）

| 移入＼移出 | 愛　知 | 三　重 | 滋　賀 | 京　都 | 大　阪 | 兵　庫 | 奈　良 | 和歌山 | 鳥　取 | 島　根 | 岡　山 | 広　島 |
|---|---|---|---|---|---|---|---|---|---|---|---|---|
| **全　　国　(1)** | **4,138** | **2,723** | **745** | **764** | **102** | **766** | **2,024** | **374** | **-** | **4,955** | **4,024** | **1,579** |
| 北 海 道　(2) | - | - | - | - | - | - | - | - | - | - | - | - |
| 青　　森　(3) | x | x | x | x | x | x | x | x | x | x | x | x |
| 岩　　手　(4) | - | - | - | - | - | - | - | - | - | - | - | - |
| 宮　　城　(5) | - | - | - | - | - | - | - | - | - | - | - | - |
| 秋　　田　(6) | x | x | x | x | x | x | x | x | x | x | x | x |
| 山　　形　(7) | - | - | - | - | - | - | - | - | - | - | - | - |
| 福　　島　(8) | - | - | - | - | - | - | - | - | - | - | - | - |
| 茨　　城　(9) | 406 | 67 | - | - | - | - | - | - | - | - | - | - |
| 栃　　木　(10) | - | - | - | - | - | - | - | - | - | - | - | - |
| 群　　馬　(11) | - | - | - | - | - | - | - | - | - | - | - | - |
| 埼　　玉　(12) | - | - | - | - | - | - | - | - | - | - | - | - |
| 千　　葉　(13) | - | - | - | - | - | - | - | - | - | - | - | - |
| 東　　京　(14) | - | - | - | - | - | - | - | - | - | - | - | - |
| 神 奈 川　(15) | - | - | - | - | - | - | - | - | - | - | - | - |
| 新　　潟　(16) | - | - | - | - | - | - | - | - | - | - | - | - |
| 富　　山　(17) | x | x | x | x | x | x | x | x | x | x | x | x |
| 石　　川　(18) | - | - | - | - | - | - | - | - | - | - | - | - |
| 福　　井　(19) | x | x | x | x | x | x | x | x | x | x | x | x |
| 山　　梨　(20) | - | - | - | - | - | - | - | - | - | - | - | - |
| 長　　野　(21) | 1,571 | 254 | - | - | - | - | - | - | - | - | - | - |
| 岐　　阜　(22) | 201 | 161 | - | - | - | - | - | - | - | - | 367 | - |
| 静　　岡　(23) | 931 | - | - | - | - | - | - | - | - | - | - | - |
| 愛　　知　(24) | - | 1,633 | - | - | - | - | - | - | - | - | - | - |
| 三　　重　(25) | - | - | - | - | - | - | - | - | - | - | - | - |
| 滋　　賀　(26) | - | 112 | - | - | 30 | - | - | - | - | - | - | - |
| 京　　都　(27) | 533 | 462 | 112 | - | 44 | 387 | 300 | - | - | 575 | 738 | - |
| 大　　阪　(28) | - | - | 314 | - | - | 379 | 532 | 374 | - | 422 | 799 | - |
| 兵　　庫　(29) | 120 | - | 319 | 764 | 28 | - | 1,192 | - | - | 326 | 1,262 | 166 |
| 奈　　良　(30) | x | x | x | x | x | x | x | x | x | x | x | x |
| 和 歌 山　(31) | x | x | x | x | x | x | x | x | x | x | x | x |
| 鳥　　取　(32) | x | x | x | x | x | x | x | x | x | x | x | x |
| 島　　根　(33) | - | - | - | - | - | - | - | - | - | - | - | - |
| 岡　　山　(34) | - | - | - | - | - | - | - | - | - | 1,015 | - | 1,044 |
| 広　　島　(35) | - | - | - | - | - | - | - | - | - | 1,894 | 390 | - |
| 山　　口　(36) | x | x | x | x | x | x | x | x | x | x | x | x |
| 徳　　島　(37) | x | x | x | x | x | x | x | x | x | x | x | x |
| 香　　川　(38) | x | x | x | x | x | x | x | x | x | x | x | x |
| 愛　　媛　(39) | x | x | x | x | x | x | x | x | x | x | x | x |
| 高　　知　(40) | x | x | x | x | x | x | x | x | x | x | x | x |
| 福　　岡　(41) | - | - | - | - | - | - | - | - | - | - | - | - |
| 佐　　賀　(42) | - | - | - | - | - | - | - | - | - | - | - | - |
| 長　　崎　(43) | - | - | - | - | - | - | - | - | - | - | 13 | - |
| 熊　　本　(44) | 308 | 34 | - | - | - | - | - | - | - | 183 | 20 | 261 |
| 大　　分　(45) | - | - | - | - | - | - | - | - | - | - | - | - |
| 宮　　崎　(46) | - | - | - | - | - | - | - | - | - | - | - | - |
| 鹿 児 島　(47) | - | - | - | - | - | - | - | - | - | - | - | - |
| 沖　　縄　(48) | - | - | - | - | - | - | - | - | - | - | - | - |

単位：t

| 山口 | 徳島 | 香川 | 愛媛 | 高知 | 福岡 | 佐賀 | 長崎 | 熊本 | 大分 | 宮崎 | 鹿児島 | 沖縄 | |
|---|---|---|---|---|---|---|---|---|---|---|---|---|---|
| **113** | **1,725** | **2,232** | **516** | **1,268** | **2,394** | **642** | **3,434** | **6,990** | **1,922** | **3,454** | **5,463** | **146** | (1) |
| - | - | - | - | - | - | - | - | - | - | - | - | - | (2) |
| x | x | x | x | x | x | x | x | x | x | x | x | x | (3) |
| - | - | - | - | - | - | - | - | - | - | - | - | - | (4) |
| - | - | - | - | - | - | - | - | - | - | - | - | - | (5) |
| x | x | x | x | x | x | x | x | x | x | x | x | x | (6) |
| - | - | - | - | - | - | - | - | - | - | - | - | - | (7) |
| - | - | - | - | - | - | - | - | - | - | - | - | - | (8) |
| - | - | - | - | - | - | - | - | - | - | - | - | - | (9) |
| - | - | - | - | - | - | - | - | - | - | - | - | - | (10) |
| - | - | - | - | - | - | - | - | - | - | - | - | - | (11) |
| - | - | - | - | - | - | - | - | - | - | - | - | - | (12) |
| - | - | - | - | - | - | - | - | - | - | - | - | - | (13) |
| - | - | - | - | - | - | - | - | - | - | - | - | - | (14) |
| - | - | - | - | - | - | - | - | - | - | - | - | - | (15) |
| - | - | - | - | - | - | - | - | - | - | - | - | - | (16) |
| x | x | x | x | x | x | x | x | x | x | x | x | x | (17) |
| - | - | - | - | - | - | - | - | - | - | - | - | - | (18) |
| x | x | x | x | x | x | x | x | x | x | x | x | x | (19) |
| - | - | - | - | - | - | - | - | - | - | - | - | - | (20) |
| - | - | - | - | - | - | - | - | - | - | - | - | - | (21) |
| - | - | - | - | - | - | - | - | - | - | - | - | - | (22) |
| - | - | - | - | - | - | - | - | - | - | - | - | - | (23) |
| - | - | - | - | - | - | - | - | - | - | 218 | - | - | (24) |
| - | - | - | - | - | - | - | - | - | - | - | - | - | (25) |
| - | 14 | - | - | - | - | - | - | - | - | - | - | - | (26) |
| - | 55 | 51 | 120 | - | 442 | - | 15 | 629 | 51 | 170 | - | - | (27) |
| - | 736 | 748 | - | 495 | - | - | 30 | 1,075 | - | 354 | 17 | - | (28) |
| - | 42 | 472 | - | - | 102 | - | 75 | 439 | 17 | 114 | 1,365 | - | (29) |
| x | x | x | x | x | x | x | x | x | x | x | x | x | (30) |
| x | x | x | x | x | x | x | x | x | x | x | x | x | (31) |
| x | x | x | x | x | x | x | x | x | x | x | x | x | (32) |
| - | - | - | - | - | - | - | - | - | - | - | - | - | (33) |
| - | - | 39 | 319 | - | - | - | 31 | 117 | 17 | - | - | - | (34) |
| - | - | - | - | - | - | - | 31 | 17 | - | 15 | - | - | (35) |
| x | x | x | x | x | x | x | x | x | x | x | x | x | (36) |
| x | x | x | x | x | x | x | x | x | x | x | x | x | (37) |
| x | x | x | x | x | x | x | x | x | x | x | x | x | (38) |
| x | x | x | x | x | x | x | x | x | x | x | x | x | (39) |
| x | x | x | x | x | x | x | x | x | x | x | x | x | (40) |
| - | - | - | - | - | - | - | 2,671 | 4,434 | 1,349 | 1,305 | 32 | - | (41) |
| - | - | - | - | - | - | - | - | 279 | - | 45 | - | - | (42) |
| - | - | - | - | - | - | - | - | - | - | - | - | - | (43) |
| 113 | - | - | - | - | 1,733 | 642 | 581 | - | 488 | 680 | 201 | 146 | (44) |
| - | - | - | - | - | - | - | - | - | - | - | - | - | (45) |
| - | - | - | - | - | - | - | - | - | - | - | 3,848 | - | (46) |
| - | - | - | - | - | - | - | - | - | - | - | - | - | (47) |
| - | - | - | - | - | - | - | - | - | - | - | - | - | (48) |

## 5　生乳移出入量（都道府県別）（月別）（続き）

### (5)　4月分

| 移出 ＼ 移入 | 全国 | 北海道 | 青森 | 岩手 | 宮城 | 秋田 | 山形 | 福島 | 茨城 | 栃木 | 群馬 |
|---|---|---|---|---|---|---|---|---|---|---|---|
| **全国 (1)** | **146,293** | **30,252** | **5,778** | **6,733** | **4,357** | **1,501** | **3,714** | **2,510** | **2,160** | **16,183** | **9,150** |
| 北海道 (2) | - | - | - | - | - | - | - | - | - | - | - |
| 青森 (3) | x | x | x | x | x | x | x | x | x | x | x |
| 岩手 (4) | 3,002 | - | 1,387 | - | 271 | 786 | 63 | - | - | 263 | 232 |
| 宮城 (5) | 3,539 | - | 2,327 | 772 | - | - | 440 | - | - | - | - |
| 秋田 (6) | x | x | x | x | x | x | x | x | x | x | x |
| 山形 (7) | - | - | - | - | - | - | - | - | - | - | - |
| 福島 (8) | 5,107 | - | - | 411 | 1,050 | - | - | - | - | 3,556 | 90 |
| 茨城 (9) | 17,025 | 4,815 | 1,772 | 1,870 | 815 | 225 | 787 | 1,346 | - | 2,000 | 836 |
| 栃木 (10) | 624 | - | - | 609 | - | - | - | - | - | - | - |
| 群馬 (11) | 6,732 | 1,126 | - | 278 | 788 | 335 | 82 | 450 | - | 2,716 | - |
| 埼玉 (12) | 4,144 | 1,104 | 53 | 779 | 110 | 50 | 20 | 156 | - | 1,679 | 193 |
| 千葉 (13) | 4,672 | 682 | - | 80 | 301 | - | - | - | 1,702 | 1,755 | 152 |
| 東京 (14) | 6,704 | 530 | - | 77 | 141 | 105 | - | - | 458 | 1,569 | 2,116 |
| 神奈川 (15) | 22,719 | 8,990 | 239 | 755 | 555 | - | 1,775 | 558 | - | 1,604 | 2,795 |
| 新潟 (16) | 1,513 | 423 | - | 667 | - | - | 278 | - | - | - | 82 |
| 富山 (17) | x | x | x | x | x | x | x | x | x | x | x |
| 石川 (18) | 463 | 137 | - | - | - | - | 134 | - | - | - | 15 |
| 福井 (19) | x | x | x | x | x | x | x | x | x | x | x |
| 山梨 (20) | 366 | - | - | - | - | - | - | - | - | - | - |
| 長野 (21) | 4,701 | - | - | - | 26 | - | 20 | - | - | - | 2,227 |
| 岐阜 (22) | 5,062 | 2,719 | - | 31 | - | - | 19 | - | - | 649 | 292 |
| 静岡 (23) | 1,280 | 187 | - | 182 | 60 | - | 60 | - | - | 324 | 120 |
| 愛知 (24) | 5,027 | 1,202 | - | 222 | 240 | - | 36 | - | - | - | - |
| 三重 (25) | 222 | - | - | - | - | - | - | - | - | - | - |
| 滋賀 (26) | 655 | 74 | - | - | - | - | - | - | - | - | - |
| 京都 (27) | 7,676 | 3,663 | - | - | - | - | - | - | - | - | - |
| 大阪 (28) | 7,615 | 1,533 | - | - | - | - | - | - | - | - | - |
| 兵庫 (29) | 8,419 | 2,272 | - | - | - | - | - | - | - | - | - |
| 奈良 (30) | x | x | x | x | x | x | x | x | x | x | x |
| 和歌山 (31) | x | x | x | x | x | x | x | x | x | x | x |
| 鳥取 (32) | x | x | x | x | x | x | x | x | x | x | x |
| 島根 (33) | - | - | - | - | - | - | - | - | - | - | - |
| 岡山 (34) | 3,928 | 795 | - | - | - | - | - | - | - | - | - |
| 広島 (35) | 2,544 | - | - | - | - | - | - | - | - | - | - |
| 山口 (36) | x | x | x | x | x | x | x | x | x | x | x |
| 徳島 (37) | x | x | x | x | x | x | x | x | x | x | x |
| 香川 (38) | x | x | x | x | x | x | x | x | x | x | x |
| 愛媛 (39) | x | x | x | x | x | x | x | x | x | x | x |
| 高知 (40) | x | x | x | x | x | x | x | x | x | x | x |
| 福岡 (41) | 9,200 | - | - | - | - | - | - | - | - | - | - |
| 佐賀 (42) | 364 | - | - | - | - | - | - | - | - | - | - |
| 長崎 (43) | 13 | - | - | - | - | - | - | - | - | - | - |
| 熊本 (44) | 4,866 | - | - | - | - | - | - | - | - | 68 | - |
| 大分 (45) | - | - | - | - | - | - | - | - | - | - | - |
| 宮崎 (46) | 3,229 | - | - | - | - | - | - | - | - | - | - |
| 鹿児島 (47) | - | - | - | - | - | - | - | - | - | - | - |
| 沖縄 (48) | - | - | - | - | - | - | - | - | - | - | - |

単位：t

| 埼玉 | 千葉 | 東京 | 神奈川 | 新潟 | 富山 | 石川 | 福井 | 山梨 | 長野 | 岐阜 | 静岡 | |
|---|---|---|---|---|---|---|---|---|---|---|---|---|
| **968** | **7,132** | **-** | **-** | **911** | **388** | **102** | **477** | **1,441** | **1,437** | **457** | **1,691** | (1) |
| - | - | - | - | - | - | - | - | - | - | - | - | (2) |
| x | x | x | x | x | x | x | x | x | x | x | x | (3) |
| - | - | - | - | - | - | - | - | - | - | - | - | (4) |
| - | - | - | - | - | - | - | - | - | - | - | - | (5) |
| x | x | x | x | x | x | x | x | x | x | x | x | (6) |
| - | - | - | - | - | - | - | - | - | - | - | - | (7) |
| - | - | - | - | - | - | - | - | - | - | - | - | (8) |
| 283 | 1,834 | - | - | 328 | 32 | - | - | - | - | - | - | (9) |
| - | 15 | - | - | - | - | - | - | - | - | - | - | (10) |
| 214 | - | - | - | 418 | 203 | - | - | 10 | 112 | - | - | (11) |
| - | - | - | - | - | - | - | - | - | - | - | - | (12) |
| - | - | - | - | - | - | - | - | - | - | - | - | (13) |
| 395 | 669 | - | - | - | - | - | - | 187 | 216 | - | 241 | (14) |
| 76 | 4,614 | - | - | - | - | - | - | 698 | - | - | 60 | (15) |
| - | - | - | - | - | 63 | - | - | - | - | - | - | (16) |
| x | x | x | x | x | x | x | x | x | x | x | x | (17) |
| - | - | - | - | 78 | 12 | - | 87 | - | - | - | - | (18) |
| x | x | x | x | x | x | x | x | x | x | x | x | (19) |
| - | - | - | - | - | - | - | - | - | 366 | - | - | (20) |
| - | - | - | - | 73 | - | - | - | 320 | - | - | - | (21) |
| - | - | - | - | - | - | - | - | - | 82 | - | - | (22) |
| - | - | - | - | - | - | - | - | 226 | - | - | - | (23) |
| - | - | - | - | - | - | - | - | - | 661 | 216 | 1,136 | (24) |
| - | - | - | - | - | - | - | - | - | - | - | 222 | (25) |
| - | - | - | - | 14 | 14 | - | 390 | - | - | - | - | (26) |
| - | - | - | - | - | - | - | - | - | - | - | - | (27) |
| - | - | - | - | - | - | - | - | - | - | - | - | (28) |
| - | - | - | - | - | - | - | - | - | - | - | - | (29) |
| x | x | x | x | x | x | x | x | x | x | x | x | (30) |
| x | x | x | x | x | x | x | x | x | x | x | x | (31) |
| x | x | x | x | x | x | x | x | x | x | x | x | (32) |
| - | - | - | - | - | - | - | - | - | - | - | - | (33) |
| - | - | - | - | - | - | - | - | - | - | - | 32 | (34) |
| - | - | - | - | - | - | - | - | - | - | - | - | (35) |
| x | x | x | x | x | x | x | x | x | x | x | x | (36) |
| x | x | x | x | x | x | x | x | x | x | x | x | (37) |
| x | x | x | x | x | x | x | x | x | x | x | x | (38) |
| x | x | x | x | x | x | x | x | x | x | x | x | (39) |
| x | x | x | x | x | x | x | x | x | x | x | x | (40) |
| - | - | - | - | - | - | - | - | - | - | - | - | (41) |
| - | - | - | - | - | - | - | - | - | - | - | - | (42) |
| - | - | - | - | - | - | - | - | - | - | - | - | (43) |
| - | - | - | - | - | - | 68 | - | - | - | 241 | - | (44) |
| - | - | - | - | - | - | - | - | - | - | - | - | (45) |
| - | - | - | - | - | - | - | - | - | - | - | - | (46) |
| - | - | - | - | - | - | - | - | - | - | - | - | (47) |
| - | - | - | - | - | - | - | - | - | - | - | - | (48) |

# 5　生乳移出入量（都道府県別）（月別）（続き）

（5）　4月分（続き）

| 移出<br>移入 | 愛　知 | 三　重 | 滋　賀 | 京　都 | 大　阪 | 兵　庫 | 奈　良 | 和歌山 | 鳥　取 | 島　根 | 岡　山 | 広　島 |
|---|---|---|---|---|---|---|---|---|---|---|---|---|
| **全　国** (1) | 3,701 | 2,369 | 677 | 750 | 92 | 804 | 2,023 | 352 | 82 | 4,889 | 3,144 | 1,094 |
| 北海道 (2) | - | - | - | - | - | - | - | - | - | - | - | - |
| 青　森 (3) | x | x | x | x | x | x | x | x | x | x | x | x |
| 岩　手 (4) | - | - | - | - | - | - | - | - | - | - | - | - |
| 宮　城 (5) | - | - | - | - | - | - | - | - | - | - | - | - |
| 秋　田 (6) | x | x | x | x | x | x | x | x | x | x | x | x |
| 山　形 (7) | - | - | - | - | - | - | - | - | - | - | - | - |
| 福　島 (8) | - | - | - | - | - | - | - | - | - | - | - | - |
| 茨　城 (9) | 51 | 31 | - | - | - | - | - | - | - | - | - | - |
| 栃　木 (10) | - | - | - | - | - | - | - | - | - | - | - | - |
| 群　馬 (11) | - | - | - | - | - | - | - | - | - | - | - | - |
| 埼　玉 (12) | - | - | - | - | - | - | - | - | - | - | - | - |
| 千　葉 (13) | - | - | - | - | - | - | - | - | - | - | - | - |
| 東　京 (14) | - | - | - | - | - | - | - | - | - | - | - | - |
| 神奈川 (15) | - | - | - | - | - | - | - | - | - | - | - | - |
| 新　潟 (16) | - | - | - | - | - | - | - | - | - | - | - | - |
| 富　山 (17) | x | x | x | x | x | x | x | x | x | x | x | x |
| 石　川 (18) | - | - | - | - | - | - | - | - | - | - | - | - |
| 福　井 (19) | x | x | x | x | x | x | x | x | x | x | x | x |
| 山　梨 (20) | - | - | - | - | - | - | - | - | - | - | - | - |
| 長　野 (21) | 1,780 | 255 | - | - | - | - | - | - | - | - | - | - |
| 岐　阜 (22) | 717 | 159 | - | - | - | - | - | - | - | - | 394 | - |
| 静　岡 (23) | 121 | - | - | - | - | - | - | - | - | - | - | - |
| 愛　知 (24) | - | 1,112 | - | - | - | - | - | - | - | - | - | - |
| 三　重 (25) | - | - | - | - | - | - | - | - | - | - | - | - |
| 滋　賀 (26) | - | 129 | - | - | 24 | - | - | - | - | - | - | - |
| 京　都 (27) | 412 | 558 | 124 | - | 46 | 422 | 308 | - | - | 291 | 289 | - |
| 大　阪 (28) | - | - | 369 | - | - | 382 | 520 | 352 | 14 | 290 | 756 | - |
| 兵　庫 (29) | 15 | - | 184 | 750 | 22 | - | 1,195 | - | 68 | 302 | 1,258 | 160 |
| 奈　良 (30) | x | x | x | x | x | x | x | x | x | x | x | x |
| 和歌山 (31) | x | x | x | x | x | x | x | x | x | x | x | x |
| 鳥　取 (32) | x | x | x | x | x | x | x | x | x | x | x | x |
| 島　根 (33) | - | - | - | - | - | - | - | - | - | - | - | - |
| 岡　山 (34) | - | - | - | - | - | - | - | - | - | 1,644 | - | 611 |
| 広　島 (35) | - | - | - | - | - | - | - | - | - | 1,878 | 374 | - |
| 山　口 (36) | x | x | x | x | x | x | x | x | x | x | x | x |
| 徳　島 (37) | x | x | x | x | x | x | x | x | x | x | x | x |
| 香　川 (38) | x | x | x | x | x | x | x | x | x | x | x | x |
| 愛　媛 (39) | x | x | x | x | x | x | x | x | x | x | x | x |
| 高　知 (40) | x | x | x | x | x | x | x | x | x | x | x | x |
| 福　岡 (41) | - | - | - | - | - | - | - | - | - | - | - | - |
| 佐　賀 (42) | - | - | - | - | - | - | - | - | - | - | - | - |
| 長　崎 (43) | - | - | - | - | - | - | - | - | - | - | 13 | - |
| 熊　本 (44) | 588 | 125 | - | - | - | - | - | - | - | - | - | - |
| 大　分 (45) | - | - | - | - | - | - | - | - | - | - | - | - |
| 宮　崎 (46) | - | - | - | - | - | - | - | - | - | - | - | - |
| 鹿児島 (47) | - | - | - | - | - | - | - | - | - | - | - | - |
| 沖　縄 (48) | - | - | - | - | - | - | - | - | - | - | - | - |

単位：t

| 山　口 | 徳　島 | 香　川 | 愛　媛 | 高　知 | 福　岡 | 佐　賀 | 長　崎 | 熊　本 | 大　分 | 宮　崎 | 鹿児島 | 沖　縄 | |
|---|---|---|---|---|---|---|---|---|---|---|---|---|---|
| 294 | 1, 578 | 2, 231 | 411 | 1, 041 | 1, 702 | 639 | 3, 127 | 6, 474 | 1, 570 | 4, 511 | 5, 118 | 278 | (1) |
| – | – | – | – | – | – | – | – | – | – | – | – | – | (2) |
| x | x | x | x | x | x | x | x | x | x | x | x | x | (3) |
| – | – | – | – | – | – | – | – | – | – | – | – | – | (4) |
| – | – | – | – | – | – | – | – | – | – | – | – | – | (5) |
| x | x | x | x | x | x | x | x | x | x | x | x | x | (6) |
| – | – | – | – | – | – | – | – | – | – | – | – | – | (7) |
| – | – | – | – | – | – | – | – | – | – | – | – | – | (8) |
| – | – | – | – | – | – | – | – | – | – | – | – | – | (9) |
| – | – | – | – | – | – | – | – | – | – | – | – | – | (10) |
| – | – | – | – | – | – | – | – | – | – | – | – | – | (11) |
| – | – | – | – | – | – | – | – | – | – | – | – | – | (12) |
| – | – | – | – | – | – | – | – | – | – | – | – | – | (13) |
| – | – | – | – | – | – | – | – | – | – | – | – | – | (14) |
| – | – | – | – | – | – | – | – | – | – | – | – | – | (15) |
| – | – | – | – | – | – | – | – | – | – | – | – | – | (16) |
| x | x | x | x | x | x | x | x | x | x | x | x | x | (17) |
| – | – | – | – | – | – | – | – | – | – | – | – | – | (18) |
| x | x | x | x | x | x | x | x | x | x | x | x | x | (19) |
| – | – | – | – | – | – | – | – | – | – | – | – | – | (20) |
| – | – | – | – | – | – | – | – | – | – | – | – | – | (21) |
| – | – | – | – | – | – | – | – | – | – | – | – | – | (22) |
| – | – | – | – | – | – | – | – | – | – | – | – | – | (23) |
| – | – | – | – | – | – | – | – | – | – | 202 | – | – | (24) |
| – | – | – | – | – | – | – | – | – | – | – | – | – | (25) |
| – | 10 | – | – | – | – | – | – | – | – | – | – | – | (26) |
| – | – | 30 | – | – | 272 | – | 15 | 704 | 34 | 508 | – | – | (27) |
| – | 373 | 1, 165 | – | 55 | – | – | 20 | 1, 201 | – | 568 | 17 | – | (28) |
| – | – | 281 | – | – | 85 | – | 65 | 188 | 34 | 268 | 1, 272 | – | (29) |
| x | x | x | x | x | x | x | x | x | x | x | x | x | (30) |
| x | x | x | x | x | x | x | x | x | x | x | x | x | (31) |
| x | x | x | x | x | x | x | x | x | x | x | x | x | (32) |
| – | – | – | – | – | – | – | – | – | – | – | – | – | (33) |
| – | – | 40 | 381 | – | – | – | – | 134 | 17 | 274 | – | – | (34) |
| – | – | 116 | – | – | – | – | 31 | 51 | 34 | 60 | – | – | (35) |
| x | x | x | x | x | x | x | x | x | x | x | x | x | (36) |
| x | x | x | x | x | x | x | x | x | x | x | x | x | (37) |
| x | x | x | x | x | x | x | x | x | x | x | x | x | (38) |
| x | x | x | x | x | x | x | x | x | x | x | x | x | (39) |
| x | x | x | x | x | x | x | x | x | x | x | x | x | (40) |
| – | – | – | – | – | – | – | 2, 571 | 3, 712 | 1, 434 | 1, 451 | 32 | – | (41) |
| – | – | – | – | – | – | – | – | 274 | – | 90 | – | – | (42) |
| – | – | – | – | – | – | – | – | – | – | – | – | – | (43) |
| 294 | – | – | 17 | – | 985 | 639 | 425 | – | 17 | 553 | 568 | 278 | (44) |
| – | – | – | – | – | – | – | – | – | – | – | – | – | (45) |
| – | – | – | – | – | – | – | – | – | – | – | 3, 229 | – | (46) |
| – | – | – | – | – | – | – | – | – | – | – | – | – | (47) |
| – | – | – | – | – | – | – | – | – | – | – | – | – | (48) |

## 5　生乳移出入量（都道府県別）（月別）（続き）

### (6)　5月分

| 移入＼移出 | 全国 | 北海道 | 青森 | 岩手 | 宮城 | 秋田 | 山形 | 福島 | 茨城 | 栃木 | 群馬 |
|---|---|---|---|---|---|---|---|---|---|---|---|
| 全国 (1) | **148,470** | **30,297** | **5,950** | **8,071** | **4,229** | **1,449** | **3,697** | **2,345** | **1,910** | **15,337** | **9,223** |
| 北海道 (2) | - | - | - | - | - | - | - | - | - | - | - |
| 青森 (3) | x | x | x | x | x | x | x | x | x | x | x |
| 岩手 (4) | 1,974 | - | 1,240 | - | 71 | 640 | 8 | - | - | 15 | - |
| 宮城 (5) | 3,577 | - | 2,453 | 864 | - | - | 260 | - | - | - | - |
| 秋田 (6) | x | x | x | x | x | x | x | x | x | x | x |
| 山形 (7) | - | - | - | - | - | - | - | - | - | - | - |
| 福島 (8) | 4,612 | - | - | 366 | 754 | - | - | - | - | 3,417 | 75 |
| 茨城 (9) | 17,630 | 5,298 | 1,616 | 2,245 | 770 | 405 | 583 | 1,488 | - | 1,562 | 722 |
| 栃木 (10) | 682 | - | - | 682 | - | - | - | - | - | - | - |
| 群馬 (11) | 6,783 | 1,105 | - | 384 | 802 | 204 | 450 | 30 | - | 2,572 | - |
| 埼玉 (12) | 4,390 | 775 | 20 | 963 | 195 | 170 | 16 | 196 | - | 1,811 | 244 |
| 千葉 (13) | 5,222 | 1,193 | 69 | 248 | 233 | - | - | 15 | 1,422 | 1,899 | 143 |
| 東京 (14) | 7,108 | 426 | 37 | 137 | 186 | 30 | - | - | 488 | 1,187 | 2,814 |
| 神奈川 (15) | 23,865 | 9,902 | 515 | 884 | 982 | - | 1,932 | 616 | - | 1,714 | 2,272 |
| 新潟 (16) | 1,648 | 481 | - | 748 | - | - | 288 | - | - | - | 73 |
| 富山 (17) | x | x | x | x | x | x | x | x | x | x | x |
| 石川 (18) | 293 | 17 | - | - | - | - | 40 | - | - | - | 14 |
| 福井 (19) | x | x | x | x | x | x | x | x | x | x | x |
| 山梨 (20) | 350 | - | - | - | - | - | - | - | - | - | - |
| 長野 (21) | 5,319 | 34 | - | - | 26 | - | 20 | - | - | - | 2,385 |
| 岐阜 (22) | 4,722 | 2,405 | - | 15 | - | - | - | - | - | 654 | 315 |
| 静岡 (23) | 1,598 | 170 | - | 242 | 60 | - | 100 | - | - | 506 | 166 |
| 愛知 (24) | 4,959 | 1,136 | - | 293 | 150 | - | - | - | - | - | - |
| 三重 (25) | 221 | - | - | - | - | - | - | - | - | - | - |
| 滋賀 (26) | 620 | 34 | - | - | - | - | - | - | - | - | - |
| 京都 (27) | 7,957 | 2,866 | - | - | - | - | - | - | - | - | - |
| 大阪 (28) | 8,242 | 1,637 | - | - | - | - | - | - | - | - | - |
| 兵庫 (29) | 8,674 | 1,809 | - | - | - | - | - | - | - | - | - |
| 奈良 (30) | x | x | x | x | x | x | x | x | x | x | x |
| 和歌山 (31) | x | x | x | x | x | x | x | x | x | x | x |
| 鳥取 (32) | x | x | x | x | x | x | x | x | x | x | x |
| 島根 (33) | - | - | - | - | - | - | - | - | - | - | - |
| 岡山 (34) | 4,985 | 1,009 | - | - | - | - | - | - | - | - | - |
| 広島 (35) | 2,910 | - | - | - | - | - | - | - | - | - | - |
| 山口 (36) | x | x | x | x | x | x | x | x | x | x | x |
| 徳島 (37) | x | x | x | x | x | x | x | x | x | x | x |
| 香川 (38) | x | x | x | x | x | x | x | x | x | x | x |
| 愛媛 (39) | x | x | x | x | x | x | x | x | x | x | x |
| 高知 (40) | x | x | x | x | x | x | x | x | x | x | x |
| 福岡 (41) | 9,602 | - | - | - | - | - | - | - | - | - | - |
| 佐賀 (42) | 295 | - | - | - | - | - | - | - | - | - | - |
| 長崎 (43) | 27 | - | - | - | - | - | - | - | - | - | - |
| 熊本 (44) | 1,647 | - | - | - | - | - | - | - | - | - | - |
| 大分 (45) | 225 | - | - | - | - | - | - | - | - | - | - |
| 宮崎 (46) | 3,542 | - | - | - | - | - | - | - | - | - | - |
| 鹿児島 (47) | - | - | - | - | - | - | - | - | - | - | - |
| 沖縄 (48) | 51 | - | - | - | - | - | - | - | - | - | - |

単位：t

| 埼　玉 | 千　葉 | 東　京 | 神奈川 | 新　潟 | 富　山 | 石　川 | 福　井 | 山　梨 | 長　野 | 岐　阜 | 静　岡 | |
|---|---|---|---|---|---|---|---|---|---|---|---|---|
| **838** | **6,644** | **-** | **-** | **968** | **443** | **17** | **478** | **1,575** | **1,460** | **328** | **1,654** | (1) |
| - | - | - | - | - | - | - | - | - | - | - | - | (2) |
| x | x | x | x | x | x | x | x | x | x | x | x | (3) |
| - | - | - | - | - | - | - | - | - | - | - | - | (4) |
| - | - | - | - | - | - | - | - | - | - | - | - | (5) |
| x | x | x | x | x | x | x | x | x | x | x | x | (6) |
| - | - | - | - | - | - | - | - | - | - | - | - | (7) |
| - | - | - | - | - | - | - | - | - | - | - | - | (8) |
| 154 | 1,638 | - | - | 158 | 107 | 17 | - | - | - | 116 | - | (9) |
| - | - | - | - | - | - | - | - | - | - | - | - | (10) |
| 210 | 31 | - | - | 727 | 143 | - | - | 12 | 113 | - | - | (11) |
| - | - | - | - | - | - | - | - | - | - | - | - | (12) |
| - | - | - | - | - | - | - | - | - | - | - | - | (13) |
| 356 | 712 | - | - | - | - | - | - | 282 | 353 | - | 100 | (14) |
| 118 | 4,263 | - | - | - | - | - | - | 637 | - | - | 30 | (15) |
| - | - | - | - | - | 58 | - | - | - | - | - | - | (16) |
| x | x | x | x | x | x | x | x | x | x | x | x | (17) |
| - | - | - | - | 14 | 120 | - | 88 | - | - | - | - | (18) |
| x | x | x | x | x | x | x | x | x | x | x | x | (19) |
| - | - | - | - | - | - | - | - | - | 350 | - | - | (20) |
| - | - | - | - | 54 | - | - | - | 351 | - | - | - | (21) |
| - | - | - | - | - | - | - | - | - | 100 | - | - | (22) |
| - | - | - | - | - | - | - | - | 293 | - | - | - | (23) |
| - | - | - | - | - | - | - | - | - | 544 | 122 | 1,313 | (24) |
| - | - | - | - | - | - | - | - | - | - | - | 168 | (25) |
| - | - | - | - | 15 | 15 | - | 390 | - | - | - | - | (26) |
| - | - | - | - | - | - | - | - | - | - | - | - | (27) |
| - | - | - | - | - | - | - | - | - | - | - | - | (28) |
| - | - | - | - | - | - | - | - | - | - | - | - | (29) |
| x | x | x | x | x | x | x | x | x | x | x | x | (30) |
| x | x | x | x | x | x | x | x | x | x | x | x | (31) |
| x | x | x | x | x | x | x | x | x | x | x | x | (32) |
| - | - | - | - | - | - | - | - | - | - | - | - | (33) |
| - | - | - | - | - | - | - | - | - | - | - | 43 | (34) |
| - | - | - | - | - | - | - | - | - | - | - | - | (35) |
| x | x | x | x | x | x | x | x | x | x | x | x | (36) |
| x | x | x | x | x | x | x | x | x | x | x | x | (37) |
| x | x | x | x | x | x | x | x | x | x | x | x | (38) |
| x | x | x | x | x | x | x | x | x | x | x | x | (39) |
| x | x | x | x | x | x | x | x | x | x | x | x | (40) |
| - | - | - | - | - | - | - | - | - | - | - | - | (41) |
| - | - | - | - | - | - | - | - | - | - | - | - | (42) |
| - | - | - | - | - | - | - | - | - | - | - | - | (43) |
| - | - | - | - | - | - | - | - | - | - | 64 | - | (44) |
| - | - | - | - | - | - | - | - | - | - | - | - | (45) |
| - | - | - | - | - | - | - | - | - | - | - | - | (46) |
| - | - | - | - | - | - | - | - | - | - | - | - | (47) |
| - | - | - | - | - | - | - | - | - | - | - | - | (48) |

## 5　生乳移出入量（都道府県別）（月別）（続き）

### (6)　5月分（続き）

| 移入＼移出 | | 愛　知 | 三　重 | 滋　賀 | 京　都 | 大　阪 | 兵　庫 | 奈　良 | 和歌山 | 鳥　取 | 島　根 | 岡　山 | 広　島 |
|---|---|---|---|---|---|---|---|---|---|---|---|---|---|
| 全　　国 | (1) | 4,210 | 2,257 | 591 | 776 | 100 | 534 | 2,085 | 372 | 95 | 5,009 | 2,865 | 1,262 |
| 北 海 道 | (2) | - | - | - | - | - | - | - | - | - | - | - | - |
| 青　　森 | (3) | x | x | x | x | x | x | x | x | x | x | x | x |
| 岩　　手 | (4) | - | - | - | - | - | - | - | - | - | - | - | - |
| 宮　　城 | (5) | - | - | - | - | - | - | - | - | - | - | - | - |
| 秋　　田 | (6) | x | x | x | x | x | x | x | x | x | x | x | x |
| 山　　形 | (7) | - | - | - | - | - | - | - | - | - | - | - | - |
| 福　　島 | (8) | - | - | - | - | - | - | - | - | - | - | - | - |
| 茨　　城 | (9) | 717 | 34 | - | - | - | - | - | - | - | - | - | - |
| 栃　　木 | (10) | - | - | - | - | - | - | - | - | - | - | - | - |
| 群　　馬 | (11) | - | - | - | - | - | - | - | - | - | - | - | - |
| 埼　　玉 | (12) | - | - | - | - | - | - | - | - | - | - | - | - |
| 千　　葉 | (13) | - | - | - | - | - | - | - | - | - | - | - | - |
| 東　　京 | (14) | - | - | - | - | - | - | - | - | - | - | - | - |
| 神 奈 川 | (15) | - | - | - | - | - | - | - | - | - | - | - | - |
| 新　　潟 | (16) | - | - | - | - | - | - | - | - | - | - | - | - |
| 富　　山 | (17) | x | x | x | x | x | x | x | x | x | x | x | x |
| 石　　川 | (18) | - | - | - | - | - | - | - | - | - | - | - | - |
| 福　　井 | (19) | x | x | x | x | x | x | x | x | x | x | x | x |
| 山　　梨 | (20) | - | - | - | - | - | - | - | - | - | - | - | - |
| 長　　野 | (21) | 2,210 | 239 | - | - | - | - | - | - | - | - | - | - |
| 岐　　阜 | (22) | 773 | 93 | - | - | - | - | - | - | - | - | 367 | - |
| 静　　岡 | (23) | 61 | - | - | - | - | - | - | - | - | - | - | - |
| 愛　　知 | (24) | - | 1,233 | - | - | - | - | - | - | - | - | - | - |
| 三　　重 | (25) | 53 | - | - | - | - | - | - | - | - | - | - | - |
| 滋　　賀 | (26) | - | 130 | - | - | 26 | - | - | - | - | - | - | - |
| 京　　都 | (27) | 327 | 511 | 117 | - | 48 | 121 | 319 | - | - | 211 | 176 | - |
| 大　　阪 | (28) | - | - | 310 | - | - | 413 | 537 | 372 | - | 485 | 852 | - |
| 兵　　庫 | (29) | - | - | 164 | 776 | 26 | - | 1,229 | - | 95 | 119 | 1,052 | 100 |
| 奈　　良 | (30) | x | x | x | x | x | x | x | x | x | x | x | x |
| 和 歌 山 | (31) | x | x | x | x | x | x | x | x | x | x | x | x |
| 鳥　　取 | (32) | x | x | x | x | x | x | x | x | x | x | x | x |
| 島　　根 | (33) | - | - | - | - | - | - | - | - | - | - | - | - |
| 岡　　山 | (34) | - | - | - | - | - | - | - | - | - | 1,944 | - | 848 |
| 広　　島 | (35) | - | - | - | - | - | - | - | - | - | 1,968 | 391 | - |
| 山　　口 | (36) | x | x | x | x | x | x | x | x | x | x | x | x |
| 徳　　島 | (37) | x | x | x | x | x | x | x | x | x | x | x | x |
| 香　　川 | (38) | x | x | x | x | x | x | x | x | x | x | x | x |
| 愛　　媛 | (39) | x | x | x | x | x | x | x | x | x | x | x | x |
| 高　　知 | (40) | x | x | x | x | x | x | x | x | x | x | x | x |
| 福　　岡 | (41) | - | - | - | - | - | - | - | - | - | - | - | - |
| 佐　　賀 | (42) | - | - | - | - | - | - | - | - | - | - | - | - |
| 長　　崎 | (43) | - | - | - | - | - | - | - | - | - | - | 27 | - |
| 熊　　本 | (44) | 69 | 17 | - | - | - | - | - | - | - | - | - | - |
| 大　　分 | (45) | - | - | - | - | - | - | - | - | - | - | - | - |
| 宮　　崎 | (46) | - | - | - | - | - | - | - | - | - | - | - | - |
| 鹿 児 島 | (47) | - | - | - | - | - | - | - | - | - | - | - | - |
| 沖　　縄 | (48) | - | - | - | - | - | - | - | - | - | - | - | - |

単位：t

| 山口 | 徳島 | 香川 | 愛媛 | 高知 | 福岡 | 佐賀 | 長崎 | 熊本 | 大分 | 宮崎 | 鹿児島 | 沖縄 | |
|---|---|---|---|---|---|---|---|---|---|---|---|---|---|
| **-** | **1,714** | **2,342** | **464** | **984** | **1,825** | **451** | **3,006** | **9,220** | **1,363** | **4,675** | **5,243** | **114** | (1) |
| - | - | - | - | - | - | - | - | - | - | - | - | - | (2) |
| x | x | x | x | x | x | x | x | x | x | x | x | x | (3) |
| - | - | - | - | - | - | - | - | - | - | - | - | - | (4) |
| - | - | - | - | - | - | - | - | - | - | - | - | - | (5) |
| x | x | x | x | x | x | x | x | x | x | x | x | x | (6) |
| - | - | - | - | - | - | - | - | - | - | - | - | - | (7) |
| - | - | - | - | - | - | - | - | - | - | - | - | - | (8) |
| - | - | - | - | - | - | - | - | - | - | - | - | - | (9) |
| - | - | - | - | - | - | - | - | - | - | - | - | - | (10) |
| - | - | - | - | - | - | - | - | - | - | - | - | - | (11) |
| - | - | - | - | - | - | - | - | - | - | - | - | - | (12) |
| - | - | - | - | - | - | - | - | - | - | - | - | - | (13) |
| - | - | - | - | - | - | - | - | - | - | - | - | - | (14) |
| - | - | - | - | - | - | - | - | - | - | - | - | - | (15) |
| - | - | - | - | - | - | - | - | - | - | - | - | - | (16) |
| x | x | x | x | x | x | x | x | x | x | x | x | x | (17) |
| - | - | - | - | - | - | - | - | - | - | - | - | - | (18) |
| x | x | x | x | x | x | x | x | x | x | x | x | x | (19) |
| - | - | - | - | - | - | - | - | - | - | - | - | - | (20) |
| - | - | - | - | - | - | - | - | - | - | - | - | - | (21) |
| - | - | - | - | - | - | - | - | - | - | - | - | - | (22) |
| - | - | - | - | - | - | - | - | - | - | - | - | - | (23) |
| - | - | - | - | - | - | - | - | - | - | 168 | - | - | (24) |
| - | - | - | - | - | - | - | - | - | - | - | - | - | (25) |
| - | 10 | - | - | - | - | - | - | - | - | - | - | - | (26) |
| - | - | 65 | 59 | - | 952 | - | 113 | 1,191 | 84 | 797 | - | - | (27) |
| - | 582 | 871 | - | 84 | - | - | - | 1,371 | - | 711 | 17 | - | (28) |
| - | 75 | 282 | - | - | 17 | - | 132 | 976 | 68 | 269 | 1,485 | - | (29) |
| x | x | x | x | x | x | x | x | x | x | x | x | x | (30) |
| x | x | x | x | x | x | x | x | x | x | x | x | x | (31) |
| x | x | x | x | x | x | x | x | x | x | x | x | x | (32) |
| - | - | - | - | - | - | - | - | - | - | - | - | - | (33) |
| - | - | 48 | 353 | - | - | - | 201 | 185 | 34 | 320 | - | - | (34) |
| - | 55 | 142 | - | - | - | - | 62 | 102 | 68 | 122 | - | - | (35) |
| x | x | x | x | x | x | x | x | x | x | x | x | x | (36) |
| x | x | x | x | x | x | x | x | x | x | x | x | x | (37) |
| x | x | x | x | x | x | x | x | x | x | x | x | x | (38) |
| x | x | x | x | x | x | x | x | x | x | x | x | x | (39) |
| x | x | x | x | x | x | x | x | x | x | x | x | x | (40) |
| - | - | - | - | - | - | - | 2,198 | 4,463 | 1,109 | 1,816 | 16 | - | (41) |
| - | - | - | - | - | - | - | - | 295 | - | - | - | - | (42) |
| - | - | - | - | - | - | - | - | - | - | - | - | - | (43) |
| - | - | - | - | - | 449 | 451 | 300 | - | - | - | 183 | 114 | (44) |
| - | - | - | - | - | 60 | - | - | 165 | - | - | - | - | (45) |
| - | - | - | - | - | - | - | - | - | - | - | 3,542 | - | (46) |
| - | - | - | - | - | - | - | - | - | - | - | - | - | (47) |
| - | - | - | - | - | - | - | - | 51 | - | - | - | - | (48) |

## 5 生乳移出入量（都道府県別）（月別）（続き）

### (7) 6月分

| 移入＼移出 | 全国 | 北海道 | 青森 | 岩手 | 宮城 | 秋田 | 山形 | 福島 | 茨城 | 栃木 | 群馬 |
|---|---|---|---|---|---|---|---|---|---|---|---|
| **全国 (1)** | **154,883** | **53,650** | **5,580** | **8,399** | **3,526** | **1,296** | **3,012** | **1,309** | **1,915** | **12,955** | **8,042** |
| 北海道 (2) | **-** | - | - | - | - | - | - | - | - | - | - |
| 青森 (3) | **x** | x | x | x | x | x | x | x | x | x | x |
| 岩手 (4) | **1,086** | - | 509 | - | - | 562 | - | - | - | - | - |
| 宮城 (5) | **3,966** | - | 2,437 | 1,249 | - | - | 280 | - | - | - | - |
| 秋田 (6) | **x** | x | x | x | x | x | x | x | x | x | x |
| 山形 (7) | **-** | - | - | - | - | - | - | - | - | - | - |
| 福島 (8) | **2,869** | - | 17 | 217 | 635 | - | - | - | - | 2,000 | - |
| 茨城 (9) | **11,325** | 6,887 | 1,172 | 1,202 | 30 | 15 | 68 | 340 | - | 489 | 42 |
| 栃木 (10) | **664** | - | - | 664 | - | - | - | - | - | - | - |
| 群馬 (11) | **7,971** | 2,249 | 84 | 931 | 597 | 569 | 200 | 169 | - | 2,473 | - |
| 埼玉 (12) | **6,535** | 2,215 | 283 | 1,094 | 170 | 115 | 107 | 271 | - | 1,910 | 370 |
| 千葉 (13) | **6,975** | 2,729 | - | 89 | 524 | - | - | - | 1,580 | 1,905 | 139 |
| 東京 (14) | **7,424** | 511 | 91 | 165 | 271 | 35 | - | - | 335 | 1,569 | 2,660 |
| 神奈川 (15) | **23,784** | 11,763 | 953 | 639 | 803 | - | 1,788 | 529 | - | 1,420 | 1,943 |
| 新潟 (16) | **1,597** | 484 | 17 | 731 | - | - | 276 | - | - | - | 89 |
| 富山 (17) | **x** | x | x | x | x | x | x | x | x | x | x |
| 石川 (18) | **967** | 652 | 17 | - | - | - | 95 | - | - | - | 71 |
| 福井 (19) | **x** | x | x | x | x | x | x | x | x | x | x |
| 山梨 (20) | **285** | - | - | - | - | - | - | - | - | - | - |
| 長野 (21) | **4,689** | 339 | - | - | 56 | - | 20 | - | - | - | 2,195 |
| 岐阜 (22) | **4,740** | 2,370 | - | 124 | - | - | 78 | - | - | 666 | 283 |
| 静岡 (23) | **3,100** | 936 | - | 616 | 240 | - | 100 | - | - | 523 | 250 |
| 愛知 (24) | **5,948** | 2,094 | - | 678 | 200 | - | - | - | - | - | - |
| 三重 (25) | **262** | - | - | - | - | - | - | - | - | - | - |
| 滋賀 (26) | **1,518** | 1,043 | - | - | - | - | - | - | - | - | - |
| 京都 (27) | **8,938** | 7,028 | - | - | - | - | - | - | - | - | - |
| 大阪 (28) | **10,525** | 5,676 | - | - | - | - | - | - | - | - | - |
| 兵庫 (29) | **9,840** | 4,204 | - | - | - | - | - | - | - | - | - |
| 奈良 (30) | **x** | x | x | x | x | x | x | x | x | x | x |
| 和歌山 (31) | **x** | x | x | x | x | x | x | x | x | x | x |
| 鳥取 (32) | **x** | x | x | x | x | x | x | x | x | x | x |
| 島根 (33) | **-** | - | - | - | - | - | - | - | - | - | - |
| 岡山 (34) | **5,565** | 2,436 | - | - | - | - | - | - | - | - | - |
| 広島 (35) | **3,254** | - | - | - | - | - | - | - | - | - | - |
| 山口 (36) | **x** | x | x | x | x | x | x | x | x | x | x |
| 徳島 (37) | **x** | x | x | x | x | x | x | x | x | x | x |
| 香川 (38) | **x** | x | x | x | x | x | x | x | x | x | x |
| 愛媛 (39) | **x** | x | x | x | x | x | x | x | x | x | x |
| 高知 (40) | **x** | x | x | x | x | x | x | x | x | x | x |
| 福岡 (41) | **9,992** | - | - | - | - | - | - | - | - | - | - |
| 佐賀 (42) | **295** | - | - | - | - | - | - | - | - | - | - |
| 長崎 (43) | **27** | - | - | - | - | - | - | - | - | - | - |
| 熊本 (44) | **584** | - | - | - | - | - | - | - | - | - | - |
| 大分 (45) | **812** | - | - | - | - | - | - | - | - | - | - |
| 宮崎 (46) | **2,563** | - | - | - | - | - | - | - | - | - | - |
| 鹿児島 (47) | **-** | - | - | - | - | - | - | - | - | - | - |
| 沖縄 (48) | **170** | - | - | - | - | - | - | - | - | - | - |

単位：t

| 埼玉 | 千葉 | 東京 | 神奈川 | 新潟 | 富山 | 石川 | 福井 | 山梨 | 長野 | 岐阜 | 静岡 | |
|---|---|---|---|---|---|---|---|---|---|---|---|---|
| **598** | **5,578** | **-** | **-** | **377** | **56** | **-** | **441** | **1,529** | **1,112** | **78** | **1,618** | (1) |
| - | - | - | - | - | - | - | - | - | - | - | - | (2) |
| x | x | x | x | x | x | x | x | x | x | x | x | (3) |
| - | 15 | - | - | - | - | - | - | - | - | - | - | (4) |
| - | - | - | - | - | - | - | - | - | - | - | - | (5) |
| x | x | x | x | x | x | x | x | x | x | x | x | (6) |
| - | - | - | - | - | - | - | - | - | - | - | - | (7) |
| - | - | - | - | - | - | - | - | - | - | - | - | (8) |
| 74 | 1,006 | - | - | - | - | - | - | - | - | - | - | (9) |
| - | - | - | - | - | - | - | - | - | - | - | - | (10) |
| 234 | - | - | - | 312 | 21 | - | - | 17 | 115 | - | - | (11) |
| - | - | - | - | - | - | - | - | - | - | - | - | (12) |
| - | - | - | - | - | - | - | - | - | 9 | - | - | (13) |
| 187 | 1,289 | - | - | - | - | - | - | 240 | 31 | - | 40 | (14) |
| 103 | 3,268 | - | - | - | - | - | - | 565 | - | - | 10 | (15) |
| - | - | - | - | - | - | - | - | - | - | - | - | (16) |
| x | x | x | x | x | x | x | x | x | x | x | x | (17) |
| - | - | - | - | 15 | 35 | - | 82 | - | - | - | - | (18) |
| x | x | x | x | x | x | x | x | x | x | x | x | (19) |
| - | - | - | - | - | - | - | - | - | 285 | - | - | (20) |
| - | - | - | - | 50 | - | - | - | 333 | - | - | - | (21) |
| - | - | - | - | - | - | - | - | - | 136 | - | - | (22) |
| - | - | - | - | - | - | - | - | 374 | - | - | - | (23) |
| - | - | - | - | - | - | - | - | - | 536 | 78 | 1,306 | (24) |
| - | - | - | - | - | - | - | - | - | - | - | 262 | (25) |
| - | - | - | - | - | - | - | 359 | - | - | - | - | (26) |
| - | - | - | - | - | - | - | - | - | - | - | - | (27) |
| - | - | - | - | - | - | - | - | - | - | - | - | (28) |
| - | - | - | - | - | - | - | - | - | - | - | - | (29) |
| x | x | x | x | x | x | x | x | x | x | x | x | (30) |
| x | x | x | x | x | x | x | x | x | x | x | x | (31) |
| x | x | x | x | x | x | x | x | x | x | x | x | (32) |
| - | - | - | - | - | - | - | - | - | - | - | - | (33) |
| - | - | - | - | - | - | - | - | - | - | - | - | (34) |
| - | - | - | - | - | - | - | - | - | - | - | - | (35) |
| x | x | x | x | x | x | x | x | x | x | x | x | (36) |
| x | x | x | x | x | x | x | x | x | x | x | x | (37) |
| x | x | x | x | x | x | x | x | x | x | x | x | (38) |
| x | x | x | x | x | x | x | x | x | x | x | x | (39) |
| x | x | x | x | x | x | x | x | x | x | x | x | (40) |
| - | - | - | - | - | - | - | - | - | - | - | - | (41) |
| - | - | - | - | - | - | - | - | - | - | - | - | (42) |
| - | - | - | - | - | - | - | - | - | - | - | - | (43) |
| - | - | - | - | - | - | - | - | - | - | - | - | (44) |
| - | - | - | - | - | - | - | - | - | - | - | - | (45) |
| - | - | - | - | - | - | - | - | - | - | - | - | (46) |
| - | - | - | - | - | - | - | - | - | - | - | - | (47) |
| - | - | - | - | - | - | - | - | - | - | - | - | (48) |

## 5　生乳移出入量（都道府県別）（月別）（続き）

### (7)　6月分（続き）

| 移出<br>移入 | 愛知 | 三重 | 滋賀 | 京都 | 大阪 | 兵庫 | 奈良 | 和歌山 | 鳥取 | 島根 | 岡山 | 広島 |
|---|---|---|---|---|---|---|---|---|---|---|---|---|
| 全国 (1) | 2,173 | 1,878 | 554 | 711 | 70 | 497 | 1,967 | 340 | 149 | 4,517 | 2,731 | 684 |
| 北海道 (2) | − | − | − | − | − | − | − | − | − | − | − | − |
| 青森 (3) | x | x | x | x | x | x | x | x | x | x | x | x |
| 岩手 (4) | − | − | − | − | − | − | − | − | − | − | − | − |
| 宮城 (5) | − | − | − | − | − | − | − | − | − | − | − | − |
| 秋田 (6) | x | x | x | x | x | x | x | x | x | x | x | x |
| 山形 (7) | − | − | − | − | − | − | − | − | − | − | − | − |
| 福島 (8) | − | − | − | − | − | − | − | − | − | − | − | − |
| 茨城 (9) | − | − | − | − | − | − | − | − | − | − | − | − |
| 栃木 (10) | − | − | − | − | − | − | − | − | − | − | − | − |
| 群馬 (11) | − | − | − | − | − | − | − | − | − | − | − | − |
| 埼玉 (12) | − | − | − | − | − | − | − | − | − | − | − | − |
| 千葉 (13) | − | − | − | − | − | − | − | − | − | − | − | − |
| 東京 (14) | − | − | − | − | − | − | − | − | − | − | − | − |
| 神奈川 (15) | − | − | − | − | − | − | − | − | − | − | − | − |
| 新潟 (16) | − | − | − | − | − | − | − | − | − | − | − | − |
| 富山 (17) | x | x | x | x | x | x | x | x | x | x | x | x |
| 石川 (18) | − | − | − | − | − | − | − | − | − | − | − | − |
| 福井 (19) | x | x | x | x | x | x | x | x | x | x | x | x |
| 山梨 (20) | − | − | − | − | − | − | − | − | − | − | − | − |
| 長野 (21) | 1,472 | 224 | − | − | − | − | − | − | − | − | − | − |
| 岐阜 (22) | 519 | 183 | − | − | − | − | − | − | − | − | 381 | − |
| 静岡 (23) | 61 | − | − | − | − | − | − | − | − | − | − | − |
| 愛知 (24) | − | 938 | − | − | − | − | − | − | − | − | − | − |
| 三重 (25) | − | − | − | − | − | − | − | − | − | − | − | − |
| 滋賀 (26) | − | 106 | − | − | − | − | − | − | − | − | − | − |
| 京都 (27) | 76 | 398 | 110 | − | 50 | 111 | 304 | − | − | − | 108 | − |
| 大阪 (28) | 45 | 29 | 286 | − | − | 386 | 498 | 340 | − | 10 | 797 | − |
| 兵庫 (29) | − | − | 158 | 711 | 20 | − | 1,165 | − | 149 | − | 1,042 | − |
| 奈良 (30) | x | x | x | x | x | x | x | x | x | x | x | x |
| 和歌山 (31) | x | x | x | x | x | x | x | x | x | x | x | x |
| 鳥取 (32) | x | x | x | x | x | x | x | x | x | x | x | x |
| 島根 (33) | − | − | − | − | − | − | − | − | − | − | − | − |
| 岡山 (34) | − | − | − | − | − | − | − | − | − | 1,654 | − | 370 |
| 広島 (35) | − | − | − | − | − | − | − | − | − | 2,223 | 376 | − |
| 山口 (36) | x | x | x | x | x | x | x | x | x | x | x | x |
| 徳島 (37) | x | x | x | x | x | x | x | x | x | x | x | x |
| 香川 (38) | x | x | x | x | x | x | x | x | x | x | x | x |
| 愛媛 (39) | x | x | x | x | x | x | x | x | x | x | x | x |
| 高知 (40) | x | x | x | x | x | x | x | x | x | x | x | x |
| 福岡 (41) | − | − | − | − | − | − | − | − | − | − | − | − |
| 佐賀 (42) | − | − | − | − | − | − | − | − | − | − | − | − |
| 長崎 (43) | − | − | − | − | − | − | − | − | − | − | 27 | − |
| 熊本 (44) | − | − | − | − | − | − | − | − | − | − | − | − |
| 大分 (45) | − | − | − | − | − | − | − | − | − | − | − | − |
| 宮崎 (46) | − | − | − | − | − | − | − | − | − | − | − | − |
| 鹿児島 (47) | − | − | − | − | − | − | − | − | − | − | − | − |
| 沖縄 (48) | − | − | − | − | − | − | − | − | − | − | − | − |

単位：t

| 山口 | 徳島 | 香川 | 愛媛 | 高知 | 福岡 | 佐賀 | 長崎 | 熊本 | 大分 | 宮崎 | 鹿児島 | 沖縄 | |
|---|---|---|---|---|---|---|---|---|---|---|---|---|---|
| - | 1,466 | 2,178 | 382 | 818 | 844 | 195 | 2,586 | 8,288 | 1,688 | 4,563 | 4,533 | - | (1) |
| - | - | - | - | - | - | - | - | - | - | - | - | - | (2) |
| x | x | x | x | x | x | x | x | x | x | x | x | x | (3) |
| - | - | - | - | - | - | - | - | - | - | - | - | - | (4) |
| - | - | - | - | - | - | - | - | - | - | - | - | - | (5) |
| x | x | x | x | x | x | x | x | x | x | x | x | x | (6) |
| - | - | - | - | - | - | - | - | - | - | - | - | - | (7) |
| - | - | - | - | - | - | - | - | - | - | - | - | - | (8) |
| - | - | - | - | - | - | - | - | - | - | - | - | - | (9) |
| - | - | - | - | - | - | - | - | - | - | - | - | - | (10) |
| - | - | - | - | - | - | - | - | - | - | - | - | - | (11) |
| - | - | - | - | - | - | - | - | - | - | - | - | - | (12) |
| - | - | - | - | - | - | - | - | - | - | - | - | - | (13) |
| - | - | - | - | - | - | - | - | - | - | - | - | - | (14) |
| - | - | - | - | - | - | - | - | - | - | - | - | - | (15) |
| - | - | - | - | - | - | - | - | - | - | - | - | - | (16) |
| x | x | x | x | x | x | x | x | x | x | x | x | x | (17) |
| - | - | - | - | - | - | - | - | - | - | - | - | - | (18) |
| x | x | x | x | x | x | x | x | x | x | x | x | x | (19) |
| - | - | - | - | - | - | - | - | - | - | - | - | - | (20) |
| - | - | - | - | - | - | - | - | - | - | - | - | - | (21) |
| - | - | - | - | - | - | - | - | - | - | - | - | - | (22) |
| - | - | - | - | - | - | - | - | - | - | - | - | - | (23) |
| - | - | - | - | - | - | - | - | - | - | 118 | - | - | (24) |
| - | - | - | - | - | - | - | - | - | - | - | - | - | (25) |
| - | 10 | - | - | - | - | - | - | - | - | - | - | - | (26) |
| - | - | - | - | - | 187 | - | 32 | 302 | 17 | 215 | - | - | (27) |
| - | 401 | 230 | - | 14 | - | - | 40 | 1,214 | - | 542 | 17 | - | (28) |
| - | 14 | 10 | - | - | 34 | - | 62 | 225 | - | 355 | 1,691 | - | (29) |
| x | x | x | x | x | x | x | x | x | x | x | x | x | (30) |
| x | x | x | x | x | x | x | x | x | x | x | x | x | (31) |
| x | x | x | x | x | x | x | x | x | x | x | x | x | (32) |
| - | - | - | - | - | - | - | - | - | - | - | - | - | (33) |
| - | - | 44 | 330 | - | - | - | 171 | 231 | 34 | 295 | - | - | (34) |
| - | 42 | 275 | - | - | - | - | 63 | 51 | 102 | 122 | - | - | (35) |
| x | x | x | x | x | x | x | x | x | x | x | x | x | (36) |
| x | x | x | x | x | x | x | x | x | x | x | x | x | (37) |
| x | x | x | x | x | x | x | x | x | x | x | x | x | (38) |
| x | x | x | x | x | x | x | x | x | x | x | x | x | (39) |
| x | x | x | x | x | x | x | x | x | x | x | x | x | (40) |
| - | - | - | - | - | - | - | 2,188 | 4,116 | 1,535 | 2,137 | 16 | - | (41) |
| - | - | - | - | - | - | - | - | 295 | - | - | - | - | (42) |
| - | - | - | - | - | - | - | - | - | - | - | - | - | (43) |
| - | - | - | - | - | 113 | 195 | 30 | - | - | - | 246 | - | (44) |
| - | - | - | - | - | 15 | - | - | 797 | - | - | - | - | (45) |
| - | - | - | - | - | - | - | - | - | - | - | 2,563 | - | (46) |
| - | - | - | - | - | - | - | - | - | - | - | - | - | (47) |
| - | - | - | - | - | - | - | - | 170 | - | - | - | - | (48) |

## 5　生乳移出入量（都道府県別）（月別）（続き）

### (8)　7月分

| 移出<br>移入 | 全国 | 北海道 | 青森 | 岩手 | 宮城 | 秋田 | 山形 | 福島 | 茨城 | 栃木 | 群馬 |
|---|---|---|---|---|---|---|---|---|---|---|---|
| 全国 (1) | 160,685 | 61,530 | 5,666 | 8,479 | 3,567 | 1,271 | 2,957 | 1,396 | 3,691 | 12,697 | 8,604 |
| 北海道 (2) | - | - | - | - | - | - | - | - | - | - | - |
| 青森 (3) | x | x | x | x | x | x | x | x | x | x | x |
| 岩手 (4) | 1,194 | - | 642 | - | 12 | 531 | 9 | - | - | - | - |
| 宮城 (5) | 3,934 | - | 2,456 | 1,183 | - | - | 295 | - | - | - | - |
| 秋田 (6) | x | x | x | x | x | x | x | x | x | x | x |
| 山形 (7) | - | - | - | - | - | - | - | - | - | - | - |
| 福島 (8) | 2,829 | - | 17 | 168 | 741 | - | - | - | - | 1,903 | - |
| 茨城 (9) | 13,693 | 9,255 | 1,154 | 1,521 | 155 | 75 | 60 | 500 | - | 439 | 58 |
| 栃木 (10) | 683 | - | - | 655 | - | - | - | - | 28 | - | - |
| 群馬 (11) | 8,993 | 2,766 | 71 | 865 | 679 | 555 | 240 | 105 | 96 | 2,893 | - |
| 埼玉 (12) | 6,884 | 2,369 | 332 | 1,180 | 320 | 110 | 15 | 178 | 275 | 1,784 | 301 |
| 千葉 (13) | 6,886 | 2,586 | 139 | 51 | 229 | - | - | 15 | 1,788 | 1,921 | 145 |
| 東京 (14) | 7,160 | 970 | 119 | 175 | 151 | - | - | - | 461 | 714 | 2,513 |
| 神奈川 (15) | 25,329 | 12,151 | 719 | 759 | 913 | - | 1,921 | 598 | - | 1,913 | 2,483 |
| 新潟 (16) | 1,625 | 481 | - | 665 | 15 | - | 297 | - | 97 | - | 70 |
| 富山 (17) | x | x | x | x | x | x | x | x | x | x | x |
| 石川 (18) | 864 | 704 | 17 | - | - | - | - | - | - | - | 56 |
| 福井 (19) | x | x | x | x | x | x | x | x | x | x | x |
| 山梨 (20) | 304 | - | - | - | - | - | - | - | - | - | - |
| 長野 (21) | 5,078 | 340 | - | - | 41 | - | 20 | - | 320 | - | 2,461 |
| 岐阜 (22) | 5,192 | 3,043 | - | 206 | - | - | - | - | - | 686 | 260 |
| 静岡 (23) | 2,939 | 1,019 | - | 400 | 156 | - | 100 | - | 240 | 444 | 230 |
| 愛知 (24) | 6,587 | 2,917 | - | 651 | 155 | - | - | - | 386 | - | - |
| 三重 (25) | 226 | - | - | - | - | - | - | - | - | - | - |
| 滋賀 (26) | 1,470 | 993 | - | - | - | - | - | - | - | - | - |
| 京都 (27) | 8,447 | 7,205 | - | - | - | - | - | - | - | - | - |
| 大阪 (28) | 10,570 | 6,349 | - | - | - | - | - | - | - | - | - |
| 兵庫 (29) | 9,882 | 5,271 | - | - | - | - | - | - | - | - | - |
| 奈良 (30) | x | x | x | x | x | x | x | x | x | x | x |
| 和歌山 (31) | x | x | x | x | x | x | x | x | x | x | x |
| 鳥取 (32) | x | x | x | x | x | x | x | x | x | x | x |
| 島根 (33) | - | - | - | - | - | - | - | - | - | - | - |
| 岡山 (34) | 5,676 | 3,111 | - | - | - | - | - | - | - | - | 27 |
| 広島 (35) | 3,396 | - | - | - | - | - | - | - | - | - | - |
| 山口 (36) | x | x | x | x | x | x | x | x | x | x | x |
| 徳島 (37) | x | x | x | x | x | x | x | x | x | x | x |
| 香川 (38) | x | x | x | x | x | x | x | x | x | x | x |
| 愛媛 (39) | x | x | x | x | x | x | x | x | x | x | x |
| 高知 (40) | x | x | x | x | x | x | x | x | x | x | x |
| 福岡 (41) | 10,170 | - | - | - | - | - | - | - | - | - | - |
| 佐賀 (42) | 294 | - | - | - | - | - | - | - | - | - | - |
| 長崎 (43) | 27 | - | - | - | - | - | - | - | - | - | - |
| 熊本 (44) | 1,138 | - | - | - | - | - | - | - | - | - | - |
| 大分 (45) | 887 | - | - | - | - | - | - | - | - | - | - |
| 宮崎 (46) | 2,575 | - | - | - | - | - | - | - | - | - | - |
| 鹿児島 (47) | - | - | - | - | - | - | - | - | - | - | - |
| 沖縄 (48) | 170 | - | - | - | - | - | - | - | - | - | - |

単位：t

| 埼玉 | 千葉 | 東京 | 神奈川 | 新潟 | 富山 | 石川 | 福井 | 山梨 | 長野 | 岐阜 | 静岡 | |
|---|---|---|---|---|---|---|---|---|---|---|---|---|
| **485** | **4,662** | **-** | **-** | **358** | **4** | **-** | **436** | **1,557** | **1,071** | **100** | **1,520** | (1) |
| - | - | - | - | - | - | - | - | - | - | - | - | (2) |
| x | x | x | x | x | x | x | x | x | x | x | x | (3) |
| - | - | - | - | - | - | - | - | - | - | - | - | (4) |
| - | - | - | - | - | - | - | - | - | - | - | - | (5) |
| x | x | x | x | x | x | x | x | x | x | x | x | (6) |
| - | - | - | - | - | - | - | - | - | - | - | - | (7) |
| - | - | - | - | - | - | - | - | - | - | - | - | (8) |
| - | 476 | - | - | - | - | - | - | - | - | - | - | (9) |
| - | - | - | - | - | - | - | - | - | - | - | - | (10) |
| 224 | - | - | - | 358 | - | - | - | 17 | 124 | - | - | (11) |
| - | 20 | - | - | - | - | - | - | - | - | - | - | (12) |
| - | - | - | - | - | - | - | - | - | 12 | - | - | (13) |
| 186 | 983 | - | - | - | - | - | - | 276 | 231 | - | 381 | (14) |
| 75 | 3,183 | - | - | - | - | - | - | 604 | - | - | 10 | (15) |
| - | - | - | - | - | - | - | - | - | - | - | - | (16) |
| x | x | x | x | x | x | x | x | x | x | x | x | (17) |
| - | - | - | - | - | 4 | - | 83 | - | - | - | - | (18) |
| x | x | x | x | x | x | x | x | x | x | x | x | (19) |
| - | - | - | - | - | - | - | - | - | 304 | - | - | (20) |
| - | - | - | - | - | - | - | - | 310 | - | - | - | (21) |
| - | - | - | - | - | - | - | - | - | 108 | - | - | (22) |
| - | - | - | - | - | - | - | - | 350 | - | - | - | (23) |
| - | - | - | - | - | - | - | - | - | 292 | 100 | 903 | (24) |
| - | - | - | - | - | - | - | - | - | - | - | 226 | (25) |
| - | - | - | - | - | - | - | 353 | - | - | - | - | (26) |
| - | - | - | - | - | - | - | - | - | - | - | - | (27) |
| - | - | - | - | - | - | - | - | - | - | - | - | (28) |
| - | - | - | - | - | - | - | - | - | - | - | - | (29) |
| x | x | x | x | x | x | x | x | x | x | x | x | (30) |
| x | x | x | x | x | x | x | x | x | x | x | x | (31) |
| x | x | x | x | x | x | x | x | x | x | x | x | (32) |
| - | - | - | - | - | - | - | - | - | - | - | - | (33) |
| - | - | - | - | - | - | - | - | - | - | - | - | (34) |
| - | - | - | - | - | - | - | - | - | - | - | - | (35) |
| x | x | x | x | x | x | x | x | x | x | x | x | (36) |
| x | x | x | x | x | x | x | x | x | x | x | x | (37) |
| x | x | x | x | x | x | x | x | x | x | x | x | (38) |
| x | x | x | x | x | x | x | x | x | x | x | x | (39) |
| x | x | x | x | x | x | x | x | x | x | x | x | (40) |
| - | - | - | - | - | - | - | - | - | - | - | - | (41) |
| - | - | - | - | - | - | - | - | - | - | - | - | (42) |
| - | - | - | - | - | - | - | - | - | - | - | - | (43) |
| - | - | - | - | - | - | - | - | - | - | - | - | (44) |
| - | - | - | - | - | - | - | - | - | - | - | - | (45) |
| - | - | - | - | - | - | - | - | - | - | - | - | (46) |
| - | - | - | - | - | - | - | - | - | - | - | - | (47) |
| - | - | - | - | - | - | - | - | - | - | - | - | (48) |

# 5　生乳移出入量（都道府県別）（月別）（続き）

## (8)　7月分（続き）

| 移入＼移出 | 愛知 | 三重 | 滋賀 | 京都 | 大阪 | 兵庫 | 奈良 | 和歌山 | 鳥取 | 島根 | 岡山 | 広島 |
|---|---|---|---|---|---|---|---|---|---|---|---|---|
| **全国 (1)** | **1,809** | **1,762** | **569** | **714** | **67** | **504** | **1,969** | **333** | **-** | **4,606** | **2,556** | **997** |
| 北海道 (2) | - | - | - | - | - | - | - | - | - | - | - | - |
| 青森 (3) | x | x | x | x | x | x | x | x | x | x | x | x |
| 岩手 (4) | - | - | - | - | - | - | - | - | - | - | - | - |
| 宮城 (5) | - | - | - | - | - | - | - | - | - | - | - | - |
| 秋田 (6) | x | x | x | x | x | x | x | x | x | x | x | x |
| 山形 (7) | - | - | - | - | - | - | - | - | - | - | - | - |
| 福島 (8) | - | - | - | - | - | - | - | - | - | - | - | - |
| 茨城 (9) | - | - | - | - | - | - | - | - | - | - | - | - |
| 栃木 (10) | - | - | - | - | - | - | - | - | - | - | - | - |
| 群馬 (11) | - | - | - | - | - | - | - | - | - | - | - | - |
| 埼玉 (12) | - | - | - | - | - | - | - | - | - | - | - | - |
| 千葉 (13) | - | - | - | - | - | - | - | - | - | - | - | - |
| 東京 (14) | - | - | - | - | - | - | - | - | - | - | - | - |
| 神奈川 (15) | - | - | - | - | - | - | - | - | - | - | - | - |
| 新潟 (16) | - | - | - | - | - | - | - | - | - | - | - | - |
| 富山 (17) | x | x | x | x | x | x | x | x | x | x | x | x |
| 石川 (18) | - | - | - | - | - | - | - | - | - | - | - | - |
| 福井 (19) | x | x | x | x | x | x | x | x | x | x | x | x |
| 山梨 (20) | - | - | - | - | - | - | - | - | - | - | - | - |
| 長野 (21) | 1,390 | 196 | - | - | - | - | - | - | - | - | - | - |
| 岐阜 (22) | 306 | 188 | - | - | - | - | - | - | - | - | 395 | - |
| 静岡 (23) | - | - | - | - | - | - | - | - | - | - | - | - |
| 愛知 (24) | - | 931 | - | - | - | - | - | - | - | - | - | - |
| 三重 (25) | - | - | - | - | - | - | - | - | - | - | - | - |
| 滋賀 (26) | - | 110 | - | - | - | - | - | - | - | - | - | - |
| 京都 (27) | 23 | 310 | 106 | - | 47 | 114 | 306 | - | - | - | 14 | - |
| 大阪 (28) | 90 | 27 | 290 | - | - | 373 | 492 | 333 | - | - | 594 | - |
| 兵庫 (29) | - | - | 173 | 714 | 20 | - | 1,171 | - | - | - | 1,059 | - |
| 奈良 (30) | x | x | x | x | x | x | x | x | x | x | x | x |
| 和歌山 (31) | x | x | x | x | x | x | x | x | x | x | x | x |
| 鳥取 (32) | x | x | x | x | x | x | x | x | x | x | x | x |
| 島根 (33) | - | - | - | - | - | - | - | - | - | - | - | - |
| 岡山 (34) | - | - | - | - | - | - | - | - | - | 1,093 | - | 675 |
| 広島 (35) | - | - | - | - | - | - | - | - | - | 2,377 | 467 | - |
| 山口 (36) | x | x | x | x | x | x | x | x | x | x | x | x |
| 徳島 (37) | x | x | x | x | x | x | x | x | x | x | x | x |
| 香川 (38) | x | x | x | x | x | x | x | x | x | x | x | x |
| 愛媛 (39) | x | x | x | x | x | x | x | x | x | x | x | x |
| 高知 (40) | x | x | x | x | x | x | x | x | x | x | x | x |
| 福岡 (41) | - | - | - | - | - | - | - | - | - | - | - | - |
| 佐賀 (42) | - | - | - | - | - | - | - | - | - | - | - | - |
| 長崎 (43) | - | - | - | - | - | - | - | - | - | - | 27 | - |
| 熊本 (44) | - | - | - | - | - | - | - | - | - | - | - | - |
| 大分 (45) | - | - | - | - | - | - | - | - | - | - | - | - |
| 宮崎 (46) | - | - | - | - | - | - | - | - | - | - | - | - |
| 鹿児島 (47) | - | - | - | - | - | - | - | - | - | - | - | - |
| 沖縄 (48) | - | - | - | - | - | - | - | - | - | - | - | - |

単位：t

| 山　口 | 徳　島 | 香　川 | 愛　媛 | 高　知 | 福　岡 | 佐　賀 | 長　崎 | 熊　本 | 大　分 | 宮　崎 | 鹿児島 | 沖　縄 | |
|---|---|---|---|---|---|---|---|---|---|---|---|---|---|
| **-** | **1,392** | **2,241** | **378** | **828** | **387** | **180** | **2,645** | **6,816** | **1,502** | **4,083** | **4,296** | **-** | (1) |
| - | - | - | - | - | - | - | - | - | - | - | - | - | (2) |
| x | x | x | x | x | x | x | x | x | x | x | x | x | (3) |
| - | - | - | - | - | - | - | - | - | - | - | - | - | (4) |
| - | - | - | - | - | - | - | - | - | - | - | - | - | (5) |
| x | x | x | x | x | x | x | x | x | x | x | x | x | (6) |
| - | - | - | - | - | - | - | - | - | - | - | - | - | (7) |
| - | - | - | - | - | - | - | - | - | - | - | - | - | (8) |
| - | - | - | - | - | - | - | - | - | - | - | - | - | (9) |
| - | - | - | - | - | - | - | - | - | - | - | - | - | (10) |
| - | - | - | - | - | - | - | - | - | - | - | - | - | (11) |
| - | - | - | - | - | - | - | - | - | - | - | - | - | (12) |
| - | - | - | - | - | - | - | - | - | - | - | - | - | (13) |
| - | - | - | - | - | - | - | - | - | - | - | - | - | (14) |
| - | - | - | - | - | - | - | - | - | - | - | - | - | (15) |
| - | - | - | - | - | - | - | - | - | - | - | - | - | (16) |
| x | x | x | x | x | x | x | x | x | x | x | x | x | (17) |
| - | - | - | - | - | - | - | - | - | - | - | - | - | (18) |
| x | x | x | x | x | x | x | x | x | x | x | x | x | (19) |
| - | - | - | - | - | - | - | - | - | - | - | - | - | (20) |
| - | - | - | - | - | - | - | - | - | - | - | - | - | (21) |
| - | - | - | - | - | - | - | - | - | - | - | - | - | (22) |
| - | - | - | - | - | - | - | - | - | - | - | - | - | (23) |
| - | - | - | - | - | - | - | - | - | - | 252 | - | - | (24) |
| - | - | - | - | - | - | - | - | - | - | - | - | - | (25) |
| - | 14 | - | - | - | - | - | - | - | - | - | - | - | (26) |
| - | - | - | - | - | 17 | - | - | 305 | - | - | - | - | (27) |
| - | 309 | 268 | - | 26 | - | - | 30 | 1,035 | - | 337 | 17 | - | (28) |
| - | - | 29 | - | - | - | - | 15 | 45 | 17 | 65 | 1,303 | - | (29) |
| x | x | x | x | x | x | x | x | x | x | x | x | x | (30) |
| x | x | x | x | x | x | x | x | x | x | x | x | x | (31) |
| x | x | x | x | x | x | x | x | x | x | x | x | x | (32) |
| - | - | - | - | - | - | - | - | - | - | - | - | - | (33) |
| - | - | 42 | 317 | - | - | - | - | 107 | 17 | 287 | - | - | (34) |
| - | 55 | 276 | - | - | - | - | 31 | 17 | 51 | 122 | - | - | (35) |
| x | x | x | x | x | x | x | x | x | x | x | x | x | (36) |
| x | x | x | x | x | x | x | x | x | x | x | x | x | (37) |
| x | x | x | x | x | x | x | x | x | x | x | x | x | (38) |
| x | x | x | x | x | x | x | x | x | x | x | x | x | (39) |
| x | x | x | x | x | x | x | x | x | x | x | x | x | (40) |
| - | - | - | - | - | - | - | 2,264 | 3,505 | 1,417 | 2,952 | 32 | - | (41) |
| - | - | - | - | - | - | - | - | 294 | - | - | - | - | (42) |
| - | - | - | - | - | - | - | - | - | - | - | - | - | (43) |
| - | - | - | - | - | 284 | 180 | 305 | - | - | - | 369 | - | (44) |
| - | - | - | - | - | 75 | - | - | 812 | - | - | - | - | (45) |
| - | - | - | - | - | - | - | - | - | - | - | 2,575 | - | (46) |
| - | - | - | - | - | - | - | - | - | - | - | - | - | (47) |
| - | - | - | - | - | - | - | - | 170 | - | - | - | - | (48) |

## 5　生乳移出入量（都道府県別）（月別）（続き）

### (9)　8月分

| 移出<br>移入 | 全　国 | 北海道 | 青　森 | 岩　手 | 宮　城 | 秋　田 | 山　形 | 福　島 | 茨　城 | 栃　木 | 群　馬 |
|---|---|---|---|---|---|---|---|---|---|---|---|
| **全　　国 (1)** | **156,123** | **60,351** | **5,750** | **8,248** | **3,572** | **1,293** | **2,920** | **1,620** | **2,546** | **11,027** | **7,897** |
| 北 海 道 (2) | **-** | - | - | - | - | - | - | - | - | - | - |
| 青　　森 (3) | **x** | x | x | x | x | x | x | x | x | x | x |
| 岩　　手 (4) | **1,258** | - | 737 | - | 12 | 479 | - | - | - | 30 | - |
| 宮　　城 (5) | **3,952** | - | 2,473 | 1,044 | - | - | 435 | - | - | - | - |
| 秋　　田 (6) | **x** | x | x | x | x | x | x | x | x | x | x |
| 山　　形 (7) | **-** | - | - | - | - | - | - | - | - | - | - |
| 福　　島 (8) | **1,848** | - | 17 | 82 | 535 | 20 | - | - | - | 1,194 | - |
| 茨　　城 (9) | **15,485** | 9,525 | 1,278 | 1,729 | 685 | 185 | 152 | 903 | - | 309 | 100 |
| 栃　　木 (10) | **740** | - | - | 711 | - | - | - | - | 29 | - | - |
| 群　　馬 (11) | **7,679** | 3,572 | - | 574 | 400 | 579 | 80 | - | 29 | 1,752 | - |
| 埼　　玉 (12) | **5,971** | 2,167 | 277 | 1,001 | 245 | 30 | - | 151 | 74 | 1,864 | 162 |
| 千　　葉 (13) | **6,667** | 2,508 | 17 | 186 | 215 | - | - | - | 1,705 | 1,918 | 118 |
| 東　　京 (14) | **6,954** | 815 | 34 | 361 | 257 | - | - | - | 306 | 1,123 | 2,413 |
| 神 奈 川 (15) | **24,542** | 11,367 | 840 | 858 | 887 | - | 1,824 | 566 | - | 1,670 | 2,266 |
| 新　　潟 (16) | **1,670** | 463 | 77 | 660 | 15 | - | 309 | - | 71 | - | 64 |
| 富　　山 (17) | **x** | x | x | x | x | x | x | x | x | x | x |
| 石　　川 (18) | **942** | 670 | - | - | - | - | - | - | - | - | 27 |
| 福　　井 (19) | **x** | x | x | x | x | x | x | x | x | x | x |
| 山　　梨 (20) | **302** | - | - | - | - | - | - | - | - | - | - |
| 長　　野 (21) | **4,754** | 401 | - | - | 71 | - | 20 | - | 159 | - | 2,156 |
| 岐　　阜 (22) | **5,125** | 3,108 | - | 67 | - | - | - | - | - | 667 | 250 |
| 静　　岡 (23) | **3,111** | 1,196 | - | 471 | 95 | - | 100 | - | 71 | 500 | 329 |
| 愛　　知 (24) | **7,051** | 3,363 | - | 504 | 155 | - | - | - | 102 | - | - |
| 三　　重 (25) | **201** | - | - | - | - | - | - | - | - | - | - |
| 滋　　賀 (26) | **1,237** | 783 | - | - | - | - | - | - | - | - | - |
| 京　　都 (27) | **8,573** | 7,202 | - | - | - | - | - | - | - | - | - |
| 大　　阪 (28) | **9,507** | 5,788 | - | - | - | - | - | - | - | - | - |
| 兵　　庫 (29) | **9,575** | 4,922 | - | - | - | - | - | - | - | - | - |
| 奈　　良 (30) | **x** | x | x | x | x | x | x | x | x | x | x |
| 和 歌 山 (31) | **x** | x | x | x | x | x | x | x | x | x | x |
| 鳥　　取 (32) | **x** | x | x | x | x | x | x | x | x | x | x |
| 島　　根 (33) | **-** | - | - | - | - | - | - | - | - | - | - |
| 岡　　山 (34) | **5,212** | 2,501 | - | - | - | - | - | - | - | - | 12 |
| 広　　島 (35) | **2,971** | - | - | - | - | - | - | - | - | - | - |
| 山　　口 (36) | **x** | x | x | x | x | x | x | x | x | x | x |
| 徳　　島 (37) | **x** | x | x | x | x | x | x | x | x | x | x |
| 香　　川 (38) | **x** | x | x | x | x | x | x | x | x | x | x |
| 愛　　媛 (39) | **x** | x | x | x | x | x | x | x | x | x | x |
| 高　　知 (40) | **x** | x | x | x | x | x | x | x | x | x | x |
| 福　　岡 (41) | **10,481** | - | - | - | - | - | - | - | - | - | - |
| 佐　　賀 (42) | **302** | - | - | - | - | - | - | - | - | - | - |
| 長　　崎 (43) | **13** | - | - | - | - | - | - | - | - | - | - |
| 熊　　本 (44) | **835** | - | - | - | - | - | - | - | - | - | - |
| 大　　分 (45) | **1,185** | - | - | - | - | - | - | - | - | - | - |
| 宮　　崎 (46) | **2,528** | - | - | - | - | - | - | - | - | - | - |
| 鹿 児 島 (47) | **-** | - | - | - | - | - | - | - | - | - | - |
| 沖　　縄 (48) | **51** | - | - | - | - | - | - | - | - | - | - |

単位：t

| 埼玉 | 千葉 | 東京 | 神奈川 | 新潟 | 富山 | 石川 | 福井 | 山梨 | 長野 | 岐阜 | 静岡 | |
|---|---|---|---|---|---|---|---|---|---|---|---|---|
| **516** | **4, 836** | **–** | **–** | **646** | **100** | **–** | **410** | **1, 546** | **1, 186** | **128** | **1, 595** | (1) |
| – | – | – | – | – | – | – | – | – | – | – | – | (2) |
| x | x | x | x | x | x | x | x | x | x | x | x | (3) |
| – | – | – | – | – | – | – | – | – | – | – | – | (4) |
| – | – | – | – | – | – | – | – | – | – | – | – | (5) |
| x | x | x | x | x | x | x | x | x | x | x | x | (6) |
| – | – | – | – | – | – | – | – | – | – | – | – | (7) |
| – | – | – | – | – | – | – | – | – | – | – | – | (8) |
| 61 | 518 | – | – | 40 | – | – | – | – | – | – | – | (9) |
| – | – | – | – | – | – | – | – | – | – | – | – | (10) |
| 180 | – | – | – | 385 | – | – | – | 17 | 111 | – | – | (11) |
| – | – | – | – | – | – | – | – | – | – | – | – | (12) |
| – | – | – | – | – | – | – | – | – | – | – | – | (13) |
| 173 | 797 | – | – | – | – | – | – | 265 | 170 | – | 240 | (14) |
| 102 | 3, 521 | – | – | – | – | – | – | 621 | – | – | 20 | (15) |
| – | – | – | – | – | 11 | – | – | – | – | – | – | (16) |
| x | x | x | x | x | x | x | x | x | x | x | x | (17) |
| – | – | – | – | 94 | 74 | – | 77 | – | – | – | – | (18) |
| x | x | x | x | x | x | x | x | x | x | x | x | (19) |
| – | – | – | – | – | – | – | – | – | 302 | – | – | (20) |
| – | – | – | – | 127 | – | – | – | 314 | – | – | – | (21) |
| – | – | – | – | – | – | – | – | – | 135 | – | – | (22) |
| – | – | – | – | – | – | – | – | 329 | – | – | – | (23) |
| – | – | – | – | – | – | – | – | – | 468 | 128 | 1, 134 | (24) |
| – | – | – | – | – | – | – | – | – | – | – | 201 | (25) |
| – | – | – | – | – | 15 | – | 333 | – | – | – | – | (26) |
| – | – | – | – | – | – | – | – | – | – | – | – | (27) |
| – | – | – | – | – | – | – | – | – | – | – | – | (28) |
| – | – | – | – | – | – | – | – | – | – | – | – | (29) |
| x | x | x | x | x | x | x | x | x | x | x | x | (30) |
| x | x | x | x | x | x | x | x | x | x | x | x | (31) |
| x | x | x | x | x | x | x | x | x | x | x | x | (32) |
| – | – | – | – | – | – | – | – | – | – | – | – | (33) |
| – | – | – | – | – | – | – | – | – | – | – | – | (34) |
| – | – | – | – | – | – | – | – | – | – | – | – | (35) |
| x | x | x | x | x | x | x | x | x | x | x | x | (36) |
| x | x | x | x | x | x | x | x | x | x | x | x | (37) |
| x | x | x | x | x | x | x | x | x | x | x | x | (38) |
| x | x | x | x | x | x | x | x | x | x | x | x | (39) |
| x | x | x | x | x | x | x | x | x | x | x | x | (40) |
| – | – | – | – | – | – | – | – | – | – | – | – | (41) |
| – | – | – | – | – | – | – | – | – | – | – | – | (42) |
| – | – | – | – | – | – | – | – | – | – | – | – | (43) |
| – | – | – | – | – | – | – | – | – | – | – | – | (44) |
| – | – | – | – | – | – | – | – | – | – | – | – | (45) |
| – | – | – | – | – | – | – | – | – | – | – | – | (46) |
| – | – | – | – | – | – | – | – | – | – | – | – | (47) |
| – | – | – | – | – | – | – | – | – | – | – | – | (48) |

## 5　生乳移出入量（都道府県別）（月別）（続き）

### (9)　8月分（続き）

| 移出 ＼ 移入 | 愛　知 | 三　重 | 滋　賀 | 京　都 | 大　阪 | 兵　庫 | 奈　良 | 和歌山 | 鳥　取 | 島　根 | 岡　山 | 広　島 |
|---|---|---|---|---|---|---|---|---|---|---|---|---|
| **全　　国 (1)** | **1,689** | **1,812** | **535** | **671** | **69** | **417** | **1,885** | **297** | **-** | **4,385** | **2,606** | **887** |
| 北 海 道 (2) | - | - | - | - | - | - | - | - | - | - | - | - |
| 青　　森 (3) | x | x | x | x | x | x | x | x | x | x | x | x |
| 岩　　手 (4) | - | - | - | - | - | - | - | - | - | - | - | - |
| 宮　　城 (5) | - | - | - | - | - | - | - | - | - | - | - | - |
| 秋　　田 (6) | x | x | x | x | x | x | x | x | x | x | x | x |
| 山　　形 (7) | - | - | - | - | - | - | - | - | - | - | - | - |
| 福　　島 (8) | - | - | - | - | - | - | - | - | - | - | - | - |
| 茨　　城 (9) | - | - | - | - | - | - | - | - | - | - | - | - |
| 栃　　木 (10) | - | - | - | - | - | - | - | - | - | - | - | - |
| 群　　馬 (11) | - | - | - | - | - | - | - | - | - | - | - | - |
| 埼　　玉 (12) | - | - | - | - | - | - | - | - | - | - | - | - |
| 千　　葉 (13) | - | - | - | - | - | - | - | - | - | - | - | - |
| 東　　京 (14) | - | - | - | - | - | - | - | - | - | - | - | - |
| 神 奈 川 (15) | - | - | - | - | - | - | - | - | - | - | - | - |
| 新　　潟 (16) | - | - | - | - | - | - | - | - | - | - | - | - |
| 富　　山 (17) | x | x | x | x | x | x | x | x | x | x | x | x |
| 石　　川 (18) | - | - | - | - | - | - | - | - | - | - | - | - |
| 福　　井 (19) | x | x | x | x | x | x | x | x | x | x | x | x |
| 山　　梨 (20) | - | - | - | - | - | - | - | - | - | - | - | - |
| 長　　野 (21) | 1,321 | 185 | - | - | - | - | - | - | - | - | - | - |
| 岐　　阜 (22) | 279 | 252 | - | - | - | - | - | - | - | - | 367 | - |
| 静　　岡 (23) | 20 | - | - | - | - | - | - | - | - | - | - | - |
| 愛　　知 (24) | - | 962 | - | - | - | - | - | - | - | - | - | - |
| 三　　重 (25) | - | - | - | - | - | - | - | - | - | - | - | - |
| 滋　　賀 (26) | - | 96 | - | - | - | - | - | - | - | - | - | - |
| 京　　都 (27) | 40 | 317 | 102 | - | 41 | 80 | 291 | - | - | - | 108 | - |
| 大　　阪 (28) | 29 | - | 273 | - | - | 320 | 457 | 297 | - | 10 | 581 | - |
| 兵　　庫 (29) | - | - | 160 | 671 | 15 | - | 1,137 | - | - | - | 1,041 | - |
| 奈　　良 (30) | x | x | x | x | x | x | x | x | x | x | x | x |
| 和 歌 山 (31) | x | x | x | x | x | x | x | x | x | x | x | x |
| 鳥　　取 (32) | x | x | x | x | x | x | x | x | x | x | x | x |
| 島　　根 (33) | - | - | - | - | - | - | - | - | - | - | - | - |
| 岡　　山 (34) | - | - | - | - | - | - | - | - | - | 1,327 | - | 590 |
| 広　　島 (35) | - | - | - | - | - | - | - | - | - | 2,038 | 496 | - |
| 山　　口 (36) | x | x | x | x | x | x | x | x | x | x | x | x |
| 徳　　島 (37) | x | x | x | x | x | x | x | x | x | x | x | x |
| 香　　川 (38) | x | x | x | x | x | x | x | x | x | x | x | x |
| 愛　　媛 (39) | x | x | x | x | x | x | x | x | x | x | x | x |
| 高　　知 (40) | x | x | x | x | x | x | x | x | x | x | x | x |
| 福　　岡 (41) | - | - | - | - | - | - | - | - | - | - | - | - |
| 佐　　賀 (42) | - | - | - | - | - | - | - | - | - | - | - | - |
| 長　　崎 (43) | - | - | - | - | - | - | - | - | - | - | 13 | - |
| 熊　　本 (44) | - | - | - | - | - | - | - | - | - | - | - | - |
| 大　　分 (45) | - | - | - | - | - | - | - | - | - | - | - | - |
| 宮　　崎 (46) | - | - | - | - | - | - | - | - | - | - | - | - |
| 鹿 児 島 (47) | - | - | - | - | - | - | - | - | - | - | - | - |
| 沖　　縄 (48) | - | - | - | - | - | - | - | - | - | - | - | - |

単位：t

| 山口 | 徳島 | 香川 | 愛媛 | 高知 | 福岡 | 佐賀 | 長崎 | 熊本 | 大分 | 宮崎 | 鹿児島 | 沖縄 | |
|---|---|---|---|---|---|---|---|---|---|---|---|---|---|
| - | 1,262 | 2,155 | 360 | 762 | 697 | 165 | 2,620 | 7,302 | 1,687 | 3,733 | 3,940 | - | (1) |
| - | - | - | - | - | - | - | - | - | - | - | - | - | (2) |
| x | x | x | x | x | x | x | x | x | x | x | x | x | (3) |
| - | - | - | - | - | - | - | - | - | - | - | - | - | (4) |
| - | - | - | - | - | - | - | - | - | - | - | - | - | (5) |
| x | x | x | x | x | x | x | x | x | x | x | x | x | (6) |
| - | - | - | - | - | - | - | - | - | - | - | - | - | (7) |
| - | - | - | - | - | - | - | - | - | - | - | - | - | (8) |
| - | - | - | - | - | - | - | - | - | - | - | - | - | (9) |
| - | - | - | - | - | - | - | - | - | - | - | - | - | (10) |
| - | - | - | - | - | - | - | - | - | - | - | - | - | (11) |
| - | - | - | - | - | - | - | - | - | - | - | - | - | (12) |
| - | - | - | - | - | - | - | - | - | - | - | - | - | (13) |
| - | - | - | - | - | - | - | - | - | - | - | - | - | (14) |
| - | - | - | - | - | - | - | - | - | - | - | - | - | (15) |
| - | - | - | - | - | - | - | - | - | - | - | - | - | (16) |
| x | x | x | x | x | x | x | x | x | x | x | x | x | (17) |
| - | - | - | - | - | - | - | - | - | - | - | - | - | (18) |
| x | x | x | x | x | x | x | x | x | x | x | x | x | (19) |
| - | - | - | - | - | - | - | - | - | - | - | - | - | (20) |
| - | - | - | - | - | - | - | - | - | - | - | - | - | (21) |
| - | - | - | - | - | - | - | - | - | - | - | - | - | (22) |
| - | - | - | - | - | - | - | - | - | - | - | - | - | (23) |
| - | - | - | - | - | - | - | - | - | - | 235 | - | - | (24) |
| - | - | - | - | - | - | - | - | - | - | - | - | - | (25) |
| - | 10 | - | - | - | - | - | - | - | - | - | - | - | (26) |
| - | - | - | - | - | 68 | - | - | 188 | 17 | 119 | - | - | (27) |
| - | 287 | 283 | - | - | - | - | 30 | 831 | - | 304 | 17 | - | (28) |
| - | - | 139 | - | - | - | - | 30 | 225 | 34 | 82 | 1,119 | - | (29) |
| x | x | x | x | x | x | x | x | x | x | x | x | x | (30) |
| x | x | x | x | x | x | x | x | x | x | x | x | x | (31) |
| x | x | x | x | x | x | x | x | x | x | x | x | x | (32) |
| - | - | - | - | - | - | - | - | - | - | - | - | - | (33) |
| - | - | 37 | 313 | - | - | - | - | 126 | 17 | 289 | - | - | (34) |
| - | 90 | 171 | - | - | - | - | 31 | 17 | 51 | 77 | - | - | (35) |
| x | x | x | x | x | x | x | x | x | x | x | x | x | (36) |
| x | x | x | x | x | x | x | x | x | x | x | x | x | (37) |
| x | x | x | x | x | x | x | x | x | x | x | x | x | (38) |
| x | x | x | x | x | x | x | x | x | x | x | x | x | (39) |
| x | x | x | x | x | x | x | x | x | x | x | x | x | (40) |
| - | - | - | - | - | - | - | 2,429 | 4,062 | 1,568 | 2,374 | 48 | - | (41) |
| - | - | - | - | - | - | - | - | 287 | - | 15 | - | - | (42) |
| - | - | - | - | - | - | - | - | - | - | - | - | - | (43) |
| - | - | - | - | - | 342 | 165 | 100 | - | - | - | 228 | - | (44) |
| - | - | - | - | - | 270 | - | - | 915 | - | - | - | - | (45) |
| - | - | - | - | - | - | - | - | - | - | - | 2,528 | - | (46) |
| - | - | - | - | - | - | - | - | - | - | - | - | - | (47) |
| - | - | - | - | - | - | - | - | 51 | - | - | - | - | (48) |

## 5　生乳移出入量（都道府県別）（月別）（続き）

（10）９月分

| 移入＼移出 | 全国 | 北海道 | 青森 | 岩手 | 宮城 | 秋田 | 山形 | 福島 | 茨城 | 栃木 | 群馬 |
|---|---|---|---|---|---|---|---|---|---|---|---|
| 全国 (1) | **155,829** | **64,217** | **5,255** | **7,925** | **3,205** | **1,076** | **2,653** | **1,342** | **3,919** | **11,518** | **7,881** |
| 北海道 (2) | **-** | - | - | - | - | - | - | - | - | - | - |
| 青森 (3) | **x** | x | x | x | x | x | x | x | x | x | x |
| 岩手 (4) | **927** | - | 525 | - | - | 402 | - | - | - | - | - |
| 宮城 (5) | **3,947** | - | 2,448 | 1,159 | - | - | 340 | - | - | - | - |
| 秋田 (6) | **x** | x | x | x | x | x | x | x | x | x | x |
| 山形 (7) | **-** | - | - | - | - | - | - | - | - | - | - |
| 福島 (8) | **664** | - | - | 93 | 299 | 60 | - | - | - | 212 | - |
| 茨城 (9) | **12,722** | 8,736 | 706 | 1,509 | 45 | - | 30 | 589 | - | 599 | 74 |
| 栃木 (10) | **696** | - | - | 609 | - | - | - | - | 87 | - | - |
| 群馬 (11) | **7,360** | 3,016 | 237 | 564 | 314 | 339 | 100 | 60 | 139 | 1,981 | - |
| 埼玉 (12) | **6,826** | 1,852 | 317 | 1,342 | 355 | 120 | 15 | 196 | 350 | 1,820 | 459 |
| 千葉 (13) | **6,271** | 2,060 | - | 301 | 296 | 15 | - | 15 | 1,728 | 1,717 | 139 |
| 東京 (14) | **7,299** | 494 | 88 | 235 | 366 | 50 | - | - | 327 | 1,675 | 2,768 |
| 神奈川 (15) | **25,060** | 12,270 | 934 | 831 | 1,033 | 90 | 1,766 | 482 | - | 2,093 | 1,744 |
| 新潟 (16) | **1,704** | 416 | - | 739 | - | - | 282 | - | 183 | - | 84 |
| 富山 (17) | **x** | x | x | x | x | x | x | x | x | x | x |
| 石川 (18) | **997** | 867 | - | - | - | - | - | - | - | - | 54 |
| 福井 (19) | **x** | x | x | x | x | x | x | x | x | x | x |
| 山梨 (20) | **261** | - | - | - | - | - | - | - | - | - | - |
| 長野 (21) | **4,563** | 434 | - | - | 41 | - | 20 | - | 456 | - | 1,998 |
| 岐阜 (22) | **4,837** | 3,034 | - | - | - | - | - | - | - | 643 | 290 |
| 静岡 (23) | **3,247** | 1,057 | - | 310 | 210 | - | 100 | - | 178 | 778 | 271 |
| 愛知 (24) | **8,430** | 4,705 | - | 233 | 246 | - | - | - | 457 | - | - |
| 三重 (25) | **263** | - | - | - | - | - | - | - | - | - | - |
| 滋賀 (26) | **1,328** | 908 | - | - | - | - | - | - | - | - | - |
| 京都 (27) | **9,415** | 8,617 | - | - | - | - | - | - | - | - | - |
| 大阪 (28) | **10,347** | 6,954 | - | - | - | - | - | - | - | - | - |
| 兵庫 (29) | **10,147** | 5,632 | - | - | - | - | - | - | - | - | - |
| 奈良 (30) | **x** | x | x | x | x | x | x | x | x | x | x |
| 和歌山 (31) | **x** | x | x | x | x | x | x | x | x | x | x |
| 鳥取 (32) | **x** | x | x | x | x | x | x | x | x | x | x |
| 島根 (33) | **-** | - | - | - | - | - | - | - | - | - | - |
| 岡山 (34) | **5,379** | 3,165 | - | - | - | - | - | - | 14 | - | - |
| 広島 (35) | **3,107** | - | - | - | - | - | - | - | - | - | - |
| 山口 (36) | **x** | x | x | x | x | x | x | x | x | x | x |
| 徳島 (37) | **x** | x | x | x | x | x | x | x | x | x | x |
| 香川 (38) | **x** | x | x | x | x | x | x | x | x | x | x |
| 愛媛 (39) | **x** | x | x | x | x | x | x | x | x | x | x |
| 高知 (40) | **x** | x | x | x | x | x | x | x | x | x | x |
| 福岡 (41) | **10,035** | - | - | - | - | - | - | - | - | - | - |
| 佐賀 (42) | **277** | - | - | - | - | - | - | - | - | - | - |
| 長崎 (43) | **27** | - | - | - | - | - | - | - | - | - | - |
| 熊本 (44) | **858** | - | - | - | - | - | - | - | - | - | - |
| 大分 (45) | **990** | - | - | - | - | - | - | - | - | - | - |
| 宮崎 (46) | **2,205** | - | - | - | - | - | - | - | - | - | - |
| 鹿児島 (47) | **-** | - | - | - | - | - | - | - | - | - | - |
| 沖縄 (48) | **102** | - | - | - | - | - | - | - | - | - | - |

単位：t

| 埼　玉 | 千　葉 | 東　京 | 神奈川 | 新　潟 | 富　山 | 石　川 | 福　井 | 山　梨 | 長　野 | 岐　阜 | 静　岡 | |
|---|---|---|---|---|---|---|---|---|---|---|---|---|
| **287** | **4,326** | **-** | **-** | **312** | **-** | **-** | **401** | **1,478** | **1,049** | **59** | **1,529** | (1) |
| - | - | - | - | - | - | - | - | - | - | - | - | (2) |
| x | x | x | x | x | x | x | x | x | x | x | x | (3) |
| - | - | - | - | - | - | - | - | - | - | - | - | (4) |
| - | - | - | - | - | - | - | - | - | - | - | - | (5) |
| x | x | x | x | x | x | x | x | x | x | x | x | (6) |
| - | - | - | - | - | - | - | - | - | - | - | - | (7) |
| - | - | - | - | - | - | - | - | - | - | - | - | (8) |
| - | 434 | - | - | - | - | - | - | - | - | - | - | (9) |
| - | - | - | - | - | - | - | - | - | - | - | - | (10) |
| 173 | - | - | - | 312 | - | - | - | 15 | 110 | - | - | (11) |
| - | - | - | - | - | - | - | - | - | - | - | - | (12) |
| - | - | - | - | - | - | - | - | - | - | - | - | (13) |
| 86 | 764 | - | - | - | - | - | - | 191 | 115 | - | 140 | (14) |
| 28 | 3,128 | - | - | - | - | - | - | 631 | - | - | 30 | (15) |
| - | - | - | - | - | - | - | - | - | - | - | - | (16) |
| x | x | x | x | x | x | x | x | x | x | x | x | (17) |
| - | - | - | - | - | - | - | 76 | - | - | - | - | (18) |
| x | x | x | x | x | x | x | x | x | x | x | x | (19) |
| - | - | - | - | - | - | - | - | - | 261 | - | - | (20) |
| - | - | - | - | - | - | - | - | 298 | - | - | - | (21) |
| - | - | - | - | - | - | - | - | - | 127 | - | - | (22) |
| - | - | - | - | - | - | - | - | 343 | - | - | - | (23) |
| - | - | - | - | - | - | - | - | - | 436 | 59 | 1,096 | (24) |
| - | - | - | - | - | - | - | - | - | - | - | 263 | (25) |
| - | - | - | - | - | - | - | 325 | - | - | - | - | (26) |
| - | - | - | - | - | - | - | - | - | - | - | - | (27) |
| - | - | - | - | - | - | - | - | - | - | - | - | (28) |
| - | - | - | - | - | - | - | - | - | - | - | - | (29) |
| x | x | x | x | x | x | x | x | x | x | x | x | (30) |
| x | x | x | x | x | x | x | x | x | x | x | x | (31) |
| x | x | x | x | x | x | x | x | x | x | x | x | (32) |
| - | - | - | - | - | - | - | - | - | - | - | - | (33) |
| - | - | - | - | - | - | - | - | - | - | - | - | (34) |
| - | - | - | - | - | - | - | - | - | - | - | - | (35) |
| x | x | x | x | x | x | x | x | x | x | x | x | (36) |
| x | x | x | x | x | x | x | x | x | x | x | x | (37) |
| x | x | x | x | x | x | x | x | x | x | x | x | (38) |
| x | x | x | x | x | x | x | x | x | x | x | x | (39) |
| x | x | x | x | x | x | x | x | x | x | x | x | (40) |
| - | - | - | - | - | - | - | - | - | - | - | - | (41) |
| - | - | - | - | - | - | - | - | - | - | - | - | (42) |
| - | - | - | - | - | - | - | - | - | - | - | - | (43) |
| - | - | - | - | - | - | - | - | - | - | - | - | (44) |
| - | - | - | - | - | - | - | - | - | - | - | - | (45) |
| - | - | - | - | - | - | - | - | - | - | - | - | (46) |
| - | - | - | - | - | - | - | - | - | - | - | - | (47) |
| - | - | - | - | - | - | - | - | - | - | - | - | (48) |

## 5　生乳移出入量（都道府県別）（月別）（続き）

### (10)　9月分（続き）

| 移入＼移出 | 愛　知 | 三　重 | 滋　賀 | 京　都 | 大　阪 | 兵　庫 | 奈　良 | 和歌山 | 鳥　取 | 島　根 | 岡　山 | 広　島 |
|---|---|---|---|---|---|---|---|---|---|---|---|---|
| **全　　国 (1)** | **1,489** | **1,594** | **524** | **686** | **76** | **396** | **1,865** | **303** | **-** | **4,209** | **2,579** | **853** |
| 北 海 道 (2) | - | - | - | - | - | - | - | - | - | - | - | - |
| 青　　森 (3) | x | x | x | x | x | x | x | x | x | x | x | x |
| 岩　　手 (4) | - | - | - | - | - | - | - | - | - | - | - | - |
| 宮　　城 (5) | - | - | - | - | - | - | - | - | - | - | - | - |
| 秋　　田 (6) | x | x | x | x | x | x | x | x | x | x | x | x |
| 山　　形 (7) | - | - | - | - | - | - | - | - | - | - | - | - |
| 福　　島 (8) | - | - | - | - | - | - | - | - | - | - | - | - |
| 茨　　城 (9) | - | - | - | - | - | - | - | - | - | - | - | - |
| 栃　　木 (10) | - | - | - | - | - | - | - | - | - | - | - | - |
| 群　　馬 (11) | - | - | - | - | - | - | - | - | - | - | - | - |
| 埼　　玉 (12) | - | - | - | - | - | - | - | - | - | - | - | - |
| 千　　葉 (13) | - | - | - | - | - | - | - | - | - | - | - | - |
| 東　　京 (14) | - | - | - | - | - | - | - | - | - | - | - | - |
| 神 奈 川 (15) | - | - | - | - | - | - | - | - | - | - | - | - |
| 新　　潟 (16) | - | - | - | - | - | - | - | - | - | - | - | - |
| 富　　山 (17) | x | x | x | x | x | x | x | x | x | x | x | x |
| 石　　川 (18) | - | - | - | - | - | - | - | - | - | - | - | - |
| 福　　井 (19) | x | x | x | x | x | x | x | x | x | x | x | x |
| 山　　梨 (20) | - | - | - | - | - | - | - | - | - | - | - | - |
| 長　　野 (21) | 1,159 | 157 | - | - | - | - | - | - | - | - | - | - |
| 岐　　阜 (22) | 230 | 146 | - | - | - | - | - | - | - | - | 367 | - |
| 静　　岡 (23) | - | - | - | - | - | - | - | - | - | - | - | - |
| 愛　　知 (24) | - | 980 | - | - | - | - | - | - | - | - | - | - |
| 三　　重 (25) | - | - | - | - | - | - | - | - | - | - | - | - |
| 滋　　賀 (26) | - | 95 | - | - | - | - | - | - | - | - | - | - |
| 京　　都 (27) | 43 | 176 | 100 | - | 41 | 74 | 237 | - | - | - | 27 | - |
| 大　　阪 (28) | 57 | 40 | 269 | - | - | 322 | 433 | 303 | - | 10 | 635 | - |
| 兵　　庫 (29) | - | - | 155 | 686 | 21 | - | 1,195 | - | - | - | 933 | - |
| 奈　　良 (30) | x | x | x | x | x | x | x | x | x | x | x | x |
| 和 歌 山 (31) | x | x | x | x | x | x | x | x | x | x | x | x |
| 鳥　　取 (32) | x | x | x | x | x | x | x | x | x | x | x | x |
| 島　　根 (33) | - | - | - | - | - | - | - | - | - | - | - | - |
| 岡　　山 (34) | - | - | - | - | - | - | - | - | - | 835 | - | 561 |
| 広　　島 (35) | - | - | - | - | - | - | - | - | - | 2,090 | 576 | - |
| 山　　口 (36) | x | x | x | x | x | x | x | x | x | x | x | x |
| 徳　　島 (37) | x | x | x | x | x | x | x | x | x | x | x | x |
| 香　　川 (38) | x | x | x | x | x | x | x | x | x | x | x | x |
| 愛　　媛 (39) | x | x | x | x | x | x | x | x | x | x | x | x |
| 高　　知 (40) | x | x | x | x | x | x | x | x | x | x | x | x |
| 福　　岡 (41) | - | - | - | - | - | - | - | - | - | - | - | - |
| 佐　　賀 (42) | - | - | - | - | - | - | - | - | - | - | - | - |
| 長　　崎 (43) | - | - | - | - | - | - | - | - | - | - | 27 | - |
| 熊　　本 (44) | - | - | - | - | - | - | - | - | - | - | - | - |
| 大　　分 (45) | - | - | - | - | - | - | - | - | - | - | - | - |
| 宮　　崎 (46) | - | - | - | - | - | - | - | - | - | - | - | - |
| 鹿 児 島 (47) | - | - | - | - | - | - | - | - | - | - | - | - |
| 沖　　縄 (48) | - | - | - | - | - | - | - | - | - | - | - | - |

単位：t

| 山口 | 徳島 | 香川 | 愛媛 | 高知 | 福岡 | 佐賀 | 長崎 | 熊本 | 大分 | 宮崎 | 鹿児島 | 沖縄 | |
|---|---|---|---|---|---|---|---|---|---|---|---|---|---|
| - | 1,188 | 1,858 | 368 | 686 | 481 | 30 | 2,353 | 6,585 | 1,468 | 3,781 | 4,025 | - | (1) |
| - | - | - | - | - | - | - | - | - | - | - | - | - | (2) |
| x | x | x | x | x | x | x | x | x | x | x | x | x | (3) |
| - | - | - | - | - | - | - | - | - | - | - | - | - | (4) |
| - | - | - | - | - | - | - | - | - | - | - | - | - | (5) |
| x | x | x | x | x | x | x | x | x | x | x | x | x | (6) |
| - | - | - | - | - | - | - | - | - | - | - | - | - | (7) |
| - | - | - | - | - | - | - | - | - | - | - | - | - | (8) |
| - | - | - | - | - | - | - | - | - | - | - | - | - | (9) |
| - | - | - | - | - | - | - | - | - | - | - | - | - | (10) |
| - | - | - | - | - | - | - | - | - | - | - | - | - | (11) |
| - | - | - | - | - | - | - | - | - | - | - | - | - | (12) |
| - | - | - | - | - | - | - | - | - | - | - | - | - | (13) |
| - | - | - | - | - | - | - | - | - | - | - | - | - | (14) |
| - | - | - | - | - | - | - | - | - | - | - | - | - | (15) |
| - | - | - | - | - | - | - | - | - | - | - | - | - | (16) |
| x | x | x | x | x | x | x | x | x | x | x | x | x | (17) |
| - | - | - | - | - | - | - | - | - | - | - | - | - | (18) |
| x | x | x | x | x | x | x | x | x | x | x | x | x | (19) |
| - | - | - | - | - | - | - | - | - | - | - | - | - | (20) |
| - | - | - | - | - | - | - | - | - | - | - | - | - | (21) |
| - | - | - | - | - | - | - | - | - | - | - | - | - | (22) |
| - | - | - | - | - | - | - | - | - | - | - | - | - | (23) |
| - | - | - | - | - | - | - | - | - | - | 218 | - | - | (24) |
| - | - | - | - | - | - | - | - | - | - | - | - | - | (25) |
| - | - | - | - | - | - | - | - | - | - | - | - | - | (26) |
| - | - | - | - | - | 17 | - | - | 66 | 17 | - | - | - | (27) |
| - | 82 | 41 | - | - | - | - | 65 | 767 | - | 352 | 17 | - | (28) |
| - | 14 | - | - | - | - | - | 30 | 30 | - | 99 | 1,352 | - | (29) |
| x | x | x | x | x | x | x | x | x | x | x | x | x | (30) |
| x | x | x | x | x | x | x | x | x | x | x | x | x | (31) |
| x | x | x | x | x | x | x | x | x | x | x | x | x | (32) |
| - | - | - | - | - | - | - | - | - | - | - | - | - | (33) |
| - | - | - | 318 | - | - | - | - | 144 | 51 | 291 | - | - | (34) |
| - | 247 | - | - | - | - | - | - | 68 | 34 | 92 | - | - | (35) |
| x | x | x | x | x | x | x | x | x | x | x | x | x | (36) |
| x | x | x | x | x | x | x | x | x | x | x | x | x | (37) |
| x | x | x | x | x | x | x | x | x | x | x | x | x | (38) |
| x | x | x | x | x | x | x | x | x | x | x | x | x | (39) |
| x | x | x | x | x | x | x | x | x | x | x | x | x | (40) |
| - | - | - | - | - | - | - | 2,163 | 3,796 | 1,366 | 2,678 | 32 | - | (41) |
| - | - | - | - | - | - | - | - | 277 | - | - | - | - | (42) |
| - | - | - | - | - | - | - | - | - | - | - | - | - | (43) |
| - | - | - | - | - | 314 | 30 | 95 | - | - | - | 419 | - | (44) |
| - | - | - | - | - | 150 | - | - | 840 | - | - | - | - | (45) |
| - | - | - | - | - | - | - | - | - | - | - | 2,205 | - | (46) |
| - | - | - | - | - | - | - | - | - | - | - | - | - | (47) |
| - | - | - | - | - | - | - | - | 102 | - | - | - | - | (48) |

## 5　生乳移出入量（都道府県別）（月別）（続き）

(11)　10月分

| 移出 / 移入 | 全国 | 北海道 | 青森 | 岩手 | 宮城 | 秋田 | 山形 | 福島 | 茨城 | 栃木 | 群馬 |
|---|---|---|---|---|---|---|---|---|---|---|---|
| **全国 (1)** | **156,962** | **57,011** | **5,481** | **8,242** | **3,685** | **1,176** | **2,939** | **1,427** | **4,624** | **11,941** | **8,472** |
| 北海道 (2) | - | - | - | - | - | - | - | - | - | - | - |
| 青森 (3) | x | x | x | x | x | x | x | x | x | x | x |
| 岩手 (4) | 1,102 | - | 580 | - | 35 | 476 | - | - | - | - | - |
| 宮城 (5) | 2,248 | - | 1,428 | 803 | - | - | - | 17 | - | - | - |
| 秋田 (6) | x | x | x | x | x | x | x | x | x | x | x |
| 山形 (7) | - | - | - | - | - | - | - | - | - | - | - |
| 福島 (8) | 2,237 | - | - | 241 | 819 | 65 | 31 | - | - | 1,081 | - |
| 茨城 (9) | 14,056 | 9,015 | 1,031 | 1,997 | 60 | 145 | 161 | 605 | - | 326 | 104 |
| 栃木 (10) | 679 | - | - | 622 | - | - | - | - | 57 | - | - |
| 群馬 (11) | 7,817 | 1,450 | 1,190 | 529 | 384 | 270 | 480 | 60 | 147 | 2,433 | - |
| 埼玉 (12) | 6,708 | 2,445 | 175 | 988 | 365 | 125 | 16 | 178 | 523 | 1,440 | 453 |
| 千葉 (13) | 7,188 | 2,253 | 51 | 352 | 405 | 15 | - | 15 | 1,903 | 1,958 | 236 |
| 東京 (14) | 6,976 | 325 | 54 | 284 | 60 | 60 | - | - | 382 | 1,322 | 2,866 |
| 神奈川 (15) | 25,137 | 11,745 | 972 | 927 | 985 | 20 | 1,839 | 552 | - | 2,032 | 1,877 |
| 新潟 (16) | 1,704 | 402 | - | 757 | - | - | 292 | - | 209 | - | 44 |
| 富山 (17) | x | x | x | x | x | x | x | x | x | x | x |
| 石川 (18) | 1,077 | 862 | - | - | - | - | - | - | - | - | 85 |
| 福井 (19) | x | x | x | x | x | x | x | x | x | x | x |
| 山梨 (20) | 294 | - | - | - | - | - | - | - | - | - | - |
| 長野 (21) | 4,909 | 420 | - | - | 26 | - | 20 | - | 444 | - | 2,233 |
| 岐阜 (22) | 5,201 | 3,053 | - | - | - | - | - | - | - | 704 | 258 |
| 静岡 (23) | 3,158 | 646 | - | 258 | 270 | - | 100 | - | 501 | 645 | 316 |
| 愛知 (24) | 7,562 | 3,849 | - | 484 | 276 | - | - | - | 458 | - | - |
| 三重 (25) | 318 | - | - | - | - | - | - | - | - | - | - |
| 滋賀 (26) | 1,483 | 1,020 | - | - | - | - | - | - | - | - | - |
| 京都 (27) | 9,225 | 7,149 | - | - | - | - | - | - | - | - | - |
| 大阪 (28) | 10,524 | 6,196 | - | - | - | - | - | - | - | - | - |
| 兵庫 (29) | 9,634 | 4,416 | - | - | - | - | - | - | - | - | - |
| 奈良 (30) | x | x | x | x | x | x | x | x | x | x | x |
| 和歌山 (31) | x | x | x | x | x | x | x | x | x | x | x |
| 鳥取 (32) | x | x | x | x | x | x | x | x | x | x | x |
| 島根 (33) | - | - | - | - | - | - | - | - | - | - | - |
| 岡山 (34) | 4,550 | 1,765 | - | - | - | - | - | - | - | - | - |
| 広島 (35) | 3,180 | - | - | - | - | - | - | - | - | - | - |
| 山口 (36) | x | x | x | x | x | x | x | x | x | x | x |
| 徳島 (37) | x | x | x | x | x | x | x | x | x | x | x |
| 香川 (38) | x | x | x | x | x | x | x | x | x | x | x |
| 愛媛 (39) | x | x | x | x | x | x | x | x | x | x | x |
| 高知 (40) | x | x | x | x | x | x | x | x | x | x | x |
| 福岡 (41) | 10,015 | - | - | - | - | - | - | - | - | - | - |
| 佐賀 (42) | 292 | - | - | - | - | - | - | - | - | - | - |
| 長崎 (43) | 40 | - | - | - | - | - | - | - | - | - | - |
| 熊本 (44) | 865 | - | - | - | - | - | - | - | - | - | - |
| 大分 (45) | 1,067 | - | - | - | - | - | - | - | - | - | - |
| 宮崎 (46) | 2,479 | - | - | - | - | - | - | - | - | - | - |
| 鹿児島 (47) | - | - | - | - | - | - | - | - | - | - | - |
| 沖縄 (48) | 153 | - | - | - | - | - | - | - | - | - | - |

単位：t

| 埼玉 | 千葉 | 東京 | 神奈川 | 新潟 | 富山 | 石川 | 福井 | 山梨 | 長野 | 岐阜 | 静岡 | |
|---|---|---|---|---|---|---|---|---|---|---|---|---|
| **414** | **4,816** | **-** | **-** | **487** | **38** | **-** | **430** | **1,525** | **1,072** | **116** | **1,571** | (1) |
| - | - | - | - | - | - | - | - | - | - | - | - | (2) |
| x | x | x | x | x | x | x | x | x | x | x | x | (3) |
| - | 11 | - | - | - | - | - | - | - | - | - | - | (4) |
| - | - | - | - | - | - | - | - | - | - | - | - | (5) |
| x | x | x | x | x | x | x | x | x | x | x | x | (6) |
| - | - | - | - | - | - | - | - | - | - | - | - | (7) |
| - | - | - | - | - | - | - | - | - | - | - | - | (8) |
| 15 | 597 | - | - | - | - | - | - | - | - | - | - | (9) |
| - | - | - | - | - | - | - | - | - | - | - | - | (10) |
| 271 | - | - | - | 457 | 15 | - | - | 11 | 120 | - | - | (11) |
| - | - | - | - | - | - | - | - | - | - | - | - | (12) |
| - | - | - | - | - | - | - | - | - | - | - | - | (13) |
| 84 | 663 | - | - | - | - | - | - | 252 | 183 | - | 421 | (14) |
| 44 | 3,545 | - | - | - | - | - | - | 599 | - | - | - | (15) |
| - | - | - | - | - | - | - | - | - | - | - | - | (16) |
| x | x | x | x | x | x | x | x | x | x | x | x | (17) |
| - | - | - | - | 30 | 23 | - | 77 | - | - | - | - | (18) |
| x | x | x | x | x | x | x | x | x | x | x | x | (19) |
| - | - | - | - | - | - | - | - | - | 294 | - | - | (20) |
| - | - | - | - | - | - | - | - | 321 | - | - | - | (21) |
| - | - | - | - | - | - | - | - | - | 131 | - | - | (22) |
| - | - | - | - | - | - | - | - | 342 | - | - | - | (23) |
| - | - | - | - | - | - | - | - | - | 344 | 116 | 832 | (24) |
| - | - | - | - | - | - | - | - | - | - | - | 318 | (25) |
| - | - | - | - | - | - | - | 353 | - | - | - | - | (26) |
| - | - | - | - | - | - | - | - | - | - | - | - | (27) |
| - | - | - | - | - | - | - | - | - | - | - | - | (28) |
| - | - | - | - | - | - | - | - | - | - | - | - | (29) |
| x | x | x | x | x | x | x | x | x | x | x | x | (30) |
| x | x | x | x | x | x | x | x | x | x | x | x | (31) |
| x | x | x | x | x | x | x | x | x | x | x | x | (32) |
| - | - | - | - | - | - | - | - | - | - | - | - | (33) |
| - | - | - | - | - | - | - | - | - | - | - | - | (34) |
| - | - | - | - | - | - | - | - | - | - | - | - | (35) |
| x | x | x | x | x | x | x | x | x | x | x | x | (36) |
| x | x | x | x | x | x | x | x | x | x | x | x | (37) |
| x | x | x | x | x | x | x | x | x | x | x | x | (38) |
| x | x | x | x | x | x | x | x | x | x | x | x | (39) |
| x | x | x | x | x | x | x | x | x | x | x | x | (40) |
| - | - | - | - | - | - | - | - | - | - | - | - | (41) |
| - | - | - | - | - | - | - | - | - | - | - | - | (42) |
| - | - | - | - | - | - | - | - | - | - | - | - | (43) |
| - | - | - | - | - | - | - | - | - | - | - | - | (44) |
| - | - | - | - | - | - | - | - | - | - | - | - | (45) |
| - | - | - | - | - | - | - | - | - | - | - | - | (46) |
| - | - | - | - | - | - | - | - | - | - | - | - | (47) |
| - | - | - | - | - | - | - | - | - | - | - | - | (48) |

## 5　生乳移出入量（都道府県別）（月別）（続き）

### (11)　10月分（続き）

| 移出 / 移入 | 愛知 | 三重 | 滋賀 | 京都 | 大阪 | 兵庫 | 奈良 | 和歌山 | 鳥取 | 島根 | 岡山 | 広島 |
|---|---|---|---|---|---|---|---|---|---|---|---|---|
| **全国 (1)** | **2,038** | **1,789** | **558** | **746** | **78** | **547** | **2,009** | **323** | **27** | **4,598** | **2,741** | **936** |
| 北海道 (2) | − | − | − | − | − | − | − | − | − | − | − | − |
| 青森 (3) | x | x | x | x | x | x | x | x | x | x | x | x |
| 岩手 (4) | − | − | − | − | − | − | − | − | − | − | − | − |
| 宮城 (5) | − | − | − | − | − | − | − | − | − | − | − | − |
| 秋田 (6) | x | x | x | x | x | x | x | x | x | x | x | x |
| 山形 (7) | − | − | − | − | − | − | − | − | − | − | − | − |
| 福島 (8) | − | − | − | − | − | − | − | − | − | − | − | − |
| 茨城 (9) | − | − | − | − | − | − | − | − | − | − | − | − |
| 栃木 (10) | − | − | − | − | − | − | − | − | − | − | − | − |
| 群馬 (11) | − | − | − | − | − | − | − | − | − | − | − | − |
| 埼玉 (12) | − | − | − | − | − | − | − | − | − | − | − | − |
| 千葉 (13) | − | − | − | − | − | − | − | − | − | − | − | − |
| 東京 (14) | 20 | − | − | − | − | − | − | − | − | − | − | − |
| 神奈川 (15) | − | − | − | − | − | − | − | − | − | − | − | − |
| 新潟 (16) | − | − | − | − | − | − | − | − | − | − | − | − |
| 富山 (17) | x | x | x | x | x | x | x | x | x | x | x | x |
| 石川 (18) | − | − | − | − | − | − | − | − | − | − | − | − |
| 福井 (19) | x | x | x | x | x | x | x | x | x | x | x | x |
| 山梨 (20) | − | − | − | − | − | − | − | − | − | − | − | − |
| 長野 (21) | 1,261 | 184 | − | − | − | − | − | − | − | − | − | − |
| 岐阜 (22) | 295 | 169 | − | − | − | − | − | − | − | − | 381 | − |
| 静岡 (23) | 80 | − | − | − | − | − | − | − | − | − | − | − |
| 愛知 (24) | − | 971 | − | − | − | − | − | − | − | − | − | − |
| 三重 (25) | − | − | − | − | − | − | − | − | − | − | − | − |
| 滋賀 (26) | − | 100 | − | − | − | − | − | − | − | − | − | − |
| 京都 (27) | 322 | 310 | 100 | − | 43 | 203 | 256 | − | − | − | 108 | − |
| 大阪 (28) | 60 | 55 | 281 | − | − | 344 | 447 | 323 | − | − | 649 | − |
| 兵庫 (29) | − | − | 177 | 746 | 35 | − | 1,306 | − | 27 | − | 1,053 | − |
| 奈良 (30) | x | x | x | x | x | x | x | x | x | x | x | x |
| 和歌山 (31) | x | x | x | x | x | x | x | x | x | x | x | x |
| 鳥取 (32) | x | x | x | x | x | x | x | x | x | x | x | x |
| 島根 (33) | − | − | − | − | − | − | − | − | − | − | − | − |
| 岡山 (34) | − | − | − | − | − | − | − | − | − | 1,313 | − | 613 |
| 広島 (35) | − | − | − | − | − | − | − | − | − | 2,163 | 510 | − |
| 山口 (36) | x | x | x | x | x | x | x | x | x | x | x | x |
| 徳島 (37) | x | x | x | x | x | x | x | x | x | x | x | x |
| 香川 (38) | x | x | x | x | x | x | x | x | x | x | x | x |
| 愛媛 (39) | x | x | x | x | x | x | x | x | x | x | x | x |
| 高知 (40) | x | x | x | x | x | x | x | x | x | x | x | x |
| 福岡 (41) | − | − | − | − | − | − | − | − | − | − | − | − |
| 佐賀 (42) | − | − | − | − | − | − | − | − | − | − | − | − |
| 長崎 (43) | − | − | − | − | − | − | − | − | − | − | 40 | − |
| 熊本 (44) | − | − | − | − | − | − | − | − | − | − | − | − |
| 大分 (45) | − | − | − | − | − | − | − | − | − | − | − | − |
| 宮崎 (46) | − | − | − | − | − | − | − | − | − | − | − | − |
| 鹿児島 (47) | − | − | − | − | − | − | − | − | − | − | − | − |
| 沖縄 (48) | − | − | − | − | − | − | − | − | − | − | − | − |

単位：t

| 山口 | 徳島 | 香川 | 愛媛 | 高知 | 福岡 | 佐賀 | 長崎 | 熊本 | 大分 | 宮崎 | 鹿児島 | 沖縄 | |
|---|---|---|---|---|---|---|---|---|---|---|---|---|---|
| - | 1,386 | 1,682 | 409 | 847 | 460 | 225 | 2,486 | 7,675 | 1,809 | 3,730 | 4,396 | - | (1) |
| - | - | - | - | - | - | - | - | - | - | - | - | - | (2) |
| x | x | x | x | x | x | x | x | x | x | x | x | x | (3) |
| - | - | - | - | - | - | - | - | - | - | - | - | - | (4) |
| - | - | - | - | - | - | - | - | - | - | - | - | - | (5) |
| x | x | x | x | x | x | x | x | x | x | x | x | x | (6) |
| - | - | - | - | - | - | - | - | - | - | - | - | - | (7) |
| - | - | - | - | - | - | - | - | - | - | - | - | - | (8) |
| - | - | - | - | - | - | - | - | - | - | - | - | - | (9) |
| - | - | - | - | - | - | - | - | - | - | - | - | - | (10) |
| - | - | - | - | - | - | - | - | - | - | - | - | - | (11) |
| - | - | - | - | - | - | - | - | - | - | - | - | - | (12) |
| - | - | - | - | - | - | - | - | - | - | - | - | - | (13) |
| - | - | - | - | - | - | - | - | - | - | - | - | - | (14) |
| - | - | - | - | - | - | - | - | - | - | - | - | - | (15) |
| - | - | - | - | - | - | - | - | - | - | - | - | - | (16) |
| x | x | x | x | x | x | x | x | x | x | x | x | x | (17) |
| - | - | - | - | - | - | - | - | - | - | - | - | - | (18) |
| x | x | x | x | x | x | x | x | x | x | x | x | x | (19) |
| - | - | - | - | - | - | - | - | - | - | - | - | - | (20) |
| - | - | - | - | - | - | - | - | - | - | - | - | - | (21) |
| - | - | - | - | - | - | - | - | - | - | 210 | - | - | (22) |
| - | - | - | - | - | - | - | - | - | - | - | - | - | (23) |
| - | - | - | - | - | - | - | 30 | - | - | 202 | - | - | (24) |
| - | - | - | - | - | - | - | - | - | - | - | - | - | (25) |
| - | 10 | - | - | - | - | - | - | - | - | - | - | - | (26) |
| - | - | - | - | - | 17 | - | - | 496 | 119 | 102 | - | - | (27) |
| - | 321 | 255 | - | - | - | - | 40 | 1,096 | 34 | 406 | 17 | - | (28) |
| - | 122 | 183 | - | - | - | - | 45 | - | 34 | 184 | 1,306 | - | (29) |
| x | x | x | x | x | x | x | x | x | x | x | x | x | (30) |
| x | x | x | x | x | x | x | x | x | x | x | x | x | (31) |
| x | x | x | x | x | x | x | x | x | x | x | x | x | (32) |
| - | - | - | - | - | - | - | - | - | - | - | - | - | (33) |
| - | - | 38 | 356 | - | - | - | - | 122 | 51 | 292 | - | - | (34) |
| - | 235 | - | - | - | - | - | 16 | 51 | 68 | 137 | - | - | (35) |
| x | x | x | x | x | x | x | x | x | x | x | x | x | (36) |
| x | x | x | x | x | x | x | x | x | x | x | x | x | (37) |
| x | x | x | x | x | x | x | x | x | x | x | x | x | (38) |
| x | x | x | x | x | x | x | x | x | x | x | x | x | (39) |
| x | x | x | x | x | x | x | x | x | x | x | x | x | (40) |
| - | - | - | - | - | - | - | 2,305 | 4,098 | 1,503 | 2,061 | 48 | - | (41) |
| - | - | - | - | - | - | - | - | 292 | - | - | - | - | (42) |
| - | - | - | - | - | - | - | - | - | - | - | - | - | (43) |
| - | - | - | - | - | 44 | 225 | 50 | - | - | - | 546 | - | (44) |
| - | - | - | - | - | 301 | - | - | 766 | - | - | - | - | (45) |
| - | - | - | - | - | - | - | - | - | - | - | 2,479 | - | (46) |
| - | - | - | - | - | - | - | - | - | - | - | - | - | (47) |
| - | - | - | - | - | - | - | - | 153 | - | - | - | - | (48) |

## 5　生乳移出入量（都道府県別）（月別）（続き）

### (12)　11月分

| 移出<br>移入 | 全国 | 北海道 | 青森 | 岩手 | 宮城 | 秋田 | 山形 | 福島 | 茨城 | 栃木 | 群馬 |
|---|---|---|---|---|---|---|---|---|---|---|---|
| 全国 (1) | 141,974 | 44,427 | 5,156 | 8,067 | 3,620 | 1,168 | 3,058 | 1,310 | 2,144 | 12,296 | 7,690 |
| 北海道 (2) | - | - | - | - | - | - | - | - | - | - | - |
| 青森 (3) | x | x | x | x | x | x | x | x | x | x | x |
| 岩手 (4) | 1,074 | - | 591 | - | - | 468 | - | - | - | 15 | - |
| 宮城 (5) | 2,425 | - | 1,434 | 991 | - | - | - | - | - | - | - |
| 秋田 (6) | x | x | x | x | x | x | x | x | x | x | x |
| 山形 (7) | - | - | - | - | - | - | - | - | - | - | - |
| 福島 (8) | 2,203 | - | - | 267 | 852 | 80 | 20 | - | - | 984 | - |
| 茨城 (9) | 10,247 | 5,680 | 679 | 1,649 | 205 | 195 | 206 | 436 | - | 559 | - |
| 栃木 (10) | 651 | - | - | 651 | - | - | - | - | - | - | - |
| 群馬 (11) | 6,844 | 1,232 | 977 | 423 | 233 | 320 | 500 | 108 | - | 2,344 | - |
| 埼玉 (12) | 6,047 | 2,191 | 105 | 931 | 285 | 65 | - | 136 | - | 2,065 | 269 |
| 千葉 (13) | 6,154 | 1,554 | 265 | 177 | 289 | - | - | 15 | 1,747 | 1,869 | 238 |
| 東京 (14) | 6,994 | 461 | 68 | 201 | 287 | 40 | - | - | 397 | 1,241 | 2,687 |
| 神奈川 (15) | 24,150 | 11,009 | 1,037 | 811 | 1,008 | - | 1,703 | 615 | - | 1,850 | 1,795 |
| 新潟 (16) | 1,483 | 383 | - | 767 | - | - | 280 | - | - | - | 53 |
| 富山 (17) | x | x | x | x | x | x | x | x | x | x | x |
| 石川 (18) | 1,099 | 744 | - | - | - | - | 35 | - | - | - | 100 |
| 福井 (19) | x | x | x | x | x | x | x | x | x | x | x |
| 山梨 (20) | 340 | - | - | - | - | - | - | - | - | - | - |
| 長野 (21) | 4,511 | 491 | - | - | 116 | - | 20 | - | - | - | 1,947 |
| 岐阜 (22) | 4,496 | 2,148 | - | 124 | - | - | 107 | - | - | 679 | 255 |
| 静岡 (23) | 2,696 | 681 | - | 236 | 250 | - | 100 | - | - | 690 | 346 |
| 愛知 (24) | 6,279 | 2,420 | - | 839 | 95 | - | 87 | - | - | - | - |
| 三重 (25) | 268 | - | - | - | - | - | - | - | - | - | - |
| 滋賀 (26) | 1,300 | 826 | - | - | - | - | - | - | - | - | - |
| 京都 (27) | 7,858 | 5,584 | - | - | - | - | - | - | - | - | - |
| 大阪 (28) | 9,639 | 4,740 | - | - | - | - | - | - | - | - | - |
| 兵庫 (29) | 9,034 | 3,419 | - | - | - | - | - | - | - | - | - |
| 奈良 (30) | x | x | x | x | x | x | x | x | x | x | x |
| 和歌山 (31) | x | x | x | x | x | x | x | x | x | x | x |
| 鳥取 (32) | x | x | x | x | x | x | x | x | x | x | x |
| 島根 (33) | - | - | - | - | - | - | - | - | - | - | - |
| 岡山 (34) | 3,821 | 864 | - | - | - | - | - | - | - | - | - |
| 広島 (35) | 2,936 | - | - | - | - | - | - | - | - | - | - |
| 山口 (36) | x | x | x | x | x | x | x | x | x | x | x |
| 徳島 (37) | x | x | x | x | x | x | x | x | x | x | x |
| 香川 (38) | x | x | x | x | x | x | x | x | x | x | x |
| 愛媛 (39) | x | x | x | x | x | x | x | x | x | x | x |
| 高知 (40) | x | x | x | x | x | x | x | x | x | x | x |
| 福岡 (41) | 9,423 | - | - | - | - | - | - | - | - | - | - |
| 佐賀 (42) | 284 | - | - | - | - | - | - | - | - | - | - |
| 長崎 (43) | 13 | - | - | - | - | - | - | - | - | - | - |
| 熊本 (44) | 952 | - | - | - | - | - | - | - | - | - | - |
| 大分 (45) | 690 | - | - | - | - | - | - | - | - | - | - |
| 宮崎 (46) | 2,614 | - | - | - | - | - | - | - | - | - | - |
| 鹿児島 (47) | - | - | - | - | - | - | - | - | - | - | - |
| 沖縄 (48) | 153 | - | - | - | - | - | - | - | - | - | - |

単位：t

| 埼玉 | 千葉 | 東京 | 神奈川 | 新潟 | 富山 | 石川 | 福井 | 山梨 | 長野 | 岐阜 | 静岡 | |
|---|---|---|---|---|---|---|---|---|---|---|---|---|
| **463** | **5,033** | **-** | **-** | **546** | **61** | **-** | **430** | **1,562** | **1,239** | **62** | **1,544** | (1) |
| - | - | - | - | - | - | - | - | - | - | - | - | (2) |
| x | x | x | x | x | x | x | x | x | x | x | x | (3) |
| - | - | - | - | - | - | - | - | - | - | - | - | (4) |
| - | - | - | - | - | - | - | - | - | - | - | - | (5) |
| x | x | x | x | x | x | x | x | x | x | x | x | (6) |
| - | - | - | - | - | - | - | - | - | - | - | - | (7) |
| - | - | - | - | - | - | - | - | - | - | - | - | (8) |
| 30 | 608 | - | - | - | - | - | - | - | - | - | - | (9) |
| - | - | - | - | - | - | - | - | - | - | - | - | (10) |
| 255 | - | - | - | 332 | - | - | - | 10 | 110 | - | - | (11) |
| - | - | - | - | - | - | - | - | - | - | - | - | (12) |
| - | - | - | - | - | - | - | - | - | - | - | - | (13) |
| 133 | 737 | - | - | - | - | - | - | 325 | 277 | - | 140 | (14) |
| 45 | 3,688 | - | - | - | - | - | - | 579 | - | - | 10 | (15) |
| - | - | - | - | - | - | - | - | - | - | - | - | (16) |
| x | x | x | x | x | x | x | x | x | x | x | x | (17) |
| - | - | - | - | 84 | 61 | - | 75 | - | - | - | - | (18) |
| x | x | x | x | x | x | x | x | x | x | x | x | (19) |
| - | - | - | - | - | - | - | - | - | 340 | - | - | (20) |
| - | - | - | - | 130 | - | - | - | 315 | - | - | - | (21) |
| - | - | - | - | - | - | - | - | - | 119 | - | - | (22) |
| - | - | - | - | - | - | - | - | 333 | - | - | - | (23) |
| - | - | - | - | - | - | - | - | - | 393 | 62 | 1,126 | (24) |
| - | - | - | - | - | - | - | - | - | - | - | 268 | (25) |
| - | - | - | - | - | - | - | 355 | - | - | - | - | (26) |
| - | - | - | - | - | - | - | - | - | - | - | - | (27) |
| - | - | - | - | - | - | - | - | - | - | - | - | (28) |
| - | - | - | - | - | - | - | - | - | - | - | - | (29) |
| x | x | x | x | x | x | x | x | x | x | x | x | (30) |
| x | x | x | x | x | x | x | x | x | x | x | x | (31) |
| x | x | x | x | x | x | x | x | x | x | x | x | (32) |
| - | - | - | - | - | - | - | - | - | - | - | - | (33) |
| - | - | - | - | - | - | - | - | - | - | - | - | (34) |
| - | - | - | - | - | - | - | - | - | - | - | - | (35) |
| x | x | x | x | x | x | x | x | x | x | x | x | (36) |
| x | x | x | x | x | x | x | x | x | x | x | x | (37) |
| x | x | x | x | x | x | x | x | x | x | x | x | (38) |
| x | x | x | x | x | x | x | x | x | x | x | x | (39) |
| x | x | x | x | x | x | x | x | x | x | x | x | (40) |
| - | - | - | - | - | - | - | - | - | - | - | - | (41) |
| - | - | - | - | - | - | - | - | - | - | - | - | (42) |
| - | - | - | - | - | - | - | - | - | - | - | - | (43) |
| - | - | - | - | - | - | - | - | - | - | - | - | (44) |
| - | - | - | - | - | - | - | - | - | - | - | - | (45) |
| - | - | - | - | - | - | - | - | - | - | - | - | (46) |
| - | - | - | - | - | - | - | - | - | - | - | - | (47) |
| - | - | - | - | - | - | - | - | - | - | - | - | (48) |

## 5　生乳移出入量（都道府県別）（月別）（続き）

（12）　11月分（続き）

| 移出＼移入 | 愛　知 | 三　重 | 滋　賀 | 京　都 | 大　阪 | 兵　庫 | 奈　良 | 和歌山 | 鳥　取 | 島　根 | 岡　山 | 広　島 |
|---|---|---|---|---|---|---|---|---|---|---|---|---|
| **全　　国　(1)** | **1,954** | **1,972** | **546** | **706** | **78** | **581** | **1,971** | **317** | **-** | **4,457** | **2,838** | **982** |
| 北海道　(2) | - | - | - | - | - | - | - | - | - | - | - | - |
| 青　　森　(3) | x | x | x | x | x | x | x | x | x | x | x | x |
| 岩　　手　(4) | - | - | - | - | - | - | - | - | - | - | - | - |
| 宮　　城　(5) | - | - | - | - | - | - | - | - | - | - | - | - |
| 秋　　田　(6) | x | x | x | x | x | x | x | x | x | x | x | x |
| 山　　形　(7) | - | - | - | - | - | - | - | - | - | - | - | - |
| 福　　島　(8) | - | - | - | - | - | - | - | - | - | - | - | - |
| 茨　　城　(9) | - | - | - | - | - | - | - | - | - | - | - | - |
| 栃　　木　(10) | - | - | - | - | - | - | - | - | - | - | - | - |
| 群　　馬　(11) | - | - | - | - | - | - | - | - | - | - | - | - |
| 埼　　玉　(12) | - | - | - | - | - | - | - | - | - | - | - | - |
| 千　　葉　(13) | - | - | - | - | - | - | - | - | - | - | - | - |
| 東　　京　(14) | - | - | - | - | - | - | - | - | - | - | - | - |
| 神奈川　(15) | - | - | - | - | - | - | - | - | - | - | - | - |
| 新　　潟　(16) | - | - | - | - | - | - | - | - | - | - | - | - |
| 富　　山　(17) | x | x | x | x | x | x | x | x | x | x | x | x |
| 石　　川　(18) | - | - | - | - | - | - | - | - | - | - | - | - |
| 福　　井　(19) | x | x | x | x | x | x | x | x | x | x | x | x |
| 山　　梨　(20) | - | - | - | - | - | - | - | - | - | - | - | - |
| 長　　野　(21) | 1,280 | 212 | - | - | - | - | - | - | - | - | - | - |
| 岐　　阜　(22) | 342 | 166 | - | - | - | - | - | - | - | - | 394 | - |
| 静　　岡　(23) | 60 | - | - | - | - | - | - | - | - | - | - | - |
| 愛　　知　(24) | - | 1,105 | - | - | - | - | - | - | - | - | - | - |
| 三　　重　(25) | - | - | - | - | - | - | - | - | - | - | - | - |
| 滋　　賀　(26) | - | 109 | - | - | - | - | - | - | - | - | - | - |
| 京　　都　(27) | 212 | 312 | 104 | - | 46 | 242 | 239 | - | - | 98 | 122 | - |
| 大　　阪　(28) | 60 | 68 | 274 | - | - | 339 | 467 | 317 | - | 48 | 771 | - |
| 兵　　庫　(29) | - | - | 168 | 706 | 32 | - | 1,265 | - | - | 154 | 1,122 | - |
| 奈　　良　(30) | x | x | x | x | x | x | x | x | x | x | x | x |
| 和歌山　(31) | x | x | x | x | x | x | x | x | x | x | x | x |
| 鳥　　取　(32) | x | x | x | x | x | x | x | x | x | x | x | x |
| 島　　根　(33) | - | - | - | - | - | - | - | - | - | - | - | - |
| 岡　　山　(34) | - | - | - | - | - | - | - | - | - | 1,450 | - | 668 |
| 広　　島　(35) | - | - | - | - | - | - | - | - | - | 2,042 | 416 | - |
| 山　　口　(36) | x | x | x | x | x | x | x | x | x | x | x | x |
| 徳　　島　(37) | x | x | x | x | x | x | x | x | x | x | x | x |
| 香　　川　(38) | x | x | x | x | x | x | x | x | x | x | x | x |
| 愛　　媛　(39) | x | x | x | x | x | x | x | x | x | x | x | x |
| 高　　知　(40) | x | x | x | x | x | x | x | x | x | x | x | x |
| 福　　岡　(41) | - | - | - | - | - | - | - | - | - | - | - | - |
| 佐　　賀　(42) | - | - | - | - | - | - | - | - | - | - | - | - |
| 長　　崎　(43) | - | - | - | - | - | - | - | - | - | - | 13 | - |
| 熊　　本　(44) | - | - | - | - | - | - | - | - | - | - | - | - |
| 大　　分　(45) | - | - | - | - | - | - | - | - | - | - | - | - |
| 宮　　崎　(46) | - | - | - | - | - | - | - | - | - | - | - | - |
| 鹿児島　(47) | - | - | - | - | - | - | - | - | - | - | - | - |
| 沖　　縄　(48) | - | - | - | - | - | - | - | - | - | - | - | - |

単位：t

| 山口 | 徳島 | 香川 | 愛媛 | 高知 | 福岡 | 佐賀 | 長崎 | 熊本 | 大分 | 宮崎 | 鹿児島 | 沖縄 | |
|---|---|---|---|---|---|---|---|---|---|---|---|---|---|
| – | 1,415 | 1,586 | 384 | 849 | 1,075 | 255 | 2,512 | 7,793 | 1,708 | 3,659 | 4,460 | – | (1) |
| – | – | – | – | – | – | – | – | – | – | – | – | – | (2) |
| x | x | x | x | x | x | x | x | x | x | x | x | x | (3) |
| – | – | – | – | – | – | – | – | – | – | – | – | – | (4) |
| – | – | – | – | – | – | – | – | – | – | – | – | – | (5) |
| x | x | x | x | x | x | x | x | x | x | x | x | x | (6) |
| – | – | – | – | – | – | – | – | – | – | – | – | – | (7) |
| – | – | – | – | – | – | – | – | – | – | – | – | – | (8) |
| – | – | – | – | – | – | – | – | – | – | – | – | – | (9) |
| – | – | – | – | – | – | – | – | – | – | – | – | – | (10) |
| – | – | – | – | – | – | – | – | – | – | – | – | – | (11) |
| – | – | – | – | – | – | – | – | – | – | – | – | – | (12) |
| – | – | – | – | – | – | – | – | – | – | – | – | – | (13) |
| – | – | – | – | – | – | – | – | – | – | – | – | – | (14) |
| – | – | – | – | – | – | – | – | – | – | – | – | – | (15) |
| – | – | – | – | – | – | – | – | – | – | – | – | – | (16) |
| x | x | x | x | x | x | x | x | x | x | x | x | x | (17) |
| – | – | – | – | – | – | – | – | – | – | – | – | – | (18) |
| x | x | x | x | x | x | x | x | x | x | x | x | x | (19) |
| – | – | – | – | – | – | – | – | – | – | – | – | – | (20) |
| – | – | – | – | – | – | – | – | – | – | – | – | – | (21) |
| – | – | – | – | – | – | – | – | – | – | 162 | – | – | (22) |
| – | – | – | – | – | – | – | – | – | – | – | – | – | (23) |
| – | – | – | – | – | – | – | 51 | – | – | 101 | – | – | (24) |
| – | – | – | – | – | – | – | – | – | – | – | – | – | (25) |
| – | 10 | – | – | – | – | – | – | – | – | – | – | – | (26) |
| – | – | – | – | – | 136 | – | – | 610 | 119 | 34 | – | – | (27) |
| – | 733 | 301 | – | – | – | – | 55 | 961 | – | 472 | 33 | – | (28) |
| – | – | 215 | – | – | 170 | – | 60 | 237 | – | 300 | 1,186 | – | (29) |
| x | x | x | x | x | x | x | x | x | x | x | x | x | (30) |
| x | x | x | x | x | x | x | x | x | x | x | x | x | (31) |
| x | x | x | x | x | x | x | x | x | x | x | x | x | (32) |
| – | – | – | – | – | – | – | – | – | – | – | – | – | (33) |
| – | – | 33 | 332 | – | – | – | – | 142 | 34 | 298 | – | – | (34) |
| – | 193 | – | – | – | – | – | 31 | 51 | 51 | 152 | – | – | (35) |
| x | x | x | x | x | x | x | x | x | x | x | x | x | (36) |
| x | x | x | x | x | x | x | x | x | x | x | x | x | (37) |
| x | x | x | x | x | x | x | x | x | x | x | x | x | (38) |
| x | x | x | x | x | x | x | x | x | x | x | x | x | (39) |
| x | x | x | x | x | x | x | x | x | x | x | x | x | (40) |
| – | – | – | – | – | – | – | 2,305 | 4,200 | 1,504 | 1,382 | 32 | – | (41) |
| – | – | – | – | – | – | – | – | 284 | – | – | – | – | (42) |
| – | – | – | – | – | – | – | – | – | – | – | – | – | (43) |
| – | – | – | – | – | 92 | 255 | 10 | – | – | – | 595 | – | (44) |
| – | – | – | – | – | 210 | – | – | 480 | – | – | – | – | (45) |
| – | – | – | – | – | – | – | – | – | – | – | 2,614 | – | (46) |
| – | – | – | – | – | – | – | – | – | – | – | – | – | (47) |
| – | – | – | – | – | – | – | – | 153 | – | – | – | – | (48) |

## 5　生乳移出入量（都道府県別）（月別）（続き）

### (13)　12月分

| 移入＼移出 | 全国 | 北海道 | 青森 | 岩手 | 宮城 | 秋田 | 山形 | 福島 | 茨城 | 栃木 | 群馬 |
|---|---|---|---|---|---|---|---|---|---|---|---|
| **全国 (1)** | **142,552** | **37,838** | **5,618** | **7,700** | **4,083** | **1,261** | **3,201** | **1,777** | **2,554** | **13,200** | **8,515** |
| 北海道 (2) | - | - | - | - | - | - | - | - | - | - | - |
| 青森 (3) | x | x | x | x | x | x | x | x | x | x | x |
| 岩手 (4) | 2,162 | - | 1,327 | - | 163 | 666 | 6 | - | - | - | - |
| 宮城 (5) | 2,187 | - | 1,109 | 958 | - | - | 120 | - | - | - | - |
| 秋田 (6) | x | x | x | x | x | x | x | x | x | x | x |
| 山形 (7) | - | - | - | - | - | - | - | - | - | - | - |
| 福島 (8) | 5,187 | - | - | 352 | 1,051 | 40 | - | - | - | 3,427 | 317 |
| 茨城 (9) | 11,159 | 5,144 | 888 | 1,368 | 270 | 100 | 338 | 824 | - | 595 | 415 |
| 栃木 (10) | 585 | - | - | 585 | - | - | - | - | - | - | - |
| 群馬 (11) | 5,999 | 1,128 | 1,019 | 233 | 321 | 200 | 379 | 30 | - | 1,778 | - |
| 埼玉 (12) | 5,138 | 1,426 | 252 | 957 | 255 | 195 | - | 234 | - | 1,609 | 210 |
| 千葉 (13) | 5,938 | 1,108 | 86 | 371 | 404 | 45 | - | - | 2,026 | 1,715 | 168 |
| 東京 (14) | 6,895 | 393 | 112 | 130 | 151 | 15 | - | - | 528 | 1,123 | 2,808 |
| 神奈川 (15) | 22,941 | 9,836 | 825 | 877 | 1,016 | - | 1,497 | 689 | - | 1,698 | 1,864 |
| 新潟 (16) | 1,695 | 444 | - | 797 | 15 | - | 367 | - | - | - | 72 |
| 富山 (17) | x | x | x | x | x | x | x | x | x | x | x |
| 石川 (18) | 912 | 612 | - | - | - | - | 36 | - | - | - | 70 |
| 福井 (19) | x | x | x | x | x | x | x | x | x | x | x |
| 山梨 (20) | 352 | - | - | - | - | - | - | - | - | - | - |
| 長野 (21) | 4,445 | 486 | - | - | 56 | - | 20 | - | - | - | 2,086 |
| 岐阜 (22) | 4,538 | 2,142 | - | 144 | - | - | 87 | - | - | 734 | 265 |
| 静岡 (23) | 2,385 | 715 | - | 263 | 135 | - | 100 | - | - | 521 | 226 |
| 愛知 (24) | 5,656 | 1,162 | - | 665 | 246 | - | 251 | - | - | - | - |
| 三重 (25) | 366 | - | - | - | - | - | - | - | - | - | - |
| 滋賀 (26) | 1,085 | 566 | - | - | - | - | - | - | - | - | - |
| 京都 (27) | 7,563 | 5,003 | - | - | - | - | - | - | - | - | - |
| 大阪 (28) | 9,101 | 4,157 | - | - | - | - | - | - | - | - | 14 |
| 兵庫 (29) | 8,418 | 2,614 | - | - | - | - | - | - | - | - | - |
| 奈良 (30) | x | x | x | x | x | x | x | x | x | x | x |
| 和歌山 (31) | x | x | x | x | x | x | x | x | x | x | x |
| 鳥取 (32) | x | x | x | x | x | x | x | x | x | x | x |
| 島根 (33) | - | - | - | - | - | - | - | - | - | - | - |
| 岡山 (34) | 3,747 | 902 | - | - | - | - | - | - | - | - | - |
| 広島 (35) | 2,790 | - | - | - | - | - | - | - | - | - | - |
| 山口 (36) | x | x | x | x | x | x | x | x | x | x | x |
| 徳島 (37) | x | x | x | x | x | x | x | x | x | x | x |
| 香川 (38) | x | x | x | x | x | x | x | x | x | x | x |
| 愛媛 (39) | x | x | x | x | x | x | x | x | x | x | x |
| 高知 (40) | x | x | x | x | x | x | x | x | x | x | x |
| 福岡 (41) | 9,131 | - | - | - | - | - | - | - | - | - | - |
| 佐賀 (42) | 299 | - | - | - | - | - | - | - | - | - | - |
| 長崎 (43) | - | - | - | - | - | - | - | - | - | - | - |
| 熊本 (44) | 3,014 | - | - | - | - | - | - | - | - | - | - |
| 大分 (45) | 405 | - | - | - | - | - | - | - | - | - | - |
| 宮崎 (46) | 3,332 | - | - | - | - | - | - | - | - | - | - |
| 鹿児島 (47) | - | - | - | - | - | - | - | - | - | - | - |
| 沖縄 (48) | 136 | - | - | - | - | - | - | - | - | - | - |

単位：t

| 埼玉 | 千葉 | 東京 | 神奈川 | 新潟 | 富山 | 石川 | 福井 | 山梨 | 長野 | 岐阜 | 静岡 | |
|---|---|---|---|---|---|---|---|---|---|---|---|---|
| **579** | **5,778** | **-** | **-** | **635** | **193** | **17** | **452** | **1,589** | **1,459** | **170** | **1,764** | (1) |
| - | - | - | - | - | - | - | - | - | - | - | - | (2) |
| x | x | x | x | x | x | x | x | x | x | x | x | (3) |
| - | - | - | - | - | - | - | - | - | - | - | - | (4) |
| - | - | - | - | - | - | - | - | - | - | - | - | (5) |
| x | x | x | x | x | x | x | x | x | x | x | x | (6) |
| - | - | - | - | - | - | - | - | - | - | - | - | (7) |
| - | - | - | - | - | - | - | - | - | - | - | - | (8) |
| 60 | 886 | - | - | 128 | 45 | 17 | - | - | 66 | - | - | (9) |
| - | - | - | - | - | - | - | - | - | - | - | - | (10) |
| 314 | 46 | - | - | 391 | 52 | - | - | 10 | 98 | - | - | (11) |
| - | - | - | - | - | - | - | - | - | - | - | - | (12) |
| - | - | - | - | 15 | - | - | - | - | - | - | - | (13) |
| 176 | 779 | - | - | - | - | - | - | 379 | 201 | - | 100 | (14) |
| 29 | 4,067 | - | - | - | - | - | - | 513 | - | - | 30 | (15) |
| - | - | - | - | - | - | - | - | - | - | - | - | (16) |
| x | x | x | x | x | x | x | x | x | x | x | x | (17) |
| - | - | - | - | 29 | 81 | - | 84 | - | - | - | - | (18) |
| x | x | x | x | x | x | x | x | x | x | x | x | (19) |
| - | - | - | - | - | - | - | - | - | 352 | - | - | (20) |
| - | - | - | - | 72 | - | - | - | 322 | - | - | - | (21) |
| - | - | - | - | - | - | - | - | - | 108 | - | - | (22) |
| - | - | - | - | - | - | - | - | 365 | - | - | - | (23) |
| - | - | - | - | - | - | - | - | - | 634 | 137 | 1,268 | (24) |
| - | - | - | - | - | - | - | - | - | - | - | 366 | (25) |
| - | - | - | - | - | 15 | - | 368 | - | - | - | - | (26) |
| - | - | - | - | - | - | - | - | - | - | - | - | (27) |
| - | - | - | - | - | - | - | - | - | - | - | - | (28) |
| - | - | - | - | - | - | - | - | - | - | - | - | (29) |
| x | x | x | x | x | x | x | x | x | x | x | x | (30) |
| x | x | x | x | x | x | x | x | x | x | x | x | (31) |
| x | x | x | x | x | x | x | x | x | x | x | x | (32) |
| - | - | - | - | - | - | - | - | - | - | - | - | (33) |
| - | - | - | - | - | - | - | - | - | - | - | - | (34) |
| - | - | - | - | - | - | - | - | - | - | - | - | (35) |
| x | x | x | x | x | x | x | x | x | x | x | x | (36) |
| x | x | x | x | x | x | x | x | x | x | x | x | (37) |
| x | x | x | x | x | x | x | x | x | x | x | x | (38) |
| x | x | x | x | x | x | x | x | x | x | x | x | (39) |
| x | x | x | x | x | x | x | x | x | x | x | x | (40) |
| - | - | - | - | - | - | - | - | - | - | - | - | (41) |
| - | - | - | - | - | - | - | - | - | - | - | - | (42) |
| - | - | - | - | - | - | - | - | - | - | - | - | (43) |
| - | - | - | - | - | - | - | - | - | - | 33 | - | (44) |
| - | - | - | - | - | - | - | - | - | - | - | - | (45) |
| - | - | - | - | - | - | - | - | - | - | - | - | (46) |
| - | - | - | - | - | - | - | - | - | - | - | - | (47) |
| - | - | - | - | - | - | - | - | - | - | - | - | (48) |

## 5　生乳移出入量（都道府県別）（月別）（続き）

### (13)　12月分（続き）

| 移出 ＼ 移入 | 愛知 | 三重 | 滋賀 | 京都 | 大阪 | 兵庫 | 奈良 | 和歌山 | 鳥取 | 島根 | 岡山 | 広島 |
|---|---|---|---|---|---|---|---|---|---|---|---|---|
| **全国 (1)** | **1,984** | **2,175** | **570** | **739** | **83** | **683** | **2,064** | **345** | **-** | **4,851** | **3,234** | **1,197** |
| 北海道 (2) | - | - | - | - | - | - | - | - | - | - | - | - |
| 青森 (3) | x | x | x | x | x | x | x | x | x | x | x | x |
| 岩手 (4) | - | - | - | - | - | - | - | - | - | - | - | - |
| 宮城 (5) | - | - | - | - | - | - | - | - | - | - | - | - |
| 秋田 (6) | x | x | x | x | x | x | x | x | x | x | x | x |
| 山形 (7) | - | - | - | - | - | - | - | - | - | - | - | - |
| 福島 (8) | - | - | - | - | - | - | - | - | - | - | - | - |
| 茨城 (9) | 15 | - | - | - | - | - | - | - | - | - | - | - |
| 栃木 (10) | - | - | - | - | - | - | - | - | - | - | - | - |
| 群馬 (11) | - | - | - | - | - | - | - | - | - | - | - | - |
| 埼玉 (12) | - | - | - | - | - | - | - | - | - | - | - | - |
| 千葉 (13) | - | - | - | - | - | - | - | - | - | - | - | - |
| 東京 (14) | - | - | - | - | - | - | - | - | - | - | - | - |
| 神奈川 (15) | - | - | - | - | - | - | - | - | - | - | - | - |
| 新潟 (16) | - | - | - | - | - | - | - | - | - | - | - | - |
| 富山 (17) | x | x | x | x | x | x | x | x | x | x | x | x |
| 石川 (18) | - | - | - | - | - | - | - | - | - | - | - | - |
| 福井 (19) | x | x | x | x | x | x | x | x | x | x | x | x |
| 山梨 (20) | - | - | - | - | - | - | - | - | - | - | - | - |
| 長野 (21) | 1,191 | 212 | - | - | - | - | - | - | - | - | - | - |
| 岐阜 (22) | 284 | 171 | - | - | - | - | - | - | - | - | 421 | - |
| 静岡 (23) | 60 | - | - | - | - | - | - | - | - | - | - | - |
| 愛知 (24) | - | 1,192 | - | - | - | - | - | - | - | - | - | - |
| 三重 (25) | - | - | - | - | - | - | - | - | - | - | - | - |
| 滋賀 (26) | - | 118 | - | - | 4 | - | - | - | - | - | - | - |
| 京都 (27) | 312 | 424 | 104 | - | 50 | 319 | 248 | - | - | 181 | 231 | - |
| 大阪 (28) | 44 | 58 | 290 | - | - | 364 | 502 | 345 | - | 98 | 796 | - |
| 兵庫 (29) | 44 | - | 176 | 739 | 29 | - | 1,314 | - | - | 84 | 1,156 | 155 |
| 奈良 (30) | x | x | x | x | x | x | x | x | x | x | x | x |
| 和歌山 (31) | x | x | x | x | x | x | x | x | x | x | x | x |
| 鳥取 (32) | x | x | x | x | x | x | x | x | x | x | x | x |
| 島根 (33) | - | - | - | - | - | - | - | - | - | - | - | - |
| 岡山 (34) | - | - | - | - | - | - | - | - | - | 1,510 | - | 595 |
| 広島 (35) | - | - | - | - | - | - | - | - | - | 1,854 | 439 | - |
| 山口 (36) | x | x | x | x | x | x | x | x | x | x | x | x |
| 徳島 (37) | x | x | x | x | x | x | x | x | x | x | x | x |
| 香川 (38) | x | x | x | x | x | x | x | x | x | x | x | x |
| 愛媛 (39) | x | x | x | x | x | x | x | x | x | x | x | x |
| 高知 (40) | x | x | x | x | x | x | x | x | x | x | x | x |
| 福岡 (41) | - | - | - | - | - | - | - | - | - | - | - | - |
| 佐賀 (42) | - | - | - | - | - | - | - | - | - | - | - | - |
| 長崎 (43) | - | - | - | - | - | - | - | - | - | - | - | - |
| 熊本 (44) | 34 | - | - | - | - | - | - | - | - | 132 | - | 96 |
| 大分 (45) | - | - | - | - | - | - | - | - | - | - | - | - |
| 宮崎 (46) | - | - | - | - | - | - | - | - | - | - | - | - |
| 鹿児島 (47) | - | - | - | - | - | - | - | - | - | - | - | - |
| 沖縄 (48) | - | - | - | - | - | - | - | - | - | - | - | - |

単位：t

| 山口 | 徳島 | 香川 | 愛媛 | 高知 | 福岡 | 佐賀 | 長崎 | 熊本 | 大分 | 宮崎 | 鹿児島 | 沖縄 | |
|---|---|---|---|---|---|---|---|---|---|---|---|---|---|
| - | 1, 559 | 1, 605 | 405 | 945 | 1, 473 | 436 | 2, 756 | 7, 153 | 1, 878 | 3, 037 | 4, 997 | - | (1) |
| - | - | - | - | - | - | - | - | - | - | - | - | - | (2) |
| x | x | x | x | x | x | x | x | x | x | x | x | x | (3) |
| - | - | - | - | - | - | - | - | - | - | - | - | - | (4) |
| - | - | - | - | - | - | - | - | - | - | - | - | - | (5) |
| x | x | x | x | x | x | x | x | x | x | x | x | x | (6) |
| - | - | - | - | - | - | - | - | - | - | - | - | - | (7) |
| - | - | - | - | - | - | - | - | - | - | - | - | - | (8) |
| - | - | - | - | - | - | - | - | - | - | - | - | - | (9) |
| - | - | - | - | - | - | - | - | - | - | - | - | - | (10) |
| - | - | - | - | - | - | - | - | - | - | - | - | - | (11) |
| - | - | - | - | - | - | - | - | - | - | - | - | - | (12) |
| - | - | - | - | - | - | - | - | - | - | - | - | - | (13) |
| - | - | - | - | - | - | - | - | - | - | - | - | - | (14) |
| - | - | - | - | - | - | - | - | - | - | - | - | - | (15) |
| - | - | - | - | - | - | - | - | - | - | - | - | - | (16) |
| x | x | x | x | x | x | x | x | x | x | x | x | x | (17) |
| - | - | - | - | - | - | - | - | - | - | - | - | - | (18) |
| x | x | x | x | x | x | x | x | x | x | x | x | x | (19) |
| - | - | - | - | - | - | - | - | - | - | - | - | - | (20) |
| - | - | - | - | - | - | - | - | - | - | - | - | - | (21) |
| - | - | - | - | - | - | - | - | - | - | 182 | - | - | (22) |
| - | - | - | - | - | - | - | - | - | - | - | - | - | (23) |
| - | - | - | - | - | - | - | 51 | - | - | 50 | - | - | (24) |
| - | - | - | - | - | - | - | - | - | - | - | - | - | (25) |
| - | 14 | - | - | - | - | - | - | - | - | - | - | - | (26) |
| - | 28 | 48 | - | - | 17 | - | 15 | 419 | 68 | 96 | - | - | (27) |
| - | 744 | 239 | - | 200 | - | - | 35 | 811 | - | 370 | 34 | - | (28) |
| - | 61 | 266 | - | - | 17 | - | 150 | 195 | 17 | 116 | 1, 285 | - | (29) |
| x | x | x | x | x | x | x | x | x | x | x | x | x | (30) |
| x | x | x | x | x | x | x | x | x | x | x | x | x | (31) |
| x | x | x | x | x | x | x | x | x | x | x | x | x | (32) |
| - | - | - | - | - | - | - | - | - | - | - | - | - | (33) |
| - | - | - | 287 | - | - | - | - | 136 | 17 | 300 | - | - | (34) |
| - | 274 | - | - | - | - | - | 16 | 34 | 51 | 122 | - | - | (35) |
| x | x | x | x | x | x | x | x | x | x | x | x | x | (36) |
| x | x | x | x | x | x | x | x | x | x | x | x | x | (37) |
| x | x | x | x | x | x | x | x | x | x | x | x | x | (38) |
| x | x | x | x | x | x | x | x | x | x | x | x | x | (39) |
| x | x | x | x | x | x | x | x | x | x | x | x | x | (40) |
| - | - | - | - | - | - | - | 2, 089 | 4, 193 | 1, 573 | 1, 244 | 32 | - | (41) |
| - | - | - | - | - | - | - | - | 299 | - | - | - | - | (42) |
| - | - | - | - | - | - | - | - | - | - | - | - | - | (43) |
| - | - | - | - | - | 1, 056 | 436 | 400 | - | 152 | 361 | 314 | - | (44) |
| - | - | - | - | - | 105 | - | - | 300 | - | - | - | - | (45) |
| - | - | - | - | - | - | - | - | - | - | - | 3, 332 | - | (46) |
| - | - | - | - | - | - | - | - | - | - | - | - | - | (47) |
| - | - | - | - | - | - | - | - | 136 | - | - | - | - | (48) |

# 6 生乳処理量（用途別 都道府県別）（月別）

## (1) 処理量計

| 都道府県 | 年計 | | 1月 | 2 | 3 | 4 | 5 |
|---|---|---|---|---|---|---|---|
| | 実数 | 対前年比 | | | | | |
| | t | % | t | t | t | t | t |
| **全国 (1)** | **7,438,218** | **101.7** | **624,875** | **596,539** | **649,751** | **633,914** | **657,120** |
| 北海道 (2) | 3,620,890 | 102.9 | 307,546 | 296,126 | 330,645 | 314,596 | 330,625 |
| 青森 (3) | x | x | x | x | x | x | x |
| 岩手 (4) | 137,192 | 100.9 | 11,613 | 10,239 | 14,219 | 14,234 | 12,472 |
| 宮城 (5) | 103,274 | 91.6 | 8,595 | 7,627 | 8,958 | 8,773 | 9,121 |
| 秋田 (6) | x | x | x | x | x | x | x |
| 山形 (7) | 25,524 | 97.3 | 1,999 | 1,940 | 1,933 | 2,011 | 2,208 |
| 福島 (8) | 85,808 | 97.7 | 8,182 | 7,169 | 8,331 | 8,428 | 8,046 |
| 茨城 (9) | 300,309 | 111.5 | 23,018 | 22,895 | 30,172 | 30,052 | 31,180 |
| 栃木 (10) | 173,381 | 108.9 | 13,328 | 12,732 | 13,209 | 13,463 | 15,043 |
| 群馬 (11) | 192,910 | 95.2 | 16,466 | 15,750 | 16,834 | 15,989 | 16,327 |
| 埼玉 (12) | 106,689 | 99.0 | 8,447 | 8,527 | 7,348 | 7,567 | 8,020 |
| 千葉 (13) | 192,260 | 107.6 | 15,603 | 14,935 | 13,863 | 14,640 | 16,046 |
| 東京 (14) | 93,086 | 94.8 | 7,632 | 7,458 | 7,825 | 7,548 | 7,955 |
| 神奈川 (15) | 318,060 | 97.8 | 26,801 | 26,067 | 25,351 | 25,446 | 26,670 |
| 新潟 (16) | 51,113 | 103.8 | 4,107 | 3,987 | 3,774 | 4,135 | 4,341 |
| 富山 (17) | x | x | x | x | x | x | x |
| 石川 (18) | 27,377 | 80.8 | 2,232 | 2,088 | 2,048 | 1,958 | 1,921 |
| 福井 (19) | x | x | x | x | x | x | x |
| 山梨 (20) | 4,006 | 119.0 | 261 | 315 | 395 | 383 | 366 |
| 長野 (21) | 130,277 | 101.3 | 10,374 | 10,094 | 10,371 | 10,948 | 11,852 |
| 岐阜 (22) | 89,641 | 97.3 | 7,592 | 7,595 | 7,579 | 7,457 | 7,302 |
| 静岡 (23) | 98,920 | 112.3 | 7,738 | 7,993 | 8,209 | 7,669 | 8,161 |
| 愛知 (24) | 202,112 | 93.1 | 17,722 | 15,985 | 15,795 | 15,774 | 15,462 |
| 三重 (25) | 31,724 | 103.6 | 2,492 | 2,458 | 2,415 | 2,540 | 2,761 |
| 滋賀 (26) | 24,168 | 107.8 | 1,954 | 1,891 | 1,580 | 1,720 | 1,789 |
| 京都 (27) | 118,061 | 98.0 | 10,195 | 9,416 | 8,665 | 9,404 | 9,712 |
| 大阪 (28) | 119,702 | 105.8 | 9,660 | 9,703 | 8,234 | 8,371 | 8,997 |
| 兵庫 (29) | 180,471 | 97.1 | 15,292 | 14,455 | 14,071 | 14,409 | 15,101 |
| 奈良 (30) | x | x | x | x | x | x | x |
| 和歌山 (31) | x | x | x | x | x | x | x |
| 鳥取 (32) | x | x | x | x | x | x | x |
| 島根 (33) | 17,746 | 106.1 | 1,395 | 1,389 | 1,415 | 1,361 | 1,439 |
| 岡山 (34) | 135,140 | 86.6 | 11,882 | 10,123 | 10,412 | 10,591 | 12,158 |
| 広島 (35) | 71,175 | 105.8 | 5,784 | 5,502 | 5,077 | 5,565 | 5,898 |
| 山口 (36) | x | x | x | x | x | x | x |
| 徳島 (37) | x | x | x | x | x | x | x |
| 香川 (38) | x | x | x | x | x | x | x |
| 愛媛 (39) | x | x | x | x | x | x | x |
| 高知 (40) | x | x | x | x | x | x | x |
| 福岡 (41) | 176,922 | 103.7 | 14,853 | 14,451 | 14,050 | 13,915 | 14,386 |
| 佐賀 (42) | 13,952 | 92.8 | 1,160 | 1,087 | 1,025 | 1,033 | 1,171 |
| 長崎 (43) | 12,521 | 97.7 | 1,045 | 1,060 | 749 | 938 | 1,149 |
| 熊本 (44) | 192,112 | 107.8 | 16,191 | 13,279 | 21,798 | 21,163 | 15,893 |
| 大分 (45) | 57,540 | 104.6 | 4,429 | 4,452 | 4,584 | 4,744 | 5,331 |
| 宮崎 (46) | 70,353 | 98.2 | 7,405 | 7,122 | 7,692 | 5,805 | 6,096 |
| 鹿児島 (47) | 22,037 | 99.1 | 1,867 | 1,727 | 1,791 | 1,783 | 1,903 |
| 沖縄 (48) | 23,618 | 98.6 | 2,092 | 2,019 | 2,028 | 1,800 | 1,949 |

| 6 | 7 | 8 | 9 | 10 | 11 | 12 | |
|---|---|---|---|---|---|---|---|
| t | t | t | t | t | t | t | |
| **623,450** | **627,939** | **607,364** | **589,070** | **612,391** | **593,699** | **622,106** | (1) |
| 295,989 | 295,189 | 290,529 | 273,336 | 288,242 | 287,785 | 310,282 | (2) |
| x | x | x | x | x | x | x | (3) |
| 10,454 | 10,547 | 10,469 | 9,955 | 10,670 | 10,087 | 12,233 | (4) |
| 9,592 | 9,537 | 9,332 | 9,331 | 7,601 | 7,616 | 7,191 | (5) |
| x | x | x | x | x | x | x | (6) |
| 2,299 | 2,372 | 2,193 | 2,289 | 2,221 | 2,010 | 2,049 | (7) |
| 6,757 | 7,132 | 5,649 | 4,557 | 6,321 | 6,204 | 9,032 | (8) |
| 23,637 | 23,959 | 26,018 | 21,486 | 23,304 | 21,722 | 22,866 | (9) |
| 15,298 | 15,346 | 15,499 | 14,417 | 15,472 | 14,748 | 14,826 | (10) |
| 16,925 | 17,541 | 15,922 | 15,323 | 16,113 | 15,352 | 14,368 | (11) |
| 9,881 | 10,270 | 8,965 | 9,994 | 9,996 | 9,239 | 8,435 | (12) |
| 17,264 | 17,747 | 16,401 | 16,049 | 17,596 | 16,244 | 15,872 | (13) |
| 8,189 | 7,895 | 7,607 | 7,947 | 7,682 | 7,701 | 7,647 | (14) |
| 26,365 | 27,853 | 26,810 | 27,267 | 27,539 | 26,486 | 25,405 | (15) |
| 4,603 | 4,609 | 4,162 | 4,433 | 4,449 | 4,135 | 4,378 | (16) |
| x | x | x | x | x | x | x | (17) |
| 2,475 | 2,380 | 2,385 | 2,417 | 2,569 | 2,527 | 2,377 | (18) |
| x | x | x | x | x | x | x | (19) |
| 306 | 324 | 326 | 283 | 316 | 360 | 371 | (20) |
| 11,334 | 11,421 | 11,256 | 10,673 | 11,075 | 10,509 | 10,370 | (21) |
| 7,373 | 7,768 | 7,591 | 7,350 | 7,795 | 7,088 | 7,151 | (22) |
| 8,854 | 8,678 | 8,416 | 8,327 | 8,655 | 8,123 | 8,097 | (23) |
| 17,183 | 17,679 | 16,927 | 18,413 | 17,983 | 16,594 | 16,595 | (24) |
| 2,859 | 2,925 | 2,514 | 2,671 | 2,810 | 2,616 | 2,663 | (25) |
| 2,344 | 2,288 | 2,129 | 2,072 | 2,293 | 2,125 | 1,983 | (26) |
| 10,517 | 10,020 | 10,001 | 10,823 | 10,759 | 9,385 | 9,164 | (27) |
| 11,240 | 11,267 | 10,139 | 10,952 | 11,150 | 10,235 | 9,754 | (28) |
| 15,914 | 15,900 | 15,168 | 15,751 | 15,469 | 14,663 | 14,278 | (29) |
| x | x | x | x | x | x | x | (30) |
| x | x | x | x | x | x | x | (31) |
| x | x | x | x | x | x | x | (32) |
| 1,618 | 1,586 | 1,450 | 1,593 | 1,583 | 1,494 | 1,423 | (33) |
| 12,320 | 12,531 | 11,423 | 11,715 | 11,385 | 10,353 | 10,247 | (34) |
| 6,613 | 6,509 | 6,069 | 6,226 | 6,343 | 5,905 | 5,684 | (35) |
| x | x | x | x | x | x | x | (36) |
| x | x | x | x | x | x | x | (37) |
| x | x | x | x | x | x | x | (38) |
| x | x | x | x | x | x | x | (39) |
| x | x | x | x | x | x | x | (40) |
| 15,298 | 15,839 | 15,414 | 15,182 | 15,523 | 14,224 | 13,787 | (41) |
| 1,325 | 1,266 | 1,202 | 1,320 | 1,187 | 1,132 | 1,044 | (42) |
| 1,193 | 1,092 | 843 | 1,121 | 1,216 | 1,090 | 1,025 | (43) |
| 13,987 | 15,732 | 13,573 | 14,405 | 14,427 | 13,910 | 17,754 | (44) |
| 4,969 | 5,138 | 4,937 | 4,891 | 4,954 | 4,567 | 4,544 | (45) |
| 4,634 | 4,999 | 4,858 | 4,418 | 5,138 | 5,216 | 6,970 | (46) |
| 1,983 | 1,982 | 1,843 | 1,814 | 1,857 | 1,777 | 1,710 | (47) |
| 2,062 | 2,033 | 1,833 | 1,799 | 2,011 | 1,968 | 2,024 | (48) |

# 6　生乳処理量（用途別　都道府県別）（月別）（続き）

## (2)　牛乳等向け処理量

| 都道府県 | 年計 | | 1月 | 2 | 3 | 4 | 5 |
|---|---|---|---|---|---|---|---|
| | 実数 | 対前年比 | | | | | |
| | t | % | t | t | t | t | t |
| **全国 (1)** | **4,019,561** | **100.5** | **325,479** | **314,118** | **311,006** | **314,441** | **335,101** |
| 北海道 (2) | 570,743 | 102.6 | 44,063 | 43,337 | 45,365 | 43,846 | 46,705 |
| 青森 (3) | x | x | x | x | x | x | x |
| 岩手 (4) | 96,187 | 97.6 | 7,626 | 7,446 | 7,994 | 7,569 | 8,379 |
| 宮城 (5) | 99,807 | 91.7 | 8,289 | 7,362 | 8,659 | 8,500 | 8,854 |
| 秋田 (6) | x | x | x | x | x | x | x |
| 山形 (7) | 25,027 | 97.2 | 1,955 | 1,897 | 1,888 | 1,970 | 2,169 |
| 福島 (8) | 40,806 | 96.7 | 3,096 | 3,321 | 2,850 | 2,870 | 2,813 |
| 茨城 (9) | 238,932 | 107.2 | 18,262 | 17,943 | 19,182 | 20,172 | 21,627 |
| 栃木 (10) | 171,005 | 109.0 | 13,139 | 12,549 | 13,017 | 13,277 | 14,869 |
| 群馬 (11) | 178,593 | 95.7 | 15,231 | 14,765 | 15,389 | 14,540 | 14,900 |
| 埼玉 (12) | 105,330 | 99.0 | 8,371 | 8,474 | 7,228 | 7,465 | 7,904 |
| 千葉 (13) | 190,144 | 107.5 | 15,439 | 14,773 | 13,695 | 14,479 | 15,882 |
| 東京 (14) | 86,492 | 95.7 | 7,048 | 6,901 | 7,190 | 7,085 | 7,432 |
| 神奈川 (15) | 300,202 | 97.9 | 25,285 | 24,984 | 23,747 | 24,032 | 25,003 |
| 新潟 (16) | 48,684 | 104.3 | 3,847 | 3,824 | 3,520 | 3,967 | 4,159 |
| 富山 (17) | x | x | x | x | x | x | x |
| 石川 (18) | 26,963 | 80.4 | 2,196 | 2,041 | 1,991 | 1,924 | 1,890 |
| 福井 (19) | x | x | x | x | x | x | x |
| 山梨 (20) | 2,203 | 120.4 | 148 | 160 | 232 | 212 | 196 |
| 長野 (21) | 126,741 | 101.4 | 10,059 | 9,833 | 10,056 | 10,666 | 11,584 |
| 岐阜 (22) | 88,385 | 97.3 | 7,482 | 7,486 | 7,471 | 7,368 | 7,205 |
| 静岡 (23) | 87,316 | 117.1 | 6,511 | 6,884 | 6,919 | 6,448 | 7,071 |
| 愛知 (24) | 191,656 | 93.2 | 16,514 | 15,149 | 13,480 | 13,943 | 14,945 |
| 三重 (25) | 29,747 | 103.8 | 2,321 | 2,318 | 2,218 | 2,317 | 2,572 |
| 滋賀 (26) | 23,946 | 107.9 | 1,938 | 1,867 | 1,561 | 1,703 | 1,771 |
| 京都 (27) | 117,918 | 98.0 | 10,182 | 9,401 | 8,651 | 9,396 | 9,699 |
| 大阪 (28) | 118,723 | 106.1 | 9,542 | 9,589 | 8,133 | 8,277 | 8,903 |
| 兵庫 (29) | 179,881 | 99.0 | 15,082 | 14,321 | 14,046 | 14,385 | 15,077 |
| 奈良 (30) | x | x | x | x | x | x | x |
| 和歌山 (31) | x | x | x | x | x | x | x |
| 鳥取 (32) | x | x | x | x | x | x | x |
| 島根 (33) | 16,220 | 106.0 | 1,254 | 1,252 | 1,271 | 1,220 | 1,315 |
| 岡山 (34) | 128,235 | 85.8 | 11,399 | 9,644 | 9,862 | 10,012 | 11,513 |
| 広島 (35) | 70,217 | 106.5 | 5,691 | 5,428 | 5,007 | 5,498 | 5,833 |
| 山口 (36) | x | x | x | x | x | x | x |
| 徳島 (37) | x | x | x | x | x | x | x |
| 香川 (38) | x | x | x | x | x | x | x |
| 愛媛 (39) | x | x | x | x | x | x | x |
| 高知 (40) | x | x | x | x | x | x | x |
| 福岡 (41) | 170,547 | 103.9 | 14,276 | 13,917 | 13,517 | 13,362 | 13,863 |
| 佐賀 (42) | 13,885 | 92.7 | 1,155 | 1,078 | 1,019 | 1,028 | 1,165 |
| 長崎 (43) | 12,425 | 97.7 | 1,037 | 1,052 | 741 | 930 | 1,141 |
| 熊本 (44) | 125,957 | 105.3 | 9,802 | 9,201 | 9,792 | 9,619 | 10,167 |
| 大分 (45) | 56,144 | 104.7 | 4,317 | 4,348 | 4,460 | 4,617 | 5,193 |
| 宮崎 (46) | 43,404 | 94.7 | 3,612 | 3,377 | 3,166 | 3,301 | 3,679 |
| 鹿児島 (47) | 15,401 | 98.9 | 1,269 | 1,187 | 1,129 | 1,172 | 1,343 |
| 沖縄 (48) | 23,526 | 98.4 | 2,088 | 2,015 | 2,024 | 1,791 | 1,940 |

| 6 | 7 | 8 | 9 | 10 | 11 | 12 | |
|---|---|---|---|---|---|---|---|
| t | t | t | t | t | t | t | |
| **355,202** | **359,884** | **345,174** | **355,038** | **352,934** | **330,346** | **320,838** | (1) |
| 49,421 | 50,659 | 51,650 | 54,795 | 49,577 | 46,003 | 45,322 | (2) |
| x | x | x | x | x | x | x | (3) |
| 8,328 | 8,214 | 8,133 | 8,344 | 8,276 | 7,916 | 7,962 | (4) |
| 9,335 | 9,207 | 9,048 | 9,068 | 7,286 | 7,314 | 6,885 | (5) |
| x | x | x | x | x | x | x | (6) |
| 2,261 | 2,333 | 2,151 | 2,243 | 2,175 | 1,970 | 2,015 | (7) |
| 3,503 | 4,006 | 3,375 | 3,675 | 4,062 | 3,787 | 3,448 | (8) |
| 21,325 | 20,790 | 21,053 | 20,164 | 20,507 | 19,060 | 18,847 | (9) |
| 15,095 | 15,135 | 15,286 | 14,211 | 15,271 | 14,539 | 14,617 | (10) |
| 15,407 | 15,857 | 15,050 | 14,594 | 15,197 | 14,309 | 13,354 | (11) |
| 9,744 | 10,121 | 8,847 | 9,845 | 9,867 | 9,133 | 8,331 | (12) |
| 17,076 | 17,554 | 16,209 | 15,871 | 17,402 | 16,061 | 15,703 | (13) |
| 7,696 | 7,390 | 7,122 | 7,440 | 7,134 | 7,134 | 6,920 | (14) |
| 24,799 | 26,264 | 25,214 | 25,762 | 26,086 | 25,041 | 23,985 | (15) |
| 4,437 | 4,428 | 3,971 | 4,258 | 4,272 | 3,933 | 4,068 | (16) |
| x | x | x | x | x | x | x | (17) |
| 2,451 | 2,353 | 2,341 | 2,389 | 2,539 | 2,500 | 2,348 | (18) |
| x | x | x | x | x | x | x | (19) |
| 166 | 175 | 178 | 158 | 171 | 174 | 233 | (20) |
| 11,071 | 11,118 | 10,948 | 10,390 | 10,754 | 10,199 | 10,063 | (21) |
| 7,264 | 7,661 | 7,484 | 7,253 | 7,691 | 6,991 | 7,029 | (22) |
| 8,010 | 7,894 | 7,506 | 7,823 | 8,012 | 7,233 | 7,005 | (23) |
| 16,707 | 17,277 | 16,310 | 18,014 | 17,562 | 16,174 | 15,581 | (24) |
| 2,710 | 2,764 | 2,370 | 2,510 | 2,639 | 2,514 | 2,494 | (25) |
| 2,325 | 2,270 | 2,111 | 2,053 | 2,273 | 2,108 | 1,966 | (26) |
| 10,508 | 10,009 | 9,989 | 10,812 | 10,746 | 9,372 | 9,153 | (27) |
| 11,148 | 11,185 | 10,080 | 10,886 | 11,095 | 10,177 | 9,708 | (28) |
| 15,892 | 15,874 | 15,143 | 15,728 | 15,444 | 14,635 | 14,254 | (29) |
| x | x | x | x | x | x | x | (30) |
| x | x | x | x | x | x | x | (31) |
| x | x | x | x | x | x | x | (32) |
| 1,492 | 1,462 | 1,333 | 1,472 | 1,467 | 1,380 | 1,302 | (33) |
| 11,538 | 11,766 | 10,966 | 11,132 | 10,744 | 9,888 | 9,771 | (34) |
| 6,544 | 6,426 | 5,982 | 6,155 | 6,255 | 5,813 | 5,585 | (35) |
| x | x | x | x | x | x | x | (36) |
| x | x | x | x | x | x | x | (37) |
| x | x | x | x | x | x | x | (38) |
| x | x | x | x | x | x | x | (39) |
| x | x | x | x | x | x | x | (40) |
| 14,789 | 15,334 | 14,926 | 14,705 | 14,986 | 13,679 | 13,193 | (41) |
| 1,320 | 1,262 | 1,198 | 1,315 | 1,181 | 1,127 | 1,037 | (42) |
| 1,185 | 1,084 | 835 | 1,113 | 1,208 | 1,082 | 1,017 | (43) |
| 11,023 | 12,114 | 10,445 | 11,762 | 11,452 | 10,567 | 10,013 | (44) |
| 4,842 | 5,035 | 4,830 | 4,773 | 4,836 | 4,456 | 4,437 | (45) |
| 3,813 | 4,008 | 3,585 | 3,707 | 3,906 | 3,764 | 3,486 | (46) |
| 1,434 | 1,415 | 1,234 | 1,358 | 1,406 | 1,282 | 1,172 | (47) |
| 2,053 | 2,024 | 1,824 | 1,791 | 2,002 | 1,959 | 2,015 | (48) |

## 6　生乳処理量（用途別　都道府県別）（月別）（続き）

### (3)　牛乳等向け　うち、業務用向け処理量

| 都道府県 | 年計 実数 | 年計 対前年比 | 1月 | 2 | 3 | 4 | 5 |
|---|---|---|---|---|---|---|---|
| | t | % | t | t | t | t | t |
| **全　　国 (1)** | **300,580** | **86.8** | **26,576** | **25,018** | **24,928** | **21,552** | **18,850** |
| 北 海 道 (2) | 62,617 | 84.5 | 5,128 | 4,847 | 5,047 | 4,197 | 4,573 |
| 青　　森 (3) | x | x | x | x | x | x | x |
| 岩　　手 (4) | 6,044 | 74.6 | 591 | 509 | 487 | 367 | 344 |
| 宮　　城 (5) | 1,936 | 82.3 | 230 | 172 | 164 | 137 | 160 |
| 秋　　田 (6) | x | x | x | x | x | x | x |
| 山　　形 (7) | 1,413 | 110.6 | 81 | 104 | 108 | 80 | 79 |
| 福　　島 (8) | 9,865 | 78.3 | 781 | 966 | 816 | 578 | 466 |
| 茨　　城 (9) | 6,498 | 74.2 | 774 | 580 | 517 | 442 | 438 |
| 栃　　木 (10) | 7,822 | 92.5 | 564 | 552 | 850 | 472 | 348 |
| 群　　馬 (11) | 15,006 | 85.3 | 1,501 | 1,619 | 1,437 | 978 | 888 |
| 埼　　玉 (12) | 16,254 | 80.8 | 1,319 | 1,415 | 1,291 | 1,048 | 859 |
| 千　　葉 (13) | 6,661 | 81.1 | 709 | 595 | 644 | 535 | 497 |
| 東　　京 (14) | 9,275 | 76.7 | 795 | 818 | 823 | 658 | 682 |
| 神 奈 川 (15) | 27,931 | 97.5 | 2,695 | 2,689 | 2,504 | 2,092 | 1,857 |
| 新　　潟 (16) | 919 | 62.6 | 93 | 76 | 88 | 69 | 110 |
| 富　　山 (17) | x | x | x | x | x | x | x |
| 石　　川 (18) | 4,831 | 97.9 | 402 | 297 | 522 | 350 | 216 |
| 福　　井 (19) | x | x | x | x | x | x | x |
| 山　　梨 (20) | 2,068 | 120.7 | 139 | 151 | 221 | 200 | 186 |
| 長　　野 (21) | 3,500 | 87.4 | 363 | 357 | 406 | 262 | 275 |
| 岐　　阜 (22) | 235 | 88.3 | 24 | 25 | 32 | 16 | 14 |
| 静　　岡 (23) | 11,263 | 73.7 | 695 | 696 | 767 | 905 | 861 |
| 愛　　知 (24) | 17,256 | 81.5 | 1,574 | 1,393 | 1,243 | 1,290 | 707 |
| 三　　重 (25) | 55 | 83.3 | 6 | 6 | 1 | 2 | 1 |
| 滋　　賀 (26) | 389 | 137.5 | 27 | 25 | 28 | 37 | 37 |
| 京　　都 (27) | 18,247 | 100.0 | 1,567 | 1,424 | 1,050 | 1,108 | 866 |
| 大　　阪 (28) | 3,499 | 106.3 | 244 | 293 | 252 | 167 | 132 |
| 兵　　庫 (29) | 14,398 | 94.2 | 1,282 | 1,150 | 1,164 | 1,362 | 856 |
| 奈　　良 (30) | x | x | x | x | x | x | x |
| 和 歌 山 (31) | x | x | x | x | x | x | x |
| 鳥　　取 (32) | x | x | x | x | x | x | x |
| 島　　根 (33) | 795 | 107.7 | 66 | 65 | 56 | 45 | 46 |
| 岡　　山 (34) | 3,227 | 95.2 | 298 | 255 | 311 | 195 | 228 |
| 広　　島 (35) | 1,605 | 96.5 | 179 | 112 | 117 | 90 | 95 |
| 山　　口 (36) | x | x | x | x | x | x | x |
| 徳　　島 (37) | x | x | x | x | x | x | x |
| 香　　川 (38) | x | x | x | x | x | x | x |
| 愛　　媛 (39) | x | x | x | x | x | x | x |
| 高　　知 (40) | x | x | x | x | x | x | x |
| 福　　岡 (41) | 11,006 | 104.6 | 1,153 | 1,262 | 1,088 | 1,014 | 758 |
| 佐　　賀 (42) | 123 | 98.4 | 11 | 15 | 10 | 10 | 7 |
| 長　　崎 (43) | 53 | 101.9 | 4 | 7 | 2 | 4 | 2 |
| 熊　　本 (44) | 12,424 | 101.5 | 924 | 888 | 998 | 985 | 813 |
| 大　　分 (45) | 2,423 | 89.3 | 233 | 187 | 136 | 139 | 113 |
| 宮　　崎 (46) | 2,684 | 67.0 | 442 | 242 | 134 | 176 | 199 |
| 鹿 児 島 (47) | - | nc | - | - | - | - | - |
| 沖　　縄 (48) | 1,280 | 88.0 | 127 | 125 | 133 | 76 | 77 |

| 6 | 7 | 8 | 9 | 10 | 11 | 12 | |
|---|---|---|---|---|---|---|---|
| t | t | t | t | t | t | t | |
| **23, 466** | **24, 875** | **24, 753** | **27, 305** | **28, 548** | **29, 016** | **25, 693** | (1) |
| 5, 228 | 5, 179 | 5, 364 | 5, 992 | 5, 816 | 5, 968 | 5, 278 | (2) |
| x | x | x | x | x | x | x | (3) |
| 581 | 510 | 510 | 539 | 502 | 596 | 508 | (4) |
| 170 | 163 | 120 | 143 | 163 | 168 | 146 | (5) |
| x | x | x | x | x | x | x | (6) |
| 81 | 162 | 178 | 170 | 161 | 106 | 103 | (7) |
| 714 | 819 | 868 | 929 | 1, 161 | 993 | 774 | (8) |
| 498 | 488 | 535 | 544 | 536 | 595 | 551 | (9) |
| 640 | 757 | 595 | 769 | 848 | 754 | 673 | (10) |
| 905 | 1, 012 | 1, 128 | 1, 149 | 1, 477 | 1, 568 | 1, 344 | (11) |
| 1, 219 | 1, 568 | 1, 512 | 1, 722 | 1, 672 | 1, 473 | 1, 156 | (12) |
| 518 | 466 | 451 | 516 | 553 | 586 | 591 | (13) |
| 828 | 836 | 887 | 690 | 611 | 840 | 807 | (14) |
| 1, 993 | 2, 200 | 2, 244 | 2, 575 | 2, 465 | 2, 738 | 1, 879 | (15) |
| 59 | 88 | 85 | 21 | 19 | 71 | 140 | (16) |
| x | x | x | x | x | x | x | (17) |
| 325 | 331 | 478 | 436 | 474 | 545 | 455 | (18) |
| x | x | x | x | x | x | x | (19) |
| 156 | 163 | 163 | 145 | 160 | 162 | 222 | (20) |
| 349 | 263 | 238 | 178 | 191 | 262 | 356 | (21) |
| 17 | 22 | 17 | 18 | 18 | 16 | 16 | (22) |
| 1, 048 | 991 | 976 | 942 | 1, 096 | 1, 217 | 1, 069 | (23) |
| 835 | 1, 236 | 1, 428 | 1, 998 | 1, 894 | 1, 830 | 1, 828 | (24) |
| 6 | 4 | 3 | 6 | 8 | 6 | 6 | (25) |
| 34 | 33 | 36 | 31 | 33 | 33 | 35 | (26) |
| 1, 327 | 2, 234 | 1, 544 | 2, 203 | 1, 791 | 1, 565 | 1, 568 | (27) |
| 212 | 232 | 304 | 478 | 345 | 457 | 383 | (28) |
| 1, 210 | 1, 195 | 975 | 1, 004 | 1, 629 | 1, 332 | 1, 239 | (29) |
| x | x | x | x | x | x | x | (30) |
| x | x | x | x | x | x | x | (31) |
| x | x | x | x | x | x | x | (32) |
| 59 | 68 | 74 | 73 | 82 | 80 | 81 | (33) |
| 241 | 263 | 243 | 297 | 284 | 301 | 311 | (34) |
| 115 | 172 | 113 | 86 | 128 | 274 | 124 | (35) |
| x | x | x | x | x | x | x | (36) |
| x | x | x | x | x | x | x | (37) |
| x | x | x | x | x | x | x | (38) |
| x | x | x | x | x | x | x | (39) |
| x | x | x | x | x | x | x | (40) |
| 840 | 890 | 966 | 579 | 1, 077 | 677 | 702 | (41) |
| 9 | 8 | 11 | 9 | 10 | 14 | 9 | (42) |
| 3 | 3 | 3 | 8 | 9 | 5 | 3 | (43) |
| 954 | 1, 042 | 1, 034 | 1, 265 | 1, 237 | 1, 186 | 1, 098 | (44) |
| 165 | 201 | 193 | 258 | 279 | 244 | 275 | (45) |
| 147 | 164 | 197 | 106 | 340 | 323 | 214 | (46) |
| – | – | – | – | – | – | – | (47) |
| 80 | 94 | 95 | 96 | 123 | 116 | 138 | (48) |

# 6　生乳処理量（用途別　都道府県別）（月別）（続き）

## (4)　乳製品向け処理量

| 都道府県 | 年計 | | 1月 | 2 | 3 | 4 | 5 |
|---|---|---|---|---|---|---|---|
| | 実数 | 対前年比 | | | | | |
| | t | % | t | t | t | t | t |
| **全　　国 (1)** | **3,374,111** | **103.2** | **295,657** | **278,785** | **335,008** | **315,848** | **318,410** |
| 北海道 (2) | 3,027,079 | 103.0 | 261,516 | 250,863 | 283,347 | 268,832 | 282,012 |
| 青　森 (3) | x | x | x | x | x | x | x |
| 岩　手 (4) | 39,903 | 110.1 | 3,891 | 2,697 | 6,129 | 6,566 | 3,998 |
| 宮　城 (5) | 2,941 | 90.1 | 259 | 217 | 252 | 229 | 222 |
| 秋　田 (6) | x | x | x | x | x | x | x |
| 山　形 (7) | - | nc | - | - | - | - | - |
| 福　島 (8) | 44,687 | 98.8 | 5,058 | 3,820 | 5,453 | 5,530 | 5,205 |
| 茨　城 (9) | 58,188 | 134.9 | 4,466 | 4,717 | 10,734 | 9,627 | 9,307 |
| 栃　木 (10) | 557 | 78.9 | 48 | 45 | 55 | 47 | 36 |
| 群　馬 (11) | 13,175 | 87.6 | 1,154 | 900 | 1,351 | 1,371 | 1,346 |
| 埼　玉 (12) | 453 | 74.3 | 21 | 2 | 69 | 45 | 55 |
| 千　葉 (13) | 747 | 103.6 | 60 | 59 | 66 | 58 | 57 |
| 東　京 (14) | 6,517 | 84.9 | 579 | 552 | 630 | 454 | 516 |
| 神奈川 (15) | 17,453 | 96.1 | 1,486 | 1,061 | 1,551 | 1,385 | 1,629 |
| 新　潟 (16) | 2,264 | 96.4 | 245 | 147 | 236 | 150 | 170 |
| 富　山 (17) | x | x | x | x | x | x | x |
| 石　川 (18) | 54 | 105.9 | 3 | 4 | 4 | 5 | 5 |
| 福　井 (19) | x | x | x | x | x | x | x |
| 山　梨 (20) | 1,497 | 123.7 | 89 | 130 | 139 | 147 | 142 |
| 長　野 (21) | 2,398 | 91.2 | 226 | 188 | 225 | 197 | 189 |
| 岐　阜 (22) | 492 | 100.8 | 40 | 40 | 39 | 34 | 39 |
| 静　岡 (23) | 11,259 | 85.1 | 1,200 | 1,082 | 1,263 | 1,194 | 1,063 |
| 愛　知 (24) | 9,726 | 91.5 | 1,153 | 786 | 2,232 | 1,783 | 448 |
| 三　重 (25) | 1,290 | 100.9 | 115 | 82 | 147 | 178 | 139 |
| 滋　賀 (26) | 143 | 105.9 | 10 | 12 | 13 | 11 | 12 |
| 京　都 (27) | 72 | 102.9 | 6 | 7 | 6 | 3 | 5 |
| 大　阪 (28) | 218 | 50.7 | 33 | 33 | 33 | 33 | 33 |
| 兵　庫 (29) | 385 | 10.3 | 191 | 116 | 7 | 6 | 6 |
| 奈　良 (30) | x | x | x | x | x | x | x |
| 和歌山 (31) | x | x | x | x | x | x | x |
| 鳥　取 (32) | x | x | x | x | x | x | x |
| 島　根 (33) | 1,228 | 108.9 | 115 | 111 | 118 | 115 | 98 |
| 岡　山 (34) | 6,471 | 105.0 | 447 | 443 | 514 | 542 | 608 |
| 広　島 (35) | 202 | 45.2 | 29 | 9 | 8 | 6 | 6 |
| 山　口 (36) | x | x | x | x | x | x | x |
| 徳　島 (37) | x | x | x | x | x | x | x |
| 香　川 (38) | x | x | x | x | x | x | x |
| 愛　媛 (39) | x | x | x | x | x | x | x |
| 高　知 (40) | x | x | x | x | x | x | x |
| 福　岡 (41) | 6,132 | 99.0 | 557 | 514 | 507 | 537 | 507 |
| 佐　賀 (42) | 39 | 118.2 | 3 | 3 | 4 | 3 | 4 |
| 長　崎 (43) | 36 | 85.7 | 3 | 3 | 3 | 3 | 3 |
| 熊　本 (44) | 65,392 | 113.0 | 6,333 | 4,021 | 11,943 | 11,448 | 5,672 |
| 大　分 (45) | 1,300 | 100.9 | 104 | 96 | 116 | 119 | 130 |
| 宮　崎 (46) | 26,817 | 104.4 | 3,783 | 3,735 | 4,516 | 2,494 | 2,395 |
| 鹿児島 (47) | 6,528 | 99.5 | 589 | 531 | 653 | 602 | 551 |
| 沖　縄 (48) | - | nc | - | - | - | - | - |

| 6 | 7 | 8 | 9 | 10 | 11 | 12 | |
|---|---|---|---|---|---|---|---|
| t | t | t | t | t | t | t | |
| **264, 526** | **264, 284** | **258, 434** | **230, 274** | **255, 707** | **259, 590** | **297, 588** | (1) |
| 244, 673 | 242, 607 | 236, 955 | 216, 623 | 236, 745 | 239, 859 | 263, 047 | (2) |
| x | x | x | x | x | x | x | (3) |
| 2, 037 | 2, 244 | 2, 247 | 1, 524 | 2, 306 | 2, 082 | 4, 182 | (4) |
| 213 | 287 | 241 | 223 | 274 | 258 | 266 | (5) |
| x | x | x | x | x | x | x | (6) |
| – | – | – | – | – | – | – | (7) |
| 3, 229 | 3, 101 | 2, 249 | 857 | 2, 234 | 2, 392 | 5, 559 | (8) |
| 2, 051 | 2, 895 | 4, 668 | 1, 037 | 2, 513 | 2, 395 | 3, 778 | (9) |
| 41 | 47 | 49 | 46 | 43 | 50 | 50 | (10) |
| 1, 409 | 1, 569 | 777 | 629 | 820 | 928 | 921 | (11) |
| 61 | 73 | 18 | 50 | 24 | 16 | 19 | (12) |
| 65 | 70 | 70 | 57 | 78 | 55 | 52 | (13) |
| 488 | 499 | 479 | 502 | 540 | 559 | 719 | (14) |
| 1, 532 | 1, 546 | 1, 573 | 1, 464 | 1, 423 | 1, 408 | 1, 395 | (15) |
| 157 | 169 | 178 | 161 | 163 | 187 | 301 | (16) |
| x | x | x | x | x | x | x | (17) |
| 5 | 6 | 5 | 5 | 5 | 3 | 4 | (18) |
| x | x | x | x | x | x | x | (19) |
| 114 | 124 | 123 | 101 | 118 | 159 | 111 | (20) |
| 190 | 186 | 211 | 186 | 224 | 196 | 180 | (21) |
| 39 | 44 | 43 | 40 | 45 | 41 | 48 | (22) |
| 814 | 754 | 880 | 474 | 613 | 860 | 1, 062 | (23) |
| 367 | 347 | 565 | 346 | 369 | 368 | 962 | (24) |
| 82 | 98 | 92 | 99 | 108 | 39 | 111 | (25) |
| 12 | 12 | 12 | 11 | 14 | 12 | 12 | (26) |
| 5 | 6 | 8 | 7 | 7 | 6 | 6 | (27) |
| 31 | 22 | – | – | – | – | – | (28) |
| 7 | 8 | 9 | 8 | 8 | 11 | 8 | (29) |
| x | x | x | x | x | x | x | (30) |
| x | x | x | x | x | x | x | (31) |
| x | x | x | x | x | x | x | (32) |
| 102 | 100 | 93 | 97 | 92 | 90 | 97 | (33) |
| 746 | 729 | 421 | 547 | 605 | 429 | 440 | (34) |
| 3 | 19 | 28 | 10 | 21 | 29 | 34 | (35) |
| x | x | x | x | x | x | x | (36) |
| x | x | x | x | x | x | x | (37) |
| x | x | x | x | x | x | x | (38) |
| x | x | x | x | x | x | x | (39) |
| x | x | x | x | x | x | x | (40) |
| 489 | 481 | 471 | 454 | 513 | 528 | 574 | (41) |
| 3 | 2 | 2 | 3 | 4 | 3 | 5 | (42) |
| 3 | 3 | 3 | 3 | 3 | 3 | 3 | (43) |
| 2, 906 | 3, 555 | 3, 064 | 2, 580 | 2, 914 | 3, 279 | 7, 677 | (44) |
| 119 | 95 | 99 | 110 | 110 | 103 | 99 | (45) |
| 811 | 981 | 1, 263 | 701 | 1, 222 | 1, 442 | 3, 474 | (46) |
| 540 | 558 | 600 | 447 | 442 | 486 | 529 | (47) |
| – | – | – | – | – | – | – | (48) |

## 6　生乳処理量（用途別　都道府県別）（月別））（続き）

### (5)　乳製品向け　うち、チーズ向け処理量

| 都道府県 | 年計 | | 1　月 | 2 | 3 | 4 | 5 |
|---|---|---|---|---|---|---|---|
| | 実　数 | 対前年比 | | | | | |
| | t | % | t | t | t | t | t |
| **全　国 (1)** | **432,063** | **101.5** | **36,283** | **33,505** | **41,458** | **38,810** | **43,818** |
| 北海道 (2) | 426,904 | 101.7 | 35,830 | 33,117 | 41,051 | 38,411 | 43,443 |
| 青　森 (3) | x | x | x | x | x | x | x |
| 岩　手 (4) | 537 | 106.5 | 34 | 27 | 27 | 47 | 29 |
| 宮　城 (5) | 872 | 64.9 | 88 | 68 | 73 | 60 | 62 |
| 秋　田 (6) | x | x | x | x | x | x | x |
| 山　形 (7) | - | nc | - | - | - | - | - |
| 福　島 (8) | - | - | - | - | - | - | - |
| 茨　城 (9) | 22 | 81.5 | 3 | 2 | 1 | 1 | 1 |
| 栃　木 (10) | 114 | 91.9 | 9 | 9 | 10 | 7 | 8 |
| 群　馬 (11) | 287 | 116.7 | 24 | 20 | 25 | 31 | 29 |
| 埼　玉 (12) | 12 | 100.0 | 1 | 1 | 1 | 1 | 1 |
| 千　葉 (13) | 72 | 120.0 | 5 | 4 | 4 | 3 | 4 |
| 東　京 (14) | 12 | 100.0 | 1 | 1 | 1 | 1 | 1 |
| 神奈川 (15) | - | nc | - | - | - | - | - |
| 新　潟 (16) | 68 | 87.2 | 6 | 4 | 5 | 5 | 5 |
| 富　山 (17) | x | x | x | x | x | x | x |
| 石　川 (18) | - | nc | - | - | - | - | - |
| 福　井 (19) | x | x | x | x | x | x | x |
| 山　梨 (20) | 55 | 87.3 | 4 | 4 | 6 | 4 | 4 |
| 長　野 (21) | 834 | 68.1 | 89 | 59 | 75 | 70 | 52 |
| 岐　阜 (22) | 210 | 114.8 | 19 | 15 | 16 | 12 | 15 |
| 静　岡 (23) | 65 | 90.3 | 5 | 4 | 6 | 4 | 6 |
| 愛　知 (24) | - | nc | - | - | - | - | - |
| 三　重 (25) | - | nc | - | - | - | - | - |
| 滋　賀 (26) | 34 | 113.3 | 2 | 3 | 2 | 1 | 2 |
| 京　都 (27) | 26 | 96.3 | 2 | 3 | 2 | 1 | 3 |
| 大　阪 (28) | - | nc | - | - | - | - | - |
| 兵　庫 (29) | 73 | 105.8 | 6 | 6 | 6 | 4 | 4 |
| 奈　良 (30) | x | x | x | x | x | x | x |
| 和歌山 (31) | x | x | x | x | x | x | x |
| 鳥　取 (32) | x | x | x | x | x | x | x |
| 島　根 (33) | 215 | 105.9 | 15 | 16 | 16 | 17 | 17 |
| 岡　山 (34) | 339 | 86.0 | 30 | 28 | 28 | 20 | 22 |
| 広　島 (35) | - | nc | - | - | - | - | - |
| 山　口 (36) | x | x | x | x | x | x | x |
| 徳　島 (37) | x | x | x | x | x | x | x |
| 香　川 (38) | x | x | x | x | x | x | x |
| 愛　媛 (39) | x | x | x | x | x | x | x |
| 高　知 (40) | x | x | x | x | x | x | x |
| 福　岡 (41) | 989 | 97.5 | 85 | 88 | 78 | 88 | 86 |
| 佐　賀 (42) | 12 | 100.0 | 1 | 1 | 1 | 1 | 1 |
| 長　崎 (43) | - | nc | - | - | - | - | - |
| 熊　本 (44) | 89 | 66.9 | 8 | 10 | 9 | 6 | 4 |
| 大　分 (45) | - | - | - | - | - | - | - |
| 宮　崎 (46) | 53 | 76.8 | 4 | 4 | 3 | 4 | 4 |
| 鹿児島 (47) | 27 | 84.4 | 3 | 1 | 2 | 1 | 2 |
| 沖　縄 (48) | - | nc | - | - | - | - | - |

| 6 | 7 | 8 | 9 | 10 | 11 | 12 | |
|---|---|---|---|---|---|---|---|
| t | t | t | t | t | t | t | |
| **35, 701** | **33, 278** | **34, 367** | **32, 761** | **33, 205** | **32, 919** | **35, 958** | (1) |
| 35, 289 | 32, 847 | 33, 909 | 32, 325 | 32, 698 | 32, 445 | 35, 539 | (2) |
| x | x | x | x | x | x | x | (3) |
| 51 | 55 | 78 | 60 | 54 | 53 | 22 | (4) |
| 58 | 86 | 63 | 74 | 76 | 89 | 75 | (5) |
| x | x | x | x | x | x | x | (6) |
| – | – | – | – | – | – | – | (7) |
| – | – | – | – | – | – | – | (8) |
| 2 | 2 | 2 | 2 | 2 | 2 | 2 | (9) |
| 8 | 10 | 11 | 10 | 11 | 11 | 10 | (10) |
| 19 | 26 | 27 | 21 | 22 | 17 | 26 | (11) |
| 1 | 1 | 1 | 1 | 1 | 1 | 1 | (12) |
| 11 | 6 | 7 | 2 | 17 | 4 | 5 | (13) |
| 1 | 1 | 1 | 1 | 1 | 1 | 1 | (14) |
| – | – | – | – | – | – | – | (15) |
| 5 | 7 | 5 | 5 | 6 | 7 | 8 | (16) |
| x | x | x | x | x | x | x | (17) |
| – | – | – | – | – | – | – | (18) |
| x | x | x | x | x | x | x | (19) |
| 5 | 4 | 6 | 5 | 5 | 4 | 4 | (20) |
| 62 | 55 | 76 | 61 | 98 | 81 | 56 | (21) |
| 19 | 19 | 19 | 16 | 21 | 17 | 22 | (22) |
| 5 | 5 | 6 | 5 | 5 | 6 | 8 | (23) |
| – | – | – | – | – | – | – | (24) |
| – | – | – | – | – | – | – | (25) |
| 3 | 3 | 2 | 3 | 5 | 4 | 4 | (26) |
| 2 | 2 | 2 | 2 | 3 | 2 | 2 | (27) |
| – | – | – | – | – | – | – | (28) |
| 5 | 6 | 7 | 6 | 7 | 9 | 7 | (29) |
| x | x | x | x | x | x | x | (30) |
| x | x | x | x | x | x | x | (31) |
| x | x | x | x | x | x | x | (32) |
| 19 | 20 | 19 | 18 | 20 | 20 | 18 | (33) |
| 26 | 32 | 29 | 31 | 32 | 31 | 30 | (34) |
| – | – | – | – | – | – | – | (35) |
| x | x | x | x | x | x | x | (36) |
| x | x | x | x | x | x | x | (37) |
| x | x | x | x | x | x | x | (38) |
| x | x | x | x | x | x | x | (39) |
| x | x | x | x | x | x | x | (40) |
| 86 | 66 | 71 | 88 | 86 | 82 | 85 | (41) |
| 1 | 1 | 1 | 1 | 1 | 1 | 1 | (42) |
| – | – | – | – | – | – | – | (43) |
| 9 | 7 | 6 | 6 | 9 | 8 | 7 | (44) |
| – | – | – | – | – | – | – | (45) |
| 4 | 4 | 4 | 5 | 6 | 5 | 6 | (46) |
| 1 | 3 | 3 | 3 | 3 | 3 | 2 | (47) |
| – | – | – | – | – | – | – | (48) |

## 6　生乳処理量（用途別　都道府県別）（月別）（続き）

### (6)　乳製品向け　うち、クリーム向け処理量

| 都道府県 | 年計 実数 | 年計 対前年比 | 1月 | 2 | 3 | 4 | 5 |
|---|---|---|---|---|---|---|---|
| | t | % | t | t | t | t | t |
| **全国 (1)** | **675,114** | **95.0** | **56,810** | **54,486** | **57,120** | **46,950** | **53,524** |
| 北海道 (2) | 603,781 | 95.6 | 50,191 | 48,988 | 50,851 | 41,204 | 47,544 |
| 青森 (3) | x | x | x | x | x | x | x |
| 岩手 (4) | 6,001 | 90.5 | 789 | 525 | 442 | 418 | 428 |
| 宮城 (5) | 832 | 90.4 | 66 | 44 | 79 | 54 | 69 |
| 秋田 (6) | x | x | x | x | x | x | x |
| 山形 (7) | - | nc | - | - | - | - | - |
| 福島 (8) | 238 | 78.8 | - | - | - | - | - |
| 茨城 (9) | 1,969 | 94.4 | 165 | 149 | 167 | 171 | 184 |
| 栃木 (10) | 232 | 72.5 | 23 | 23 | 26 | 12 | 13 |
| 群馬 (11) | 3,411 | 81.8 | 330 | 236 | 339 | 326 | 279 |
| 埼玉 (12) | - | nc | - | - | - | - | - |
| 千葉 (13) | - | nc | - | - | - | - | - |
| 東京 (14) | 3,867 | 83.6 | 341 | 329 | 380 | 270 | 323 |
| 神奈川 (15) | 17,275 | 96.3 | 1,473 | 1,041 | 1,526 | 1,384 | 1,628 |
| 新潟 (16) | 1,468 | 105.2 | 101 | 103 | 116 | 127 | 134 |
| 富山 (17) | x | x | x | x | x | x | x |
| 石川 (18) | - | nc | - | - | - | - | - |
| 福井 (19) | x | x | x | x | x | x | x |
| 山梨 (20) | 12 | 70.6 | 1 | 1 | 1 | 1 | 1 |
| 長野 (21) | 1,460 | 115.1 | 122 | 119 | 134 | 120 | 131 |
| 岐阜 (22) | 247 | 95.4 | 21 | 21 | 19 | 20 | 22 |
| 静岡 (23) | 598 | 86.9 | 56 | 53 | 67 | 60 | 54 |
| 愛知 (24) | 134 | 98.5 | 14 | 12 | 11 | 8 | 10 |
| 三重 (25) | 198 | 68.3 | 12 | 18 | 13 | 12 | 16 |
| 滋賀 (26) | - | nc | - | - | - | - | - |
| 京都 (27) | 46 | 109.5 | 4 | 4 | 4 | 2 | 2 |
| 大阪 (28) | 218 | 50.7 | 33 | 33 | 33 | 33 | 33 |
| 兵庫 (29) | 293 | 8.0 | 184 | 109 | - | - | - |
| 奈良 (30) | x | x | x | x | x | x | x |
| 和歌山 (31) | x | x | x | x | x | x | x |
| 鳥取 (32) | x | x | x | x | x | x | x |
| 島根 (33) | 159 | 105.3 | 13 | 14 | 14 | 14 | 13 |
| 岡山 (34) | 1,103 | 118.7 | 79 | 85 | 96 | 80 | 86 |
| 広島 (35) | 198 | 45.0 | 28 | 9 | 8 | 6 | 6 |
| 山口 (36) | x | x | x | x | x | x | x |
| 徳島 (37) | x | x | x | x | x | x | x |
| 香川 (38) | x | x | x | x | x | x | x |
| 愛媛 (39) | x | x | x | x | x | x | x |
| 高知 (40) | x | x | x | x | x | x | x |
| 福岡 (41) | 4,906 | 95.6 | 443 | 417 | 417 | 445 | 411 |
| 佐賀 (42) | 15 | 166.7 | 1 | 1 | 2 | 1 | 2 |
| 長崎 (43) | - | nc | - | - | - | - | - |
| 熊本 (44) | 13,065 | 99.3 | 1,205 | 917 | 1,152 | 1,101 | 988 |
| 大分 (45) | - | nc | - | - | - | - | - |
| 宮崎 (46) | 4,284 | 106.2 | 311 | 412 | 367 | 288 | 393 |
| 鹿児島 (47) | 4,774 | 93.1 | 363 | 377 | 433 | 380 | 402 |
| 沖縄 (48) | - | nc | - | - | - | - | - |

| 6 | 7 | 8 | 9 | 10 | 11 | 12 | |
|---|---|---|---|---|---|---|---|
| t | t | t | t | t | t | t | |
| **53,909** | **57,539** | **53,551** | **54,510** | **60,851** | **62,606** | **63,258** | (1) |
| 48,213 | 51,743 | 47,767 | 49,054 | 55,000 | 56,713 | 56,513 | (2) |
| x | x | x | x | x | x | x | (3) |
| 515 | 488 | 484 | 452 | 415 | 475 | 570 | (4) |
| 59 | 92 | 78 | 58 | 80 | 85 | 68 | (5) |
| x | x | x | x | x | x | x | (6) |
| – | – | – | – | – | – | – | (7) |
| – | – | – | – | – | – | 238 | (8) |
| 158 | 170 | 178 | 166 | 150 | 160 | 151 | (9) |
| 16 | 20 | 19 | 20 | 18 | 20 | 22 | (10) |
| 263 | 264 | 271 | 262 | 288 | 278 | 275 | (11) |
| – | – | – | – | – | – | – | (12) |
| – | – | – | – | – | – | – | (13) |
| 278 | 302 | 284 | 292 | 336 | 326 | 406 | (14) |
| 1,527 | 1,511 | 1,561 | 1,440 | 1,419 | 1,377 | 1,388 | (15) |
| 119 | 131 | 128 | 122 | 125 | 109 | 153 | (16) |
| x | x | x | x | x | x | x | (17) |
| – | – | – | – | – | – | – | (18) |
| x | x | x | x | x | x | x | (19) |
| 1 | 1 | 1 | 1 | 1 | 1 | 1 | (20) |
| 119 | 121 | 126 | 119 | 121 | 110 | 118 | (21) |
| 18 | 21 | 21 | 20 | 21 | 19 | 24 | (22) |
| 46 | 44 | 44 | 38 | 40 | 41 | 55 | (23) |
| 11 | 12 | 11 | 11 | 11 | 11 | 12 | (24) |
| 7 | 19 | 26 | 21 | 25 | 3 | 26 | (25) |
| – | – | – | – | – | – | – | (26) |
| 3 | 4 | 6 | 5 | 4 | 4 | 4 | (27) |
| 31 | 22 | – | – | – | – | – | (28) |
| – | – | – | – | – | – | – | (29) |
| x | x | x | x | x | x | x | (30) |
| x | x | x | x | x | x | x | (31) |
| x | x | x | x | x | x | x | (32) |
| 13 | 12 | 13 | 13 | 13 | 13 | 14 | (33) |
| 96 | 93 | 94 | 92 | 90 | 95 | 117 | (34) |
| 3 | 18 | 27 | 10 | 20 | 29 | 34 | (35) |
| x | x | x | x | x | x | x | (36) |
| x | x | x | x | x | x | x | (37) |
| x | x | x | x | x | x | x | (38) |
| x | x | x | x | x | x | x | (39) |
| x | x | x | x | x | x | x | (40) |
| 385 | 388 | 366 | 348 | 404 | 415 | 467 | (41) |
| 1 | – | – | 1 | 2 | 1 | 3 | (42) |
| – | – | – | – | – | – | – | (43) |
| 984 | 1,008 | 998 | 1,020 | 1,139 | 1,258 | 1,295 | (44) |
| – | – | – | – | – | – | – | (45) |
| 330 | 393 | 308 | 265 | 435 | 370 | 412 | (46) |
| 389 | 364 | 470 | 401 | 401 | 386 | 408 | (47) |
| – | – | – | – | – | – | – | (48) |

# 6　生乳処理量（用途別　都道府県別）（月別）（続き）

## (7)　乳製品向け　うち、脱脂濃縮乳向け処理量

| 都道府県 | 年計 | | 1　月 | 2 | 3 | 4 | 5 |
|---|---|---|---|---|---|---|---|
| | 実　数 | 対前年比 | | | | | |
| | t | % | t | t | t | t | t |
| **全　　国 (1)** | **531,554** | **96.6** | **44,418** | **42,671** | **47,843** | **45,039** | **46,128** |
| 北 海 道 (2) | 527,148 | 96.6 | 44,159 | 42,386 | 47,376 | 44,618 | 45,838 |
| 青　　森 (3) | x | x | x | x | x | x | x |
| 岩　　手 (4) | 204 | 68.2 | 18 | 26 | 29 | 1 | 1 |
| 宮　　城 (5) | − | nc | − | − | − | − | − |
| 秋　　田 (6) | x | x | x | x | x | x | x |
| 山　　形 (7) | − | nc | − | − | − | − | − |
| 福　　島 (8) | 269 | 78.0 | 32 | 17 | 16 | 30 | 21 |
| 茨　　城 (9) | − | nc | − | − | − | − | − |
| 栃　　木 (10) | − | nc | − | − | − | − | − |
| 群　　馬 (11) | − | nc | − | − | − | − | − |
| 埼　　玉 (12) | − | nc | − | − | − | − | − |
| 千　　葉 (13) | − | nc | − | − | − | − | − |
| 東　　京 (14) | − | nc | − | − | − | − | − |
| 神 奈 川 (15) | − | nc | − | − | − | − | − |
| 新　　潟 (16) | 77 | 105.5 | 19 | 14 | 33 | 1 | − |
| 富　　山 (17) | x | x | x | x | x | x | x |
| 石　　川 (18) | − | nc | − | − | − | − | − |
| 福　　井 (19) | x | x | x | x | x | x | x |
| 山　　梨 (20) | − | nc | − | − | − | − | − |
| 長　　野 (21) | − | nc | − | − | − | − | − |
| 岐　　阜 (22) | − | nc | − | − | − | − | − |
| 静　　岡 (23) | − | nc | − | − | − | − | − |
| 愛　　知 (24) | − | nc | − | − | − | − | − |
| 三　　重 (25) | − | nc | − | − | − | − | − |
| 滋　　賀 (26) | − | nc | − | − | − | − | − |
| 京　　都 (27) | − | nc | − | − | − | − | − |
| 大　　阪 (28) | − | nc | − | − | − | − | − |
| 兵　　庫 (29) | − | nc | − | − | − | − | − |
| 奈　　良 (30) | x | x | x | x | x | x | x |
| 和 歌 山 (31) | x | x | x | x | x | x | x |
| 鳥　　取 (32) | x | x | x | x | x | x | x |
| 島　　根 (33) | − | nc | − | − | − | − | − |
| 岡　　山 (34) | − | nc | − | − | − | − | − |
| 広　　島 (35) | − | nc | − | − | − | − | − |
| 山　　口 (36) | x | x | x | x | x | x | x |
| 徳　　島 (37) | x | x | x | x | x | x | x |
| 香　　川 (38) | x | x | x | x | x | x | x |
| 愛　　媛 (39) | x | x | x | x | x | x | x |
| 高　　知 (40) | x | x | x | x | x | x | x |
| 福　　岡 (41) | − | nc | − | − | − | − | − |
| 佐　　賀 (42) | − | nc | − | − | − | − | − |
| 長　　崎 (43) | − | nc | − | − | − | − | − |
| 熊　　本 (44) | 3,830 | 95.8 | 188 | 226 | 386 | 387 | 266 |
| 大　　分 (45) | − | nc | − | − | − | − | − |
| 宮　　崎 (46) | 26 | 96.3 | 2 | 2 | 3 | 2 | 2 |
| 鹿 児 島 (47) | − | nc | − | − | − | − | − |
| 沖　　縄 (48) | − | nc | − | − | − | − | − |

| 6 | 7 | 8 | 9 | 10 | 11 | 12 | |
|---|---|---|---|---|---|---|---|
| t | t | t | t | t | t | t | |
| **45, 568** | **46, 231** | **45, 132** | **43, 019** | **43, 975** | **41, 295** | **40, 235** | (1) |
| 45, 146 | 45, 857 | 44, 681 | 42, 642 | 43, 582 | 40, 898 | 39, 965 | (2) |
| x | x | x | x | x | x | x | (3) |
| 14 | 32 | 13 | 7 | 22 | 28 | 13 | (4) |
| – | – | – | – | – | – | – | (5) |
| x | x | x | x | x | x | x | (6) |
| – | – | – | – | – | – | – | (7) |
| 43 | 14 | – | 1 | 43 | 35 | 17 | (8) |
| – | – | – | – | – | – | – | (9) |
| – | – | – | – | – | – | – | (10) |
| – | – | – | – | – | – | – | (11) |
| – | – | – | – | – | – | – | (12) |
| – | – | – | – | – | – | – | (13) |
| – | – | – | – | – | – | – | (14) |
| – | – | – | – | – | – | – | (15) |
| – | – | 1 | 1 | – | – | 8 | (16) |
| x | x | x | x | x | x | x | (17) |
| – | – | – | – | – | – | – | (18) |
| x | x | x | x | x | x | x | (19) |
| – | – | – | – | – | – | – | (20) |
| – | – | – | – | – | – | – | (21) |
| – | – | – | – | – | – | – | (22) |
| – | – | – | – | – | – | – | (23) |
| – | – | – | – | – | – | – | (24) |
| – | – | – | – | – | – | – | (25) |
| – | – | – | – | – | – | – | (26) |
| – | – | – | – | – | – | – | (27) |
| – | – | – | – | – | – | – | (28) |
| – | – | – | – | – | – | – | (29) |
| x | x | x | x | x | x | x | (30) |
| x | x | x | x | x | x | x | (31) |
| x | x | x | x | x | x | x | (32) |
| – | – | – | – | – | – | – | (33) |
| – | – | – | – | – | – | – | (34) |
| – | – | – | – | – | – | – | (35) |
| x | x | x | x | x | x | x | (36) |
| x | x | x | x | x | x | x | (37) |
| x | x | x | x | x | x | x | (38) |
| x | x | x | x | x | x | x | (39) |
| x | x | x | x | x | x | x | (40) |
| – | – | – | – | – | – | – | (41) |
| – | – | – | – | – | – | – | (42) |
| – | – | – | – | – | – | – | (43) |
| 363 | 326 | 435 | 366 | 326 | 332 | 229 | (44) |
| – | – | – | – | – | – | – | (45) |
| 2 | 2 | 2 | 2 | 2 | 2 | 3 | (46) |
| – | – | – | – | – | – | – | (47) |
| – | – | – | – | – | – | – | (48) |

## 6 生乳処理量（用途別 都道府県別）（月別）（続き）

### (8) 乳製品向け うち、濃縮乳向け処理量

| 都道府県 | 年計 実数 | 年計 対前年比 | 1月 | 2 | 3 | 4 | 5 |
|---|---|---|---|---|---|---|---|
| | t | % | t | t | t | t | t |
| **全国 (1)** | **5,990** | **85.6** | **518** | **456** | **489** | **431** | **459** |
| 北海道 (2) | 5,613 | 84.5 | 488 | 426 | 459 | 399 | 428 |
| 青森 (3) | x | x | x | x | x | x | x |
| 岩手 (4) | − | nc | − | − | − | − | − |
| 宮城 (5) | − | nc | − | − | − | − | − |
| 秋田 (6) | x | x | x | x | x | x | x |
| 山形 (7) | − | nc | − | − | − | − | − |
| 福島 (8) | − | nc | − | − | − | − | − |
| 茨城 (9) | − | nc | − | − | − | − | − |
| 栃木 (10) | − | nc | − | − | − | − | − |
| 群馬 (11) | − | nc | − | − | − | − | − |
| 埼玉 (12) | − | nc | − | − | − | − | − |
| 千葉 (13) | − | nc | − | − | − | − | − |
| 東京 (14) | − | nc | − | − | − | − | − |
| 神奈川 (15) | − | nc | − | − | − | − | − |
| 新潟 (16) | 17 | nc | − | − | − | 2 | 1 |
| 富山 (17) | x | x | x | x | x | x | x |
| 石川 (18) | − | nc | − | − | − | − | − |
| 福井 (19) | x | x | x | x | x | x | x |
| 山梨 (20) | − | nc | − | − | − | − | − |
| 長野 (21) | − | nc | − | − | − | − | − |
| 岐阜 (22) | − | nc | − | − | − | − | − |
| 静岡 (23) | 360 | 100.0 | 30 | 30 | 30 | 30 | 30 |
| 愛知 (24) | − | nc | − | − | − | − | − |
| 三重 (25) | − | nc | − | − | − | − | − |
| 滋賀 (26) | − | nc | − | − | − | − | − |
| 京都 (27) | − | nc | − | − | − | − | − |
| 大阪 (28) | − | nc | − | − | − | − | − |
| 兵庫 (29) | − | nc | − | − | − | − | − |
| 奈良 (30) | x | x | x | x | x | x | x |
| 和歌山 (31) | x | x | x | x | x | x | x |
| 鳥取 (32) | x | x | x | x | x | x | x |
| 島根 (33) | − | nc | − | − | − | − | − |
| 岡山 (34) | − | nc | − | − | − | − | − |
| 広島 (35) | − | nc | − | − | − | − | − |
| 山口 (36) | x | x | x | x | x | x | x |
| 徳島 (37) | x | x | x | x | x | x | x |
| 香川 (38) | x | x | x | x | x | x | x |
| 愛媛 (39) | x | x | x | x | x | x | x |
| 高知 (40) | x | x | x | x | x | x | x |
| 福岡 (41) | − | nc | − | − | − | − | − |
| 佐賀 (42) | − | nc | − | − | − | − | − |
| 長崎 (43) | − | nc | − | − | − | − | − |
| 熊本 (44) | − | nc | − | − | − | − | − |
| 大分 (45) | − | nc | − | − | − | − | − |
| 宮崎 (46) | − | nc | − | − | − | − | − |
| 鹿児島 (47) | − | nc | − | − | − | − | − |
| 沖縄 (48) | − | nc | − | − | − | − | − |

| 6 | 7 | 8 | 9 | 10 | 11 | 12 | |
|---|---|---|---|---|---|---|---|
| t | t | t | t | t | t | t | |
| **468** | **568** | **485** | **413** | **666** | **575** | **462** | (1) |
| 436 | 536 | 453 | 381 | 635 | 543 | 429 | (2) |
| x | x | x | x | x | x | x | (3) |
| – | – | – | – | – | – | – | (4) |
| – | – | – | – | – | – | – | (5) |
| x | x | x | x | x | x | x | (6) |
| – | – | – | – | – | – | – | (7) |
| – | – | – | – | – | – | – | (8) |
| – | – | – | – | – | – | – | (9) |
| – | – | – | – | – | – | – | (10) |
| – | – | – | – | – | – | – | (11) |
| – | – | – | – | – | – | – | (12) |
| – | – | – | – | – | – | – | (13) |
| – | – | – | – | – | – | – | (14) |
| – | – | – | – | – | – | – | (15) |
| 2 | 2 | 2 | 2 | 1 | 2 | 3 | (16) |
| x | x | x | x | x | x | x | (17) |
| – | – | – | – | – | – | – | (18) |
| x | x | x | x | x | x | x | (19) |
| – | – | – | – | – | – | – | (20) |
| – | – | – | – | – | – | – | (21) |
| – | – | – | – | – | – | – | (22) |
| 30 | 30 | 30 | 30 | 30 | 30 | 30 | (23) |
| – | – | – | – | – | – | – | (24) |
| – | – | – | – | – | – | – | (25) |
| – | – | – | – | – | – | – | (26) |
| – | – | – | – | – | – | – | (27) |
| – | – | – | – | – | – | – | (28) |
| – | – | – | – | – | – | – | (29) |
| x | x | x | x | x | x | x | (30) |
| x | x | x | x | x | x | x | (31) |
| x | x | x | x | x | x | x | (32) |
| – | – | – | – | – | – | – | (33) |
| – | – | – | – | – | – | – | (34) |
| – | – | – | – | – | – | – | (35) |
| x | x | x | x | x | x | x | (36) |
| x | x | x | x | x | x | x | (37) |
| x | x | x | x | x | x | x | (38) |
| x | x | x | x | x | x | x | (39) |
| x | x | x | x | x | x | x | (40) |
| – | – | – | – | – | – | – | (41) |
| – | – | – | – | – | – | – | (42) |
| – | – | – | – | – | – | – | (43) |
| – | – | – | – | – | – | – | (44) |
| – | – | – | – | – | – | – | (45) |
| – | – | – | – | – | – | – | (46) |
| – | – | – | – | – | – | – | (47) |
| – | – | – | – | – | – | – | (48) |

## 6 生乳処理量（用途別 都道府県別）（月別）（続き）

### (9) その他

| 都道府県 | 年計 実数 | 年計 対前年比 | 1月 | 2 | 3 | 4 | 5 |
|---|---|---|---|---|---|---|---|
| | t | % | t | t | t | t | t |
| **全国 (1)** | **44,546** | **100.8** | **3,739** | **3,636** | **3,737** | **3,625** | **3,609** |
| 北海道 (2) | 23,068 | 99.8 | 1,967 | 1,926 | 1,933 | 1,918 | 1,908 |
| 青森 (3) | x | x | x | x | x | x | x |
| 岩手 (4) | 1,102 | 96.1 | 96 | 96 | 96 | 99 | 95 |
| 宮城 (5) | 526 | 86.7 | 47 | 48 | 47 | 44 | 45 |
| 秋田 (6) | x | x | x | x | x | x | x |
| 山形 (7) | 497 | 101.2 | 44 | 43 | 45 | 41 | 39 |
| 福島 (8) | 315 | 89.7 | 28 | 28 | 28 | 28 | 28 |
| 茨城 (9) | 3,189 | 97.8 | 290 | 235 | 256 | 253 | 246 |
| 栃木 (10) | 1,819 | 117.4 | 141 | 138 | 137 | 139 | 138 |
| 群馬 (11) | 1,142 | 116.6 | 81 | 85 | 94 | 78 | 81 |
| 埼玉 (12) | 906 | 125.3 | 55 | 51 | 51 | 57 | 61 |
| 千葉 (13) | 1,369 | 111.6 | 104 | 103 | 102 | 103 | 107 |
| 東京 (14) | 77 | 128.3 | 5 | 5 | 5 | 9 | 7 |
| 神奈川 (15) | 405 | 93.5 | 30 | 22 | 53 | 29 | 38 |
| 新潟 (16) | 165 | 74.0 | 15 | 16 | 18 | 18 | 12 |
| 富山 (17) | x | x | x | x | x | x | x |
| 石川 (18) | 360 | 118.0 | 33 | 43 | 53 | 29 | 26 |
| 福井 (19) | x | x | x | x | x | x | x |
| 山梨 (20) | 306 | 93.9 | 24 | 25 | 24 | 24 | 28 |
| 長野 (21) | 1,138 | 117.6 | 89 | 73 | 90 | 85 | 79 |
| 岐阜 (22) | 764 | 91.4 | 70 | 69 | 69 | 55 | 58 |
| 静岡 (23) | 345 | 116.6 | 27 | 27 | 27 | 27 | 27 |
| 愛知 (24) | 730 | 104.3 | 55 | 50 | 83 | 48 | 69 |
| 三重 (25) | 687 | 99.1 | 56 | 58 | 50 | 45 | 50 |
| 滋賀 (26) | 79 | 88.8 | 6 | 12 | 6 | 6 | 6 |
| 京都 (27) | 71 | 93.4 | 7 | 8 | 8 | 5 | 8 |
| 大阪 (28) | 761 | 95.8 | 85 | 81 | 68 | 61 | 61 |
| 兵庫 (29) | 205 | 73.2 | 19 | 18 | 18 | 18 | 18 |
| 奈良 (30) | x | x | x | x | x | x | x |
| 和歌山 (31) | x | x | x | x | x | x | x |
| 鳥取 (32) | x | x | x | x | x | x | x |
| 島根 (33) | 298 | 101.7 | 26 | 26 | 26 | 26 | 26 |
| 岡山 (34) | 434 | 103.8 | 36 | 36 | 36 | 37 | 37 |
| 広島 (35) | 756 | 85.8 | 64 | 65 | 62 | 61 | 59 |
| 山口 (36) | x | x | x | x | x | x | x |
| 徳島 (37) | x | x | x | x | x | x | x |
| 香川 (38) | x | x | x | x | x | x | x |
| 愛媛 (39) | x | x | x | x | x | x | x |
| 高知 (40) | x | x | x | x | x | x | x |
| 福岡 (41) | 243 | 80.5 | 20 | 20 | 26 | 16 | 16 |
| 佐賀 (42) | 28 | 147.4 | 2 | 6 | 2 | 2 | 2 |
| 長崎 (43) | 60 | 96.8 | 5 | 5 | 5 | 5 | 5 |
| 熊本 (44) | 763 | 106.7 | 56 | 57 | 63 | 96 | 54 |
| 大分 (45) | 96 | 101.1 | 8 | 8 | 8 | 8 | 8 |
| 宮崎 (46) | 132 | 115.8 | 10 | 10 | 10 | 10 | 22 |
| 鹿児島 (47) | 108 | 100.9 | 9 | 9 | 9 | 9 | 9 |
| 沖縄 (48) | 92 | 204.4 | 4 | 4 | 4 | 9 | 9 |

| 6 | 7 | 8 | 9 | 10 | 11 | 12 | |
|---|---|---|---|---|---|---|---|
| t | t | t | t | t | t | t | |
| **3, 722** | **3, 771** | **3, 756** | **3, 758** | **3, 750** | **3, 763** | **3, 680** | (1) |
| 1, 895 | 1, 923 | 1, 924 | 1, 918 | 1, 920 | 1, 923 | 1, 913 | (2) |
| x | x | x | x | x | x | x | (3) |
| 89 | 89 | 89 | 87 | 88 | 89 | 89 | (4) |
| 44 | 43 | 43 | 40 | 41 | 44 | 40 | (5) |
| x | x | x | x | x | x | x | (6) |
| 38 | 39 | 42 | 46 | 46 | 40 | 34 | (7) |
| 25 | 25 | 25 | 25 | 25 | 25 | 25 | (8) |
| 261 | 274 | 297 | 285 | 284 | 267 | 241 | (9) |
| 162 | 164 | 164 | 160 | 158 | 159 | 159 | (10) |
| 109 | 115 | 95 | 100 | 96 | 115 | 93 | (11) |
| 76 | 76 | 100 | 99 | 105 | 90 | 85 | (12) |
| 123 | 123 | 122 | 121 | 116 | 128 | 117 | (13) |
| 5 | 6 | 6 | 5 | 8 | 8 | 8 | (14) |
| 34 | 43 | 23 | 41 | 30 | 37 | 25 | (15) |
| 9 | 12 | 13 | 14 | 14 | 15 | 9 | (16) |
| x | x | x | x | x | x | x | (17) |
| 19 | 21 | 39 | 23 | 25 | 24 | 25 | (18) |
| x | x | x | x | x | x | x | (19) |
| 26 | 25 | 25 | 24 | 27 | 27 | 27 | (20) |
| 73 | 117 | 97 | 97 | 97 | 114 | 127 | (21) |
| 70 | 63 | 64 | 57 | 59 | 56 | 74 | (22) |
| 30 | 30 | 30 | 30 | 30 | 30 | 30 | (23) |
| 109 | 55 | 52 | 53 | 52 | 52 | 52 | (24) |
| 67 | 63 | 52 | 62 | 63 | 63 | 58 | (25) |
| 7 | 6 | 6 | 8 | 6 | 5 | 5 | (26) |
| 4 | 5 | 4 | 4 | 6 | 7 | 5 | (27) |
| 61 | 60 | 59 | 66 | 55 | 58 | 46 | (28) |
| 15 | 18 | 16 | 15 | 17 | 17 | 16 | (29) |
| x | x | x | x | x | x | x | (30) |
| x | x | x | x | x | x | x | (31) |
| x | x | x | x | x | x | x | (32) |
| 24 | 24 | 24 | 24 | 24 | 24 | 24 | (33) |
| 36 | 36 | 36 | 36 | 36 | 36 | 36 | (34) |
| 66 | 64 | 59 | 61 | 67 | 63 | 65 | (35) |
| x | x | x | x | x | x | x | (36) |
| x | x | x | x | x | x | x | (37) |
| x | x | x | x | x | x | x | (38) |
| x | x | x | x | x | x | x | (39) |
| x | x | x | x | x | x | x | (40) |
| 20 | 24 | 17 | 23 | 24 | 17 | 20 | (41) |
| 2 | 2 | 2 | 2 | 2 | 2 | 2 | (42) |
| 5 | 5 | 5 | 5 | 5 | 5 | 5 | (43) |
| 58 | 63 | 64 | 63 | 61 | 64 | 64 | (44) |
| 8 | 8 | 8 | 8 | 8 | 8 | 8 | (45) |
| 10 | 10 | 10 | 10 | 10 | 10 | 10 | (46) |
| 9 | 9 | 9 | 9 | 9 | 9 | 9 | (47) |
| 9 | 9 | 9 | 8 | 9 | 9 | 9 | (48) |

## 6　生乳処理量（用途別　都道府県別）（月別）（続き）

### (10)　その他　うち、欠減量

| 都道府県 | 年計 実数 | 年計 対前年比 | 1月 | 2 | 3 | 4 | 5 |
|---|---|---|---|---|---|---|---|
| | t | % | t | t | t | t | t |
| **全国 (1)** | **10,120** | **98.7** | **897** | **797** | **904** | **799** | **786** |
| 北海道 (2) | 571 | 103.1 | 80 | 42 | 55 | 47 | 40 |
| 青森 (3) | x | x | x | x | x | x | x |
| 岩手 (4) | 148 | 106.5 | 13 | 13 | 13 | 16 | 12 |
| 宮城 (5) | 38 | 50.0 | 4 | 5 | 4 | 1 | 2 |
| 秋田 (6) | x | x | x | x | x | x | x |
| 山形 (7) | 168 | 108.4 | 16 | 15 | 17 | 13 | 11 |
| 福島 (8) | - | - | - | - | - | - | - |
| 茨城 (9) | 2,390 | 92.2 | 231 | 176 | 197 | 194 | 187 |
| 栃木 (10) | 214 | 112.0 | 23 | 20 | 19 | 21 | 20 |
| 群馬 (11) | 154 | 111.6 | 8 | 12 | 21 | 5 | 8 |
| 埼玉 (12) | 657 | 133.0 | 36 | 32 | 32 | 38 | 42 |
| 千葉 (13) | 457 | 105.5 | 35 | 34 | 33 | 34 | 38 |
| 東京 (14) | 34 | 141.7 | 2 | 2 | 2 | 6 | 4 |
| 神奈川 (15) | 235 | 85.8 | 17 | 9 | 40 | 16 | 25 |
| 新潟 (16) | 47 | 72.3 | 4 | 5 | 7 | 7 | 1 |
| 富山 (17) | x | x | x | x | x | x | x |
| 石川 (18) | 307 | 131.8 | 28 | 38 | 48 | 24 | 21 |
| 福井 (19) | x | x | x | x | x | x | x |
| 山梨 (20) | 208 | 84.9 | 17 | 18 | 17 | 17 | 21 |
| 長野 (21) | 705 | 119.7 | 57 | 41 | 58 | 53 | 47 |
| 岐阜 (22) | 637 | 88.8 | 60 | 59 | 59 | 45 | 48 |
| 静岡 (23) | - | nc | - | - | - | - | - |
| 愛知 (24) | 138 | 85.7 | 8 | 3 | 36 | 1 | 22 |
| 三重 (25) | 510 | 93.2 | 43 | 45 | 37 | 32 | 37 |
| 滋賀 (26) | 43 | 110.3 | 3 | 9 | 3 | 3 | 3 |
| 京都 (27) | 18 | 450.0 | 2 | 3 | 3 | - | 3 |
| 大阪 (28) | 737 | 96.3 | 83 | 79 | 66 | 59 | 59 |
| 兵庫 (29) | 22 | 57.9 | 2 | 1 | 1 | 1 | 1 |
| 奈良 (30) | x | x | x | x | x | x | x |
| 和歌山 (31) | x | x | x | x | x | x | x |
| 鳥取 (32) | x | x | x | x | x | x | x |
| 島根 (33) | 24 | 100.0 | 2 | 2 | 2 | 2 | 2 |
| 岡山 (34) | 9 | nc | - | - | - | 1 | 1 |
| 広島 (35) | 547 | 81.5 | 46 | 47 | 44 | 43 | 41 |
| 山口 (36) | x | x | x | x | x | x | x |
| 徳島 (37) | x | x | x | x | x | x | x |
| 香川 (38) | x | x | x | x | x | x | x |
| 愛媛 (39) | x | x | x | x | x | x | x |
| 高知 (40) | x | x | x | x | x | x | x |
| 福岡 (41) | 147 | 71.0 | 12 | 12 | 18 | 8 | 8 |
| 佐賀 (42) | 4 | nc | - | 4 | - | - | - |
| 長崎 (43) | - | nc | - | - | - | - | - |
| 熊本 (44) | 437 | 106.3 | 30 | 31 | 37 | 70 | 28 |
| 大分 (45) | 12 | 100.0 | 1 | 1 | 1 | 1 | 1 |
| 宮崎 (46) | 24 | 200.0 | 1 | 1 | 1 | 1 | 13 |
| 鹿児島 (47) | - | nc | - | - | - | - | - |
| 沖縄 (48) | 56 | 466.7 | 1 | 1 | 1 | 6 | 6 |

| 6 | 7 | 8 | 9 | 10 | 11 | 12 | |
|---|---|---|---|---|---|---|---|
| t | t | t | t | t | t | t | |
| **847** | **871** | **855** | **861** | **851** | **862** | **790** | (1) |
| 42 | 45 | 45 | 43 | 43 | 44 | 45 | (2) |
| x | x | x | x | x | x | x | (3) |
| 12 | 12 | 12 | 10 | 11 | 12 | 12 | (4) |
| 5 | 4 | 4 | 1 | 2 | 5 | 1 | (5) |
| x | x | x | x | x | x | x | (6) |
| 11 | 12 | 15 | 19 | 19 | 13 | 7 | (7) |
| – | – | – | – | – | – | – | (8) |
| 189 | 202 | 225 | 213 | 212 | 195 | 169 | (9) |
| 17 | 19 | 19 | 15 | 13 | 14 | 14 | (10) |
| 20 | 26 | 6 | 11 | 7 | 26 | 4 | (11) |
| 54 | 54 | 78 | 77 | 83 | 68 | 63 | (12) |
| 42 | 42 | 41 | 40 | 35 | 47 | 36 | (13) |
| 1 | 2 | 2 | 1 | 4 | 4 | 4 | (14) |
| 19 | 28 | 8 | 26 | 15 | 22 | 10 | (15) |
| – | 3 | 4 | 5 | 5 | 6 | – | (16) |
| x | x | x | x | x | x | x | (17) |
| 15 | 17 | 35 | 19 | 21 | 20 | 21 | (18) |
| x | x | x | x | x | x | x | (19) |
| 17 | 16 | 16 | 15 | 18 | 18 | 18 | (20) |
| 34 | 78 | 58 | 58 | 58 | 75 | 88 | (21) |
| 59 | 52 | 53 | 46 | 48 | 45 | 63 | (22) |
| – | – | – | – | – | – | – | (23) |
| 58 | 4 | 1 | 2 | 1 | 1 | 1 | (24) |
| 51 | 47 | 36 | 46 | 47 | 47 | 42 | (25) |
| 4 | 3 | 3 | 5 | 3 | 2 | 2 | (26) |
| – | 1 | – | – | 2 | 3 | 1 | (27) |
| 59 | 58 | 57 | 64 | 53 | 56 | 44 | (28) |
| 1 | 4 | 2 | 1 | 3 | 3 | 2 | (29) |
| x | x | x | x | x | x | x | (30) |
| x | x | x | x | x | x | x | (31) |
| x | x | x | x | x | x | x | (32) |
| 2 | 2 | 2 | 2 | 2 | 2 | 2 | (33) |
| 1 | 1 | 1 | 1 | 1 | 1 | 1 | (34) |
| 49 | 47 | 42 | 44 | 50 | 46 | 48 | (35) |
| x | x | x | x | x | x | x | (36) |
| x | x | x | x | x | x | x | (37) |
| x | x | x | x | x | x | x | (38) |
| x | x | x | x | x | x | x | (39) |
| x | x | x | x | x | x | x | (40) |
| 12 | 16 | 9 | 15 | 16 | 9 | 12 | (41) |
| – | – | – | – | – | – | – | (42) |
| – | – | – | – | – | – | – | (43) |
| 30 | 35 | 36 | 35 | 33 | 36 | 36 | (44) |
| 1 | 1 | 1 | 1 | 1 | 1 | 1 | (45) |
| 1 | 1 | 1 | 1 | 1 | 1 | 1 | (46) |
| – | – | – | – | – | – | – | (47) |
| 6 | 6 | 6 | 5 | 6 | 6 | 6 | (48) |

# 7　牛乳等生産量（全国農業地域別・牛乳等内訳）（月別）

| 全国農業地域・牛乳等内訳 | | 年計 | | | 1月 | 2 | 3 |
|---|---|---|---|---|---|---|---|
| | | 実数 | 地域別割合 | 対前年比 | | | |
| | | kl | % | % | kl | kl | kl |
| **全国** | | | | | | | |
| **飲用牛乳等** | (1) | **3,573,856** | **100.0** | **100.1** | **290,446** | **282,975** | **275,850** |
| **牛乳** | (2) | **3,179,724** | **100.0** | **100.6** | **257,189** | **251,172** | **241,918** |
| **うち、業務用** | (3) | **280,924** | **100.0** | **87.2** | **24,555** | **23,347** | **23,345** |
| **学校給食用** | (4) | **305,850** | **100.0** | **87.1** | **31,145** | **33,099** | **2,926** |
| **加工乳・成分調整牛乳** | (5) | **394,132** | **100.0** | **95.9** | **33,257** | **31,803** | **33,932** |
| **うち、業務用** | (6) | **42,612** | **100.0** | **72.9** | **5,255** | **4,774** | **4,167** |
| **成分調整牛乳** | (7) | **282,329** | **100.0** | **98.0** | **22,453** | **21,629** | **24,252** |
| **乳飲料** | (8) | **1,108,195** | **100.0** | **98.3** | **85,954** | **81,180** | **91,581** |
| **はっ酵乳** | (9) | **1,059,866** | **100.0** | **102.9** | **84,994** | **84,932** | **93,610** |
| **乳酸菌飲料** | (10) | **117,248** | **100.0** | **101.1** | **9,508** | **9,541** | **11,098** |
| 北海道 | | | | | | | |
| 飲用牛乳等 | (11) | 556,848 | 15.6 | 101.8 | 43,168 | 42,340 | 44,384 |
| 牛乳 | (12) | 461,024 | 14.5 | 103.6 | 35,331 | 34,659 | 36,072 |
| うち、業務用 | (13) | 58,716 | 20.9 | 84.5 | 4,791 | 4,525 | 4,703 |
| 学校給食用 | (14) | 13,387 | 4.4 | 86.2 | 925 | 1,252 | 90 |
| 加工乳・成分調整牛乳 | (15) | 95,824 | 24.3 | 93.8 | 7,837 | 7,681 | 8,312 |
| うち、業務用 | (16) | 1,787 | 4.2 | 66.7 | 143 | 216 | 156 |
| 成分調整牛乳 | (17) | 91,437 | 32.4 | 94.1 | 7,506 | 7,310 | 7,969 |
| 乳飲料 | (18) | 24,299 | 2.2 | 94.1 | 2,093 | 1,909 | 2,123 |
| はっ酵乳 | (19) | 27,293 | 2.6 | 110.2 | 2,172 | 2,225 | 2,353 |
| 乳酸菌飲料 | (20) | 4,650 | 4.0 | 94.4 | 403 | 382 | 405 |
| 東北 | | | | | | | |
| 飲用牛乳等 | (21) | 228,508 | 6.4 | 94.7 | 18,362 | 17,757 | 18,185 |
| 牛乳 | (22) | 214,438 | 6.7 | 94.4 | 17,198 | 16,658 | 16,959 |
| うち、業務用 | (23) | 18,820 | 6.7 | 79.3 | 1,660 | 1,720 | 1,536 |
| 学校給食用 | (24) | 23,305 | 7.6 | 91.3 | 2,083 | 2,414 | 267 |
| 加工乳・成分調整牛乳 | (25) | 14,070 | 3.6 | 99.1 | 1,164 | 1,099 | 1,226 |
| うち、業務用 | (26) | 122 | 0.3 | 123.2 | 10 | 10 | 11 |
| 成分調整牛乳 | (27) | 11,370 | 4.0 | 100.5 | 894 | 838 | 971 |
| 乳飲料 | (28) | 64,472 | 5.8 | 97.9 | 5,305 | 5,077 | 5,708 |
| はっ酵乳 | (29) | 48,092 | 4.5 | 102.5 | 3,794 | 3,768 | 4,360 |
| 乳酸菌飲料 | (30) | 3,895 | 3.3 | 89.7 | 337 | 317 | 366 |
| 北陸 | | | | | | | |
| 飲用牛乳等 | (31) | 73,612 | 2.1 | 95.4 | 5,927 | 5,841 | 5,257 |
| 牛乳 | (32) | 71,504 | 2.2 | 95.1 | 5,772 | 5,625 | 5,084 |
| うち、業務用 | (33) | 5,588 | 2.0 | 90.2 | 480 | 361 | 603 |
| 学校給食用 | (34) | 11,544 | 3.8 | 88.8 | 1,157 | 1,202 | 104 |
| 加工乳・成分調整牛乳 | (35) | 2,108 | 0.5 | 108.0 | 155 | 216 | 173 |
| うち、業務用 | (36) | - | - | nc | - | - | - |
| 成分調整牛乳 | (37) | 1,085 | 0.4 | 126.9 | 77 | 81 | 90 |
| 乳飲料 | (38) | 5,631 | 0.5 | 58.8 | 419 | 406 | 446 |
| はっ酵乳 | (39) | 14,609 | 1.4 | 100.0 | 1,113 | 1,191 | 1,325 |
| 乳酸菌飲料 | (40) | 4,171 | 3.6 | 26.4 | 1,394 | 1,322 | 1,455 |
| 関東 | | | | | | | |
| 飲用牛乳等 | (41) | 1,097,000 | 30.7 | 101.7 | 89,639 | 88,583 | 85,783 |
| 牛乳 | (42) | 964,610 | 30.3 | 102.5 | 78,113 | 77,252 | 73,594 |
| うち、業務用 | (43) | 84,119 | 29.9 | 87.6 | 7,736 | 7,733 | 7,655 |
| 学校給食用 | (44) | 91,455 | 29.9 | 83.8 | 9,851 | 10,358 | 800 |
| 加工乳・成分調整牛乳 | (45) | 132,390 | 33.6 | 95.9 | 11,526 | 11,331 | 12,189 |
| うち、業務用 | (46) | 16,605 | 39.0 | 63.4 | 2,270 | 1,987 | 1,627 |
| 成分調整牛乳 | (47) | 71,817 | 25.4 | 99.4 | 5,707 | 5,394 | 6,196 |
| 乳飲料 | (48) | 448,097 | 40.4 | 98.1 | 33,947 | 33,234 | 38,583 |
| はっ酵乳 | (49) | 598,922 | 56.5 | 102.8 | 48,099 | 48,073 | 53,551 |
| 乳酸菌飲料 | (50) | 70,157 | 59.8 | 136.2 | 4,785 | 4,833 | 5,616 |
| 東山 | | | | | | | |
| 飲用牛乳等 | (51) | 116,790 | 3.3 | 100.5 | 9,307 | 9,421 | 9,471 |
| 牛乳 | (52) | 116,790 | 3.7 | 100.5 | 9,307 | 9,421 | 9,471 |
| うち、業務用 | (53) | 5,443 | 1.9 | 97.7 | 485 | 498 | 614 |
| 学校給食用 | (54) | 6,955 | 2.3 | 87.2 | 679 | 735 | 69 |
| 加工乳・成分調整牛乳 | (55) | - | - | nc | - | - | - |
| うち、業務用 | (56) | - | - | nc | - | - | - |
| 成分調整牛乳 | (57) | - | - | nc | - | - | - |
| 乳飲料 | (58) | 13,350 | 1.2 | 119.5 | 957 | 946 | 1,093 |
| はっ酵乳 | (59) | 28,378 | 2.7 | 100.7 | 2,200 | 2,117 | 2,344 |
| 乳酸菌飲料 | (60) | - | - | nc | - | - | - |

| 4 | 5 | 6 | 7 | 8 | 9 | 10 | 11 | 12 | |
|---|---|---|---|---|---|---|---|---|---|
| kl | kl | kl | kl | kl | kl | kl | kl | kl | |
| 275, 150 | 291, 002 | 313, 811 | 315, 761 | 307, 338 | 315, 144 | 314, 876 | 300, 015 | 291, 488 | (1) |
| 243, 968 | 257, 500 | 281, 721 | 282, 839 | 273, 763 | 281, 434 | 282, 061 | 267, 838 | 258, 321 | (2) |
| 20, 093 | 17, 325 | 21, 939 | 23, 146 | 23, 370 | 25, 556 | 26, 788 | 27, 476 | 23, 984 | (3) |
| 5, 345 | 6, 156 | 34, 904 | 35, 035 | 16, 019 | 35, 836 | 38, 741 | 35, 413 | 31, 231 | (4) |
| 31, 182 | 33, 502 | 32, 090 | 32, 922 | 33, 575 | 33, 710 | 32, 815 | 32, 177 | 33, 167 | (5) |
| 1, 817 | 2, 251 | 2, 560 | 2, 936 | 2, 784 | 3, 208 | 3, 624 | 4, 284 | 4, 952 | (6) |
| 24, 825 | 25, 933 | 23, 923 | 24, 160 | 24, 709 | 23, 645 | 22, 732 | 21, 911 | 22, 157 | (7) |
| 92, 789 | 97, 470 | 98, 703 | 100, 756 | 104, 186 | 99, 231 | 92, 410 | 83, 261 | 80, 674 | (8) |
| 93, 927 | 95, 233 | 91, 104 | 90, 095 | 88, 508 | 85, 451 | 88, 065 | 83, 327 | 80, 620 | (9) |
| 11, 403 | 11, 958 | 11, 838 | 11, 178 | 8, 217 | 8, 635 | 9, 114 | 7, 513 | 7, 245 | (10) |
| 42, 975 | 45, 561 | 48, 020 | 49, 097 | 50, 229 | 52, 954 | 48, 556 | 45, 127 | 44, 437 | (11) |
| 35, 068 | 37, 257 | 40, 388 | 40, 926 | 42, 006 | 44, 940 | 40, 584 | 37, 302 | 36, 491 | (12) |
| 3, 919 | 4, 259 | 4, 952 | 4, 822 | 5, 117 | 5, 729 | 5, 500 | 5, 529 | 4, 870 | (13) |
| 544 | 309 | 1, 674 | 1, 560 | 964 | 1, 492 | 1, 645 | 1, 580 | 1, 352 | (14) |
| 7, 907 | 8, 304 | 7, 632 | 8, 171 | 8, 223 | 8, 014 | 7, 972 | 7, 825 | 7, 946 | (15) |
| 132 | 165 | 128 | 192 | 52 | 52 | 108 | 188 | 255 | (16) |
| 7, 614 | 7, 960 | 7, 311 | 7, 752 | 7, 884 | 7, 661 | 7, 607 | 7, 407 | 7, 456 | (17) |
| 1, 709 | 1, 888 | 1, 996 | 2, 119 | 2, 022 | 2, 063 | 2, 209 | 2, 001 | 2, 167 | (18) |
| 2, 355 | 2, 477 | 2, 355 | 2, 341 | 2, 271 | 2, 206 | 2, 290 | 2, 233 | 2, 015 | (19) |
| 363 | 359 | 375 | 427 | 365 | 430 | 404 | 370 | 367 | (20) |
| 17, 971 | 19, 073 | 20, 648 | 20, 377 | 19, 852 | 20, 465 | 19, 303 | 18, 719 | 17, 796 | (21) |
| 16, 667 | 17, 890 | 19, 508 | 19, 226 | 18, 673 | 19, 240 | 18, 165 | 17, 624 | 16, 630 | (22) |
| 1, 133 | 1, 003 | 1, 512 | 1, 606 | 1, 654 | 1, 709 | 1, 957 | 1, 855 | 1, 475 | (23) |
| 797 | 1, 180 | 2, 882 | 2, 504 | 1, 259 | 2, 507 | 2, 656 | 2, 503 | 2, 253 | (24) |
| 1, 304 | 1, 183 | 1, 140 | 1, 151 | 1, 179 | 1, 225 | 1, 138 | 1, 095 | 1, 166 | (25) |
| 10 | 11 | 10 | 10 | 10 | 10 | 10 | 10 | 10 | (26) |
| 1, 151 | 1, 033 | 977 | 965 | 1, 000 | 987 | 899 | 821 | 834 | (27) |
| 5, 679 | 5, 852 | 5, 387 | 5, 556 | 5, 902 | 5, 483 | 5, 167 | 4, 854 | 4, 502 | (28) |
| 4, 113 | 4, 190 | 4, 241 | 4, 236 | 4, 104 | 3, 926 | 3, 805 | 3, 595 | 3, 960 | (29) |
| 360 | 342 | 320 | 320 | 306 | 306 | 306 | 301 | 314 | (30) |
| 5, 510 | 5, 613 | 6, 784 | 6, 574 | 6, 121 | 6, 577 | 6, 680 | 6, 443 | 6, 285 | (31) |
| 5, 325 | 5, 427 | 6, 605 | 6, 398 | 5, 944 | 6, 398 | 6, 513 | 6, 287 | 6, 126 | (32) |
| 400 | 314 | 372 | 401 | 552 | 444 | 477 | 604 | 580 | (33) |
| 449 | 319 | 1, 453 | 1, 313 | 467 | 1, 293 | 1, 387 | 1, 250 | 1, 150 | (34) |
| 185 | 186 | 179 | 176 | 177 | 179 | 167 | 156 | 159 | (35) |
| - | - | - | - | - | - | - | - | - | (36) |
| 101 | 103 | 94 | 94 | 93 | 97 | 89 | 83 | 83 | (37) |
| 493 | 520 | 498 | 502 | 521 | 495 | 474 | 428 | 429 | (38) |
| 1, 268 | 1, 314 | 1, 233 | 1, 292 | 1, 265 | 1, 162 | 1, 200 | 1, 058 | 1, 188 | (39) |
| - | - | - | - | - | - | - | - | - | (40) |
| 83, 958 | 90, 212 | 93, 987 | 96, 554 | 93, 625 | 94, 037 | 96, 414 | 93, 470 | 90, 738 | (41) |
| 74, 549 | 79, 465 | 83, 484 | 85, 732 | 82, 592 | 82, 610 | 85, 589 | 82, 473 | 79, 157 | (42) |
| 5, 861 | 5, 193 | 6, 162 | 6, 874 | 6, 937 | 7, 484 | 7, 650 | 8, 189 | 6, 645 | (43) |
| 630 | 526 | 8, 629 | 11, 332 | 4, 788 | 11, 407 | 12, 216 | 11, 142 | 9, 776 | (44) |
| 9, 409 | 10, 747 | 10, 503 | 10, 822 | 11, 033 | 11, 427 | 10, 825 | 10, 997 | 11, 581 | (45) |
| 358 | 604 | 845 | 1, 127 | 1, 118 | 1, 369 | 1, 540 | 1, 728 | 2, 032 | (46) |
| 6, 375 | 6, 816 | 6, 236 | 6, 153 | 6, 206 | 5, 944 | 5, 471 | 5, 525 | 5, 794 | (47) |
| 39, 064 | 39, 639 | 40, 189 | 40, 382 | 42, 074 | 39, 726 | 36, 109 | 33, 047 | 32, 103 | (48) |
| 53, 518 | 53, 772 | 51, 002 | 50, 712 | 49, 449 | 47, 742 | 49, 614 | 47, 476 | 45, 914 | (49) |
| 7, 040 | 7, 711 | 8, 472 | 7, 582 | 5, 488 | 5, 104 | 5, 407 | 4, 320 | 3, 799 | (50) |
| 9, 772 | 10, 266 | 10, 259 | 10, 004 | 10, 214 | 9, 222 | 9, 793 | 9, 564 | 9, 497 | (51) |
| 9, 772 | 10, 266 | 10, 259 | 10, 004 | 10, 214 | 9, 222 | 9, 793 | 9, 564 | 9, 497 | (52) |
| 451 | 446 | 497 | 412 | 397 | 317 | 339 | 420 | 567 | (53) |
| 171 | 206 | 869 | 758 | 460 | 756 | 810 | 757 | 685 | (54) |
| - | - | - | - | - | - | - | - | - | (55) |
| - | - | - | - | - | - | - | - | - | (56) |
| - | - | - | - | - | - | - | - | - | (57) |
| 1, 138 | 1, 243 | 1, 176 | 1, 199 | 1, 265 | 1, 238 | 1, 115 | 1, 004 | 976 | (58) |
| 2, 423 | 2, 631 | 2, 488 | 2, 476 | 2, 427 | 2, 389 | 2, 365 | 2, 275 | 2, 243 | (59) |
| - | - | - | - | - | - | - | - | - | (60) |

# 7　牛乳等生産量（全国農業地域別・牛乳等内訳）（月別）（続き）

| 全国農業地域・牛乳等内訳 | | 年計 実数 | 年計 地域別割合 | 年計 対前年比 | 1月 | 2 | 3 |
|---|---|---|---|---|---|---|---|
| | | kl | % | % | kl | kl | kl |
| 東海 | | | | | | | |
| 飲用牛乳等 | (61) | 363, 146 | 10. 2 | 99. 1 | 30, 164 | 29, 156 | 27, 324 |
| 牛乳 | (62) | 321, 259 | 10. 1 | 98. 6 | 26, 590 | 26, 065 | 24, 429 |
| うち、業務用 | (63) | 26, 848 | 9. 6 | 77. 5 | 2, 109 | 1, 950 | 1, 868 |
| 学校給食用 | (64) | 40, 255 | 13. 2 | 86. 5 | 4, 251 | 4, 429 | 386 |
| 加工乳・成分調整牛乳 | (65) | 41, 887 | 10. 6 | 103. 4 | 3, 574 | 3, 091 | 2, 895 |
| うち、業務用 | (66) | 5, 624 | 13. 2 | 121. 3 | 699 | 779 | 652 |
| 成分調整牛乳 | (67) | 24, 178 | 8. 6 | 103. 4 | 1, 858 | 1, 798 | 2, 027 |
| 乳飲料 | (68) | 152, 434 | 13. 8 | 97. 3 | 11, 614 | 11, 056 | 11, 996 |
| はっ酵乳 | (69) | 88, 420 | 8. 3 | 100. 4 | 7, 372 | 7, 926 | 8, 184 |
| 乳酸菌飲料 | (70) | 15, 505 | 13. 2 | 77. 6 | 1, 616 | 1, 538 | 1, 718 |
| 近畿 | | | | | | | |
| 飲用牛乳等 | (71) | 387, 678 | 10. 8 | 99. 4 | 32, 327 | 31, 295 | 28, 427 |
| 牛乳 | (72) | 359, 802 | 11. 3 | 99. 8 | 30, 084 | 29, 169 | 26, 041 |
| うち、業務用 | (73) | 35, 512 | 12. 6 | 98. 5 | 2, 987 | 2, 818 | 2, 449 |
| 学校給食用 | (74) | 45, 871 | 15. 0 | 87. 9 | 4, 788 | 4, 983 | 409 |
| 加工乳・成分調整牛乳 | (75) | 27, 876 | 7. 1 | 95. 1 | 2, 243 | 2, 126 | 2, 386 |
| うち、業務用 | (76) | 10 | - | 33. 3 | 3 | 2 | 2 |
| 成分調整牛乳 | (77) | 19, 592 | 6. 9 | 93. 4 | 1, 605 | 1, 503 | 1, 703 |
| 乳飲料 | (78) | 170, 370 | 15. 4 | 103. 6 | 13, 878 | 12, 251 | 13, 834 |
| はっ酵乳 | (79) | 121, 305 | 11. 4 | 112. 3 | 9, 444 | 9, 260 | 10, 078 |
| 乳酸菌飲料 | (80) | 244 | 0. 2 | 24. 3 | 24 | 18 | 25 |
| 中国 | | | | | | | |
| 飲用牛乳等 | (81) | 243, 233 | 6. 8 | 93. 0 | 20, 898 | 18, 824 | 18, 436 |
| 牛乳 | (82) | 220, 317 | 6. 9 | 93. 6 | 18, 693 | 16, 771 | 16, 406 |
| うち、業務用 | (83) | 13, 215 | 4. 7 | 76. 9 | 1, 252 | 873 | 1, 303 |
| 学校給食用 | (84) | 19, 876 | 6. 5 | 91. 0 | 2, 023 | 2, 079 | 181 |
| 加工乳・成分調整牛乳 | (85) | 22, 916 | 5. 8 | 87. 4 | 2, 205 | 2, 053 | 2, 030 |
| うち、業務用 | (86) | 9, 713 | 22. 8 | 75. 2 | 1, 269 | 1, 068 | 946 |
| 成分調整牛乳 | (87) | 13, 035 | 4. 6 | 99. 6 | 922 | 971 | 1, 070 |
| 乳飲料 | (88) | 84, 872 | 7. 7 | 85. 7 | 7, 306 | 6, 395 | 6, 359 |
| はっ酵乳 | (89) | 70, 553 | 6. 7 | 99. 8 | 5, 528 | 5, 335 | 6, 164 |
| 乳酸菌飲料 | (90) | 7, 532 | 6. 4 | 145. 8 | 235 | 223 | 375 |
| 四国 | | | | | | | |
| 飲用牛乳等 | (91) | 85, 398 | 2. 4 | 105. 0 | 6, 485 | 6, 438 | 6, 250 |
| 牛乳 | (92) | 82, 801 | 2. 6 | 105. 4 | 6, 281 | 6, 240 | 6, 030 |
| うち、業務用 | (93) | 8, 372 | 3. 0 | 96. 6 | 707 | 600 | 611 |
| 学校給食用 | (94) | 9, 242 | 3. 0 | 90. 5 | 944 | 965 | 63 |
| 加工乳・成分調整牛乳 | (95) | 2, 597 | 0. 7 | 93. 8 | 204 | 198 | 220 |
| うち、業務用 | (96) | - | - | nc | - | - | - |
| 成分調整牛乳 | (97) | 2, 321 | 0. 8 | 95. 6 | 181 | 176 | 197 |
| 乳飲料 | (98) | 24, 133 | 2. 2 | 110. 2 | 1, 672 | 1, 683 | 1, 956 |
| はっ酵乳 | (99) | 6, 264 | 0. 6 | 94. 1 | 514 | 492 | 549 |
| 乳酸菌飲料 | (100) | 2, 508 | 2. 1 | 99. 7 | 185 | 167 | 226 |
| 九州 | | | | | | | |
| 飲用牛乳等 | (101) | 396, 801 | 11. 1 | 102. 8 | 31, 928 | 31, 134 | 30, 416 |
| 牛乳 | (102) | 347, 137 | 10. 9 | 103. 6 | 27, 975 | 27, 512 | 26, 314 |
| うち、業務用 | (103) | 23, 079 | 8. 2 | 98. 8 | 2, 226 | 2, 149 | 1, 885 |
| 学校給食用 | (104) | 38, 573 | 12. 6 | 89. 8 | 3, 850 | 4, 086 | 387 |
| 加工乳・成分調整牛乳 | (105) | 49, 664 | 12. 6 | 97. 6 | 3, 953 | 3, 622 | 4, 102 |
| うち、業務用 | (106) | 8, 560 | 20. 1 | 73. 4 | 843 | 694 | 758 |
| 成分調整牛乳 | (107) | 47, 494 | 16. 8 | 101. 5 | 3, 703 | 3, 558 | 4, 029 |
| 乳飲料 | (108) | 109, 804 | 9. 9 | 103. 4 | 7, 971 | 7, 469 | 8, 670 |
| はっ酵乳 | (109) | 54, 480 | 5. 1 | 94. 5 | 4, 639 | 4, 437 | 4, 582 |
| 乳酸菌飲料 | (110) | 6, 273 | 5. 4 | 76. 9 | 363 | 580 | 741 |
| 沖縄 | | | | | | | |
| 飲用牛乳等 | (111) | 24, 842 | 0. 7 | 97. 7 | 2, 241 | 2, 186 | 1, 917 |
| 牛乳 | (112) | 20, 042 | 0. 6 | 98. 0 | 1, 845 | 1, 800 | 1, 518 |
| うち、業務用 | (113) | 1, 212 | 0. 4 | 89. 2 | 122 | 120 | 118 |
| 学校給食用 | (114) | 5, 387 | 1. 8 | 86. 2 | 594 | 596 | 170 |
| 加工乳・成分調整牛乳 | (115) | 4, 800 | 1. 2 | 96. 7 | 396 | 386 | 399 |
| うち、業務用 | (116) | 191 | 0. 4 | 74. 6 | 18 | 18 | 15 |
| 成分調整牛乳 | (117) | - | - | nc | - | - | - |
| 乳飲料 | (118) | 10, 733 | 1. 0 | 105. 1 | 792 | 754 | 813 |
| はっ酵乳 | (119) | 1, 550 | 0. 1 | 108. 9 | 119 | 108 | 120 |
| 乳酸菌飲料 | (120) | 2, 313 | 2. 0 | 89. 4 | 166 | 161 | 171 |

| 4 | 5 | 6 | 7 | 8 | 9 | 10 | 11 | 12 | |
|---|---|---|---|---|---|---|---|---|---|
| kl | kl | kl | kl | kl | kl | kl | kl | kl | |
| 27, 400 | 28, 079 | 32, 475 | 31, 909 | 30, 867 | 32, 462 | 32, 574 | 30, 934 | 29, 802 | (61) |
| 23, 856 | 24, 368 | 28, 778 | 28, 227 | 27, 045 | 28, 785 | 28, 956 | 27, 684 | 26, 476 | (62) |
| 2, 117 | 1, 447 | 1, 772 | 2, 082 | 2, 271 | 2, 786 | 2, 826 | 2, 912 | 2, 708 | (63) |
| 405 | 556 | 5, 250 | 4, 282 | 2, 215 | 4, 831 | 5, 046 | 4, 676 | 3, 928 | (64) |
| 3, 544 | 3, 711 | 3, 697 | 3, 682 | 3, 822 | 3, 677 | 3, 618 | 3, 250 | 3, 326 | (65) |
| 200 | 270 | 379 | 395 | 376 | 395 | 380 | 494 | 605 | (66) |
| 2, 182 | 2, 313 | 2, 131 | 2, 109 | 2, 243 | 2, 110 | 1, 980 | 1, 763 | 1, 664 | (67) |
| 12, 073 | 13, 422 | 13, 718 | 14, 510 | 14, 362 | 14, 018 | 12, 987 | 11, 500 | 11, 178 | (68) |
| 8, 153 | 7, 919 | 7, 682 | 7, 256 | 7, 212 | 6, 947 | 6, 762 | 6, 319 | 6, 688 | (69) |
| 1, 820 | 1, 711 | 550 | 568 | 536 | 1, 256 | 1, 444 | 1, 406 | 1, 342 | (70) |
| 29, 091 | 30, 429 | 34, 521 | 34, 913 | 33, 314 | 34, 611 | 34, 942 | 32, 336 | 31, 472 | (71) |
| 26, 576 | 27, 699 | 32, 010 | 32, 547 | 30, 781 | 32, 264 | 32, 806 | 30, 308 | 29, 517 | (72) |
| 2, 598 | 1, 815 | 2, 673 | 3, 598 | 2, 815 | 3, 559 | 3, 682 | 3, 331 | 3, 187 | (73) |
| 422 | 355 | 4, 985 | 5, 304 | 2, 824 | 5, 590 | 6, 079 | 5, 454 | 4, 678 | (74) |
| 2, 515 | 2, 730 | 2, 511 | 2, 366 | 2, 533 | 2, 347 | 2, 136 | 2, 028 | 1, 955 | (75) |
| 1 | 1 | 1 | - | - | - | - | - | - | (76) |
| 1, 844 | 1, 964 | 1, 784 | 1, 646 | 1, 747 | 1, 551 | 1, 475 | 1, 414 | 1, 356 | (77) |
| 14, 082 | 14, 637 | 15, 561 | 15, 422 | 16, 058 | 15, 403 | 14, 453 | 12, 422 | 12, 369 | (78) |
| 10, 848 | 10, 888 | 10, 415 | 10, 409 | 10, 488 | 10, 020 | 10, 526 | 9, 809 | 9, 120 | (79) |
| 21 | 15 | 22 | 27 | 16 | 22 | 20 | 15 | 19 | (80) |
| 18, 680 | 20, 216 | 21, 953 | 21, 230 | 20, 588 | 20, 491 | 21, 014 | 20, 774 | 20, 129 | (81) |
| 17, 243 | 18, 536 | 20, 224 | 19, 508 | 18, 772 | 18, 503 | 19, 012 | 18, 680 | 17, 969 | (82) |
| 1, 047 | 886 | 1, 456 | 794 | 824 | 765 | 909 | 1, 752 | 1, 354 | (83) |
| 677 | 572 | 2, 504 | 2, 161 | 780 | 2, 210 | 2, 484 | 2, 172 | 2, 033 | (84) |
| 1, 437 | 1, 680 | 1, 729 | 1, 722 | 1, 816 | 1, 988 | 2, 002 | 2, 094 | 2, 160 | (85) |
| 332 | 482 | 538 | 539 | 581 | 771 | 878 | 1, 113 | 1, 196 | (86) |
| 1, 091 | 1, 184 | 1, 177 | 1, 170 | 1, 221 | 1, 202 | 1, 110 | 967 | 950 | (87) |
| 6, 658 | 7, 310 | 7, 324 | 7, 766 | 8, 067 | 7, 787 | 7, 271 | 6, 468 | 6, 161 | (88) |
| 6, 116 | 6, 609 | 6, 388 | 6, 247 | 6, 158 | 5, 815 | 5, 835 | 5, 389 | 4, 969 | (89) |
| 823 | 920 | 1, 212 | 1, 030 | 518 | 561 | 753 | 398 | 484 | (90) |
| 6, 771 | 6, 916 | 7, 952 | 7, 461 | 7, 307 | 7, 754 | 7, 686 | 7, 310 | 7, 068 | (91) |
| 6, 557 | 6, 690 | 7, 729 | 7, 236 | 7, 075 | 7, 526 | 7, 472 | 7, 104 | 6, 861 | (92) |
| 662 | 473 | 745 | 637 | 724 | 907 | 843 | 775 | 688 | (93) |
| 172 | 339 | 1, 212 | 1, 022 | 358 | 1, 036 | 1, 138 | 1, 025 | 968 | (94) |
| 214 | 226 | 223 | 225 | 232 | 228 | 214 | 206 | 207 | (95) |
| - | - | - | - | - | - | - | - | - | (96) |
| 191 | 203 | 201 | 203 | 207 | 203 | 191 | 184 | 184 | (97) |
| 1, 972 | 2, 109 | 2, 002 | 2, 160 | 2, 153 | 2, 091 | 2, 222 | 2, 092 | 2, 021 | (98) |
| 505 | 522 | 557 | 553 | 540 | 530 | 524 | 494 | 484 | (99) |
| 236 | 229 | 227 | 227 | 231 | 218 | 194 | 183 | 185 | (100) |
| 31, 241 | 32, 714 | 34, 911 | 35, 546 | 33, 336 | 34, 564 | 35, 690 | 33, 227 | 32, 094 | (101) |
| 26, 927 | 28, 308 | 30, 832 | 31, 384 | 29, 170 | 30, 356 | 31, 461 | 29, 105 | 27, 793 | (102) |
| 1, 836 | 1, 418 | 1, 717 | 1, 835 | 1, 990 | 1, 762 | 2, 487 | 1, 999 | 1, 775 | (103) |
| 1, 039 | 1, 626 | 4, 757 | 4, 211 | 1, 636 | 4, 154 | 4, 710 | 4, 272 | 3, 845 | (104) |
| 4, 314 | 4, 406 | 4, 079 | 4, 162 | 4, 166 | 4, 208 | 4, 229 | 4, 122 | 4, 301 | (105) |
| 771 | 706 | 648 | 657 | 632 | 594 | 688 | 736 | 833 | (106) |
| 4, 276 | 4, 357 | 4, 012 | 4, 068 | 4, 108 | 3, 890 | 3, 910 | 3, 747 | 3, 836 | (107) |
| 9, 001 | 9, 915 | 9, 971 | 10, 130 | 10, 791 | 9, 979 | 9, 441 | 8, 567 | 7, 899 | (108) |
| 4, 492 | 4, 766 | 4, 609 | 4, 435 | 4, 451 | 4, 572 | 5, 005 | 4, 568 | 3, 924 | (109) |
| 560 | 487 | 461 | 788 | 536 | 515 | 360 | 324 | 558 | (110) |
| 1, 781 | 1, 923 | 2, 301 | 2, 096 | 1, 885 | 2, 007 | 2, 224 | 2, 111 | 2, 170 | (111) |
| 1, 428 | 1, 594 | 1, 904 | 1, 651 | 1, 491 | 1, 590 | 1, 710 | 1, 707 | 1, 804 | (112) |
| 69 | 71 | 81 | 85 | 89 | 94 | 118 | 110 | 135 | (113) |
| 39 | 168 | 689 | 588 | 268 | 560 | 570 | 582 | 563 | (114) |
| 353 | 329 | 397 | 445 | 394 | 417 | 514 | 404 | 366 | (115) |
| 13 | 12 | 11 | 16 | 15 | 17 | 20 | 15 | 21 | (116) |
| - | - | - | - | - | - | - | - | - | (117) |
| 920 | 935 | 881 | 1, 010 | 971 | 948 | 962 | 878 | 869 | (118) |
| 136 | 145 | 134 | 138 | 143 | 142 | 139 | 111 | 115 | (119) |
| 180 | 184 | 199 | 209 | 221 | 223 | 226 | 196 | 177 | (120) |

## 8　飲用牛乳等生産量（都道府県別）（月別）

### (1)　飲用牛乳等計

| 都道府県 | 年計 | | 1月 | 2 | 3 | 4 | 5 |
|---|---|---|---|---|---|---|---|
| | 実数 | 対前年比 | | | | | |
| | kl | % | kl | kl | kl | kl | kl |
| **全国 (1)** | **3,573,856** | **100.1** | **290,446** | **282,975** | **275,850** | **275,150** | **291,002** |
| 北海道 (2) | 556,848 | 101.8 | 43,168 | 42,340 | 44,384 | 42,975 | 45,561 |
| 青森 (3) | x | x | x | x | x | x | x |
| 岩手 (4) | 76,609 | 97.4 | 6,196 | 5,994 | 6,157 | 6,145 | 6,579 |
| 宮城 (5) | 82,083 | 90.6 | 6,844 | 6,016 | 7,179 | 6,865 | 7,174 |
| 秋田 (6) | x | x | x | x | x | x | x |
| 山形 (7) | 24,224 | 97.2 | 1,923 | 1,906 | 1,846 | 1,826 | 2,022 |
| 福島 (8) | 31,951 | 94.4 | 2,359 | 2,721 | 2,189 | 2,176 | 2,123 |
| 茨城 (9) | 195,760 | 108.6 | 14,884 | 14,870 | 15,565 | 16,440 | 18,149 |
| 栃木 (10) | 167,558 | 111.2 | 12,894 | 12,642 | 13,096 | 12,927 | 14,462 |
| 群馬 (11) | 125,683 | 95.5 | 10,957 | 10,790 | 10,885 | 9,257 | 9,725 |
| 埼玉 (12) | 85,286 | 92.1 | 7,247 | 7,327 | 5,860 | 5,285 | 5,597 |
| 千葉 (13) | 169,176 | 108.1 | 13,493 | 13,421 | 11,981 | 12,734 | 13,436 |
| 東京 (14) | 71,680 | 94.9 | 6,049 | 5,785 | 5,980 | 5,772 | 5,878 |
| 神奈川 (15) | 281,857 | 96.6 | 24,115 | 23,748 | 22,416 | 21,543 | 22,965 |
| 新潟 (16) | 39,892 | 106.7 | 3,145 | 3,190 | 2,848 | 3,194 | 3,349 |
| 富山 (17) | x | x | x | x | x | x | x |
| 石川 (18) | 25,019 | 81.5 | 2,049 | 1,902 | 1,882 | 1,750 | 1,712 |
| 福井 (19) | x | x | x | x | x | x | x |
| 山梨 (20) | 2,086 | 119.7 | 143 | 151 | 221 | 201 | 189 |
| 長野 (21) | 114,704 | 100.2 | 9,164 | 9,270 | 9,250 | 9,571 | 10,077 |
| 岐阜 (22) | 78,278 | 98.0 | 6,525 | 6,394 | 6,873 | 6,583 | 6,301 |
| 静岡 (23) | 84,359 | 116.6 | 6,585 | 6,942 | 6,678 | 6,225 | 6,636 |
| 愛知 (24) | 174,806 | 92.5 | 15,111 | 13,813 | 11,694 | 12,589 | 13,082 |
| 三重 (25) | 25,703 | 102.1 | 1,943 | 2,007 | 2,079 | 2,003 | 2,060 |
| 滋賀 (26) | 22,136 | 107.3 | 1,749 | 1,746 | 1,478 | 1,530 | 1,632 |
| 京都 (27) | 94,711 | 97.3 | 8,253 | 7,701 | 6,851 | 7,418 | 7,613 |
| 大阪 (28) | 109,763 | 104.2 | 8,908 | 8,935 | 7,431 | 7,395 | 8,082 |
| 兵庫 (29) | 160,655 | 96.7 | 13,379 | 12,876 | 12,629 | 12,713 | 13,071 |
| 奈良 (30) | x | x | x | x | x | x | x |
| 和歌山 (31) | x | x | x | x | x | x | x |
| 鳥取 (32) | x | x | x | x | x | x | x |
| 島根 (33) | 14,257 | 108.3 | 1,016 | 1,057 | 1,065 | 1,083 | 1,154 |
| 岡山 (34) | 117,980 | 85.1 | 10,865 | 9,353 | 9,249 | 8,973 | 10,097 |
| 広島 (35) | 52,379 | 109.5 | 4,221 | 4,002 | 3,590 | 3,975 | 4,118 |
| 山口 (36) | x | x | x | x | x | x | x |
| 徳島 (37) | x | x | x | x | x | x | x |
| 香川 (38) | x | x | x | x | x | x | x |
| 愛媛 (39) | x | x | x | x | x | x | x |
| 高知 (40) | x | x | x | x | x | x | x |
| 福岡 (41) | 153,649 | 102.2 | 12,716 | 12,600 | 12,164 | 12,132 | 12,279 |
| 佐賀 (42) | 11,452 | 91.7 | 963 | 924 | 811 | 840 | 965 |
| 長崎 (43) | 11,593 | 97.4 | 945 | 1,010 | 663 | 873 | 1,043 |
| 熊本 (44) | 124,890 | 105.2 | 9,639 | 9,316 | 9,700 | 9,695 | 9,912 |
| 大分 (45) | 48,935 | 106.8 | 3,823 | 3,700 | 3,856 | 4,082 | 4,481 |
| 宮崎 (46) | 37,101 | 98.6 | 3,137 | 2,876 | 2,656 | 2,909 | 3,204 |
| 鹿児島 (47) | 9,181 | 100.1 | 705 | 708 | 566 | 710 | 830 |
| 沖縄 (48) | 24,842 | 97.7 | 2,241 | 2,186 | 1,917 | 1,781 | 1,923 |

| 6 | 7 | 8 | 9 | 10 | 11 | 12 | |
|---|---|---|---|---|---|---|---|
| kl | kl | kl | kl | kl | kl | kl | |
| **313, 811** | **315, 761** | **307, 338** | **315, 144** | **314, 876** | **300, 015** | **291, 488** | (1) |
| 48, 020 | 49, 097 | 50, 229 | 52, 954 | 48, 556 | 45, 127 | 44, 437 | (2) |
| x | x | x | x | x | x | x | (3) |
| 6, 751 | 6, 463 | 6, 740 | 6, 566 | 6, 488 | 6, 353 | 6, 177 | (4) |
| 7, 612 | 7, 707 | 7, 403 | 7, 592 | 6, 030 | 6, 029 | 5, 632 | (5) |
| x | x | x | x | x | x | x | (6) |
| 2, 136 | 2, 166 | 2, 071 | 2, 168 | 2, 148 | 1, 971 | 2, 041 | (7) |
| 2, 825 | 2, 816 | 2, 632 | 2, 894 | 3, 348 | 3, 135 | 2, 733 | (8) |
| 17, 315 | 16, 946 | 17, 375 | 16, 041 | 16, 409 | 16, 084 | 15, 682 | (9) |
| 14, 630 | 14, 661 | 14, 886 | 13, 958 | 14, 848 | 14, 239 | 14, 315 | (10) |
| 10, 228 | 10, 427 | 10, 632 | 10, 682 | 11, 083 | 10, 739 | 10, 278 | (11) |
| 7, 708 | 8, 118 | 6, 889 | 8, 186 | 8, 301 | 7, 722 | 7, 046 | (12) |
| 15, 092 | 15, 624 | 14, 346 | 14, 458 | 15, 387 | 14, 878 | 14, 326 | (13) |
| 6, 165 | 6, 127 | 5, 808 | 6, 239 | 5, 721 | 6, 039 | 6, 117 | (14) |
| 22, 849 | 24, 651 | 23, 689 | 24, 473 | 24, 665 | 23, 769 | 22, 974 | (15) |
| 3, 670 | 3, 611 | 3, 216 | 3, 523 | 3, 487 | 3, 324 | 3, 335 | (16) |
| x | x | x | x | x | x | x | (17) |
| 2, 268 | 2, 147 | 2, 190 | 2, 222 | 2, 347 | 2, 362 | 2, 188 | (18) |
| x | x | x | x | x | x | x | (19) |
| 157 | 163 | 167 | 149 | 159 | 164 | 222 | (20) |
| 10, 102 | 9, 841 | 10, 047 | 9, 073 | 9, 634 | 9, 400 | 9, 275 | (21) |
| 6, 696 | 6, 470 | 6, 625 | 6, 427 | 6, 652 | 6, 536 | 6, 196 | (22) |
| 7, 668 | 7, 514 | 7, 124 | 7, 351 | 7, 540 | 7, 136 | 6, 960 | (23) |
| 15, 643 | 15, 638 | 15, 063 | 16, 538 | 16, 105 | 15, 094 | 14, 436 | (24) |
| 2, 468 | 2, 287 | 2, 055 | 2, 146 | 2, 277 | 2, 168 | 2, 210 | (25) |
| 2, 083 | 2, 140 | 1, 891 | 1, 931 | 2, 116 | 1, 978 | 1, 862 | (26) |
| 8, 288 | 8, 123 | 8, 096 | 8, 778 | 8, 620 | 7, 516 | 7, 454 | (27) |
| 10, 102 | 10, 435 | 9, 515 | 10, 062 | 10, 320 | 9, 430 | 9, 148 | (28) |
| 14, 015 | 14, 182 | 13, 779 | 13, 808 | 13, 851 | 13, 378 | 12, 974 | (29) |
| x | x | x | x | x | x | x | (30) |
| x | x | x | x | x | x | x | (31) |
| x | x | x | x | x | x | x | (32) |
| 1, 347 | 1, 295 | 1, 196 | 1, 310 | 1, 329 | 1, 232 | 1, 173 | (33) |
| 10, 058 | 10, 296 | 10, 022 | 10, 044 | 10, 017 | 9, 534 | 9, 472 | (34) |
| 4, 875 | 4, 812 | 4, 601 | 4, 434 | 4, 757 | 4, 606 | 4, 388 | (35) |
| x | x | x | x | x | x | x | (36) |
| x | x | x | x | x | x | x | (37) |
| x | x | x | x | x | x | x | (38) |
| x | x | x | x | x | x | x | (39) |
| x | x | x | x | x | x | x | (40) |
| 13, 285 | 13, 743 | 13, 318 | 13, 145 | 13, 674 | 12, 440 | 12, 153 | (41) |
| 1, 092 | 1, 038 | 945 | 1, 069 | 997 | 927 | 881 | (42) |
| 1, 136 | 1, 002 | 764 | 1, 038 | 1, 136 | 1, 006 | 977 | (43) |
| 10, 844 | 11, 451 | 10, 324 | 11, 319 | 11, 389 | 10, 936 | 10, 365 | (44) |
| 4, 371 | 4, 161 | 4, 278 | 4, 016 | 4, 206 | 3, 983 | 3, 978 | (45) |
| 3, 271 | 3, 272 | 3, 027 | 3, 134 | 3, 420 | 3, 181 | 3, 014 | (46) |
| 912 | 879 | 680 | 843 | 868 | 754 | 726 | (47) |
| 2, 301 | 2, 096 | 1, 885 | 2, 007 | 2, 224 | 2, 111 | 2, 170 | (48) |

# 8　飲用牛乳等生産量（都道府県別）（月別）（続き）

## (2)　牛乳生産量

| 都道府県 | 年計 | | 1月 | 2 | 3 | 4 | 5 |
|---|---|---|---|---|---|---|---|
| | 実数 | 対前年比 | | | | | |
| | kl | % | kl | kl | kl | kl | kl |
| **全国 (1)** | **3,179,724** | **100.6** | **257,189** | **251,172** | **241,918** | **243,968** | **257,500** |
| 北海道 (2) | 461,024 | 103.6 | 35,331 | 34,659 | 36,072 | 35,068 | 37,257 |
| 青森 (3) | x | x | x | x | x | x | x |
| 岩手 (4) | 69,618 | 96.8 | 5,632 | 5,473 | 5,560 | 5,540 | 5,961 |
| 宮城 (5) | 78,851 | 90.4 | 6,604 | 5,787 | 6,916 | 6,423 | 6,863 |
| 秋田 (6) | x | x | x | x | x | x | x |
| 山形 (7) | 22,138 | 97.5 | 1,703 | 1,696 | 1,642 | 1,724 | 1,919 |
| 福島 (8) | 31,861 | 94.4 | 2,351 | 2,714 | 2,181 | 2,169 | 2,116 |
| 茨城 (9) | 190,772 | 108.9 | 14,470 | 14,480 | 15,115 | 15,965 | 17,660 |
| 栃木 (10) | 154,750 | 109.9 | 12,039 | 11,418 | 11,309 | 11,971 | 13,502 |
| 群馬 (11) | 114,126 | 94.7 | 9,984 | 9,737 | 9,907 | 8,719 | 8,996 |
| 埼玉 (12) | 76,476 | 95.9 | 6,039 | 6,326 | 5,062 | 4,985 | 5,184 |
| 千葉 (13) | 167,125 | 108.1 | 13,346 | 13,277 | 11,814 | 12,565 | 13,251 |
| 東京 (14) | 46,643 | 94.7 | 4,004 | 3,851 | 3,720 | 3,478 | 3,478 |
| 神奈川 (15) | 214,718 | 97.2 | 18,231 | 18,163 | 16,667 | 16,866 | 17,394 |
| 新潟 (16) | 37,918 | 106.6 | 3,002 | 2,985 | 2,687 | 3,025 | 3,173 |
| 富山 (17) | x | x | x | x | x | x | x |
| 石川 (18) | 25,019 | 81.5 | 2,049 | 1,902 | 1,882 | 1,750 | 1,712 |
| 福井 (19) | x | x | x | x | x | x | x |
| 山梨 (20) | 2,086 | 119.7 | 143 | 151 | 221 | 201 | 189 |
| 長野 (21) | 114,704 | 100.2 | 9,164 | 9,270 | 9,250 | 9,571 | 10,077 |
| 岐阜 (22) | 78,130 | 98.0 | 6,511 | 6,380 | 6,858 | 6,571 | 6,289 |
| 静岡 (23) | 77,560 | 116.3 | 5,806 | 6,087 | 5,941 | 5,804 | 6,294 |
| 愛知 (24) | 143,304 | 91.1 | 12,576 | 11,832 | 9,823 | 9,756 | 10,010 |
| 三重 (25) | 22,265 | 100.4 | 1,697 | 1,766 | 1,807 | 1,725 | 1,775 |
| 滋賀 (26) | 22,136 | 107.3 | 1,749 | 1,746 | 1,478 | 1,530 | 1,632 |
| 京都 (27) | 94,628 | 97.3 | 8,247 | 7,695 | 6,844 | 7,411 | 7,606 |
| 大阪 (28) | 101,562 | 104.6 | 8,276 | 8,318 | 6,755 | 6,731 | 7,323 |
| 兵庫 (29) | 141,063 | 97.2 | 11,774 | 11,373 | 10,926 | 10,869 | 11,107 |
| 奈良 (30) | x | x | x | x | x | x | x |
| 和歌山 (31) | x | x | x | x | x | x | x |
| 鳥取 (32) | x | x | x | x | x | x | x |
| 島根 (33) | 14,122 | 108.5 | 1,006 | 1,047 | 1,054 | 1,072 | 1,143 |
| 岡山 (34) | 101,657 | 85.3 | 9,159 | 7,793 | 7,758 | 8,076 | 8,998 |
| 広島 (35) | 49,837 | 110.4 | 4,034 | 3,819 | 3,367 | 3,771 | 3,896 |
| 山口 (36) | x | x | x | x | x | x | x |
| 徳島 (37) | x | x | x | x | x | x | x |
| 香川 (38) | x | x | x | x | x | x | x |
| 愛媛 (39) | x | x | x | x | x | x | x |
| 高知 (40) | x | x | x | x | x | x | x |
| 福岡 (41) | 145,089 | 104.6 | 11,873 | 11,906 | 11,406 | 11,361 | 11,573 |
| 佐賀 (42) | 11,452 | 93.0 | 963 | 924 | 811 | 840 | 965 |
| 長崎 (43) | 11,593 | 97.4 | 945 | 1,010 | 663 | 873 | 1,043 |
| 熊本 (44) | 99,316 | 105.3 | 7,664 | 7,489 | 7,622 | 7,514 | 7,699 |
| 大分 (45) | 44,051 | 106.5 | 3,480 | 3,363 | 3,465 | 3,618 | 3,928 |
| 宮崎 (46) | 26,557 | 96.3 | 2,354 | 2,121 | 1,790 | 2,019 | 2,278 |
| 鹿児島 (47) | 9,079 | 100.3 | 696 | 699 | 557 | 702 | 822 |
| 沖縄 (48) | 20,042 | 98.0 | 1,845 | 1,800 | 1,518 | 1,428 | 1,594 |

| 6 | 7 | 8 | 9 | 10 | 11 | 12 | |
|---|---|---|---|---|---|---|---|
| kl | kl | kl | kl | kl | kl | kl | |
| **281,721** | **282,839** | **273,763** | **281,434** | **282,061** | **267,838** | **258,321** | (1) |
| 40,388 | 40,926 | 42,006 | 44,940 | 40,584 | 37,302 | 36,491 | (2) |
| x | x | x | x | x | x | x | (3) |
| 6,130 | 5,838 | 6,105 | 5,933 | 5,929 | 5,854 | 5,663 | (4) |
| 7,354 | 7,453 | 7,135 | 7,333 | 5,792 | 5,786 | 5,405 | (5) |
| x | x | x | x | x | x | x | (6) |
| 2,024 | 2,037 | 1,943 | 1,982 | 1,959 | 1,747 | 1,762 | (7) |
| 2,818 | 2,808 | 2,625 | 2,886 | 3,340 | 3,128 | 2,725 | (8) |
| 16,876 | 16,528 | 16,943 | 15,613 | 16,088 | 15,705 | 15,329 | (9) |
| 13,726 | 13,738 | 13,880 | 12,809 | 13,809 | 13,247 | 13,302 | (10) |
| 9,437 | 9,591 | 9,713 | 9,622 | 9,966 | 9,485 | 8,969 | (11) |
| 7,140 | 7,532 | 6,304 | 7,467 | 7,528 | 6,863 | 6,046 | (12) |
| 14,904 | 15,446 | 14,176 | 14,275 | 15,214 | 14,703 | 14,154 | (13) |
| 4,092 | 4,110 | 3,853 | 4,200 | 3,933 | 4,090 | 3,834 | (14) |
| 17,309 | 18,787 | 17,723 | 18,624 | 19,051 | 18,380 | 17,523 | (15) |
| 3,505 | 3,445 | 3,049 | 3,354 | 3,330 | 3,177 | 3,186 | (16) |
| x | x | x | x | x | x | x | (17) |
| 2,268 | 2,147 | 2,190 | 2,222 | 2,347 | 2,362 | 2,188 | (18) |
| x | x | x | x | x | x | x | (19) |
| 157 | 163 | 167 | 149 | 159 | 164 | 222 | (20) |
| 10,102 | 9,841 | 10,047 | 9,073 | 9,634 | 9,400 | 9,275 | (21) |
| 6,686 | 6,458 | 6,613 | 6,415 | 6,640 | 6,525 | 6,184 | (22) |
| 7,203 | 7,045 | 6,669 | 6,880 | 6,999 | 6,569 | 6,263 | (23) |
| 12,718 | 12,745 | 12,038 | 13,656 | 13,365 | 12,654 | 12,131 | (24) |
| 2,171 | 1,979 | 1,725 | 1,834 | 1,952 | 1,936 | 1,898 | (25) |
| 2,083 | 2,140 | 1,891 | 1,931 | 2,116 | 1,978 | 1,862 | (26) |
| 8,281 | 8,116 | 8,087 | 8,770 | 8,613 | 7,510 | 7,448 | (27) |
| 9,382 | 9,722 | 8,738 | 9,274 | 9,666 | 8,822 | 8,555 | (28) |
| 12,231 | 12,536 | 12,032 | 12,257 | 12,376 | 11,964 | 11,618 | (29) |
| x | x | x | x | x | x | x | (30) |
| x | x | x | x | x | x | x | (31) |
| x | x | x | x | x | x | x | (32) |
| 1,335 | 1,283 | 1,184 | 1,298 | 1,317 | 1,221 | 1,162 | (33) |
| 8,909 | 9,156 | 8,819 | 8,604 | 8,567 | 7,975 | 7,843 | (34) |
| 4,652 | 4,587 | 4,361 | 4,222 | 4,542 | 4,400 | 4,186 | (35) |
| x | x | x | x | x | x | x | (36) |
| x | x | x | x | x | x | x | (37) |
| x | x | x | x | x | x | x | (38) |
| x | x | x | x | x | x | x | (39) |
| x | x | x | x | x | x | x | (40) |
| 12,637 | 13,086 | 12,686 | 12,551 | 12,986 | 11,704 | 11,320 | (41) |
| 1,092 | 1,038 | 945 | 1,069 | 997 | 927 | 881 | (42) |
| 1,136 | 1,002 | 764 | 1,038 | 1,136 | 1,006 | 977 | (43) |
| 8,775 | 9,360 | 8,235 | 9,016 | 9,165 | 8,727 | 8,050 | (44) |
| 3,934 | 3,723 | 3,813 | 3,625 | 3,821 | 3,637 | 3,644 | (45) |
| 2,354 | 2,305 | 2,056 | 2,222 | 2,497 | 2,358 | 2,203 | (46) |
| 904 | 870 | 671 | 835 | 859 | 746 | 718 | (47) |
| 1,904 | 1,651 | 1,491 | 1,590 | 1,710 | 1,707 | 1,804 | (48) |

# 8　飲用牛乳等生産量（都道府県別）（月別）（続き）

## (3)　牛乳　うち、業務用生産量

| 都道府県 | 年計 実数 | 年計 対前年比 | 1月 | 2 | 3 | 4 | 5 |
|---|---|---|---|---|---|---|---|
| | kl | % | kl | kl | kl | kl | kl |
| **全国 (1)** | **280,924** | **87.2** | **24,555** | **23,347** | **23,345** | **20,093** | **17,325** |
| 北海道 (2) | 58,716 | 84.5 | 4,791 | 4,525 | 4,703 | 3,919 | 4,259 |
| 青森 (3) | x | x | x | x | x | x | x |
| 岩手 (4) | 5,699 | 74.8 | 572 | 488 | 444 | 345 | 316 |
| 宮城 (5) | 1,873 | 82.3 | 223 | 165 | 159 | 132 | 149 |
| 秋田 (6) | x | x | x | x | x | x | x |
| 山形 (7) | 1,368 | 110.7 | 77 | 102 | 104 | 77 | 76 |
| 福島 (8) | 9,874 | 78.4 | 787 | 964 | 828 | 579 | 462 |
| 茨城 (9) | 5,316 | 69.9 | 669 | 490 | 406 | 321 | 334 |
| 栃木 (10) | 7,529 | 99.9 | 542 | 539 | 818 | 450 | 335 |
| 群馬 (11) | 14,538 | 85.5 | 1,446 | 1,582 | 1,407 | 940 | 864 |
| 埼玉 (12) | 15,312 | 83.4 | 1,164 | 1,290 | 1,220 | 994 | 807 |
| 千葉 (13) | 6,547 | 81.2 | 684 | 584 | 662 | 528 | 479 |
| 東京 (14) | 8,953 | 76.9 | 778 | 777 | 800 | 636 | 648 |
| 神奈川 (15) | 25,924 | 100.4 | 2,453 | 2,471 | 2,342 | 1,992 | 1,726 |
| 新潟 (16) | 897 | 63.2 | 90 | 74 | 86 | 67 | 105 |
| 富山 (17) | x | x | x | x | x | x | x |
| 石川 (18) | 4,691 | 98.2 | 390 | 287 | 517 | 333 | 209 |
| 福井 (19) | x | x | x | x | x | x | x |
| 山梨 (20) | 2,063 | 120.4 | 141 | 150 | 219 | 199 | 188 |
| 長野 (21) | 3,380 | 87.7 | 344 | 348 | 395 | 252 | 258 |
| 岐阜 (22) | 234 | 89.3 | 23 | 24 | 33 | 16 | 14 |
| 静岡 (23) | 9,746 | 71.1 | 558 | 549 | 618 | 842 | 755 |
| 愛知 (24) | 16,813 | 81.6 | 1,522 | 1,371 | 1,216 | 1,257 | 677 |
| 三重 (25) | 55 | 83.3 | 6 | 6 | 1 | 2 | 1 |
| 滋賀 (26) | 388 | 138.6 | 26 | 25 | 29 | 37 | 37 |
| 京都 (27) | 17,698 | 99.9 | 1,499 | 1,387 | 1,021 | 1,070 | 833 |
| 大阪 (28) | 3,424 | 105.6 | 237 | 283 | 251 | 163 | 129 |
| 兵庫 (29) | 13,992 | 94.4 | 1,224 | 1,122 | 1,147 | 1,328 | 816 |
| 奈良 (30) | x | x | x | x | x | x | x |
| 和歌山 (31) | x | x | x | x | x | x | x |
| 鳥取 (32) | x | x | x | x | x | x | x |
| 島根 (33) | 771 | 106.2 | 62 | 63 | 55 | 44 | 44 |
| 岡山 (34) | 2,882 | 95.3 | 271 | 235 | 280 | 173 | 198 |
| 広島 (35) | 1,596 | 97.2 | 175 | 110 | 117 | 90 | 93 |
| 山口 (36) | x | x | x | x | x | x | x |
| 徳島 (37) | x | x | x | x | x | x | x |
| 香川 (38) | x | x | x | x | x | x | x |
| 愛媛 (39) | x | x | x | x | x | x | x |
| 高知 (40) | x | x | x | x | x | x | x |
| 福岡 (41) | 5,807 | 122.3 | 666 | 834 | 644 | 547 | 327 |
| 佐賀 (42) | 123 | 98.4 | 11 | 15 | 10 | 10 | 7 |
| 長崎 (43) | 53 | 101.9 | 4 | 7 | 2 | 4 | 2 |
| 熊本 (44) | 12,061 | 101.8 | 879 | 876 | 963 | 959 | 782 |
| 大分 (45) | 2,428 | 89.6 | 239 | 183 | 136 | 142 | 109 |
| 宮崎 (46) | 2,607 | 67.1 | 427 | 234 | 130 | 174 | 191 |
| 鹿児島 (47) | - | nc | - | - | - | - | - |
| 沖縄 (48) | 1,212 | 89.2 | 122 | 120 | 118 | 69 | 71 |

| 6 | 7 | 8 | 9 | 10 | 11 | 12 | |
|---|---|---|---|---|---|---|---|
| kl | kl | kl | kl | kl | kl | kl | |
| **21,939** | **23,146** | **23,370** | **25,556** | **26,788** | **27,476** | **23,984** | (1) |
| 4,952 | 4,822 | 5,117 | 5,729 | 5,500 | 5,529 | 4,870 | (2) |
| x | x | x | x | x | x | x | (3) |
| 552 | 474 | 487 | 495 | 472 | 589 | 465 | (4) |
| 164 | 160 | 114 | 139 | 160 | 163 | 145 | (5) |
| x | x | x | x | x | x | x | (6) |
| 79 | 154 | 175 | 162 | 158 | 104 | 100 | (7) |
| 717 | 817 | 877 | 912 | 1,167 | 999 | 765 | (8) |
| 395 | 384 | 443 | 436 | 441 | 526 | 471 | (9) |
| 613 | 725 | 572 | 743 | 811 | 732 | 649 | (10) |
| 870 | 968 | 1,100 | 1,104 | 1,415 | 1,542 | 1,300 | (11) |
| 1,149 | 1,485 | 1,425 | 1,636 | 1,574 | 1,443 | 1,125 | (12) |
| 505 | 459 | 440 | 509 | 537 | 577 | 583 | (13) |
| 782 | 813 | 858 | 662 | 583 | 816 | 800 | (14) |
| 1,848 | 2,040 | 2,099 | 2,394 | 2,289 | 2,553 | 1,717 | (15) |
| 58 | 84 | 83 | 21 | 19 | 72 | 138 | (16) |
| x | x | x | x | x | x | x | (17) |
| 314 | 317 | 469 | 423 | 458 | 532 | 442 | (18) |
| x | x | x | x | x | x | x | (19) |
| 155 | 161 | 164 | 147 | 157 | 162 | 220 | (20) |
| 342 | 251 | 233 | 170 | 182 | 258 | 347 | (21) |
| 17 | 21 | 18 | 18 | 17 | 17 | 16 | (22) |
| 925 | 870 | 851 | 824 | 969 | 1,083 | 902 | (23) |
| 824 | 1,187 | 1,399 | 1,938 | 1,832 | 1,806 | 1,784 | (24) |
| 6 | 4 | 3 | 6 | 8 | 6 | 6 | (25) |
| 33 | 34 | 35 | 31 | 33 | 33 | 35 | (26) |
| 1,271 | 2,181 | 1,509 | 2,113 | 1,727 | 1,530 | 1,557 | (27) |
| 205 | 227 | 302 | 460 | 340 | 449 | 378 | (28) |
| 1,163 | 1,155 | 968 | 954 | 1,581 | 1,318 | 1,216 | (29) |
| x | x | x | x | x | x | x | (30) |
| x | x | x | x | x | x | x | (31) |
| x | x | x | x | x | x | x | (32) |
| 58 | 66 | 73 | 70 | 79 | 77 | 80 | (33) |
| 216 | 228 | 216 | 260 | 256 | 271 | 278 | (34) |
| 114 | 169 | 115 | 82 | 128 | 279 | 124 | (35) |
| x | x | x | x | x | x | x | (36) |
| x | x | x | x | x | x | x | (37) |
| x | x | x | x | x | x | x | (38) |
| x | x | x | x | x | x | x | (39) |
| x | x | x | x | x | x | x | (40) |
| 442 | 479 | 568 | 199 | 661 | 238 | 202 | (41) |
| 9 | 8 | 11 | 9 | 10 | 14 | 9 | (42) |
| 3 | 3 | 3 | 8 | 9 | 5 | 3 | (43) |
| 945 | 993 | 1,020 | 1,194 | 1,197 | 1,180 | 1,073 | (44) |
| 172 | 195 | 197 | 250 | 279 | 248 | 278 | (45) |
| 146 | 157 | 191 | 102 | 331 | 314 | 210 | (46) |
| – | – | – | – | – | – | – | (47) |
| 81 | 85 | 89 | 94 | 118 | 110 | 135 | (48) |

## 8　飲用牛乳等生産量（都道府県別）（月別）（続き）

### (4)　牛乳　うち、学校給食用生産量

| 都道府県 | 年計 実数 | 年計 対前年比 | 1月 | 2 | 3 | 4 | 5 |
|---|---|---|---|---|---|---|---|
| | kl | % | kl | kl | kl | kl | kl |
| **全国 (1)** | **305,850** | **87.1** | **31,145** | **33,099** | **2,926** | **5,345** | **6,156** |
| 北海道 (2) | 13,387 | 86.2 | 925 | 1,252 | 90 | 544 | 309 |
| 青森 (3) | x | x | x | x | x | x | x |
| 岩手 (4) | 5,130 | 94.4 | 393 | 516 | 81 | 306 | 494 |
| 宮城 (5) | 5,982 | 88.4 | 629 | 654 | 11 | 17 | 20 |
| 秋田 (6) | x | x | x | x | x | x | x |
| 山形 (7) | 3,118 | 93.5 | 289 | 295 | 89 | 95 | 172 |
| 福島 (8) | 5,081 | 90.2 | 464 | 532 | 76 | 226 | 172 |
| 茨城 (9) | 11,547 | 97.9 | 1,053 | 1,131 | 82 | 66 | 16 |
| 栃木 (10) | 5,410 | 88.4 | 538 | 569 | 71 | 76 | 51 |
| 群馬 (11) | 4,928 | 77.4 | 542 | 567 | 111 | 104 | 72 |
| 埼玉 (12) | 17,829 | 92.8 | 1,621 | 1,779 | 342 | 312 | 312 |
| 千葉 (13) | 25,668 | 89.4 | 2,760 | 2,842 | 135 | 67 | 65 |
| 東京 (14) | 5,666 | 79.8 | 655 | 678 | 3 | 2 | 3 |
| 神奈川 (15) | 20,407 | 68.6 | 2,682 | 2,792 | 56 | 3 | 7 |
| 新潟 (16) | 6,187 | 91.4 | 606 | 631 | 18 | 350 | 271 |
| 富山 (17) | x | x | x | x | x | x | x |
| 石川 (18) | 3,889 | 84.5 | 405 | 423 | 48 | 45 | 6 |
| 福井 (19) | x | x | x | x | x | x | x |
| 山梨 (20) | − | nc | − | − | − | − | − |
| 長野 (21) | 6,955 | 87.2 | 679 | 735 | 69 | 171 | 206 |
| 岐阜 (22) | 5,961 | 83.5 | 645 | 647 | 32 | 19 | 36 |
| 静岡 (23) | 9,596 | 90.1 | 980 | 1,013 | 194 | 200 | 261 |
| 愛知 (24) | 20,591 | 85.6 | 2,227 | 2,322 | 140 | 99 | 191 |
| 三重 (25) | 4,107 | 87.8 | 399 | 447 | 20 | 87 | 68 |
| 滋賀 (26) | 7,054 | 103.4 | 713 | 733 | 226 | 230 | 220 |
| 京都 (27) | 3,821 | 82.4 | 429 | 429 | 44 | 31 | 27 |
| 大阪 (28) | 20,635 | 84.5 | 2,173 | 2,255 | 19 | 76 | 65 |
| 兵庫 (29) | 14,352 | 88.2 | 1,472 | 1,565 | 120 | 85 | 43 |
| 奈良 (30) | x | x | x | x | x | x | x |
| 和歌山 (31) | x | x | x | x | x | x | x |
| 鳥取 (32) | x | x | x | x | x | x | x |
| 島根 (33) | 2,051 | 96.3 | 180 | 197 | 132 | 83 | 117 |
| 岡山 (34) | 3,970 | 82.8 | 427 | 432 | 1 | 142 | 99 |
| 広島 (35) | 8,370 | 92.7 | 885 | 886 | 25 | 278 | 58 |
| 山口 (36) | x | x | x | x | x | x | x |
| 徳島 (37) | x | x | x | x | x | x | x |
| 香川 (38) | x | x | x | x | x | x | x |
| 愛媛 (39) | x | x | x | x | x | x | x |
| 高知 (40) | x | x | x | x | x | x | x |
| 福岡 (41) | 14,559 | 85.0 | 1,552 | 1,644 | 53 | 36 | 136 |
| 佐賀 (42) | 1,901 | 94.9 | 175 | 190 | 11 | 94 | 131 |
| 長崎 (43) | 4,031 | 93.0 | 385 | 438 | 32 | 224 | 345 |
| 熊本 (44) | 6,885 | 94.0 | 659 | 695 | 51 | 163 | 228 |
| 大分 (45) | 3,487 | 91.9 | 334 | 353 | 71 | 95 | 143 |
| 宮崎 (46) | 6,056 | 91.9 | 592 | 593 | 164 | 322 | 488 |
| 鹿児島 (47) | 1,654 | 92.2 | 153 | 173 | 5 | 105 | 155 |
| 沖縄 (48) | 5,387 | 86.2 | 594 | 596 | 170 | 39 | 168 |

| 6 | 7 | 8 | 9 | 10 | 11 | 12 | |
|---|---|---|---|---|---|---|---|
| kl | kl | kl | kl | kl | kl | kl | |
| **34, 904** | **35, 035** | **16, 019** | **35, 836** | **38, 741** | **35, 413** | **31, 231** | (1) |
| 1, 674 | 1, 560 | 964 | 1, 492 | 1, 645 | 1, 580 | 1, 352 | (2) |
| x | x | x | x | x | x | x | (3) |
| 620 | 408 | 234 | 528 | 567 | 528 | 455 | (4) |
| 758 | 761 | 387 | 712 | 728 | 702 | 603 | (5) |
| x | x | x | x | x | x | x | (6) |
| 357 | 341 | 213 | 306 | 339 | 308 | 314 | (7) |
| 648 | 591 | 247 | 532 | 573 | 542 | 478 | (8) |
| 1, 184 | 1, 583 | 603 | 1, 472 | 1, 610 | 1, 431 | 1, 316 | (9) |
| 685 | 639 | 375 | 616 | 637 | 591 | 562 | (10) |
| 499 | 553 | 237 | 579 | 604 | 563 | 497 | (11) |
| 1, 932 | 2, 156 | 892 | 2, 187 | 2, 343 | 2, 068 | 1, 885 | (12) |
| 2, 478 | 3, 335 | 1, 375 | 3, 108 | 3, 484 | 3, 153 | 2, 866 | (13) |
| 568 | 679 | 233 | 736 | 773 | 721 | 615 | (14) |
| 1, 283 | 2, 387 | 1, 073 | 2, 709 | 2, 765 | 2, 615 | 2, 035 | (15) |
| 780 | 708 | 187 | 681 | 723 | 659 | 573 | (16) |
| x | x | x | x | x | x | x | (17) |
| 514 | 441 | 174 | 458 | 498 | 442 | 435 | (18) |
| x | x | x | x | x | x | x | (19) |
| – | – | – | – | – | – | – | (20) |
| 869 | 758 | 460 | 756 | 810 | 757 | 685 | (21) |
| 695 | 614 | 435 | 725 | 767 | 695 | 651 | (22) |
| 1, 221 | 1, 112 | 440 | 1, 086 | 1, 107 | 1, 015 | 967 | (23) |
| 2, 767 | 2, 083 | 1, 190 | 2, 543 | 2, 628 | 2, 498 | 1, 903 | (24) |
| 567 | 473 | 150 | 477 | 544 | 468 | 407 | (25) |
| 691 | 738 | 481 | 778 | 818 | 749 | 677 | (26) |
| 472 | 385 | 164 | 494 | 507 | 476 | 363 | (27) |
| 2, 286 | 2, 517 | 1, 319 | 2, 603 | 2, 747 | 2, 404 | 2, 171 | (28) |
| 1, 535 | 1, 663 | 859 | 1, 714 | 2, 006 | 1, 824 | 1, 466 | (29) |
| x | x | x | x | x | x | x | (30) |
| x | x | x | x | x | x | x | (31) |
| x | x | x | x | x | x | x | (32) |
| 238 | 217 | 62 | 198 | 226 | 201 | 200 | (33) |
| 540 | 423 | 61 | 466 | 520 | 454 | 405 | (34) |
| 1, 024 | 926 | 433 | 958 | 1, 081 | 939 | 877 | (35) |
| x | x | x | x | x | x | x | (36) |
| x | x | x | x | x | x | x | (37) |
| x | x | x | x | x | x | x | (38) |
| x | x | x | x | x | x | x | (39) |
| x | x | x | x | x | x | x | (40) |
| 1, 757 | 1, 761 | 850 | 1, 656 | 1, 888 | 1, 730 | 1, 496 | (41) |
| 240 | 200 | 60 | 196 | 227 | 194 | 183 | (42) |
| 504 | 335 | 75 | 414 | 472 | 430 | 377 | (43) |
| 931 | 791 | 236 | 763 | 860 | 789 | 719 | (44) |
| 414 | 380 | 232 | 355 | 404 | 355 | 351 | (45) |
| 704 | 585 | 175 | 597 | 664 | 604 | 568 | (46) |
| 207 | 159 | 8 | 173 | 195 | 170 | 151 | (47) |
| 689 | 588 | 268 | 560 | 570 | 582 | 563 | (48) |

# 8　飲用牛乳等生産量（都道府県別）（月別）（続き）

## (5)　加工乳・成分調整牛乳生産量

| 都道府県 | 年計 |  | 1月 | 2 | 3 | 4 | 5 |
| --- | --- | --- | --- | --- | --- | --- | --- |
|  | 実数 | 対前年比 |  |  |  |  |  |
|  | kl | % | kl | kl | kl | kl | kl |
| **全国 (1)** | **394,132** | **95.9** | **33,257** | **31,803** | **33,932** | **31,182** | **33,502** |
| 北海道 (2) | 95,824 | 93.8 | 7,837 | 7,681 | 8,312 | 7,907 | 8,304 |
| 青森 (3) | x | x | x | x | x | x | x |
| 岩手 (4) | 6,991 | 103.4 | 564 | 521 | 597 | 605 | 618 |
| 宮城 (5) | 3,232 | 96.1 | 240 | 229 | 263 | 442 | 311 |
| 秋田 (6) | x | x | x | x | x | x | x |
| 山形 (7) | 2,086 | 93.8 | 220 | 210 | 204 | 102 | 103 |
| 福島 (8) | 90 | 89.1 | 8 | 7 | 8 | 7 | 7 |
| 茨城 (9) | 4,988 | 95.7 | 414 | 390 | 450 | 475 | 489 |
| 栃木 (10) | 12,808 | 130.4 | 855 | 1,224 | 1,787 | 956 | 960 |
| 群馬 (11) | 11,557 | 103.6 | 973 | 1,053 | 978 | 538 | 729 |
| 埼玉 (12) | 8,810 | 68.4 | 1,208 | 1,001 | 798 | 300 | 413 |
| 千葉 (13) | 2,051 | 108.2 | 147 | 144 | 167 | 169 | 185 |
| 東京 (14) | 25,037 | 95.2 | 2,045 | 1,934 | 2,260 | 2,294 | 2,400 |
| 神奈川 (15) | 67,139 | 94.8 | 5,884 | 5,585 | 5,749 | 4,677 | 5,571 |
| 新潟 (16) | 1,974 | 109.7 | 143 | 205 | 161 | 169 | 176 |
| 富山 (17) | x | x | x | x | x | x | x |
| 石川 (18) | － | nc | － | － | － | － | － |
| 福井 (19) | x | x | x | x | x | x | x |
| 山梨 (20) | － | nc | － | － | － | － | － |
| 長野 (21) | － | nc | － | － | － | － | － |
| 岐阜 (22) | 148 | 88.1 | 14 | 14 | 15 | 12 | 12 |
| 静岡 (23) | 6,799 | 119.7 | 779 | 855 | 737 | 421 | 342 |
| 愛知 (24) | 31,502 | 99.5 | 2,535 | 1,981 | 1,871 | 2,833 | 3,072 |
| 三重 (25) | 3,438 | 115.4 | 246 | 241 | 272 | 278 | 285 |
| 滋賀 (26) | － | nc | － | － | － | － | － |
| 京都 (27) | 83 | 98.8 | 6 | 6 | 7 | 7 | 7 |
| 大阪 (28) | 8,201 | 99.6 | 632 | 617 | 676 | 664 | 759 |
| 兵庫 (29) | 19,592 | 93.3 | 1,605 | 1,503 | 1,703 | 1,844 | 1,964 |
| 奈良 (30) | x | x | x | x | x | x | x |
| 和歌山 (31) | x | x | x | x | x | x | x |
| 鳥取 (32) | x | x | x | x | x | x | x |
| 島根 (33) | 135 | 88.2 | 10 | 10 | 11 | 11 | 11 |
| 岡山 (34) | 16,323 | 83.9 | 1,706 | 1,560 | 1,491 | 897 | 1,099 |
| 広島 (35) | 2,542 | 93.8 | 187 | 183 | 223 | 204 | 222 |
| 山口 (36) | x | x | x | x | x | x | x |
| 徳島 (37) | x | x | x | x | x | x | x |
| 香川 (38) | x | x | x | x | x | x | x |
| 愛媛 (39) | x | x | x | x | x | x | x |
| 高知 (40) | x | x | x | x | x | x | x |
| 福岡 (41) | 8,560 | 73.4 | 843 | 694 | 758 | 771 | 706 |
| 佐賀 (42) | － | － | － | － | － | － | － |
| 長崎 (43) | － | nc | － | － | － | － | － |
| 熊本 (44) | 25,574 | 104.8 | 1,975 | 1,827 | 2,078 | 2,181 | 2,213 |
| 大分 (45) | 4,884 | 109.7 | 343 | 337 | 391 | 464 | 553 |
| 宮崎 (46) | 10,544 | 104.9 | 783 | 755 | 866 | 890 | 926 |
| 鹿児島 (47) | 102 | 83.6 | 9 | 9 | 9 | 8 | 8 |
| 沖縄 (48) | 4,800 | 96.7 | 396 | 386 | 399 | 353 | 329 |

| 6 | 7 | 8 | 9 | 10 | 11 | 12 | |
|---|---|---|---|---|---|---|---|
| kl | kl | kl | kl | kl | kl | kl | |
| **32,090** | **32,922** | **33,575** | **33,710** | **32,815** | **32,177** | **33,167** | (1) |
| 7,632 | 8,171 | 8,223 | 8,014 | 7,972 | 7,825 | 7,946 | (2) |
| x | x | x | x | x | x | x | (3) |
| 621 | 625 | 635 | 633 | 559 | 499 | 514 | (4) |
| 258 | 254 | 268 | 259 | 238 | 243 | 227 | (5) |
| x | x | x | x | x | x | x | (6) |
| 112 | 129 | 128 | 186 | 189 | 224 | 279 | (7) |
| 7 | 8 | 7 | 8 | 8 | 7 | 8 | (8) |
| 439 | 418 | 432 | 428 | 321 | 379 | 353 | (9) |
| 904 | 923 | 1,006 | 1,149 | 1,039 | 992 | 1,013 | (10) |
| 791 | 836 | 919 | 1,060 | 1,117 | 1,254 | 1,309 | (11) |
| 568 | 586 | 585 | 719 | 773 | 859 | 1,000 | (12) |
| 188 | 178 | 170 | 183 | 173 | 175 | 172 | (13) |
| 2,073 | 2,017 | 1,955 | 2,039 | 1,788 | 1,949 | 2,283 | (14) |
| 5,540 | 5,864 | 5,966 | 5,849 | 5,614 | 5,389 | 5,451 | (15) |
| 165 | 166 | 167 | 169 | 157 | 147 | 149 | (16) |
| x | x | x | x | x | x | x | (17) |
| – | – | – | – | – | – | – | (18) |
| x | x | x | x | x | x | x | (19) |
| – | – | – | – | – | – | – | (20) |
| – | – | – | – | – | – | – | (21) |
| 10 | 12 | 12 | 12 | 12 | 11 | 12 | (22) |
| 465 | 469 | 455 | 471 | 541 | 567 | 697 | (23) |
| 2,925 | 2,893 | 3,025 | 2,882 | 2,740 | 2,440 | 2,305 | (24) |
| 297 | 308 | 330 | 312 | 325 | 232 | 312 | (25) |
| – | – | – | – | – | – | – | (26) |
| 7 | 7 | 9 | 8 | 7 | 6 | 6 | (27) |
| 720 | 713 | 777 | 788 | 654 | 608 | 593 | (28) |
| 1,784 | 1,646 | 1,747 | 1,551 | 1,475 | 1,414 | 1,356 | (29) |
| x | x | x | x | x | x | x | (30) |
| x | x | x | x | x | x | x | (31) |
| x | x | x | x | x | x | x | (32) |
| 12 | 12 | 12 | 12 | 12 | 11 | 11 | (33) |
| 1,149 | 1,140 | 1,203 | 1,440 | 1,450 | 1,559 | 1,629 | (34) |
| 223 | 225 | 240 | 212 | 215 | 206 | 202 | (35) |
| x | x | x | x | x | x | x | (36) |
| x | x | x | x | x | x | x | (37) |
| x | x | x | x | x | x | x | (38) |
| x | x | x | x | x | x | x | (39) |
| x | x | x | x | x | x | x | (40) |
| 648 | 657 | 632 | 594 | 688 | 736 | 833 | (41) |
| – | – | – | – | – | – | – | (42) |
| – | – | – | – | – | – | – | (43) |
| 2,069 | 2,091 | 2,089 | 2,303 | 2,224 | 2,209 | 2,315 | (44) |
| 437 | 438 | 465 | 391 | 385 | 346 | 334 | (45) |
| 917 | 967 | 971 | 912 | 923 | 823 | 811 | (46) |
| 8 | 9 | 9 | 8 | 9 | 8 | 8 | (47) |
| 397 | 445 | 394 | 417 | 514 | 404 | 366 | (48) |

## 8　飲用牛乳等生産量（都道府県別）（月別）（続き）

### (6)　加工乳・成分調整牛乳　うち、業務用生産量

| 都道府県 | 年計 | | 1月 | 2 | 3 | 4 | 5 |
|---|---|---|---|---|---|---|---|
| | 実数 | 対前年比 | | | | | |
| | kl | % | kl | kl | kl | kl | kl |
| **全国 (1)** | **42,612** | **72.9** | **5,255** | **4,774** | **4,167** | **1,817** | **2,251** |
| 北海道 (2) | 1,787 | 66.7 | 143 | 216 | 156 | 132 | 165 |
| 青森 (3) | x | x | x | x | x | x | x |
| 岩手 (4) | 122 | 123.2 | 10 | 10 | 11 | 10 | 11 |
| 宮城 (5) | - | nc | - | - | - | - | - |
| 秋田 (6) | x | x | x | x | x | x | x |
| 山形 (7) | - | nc | - | - | - | - | - |
| 福島 (8) | - | nc | - | - | - | - | - |
| 茨城 (9) | - | nc | - | - | - | - | - |
| 栃木 (10) | - | - | - | - | - | - | - |
| 群馬 (11) | - | nc | - | - | - | - | - |
| 埼玉 (12) | 6,657 | 61.0 | 1,058 | 853 | 630 | 116 | 219 |
| 千葉 (13) | - | nc | - | - | - | - | - |
| 東京 (14) | 4,808 | 71.3 | 562 | 543 | 512 | 58 | 106 |
| 神奈川 (15) | 5,140 | 65.3 | 650 | 591 | 485 | 184 | 279 |
| 新潟 (16) | - | nc | - | - | - | - | - |
| 富山 (17) | x | x | x | x | x | x | x |
| 石川 (18) | - | nc | - | - | - | - | - |
| 福井 (19) | x | x | x | x | x | x | x |
| 山梨 (20) | - | nc | - | - | - | - | - |
| 長野 (21) | - | nc | - | - | - | - | - |
| 岐阜 (22) | - | nc | - | - | - | - | - |
| 静岡 (23) | 5,624 | 121.3 | 699 | 779 | 652 | 200 | 270 |
| 愛知 (24) | - | nc | - | - | - | - | - |
| 三重 (25) | - | nc | - | - | - | - | - |
| 滋賀 (26) | - | nc | - | - | - | - | - |
| 京都 (27) | - | nc | - | - | - | - | - |
| 大阪 (28) | 10 | 33.3 | 3 | 2 | 2 | 1 | 1 |
| 兵庫 (29) | - | nc | - | - | - | - | - |
| 奈良 (30) | x | x | x | x | x | x | x |
| 和歌山 (31) | x | x | x | x | x | x | x |
| 鳥取 (32) | x | x | x | x | x | x | x |
| 島根 (33) | - | nc | - | - | - | - | - |
| 岡山 (34) | 9,713 | 75.2 | 1,269 | 1,068 | 946 | 332 | 482 |
| 広島 (35) | - | nc | - | - | - | - | - |
| 山口 (36) | x | x | x | x | x | x | x |
| 徳島 (37) | x | x | x | x | x | x | x |
| 香川 (38) | x | x | x | x | x | x | x |
| 愛媛 (39) | x | x | x | x | x | x | x |
| 高知 (40) | x | x | x | x | x | x | x |
| 福岡 (41) | 8,560 | 73.4 | 843 | 694 | 758 | 771 | 706 |
| 佐賀 (42) | - | nc | - | - | - | - | - |
| 長崎 (43) | - | nc | - | - | - | - | - |
| 熊本 (44) | - | nc | - | - | - | - | - |
| 大分 (45) | - | nc | - | - | - | - | - |
| 宮崎 (46) | - | nc | - | - | - | - | - |
| 鹿児島 (47) | - | nc | - | - | - | - | - |
| 沖縄 (48) | 191 | 74.6 | 18 | 18 | 15 | 13 | 12 |

| 6 | 7 | 8 | 9 | 10 | 11 | 12 | |
|---|---|---|---|---|---|---|---|
| kl | kl | kl | kl | kl | kl | kl | |
| **2, 560** | **2, 936** | **2, 784** | **3, 208** | **3, 624** | **4, 284** | **4, 952** | (1) |
| 128 | 192 | 52 | 52 | 108 | 188 | 255 | (2) |
| x | x | x | x | x | x | x | (3) |
| 10 | 10 | 10 | 10 | 10 | 10 | 10 | (4) |
| – | – | – | – | – | – | – | (5) |
| x | x | x | x | x | x | x | (6) |
| – | – | – | – | – | – | – | (7) |
| – | – | – | – | – | – | – | (8) |
| – | – | – | – | – | – | – | (9) |
| – | – | – | – | – | – | – | (10) |
| – | – | – | – | – | – | – | (11) |
| 366 | 390 | 379 | 530 | 622 | 674 | 820 | (12) |
| – | – | – | – | – | – | – | (13) |
| 121 | 332 | 347 | 407 | 467 | 592 | 761 | (14) |
| 358 | 405 | 392 | 432 | 451 | 462 | 451 | (15) |
| – | – | – | – | – | – | – | (16) |
| x | x | x | x | x | x | x | (17) |
| – | – | – | – | – | – | – | (18) |
| x | x | x | x | x | x | x | (19) |
| – | – | – | – | – | – | – | (20) |
| – | – | – | – | – | – | – | (21) |
| – | – | – | – | – | – | – | (22) |
| 379 | 395 | 376 | 395 | 380 | 494 | 605 | (23) |
| – | – | – | – | – | – | – | (24) |
| – | – | – | – | – | – | – | (25) |
| – | – | – | – | – | – | – | (26) |
| – | – | – | – | – | – | – | (27) |
| 1 | – | – | – | – | – | – | (28) |
| – | – | – | – | – | – | – | (29) |
| x | x | x | x | x | x | x | (30) |
| x | x | x | x | x | x | x | (31) |
| x | x | x | x | x | x | x | (32) |
| – | – | – | – | – | – | – | (33) |
| 538 | 539 | 581 | 771 | 878 | 1, 113 | 1, 196 | (34) |
| – | – | – | – | – | – | – | (35) |
| x | x | x | x | x | x | x | (36) |
| x | x | x | x | x | x | x | (37) |
| x | x | x | x | x | x | x | (38) |
| x | x | x | x | x | x | x | (39) |
| x | x | x | x | x | x | x | (40) |
| 648 | 657 | 632 | 594 | 688 | 736 | 833 | (41) |
| – | – | – | – | – | – | – | (42) |
| – | – | – | – | – | – | – | (43) |
| – | – | – | – | – | – | – | (44) |
| – | – | – | – | – | – | – | (45) |
| – | – | – | – | – | – | – | (46) |
| – | – | – | – | – | – | – | (47) |
| 11 | 16 | 15 | 17 | 20 | 15 | 21 | (48) |

## 8　飲用牛乳等生産量（都道府県別）（月別）（続き）

### (7)　加工乳・成分調整牛乳　うち、成分調整牛乳生産量

| 都道府県 | 年計 実数 | 年計 対前年比 | 1月 | 2 | 3 | 4 | 5 |
|---|---|---|---|---|---|---|---|
| | kl | % | kl | kl | kl | kl | kl |
| **全国 (1)** | **282,329** | **98.0** | **22,453** | **21,629** | **24,252** | **24,825** | **25,933** |
| 北海道 (2) | 91,437 | 94.1 | 7,506 | 7,310 | 7,969 | 7,614 | 7,960 |
| 青森 (3) | x | x | x | x | x | x | x |
| 岩手 (4) | 6,425 | 104.3 | 518 | 474 | 550 | 558 | 575 |
| 宮城 (5) | 3,232 | 96.1 | 240 | 229 | 263 | 442 | 311 |
| 秋田 (6) | x | x | x | x | x | x | x |
| 山形 (7) | － | nc | － | － | － | － | － |
| 福島 (8) | 42 | 102.4 | 4 | 3 | 4 | 3 | 3 |
| 茨城 (9) | 4,988 | 95.7 | 414 | 390 | 450 | 475 | 489 |
| 栃木 (10) | 1,073 | 104.0 | 72 | 72 | 85 | 97 | 104 |
| 群馬 (11) | 3,217 | 97.0 | 240 | 240 | 256 | 250 | 271 |
| 埼玉 (12) | 1,994 | 110.7 | 137 | 138 | 152 | 168 | 182 |
| 千葉 (13) | 1,868 | 109.0 | 132 | 129 | 152 | 153 | 169 |
| 東京 (14) | 25,037 | 95.2 | 2,045 | 1,934 | 2,260 | 2,294 | 2,400 |
| 神奈川 (15) | 33,640 | 102.3 | 2,667 | 2,491 | 2,841 | 2,938 | 3,201 |
| 新潟 (16) | 1,085 | 126.9 | 77 | 81 | 90 | 101 | 103 |
| 富山 (17) | x | x | x | x | x | x | x |
| 石川 (18) | － | nc | － | － | － | － | － |
| 福井 (19) | x | x | x | x | x | x | x |
| 山梨 (20) | － | nc | － | － | － | － | － |
| 長野 (21) | － | nc | － | － | － | － | － |
| 岐阜 (22) | － | nc | － | － | － | － | － |
| 静岡 (23) | 644 | 88.2 | 52 | 54 | 58 | 51 | 47 |
| 愛知 (24) | 20,108 | 102.1 | 1,561 | 1,504 | 1,698 | 1,854 | 1,982 |
| 三重 (25) | 3,426 | 115.6 | 245 | 240 | 271 | 277 | 284 |
| 滋賀 (26) | － | nc | － | － | － | － | － |
| 京都 (27) | － | nc | － | － | － | － | － |
| 大阪 (28) | － | nc | － | － | － | － | － |
| 兵庫 (29) | 19,592 | 93.4 | 1,605 | 1,503 | 1,703 | 1,844 | 1,964 |
| 奈良 (30) | x | x | x | x | x | x | x |
| 和歌山 (31) | x | x | x | x | x | x | x |
| 鳥取 (32) | x | x | x | x | x | x | x |
| 島根 (33) | 135 | 103.1 | 10 | 10 | 11 | 11 | 11 |
| 岡山 (34) | 6,610 | 101.3 | 437 | 492 | 545 | 565 | 617 |
| 広島 (35) | 2,542 | 93.8 | 187 | 183 | 223 | 204 | 222 |
| 山口 (36) | x | x | x | x | x | x | x |
| 徳島 (37) | x | x | x | x | x | x | x |
| 香川 (38) | x | x | x | x | x | x | x |
| 愛媛 (39) | x | x | x | x | x | x | x |
| 高知 (40) | x | x | x | x | x | x | x |
| 福岡 (41) | 8,415 | 97.3 | 698 | 694 | 758 | 771 | 706 |
| 佐賀 (42) | － | － | － | － | － | － | － |
| 長崎 (43) | － | nc | － | － | － | － | － |
| 熊本 (44) | 23,651 | 100.7 | 1,879 | 1,772 | 2,014 | 2,151 | 2,172 |
| 大分 (45) | 4,884 | 109.7 | 343 | 337 | 391 | 464 | 553 |
| 宮崎 (46) | 10,544 | 104.9 | 783 | 755 | 866 | 890 | 926 |
| 鹿児島 (47) | － | nc | － | － | － | － | － |
| 沖縄 (48) | － | nc | － | － | － | － | － |

| 6 | 7 | 8 | 9 | 10 | 11 | 12 | |
|---|---|---|---|---|---|---|---|
| kl | kl | kl | kl | kl | kl | kl | |
| **23,923** | **24,160** | **24,709** | **23,645** | **22,732** | **21,911** | **22,157** | (1) |
| 7,311 | 7,752 | 7,884 | 7,661 | 7,607 | 7,407 | 7,456 | (2) |
| x | x | x | x | x | x | x | (3) |
| 574 | 572 | 588 | 585 | 513 | 453 | 465 | (4) |
| 258 | 254 | 268 | 259 | 238 | 243 | 227 | (5) |
| x | x | x | x | x | x | x | (6) |
| – | – | – | – | – | – | – | (7) |
| 3 | 4 | 3 | 4 | 4 | 3 | 4 | (8) |
| 439 | 418 | 432 | 428 | 321 | 379 | 353 | (9) |
| 94 | 94 | 92 | 98 | 93 | 87 | 85 | (10) |
| 268 | 264 | 276 | 259 | 301 | 298 | 294 | (11) |
| 190 | 183 | 189 | 176 | 141 | 172 | 166 | (12) |
| 173 | 162 | 155 | 168 | 157 | 161 | 157 | (13) |
| 2,073 | 2,017 | 1,955 | 2,039 | 1,788 | 1,949 | 2,283 | (14) |
| 2,999 | 3,015 | 3,107 | 2,776 | 2,670 | 2,479 | 2,456 | (15) |
| 94 | 94 | 93 | 97 | 89 | 83 | 83 | (16) |
| x | x | x | x | x | x | x | (17) |
| – | – | – | – | – | – | – | (18) |
| x | x | x | x | x | x | x | (19) |
| – | – | – | – | – | – | – | (20) |
| – | – | – | – | – | – | – | (21) |
| – | – | – | – | – | – | – | (22) |
| 54 | 48 | 55 | 52 | 53 | 50 | 70 | (23) |
| 1,781 | 1,754 | 1,859 | 1,747 | 1,603 | 1,482 | 1,283 | (24) |
| 296 | 307 | 329 | 311 | 324 | 231 | 311 | (25) |
| – | – | – | – | – | – | – | (26) |
| – | – | – | – | – | – | – | (27) |
| – | – | – | – | – | – | – | (28) |
| 1,784 | 1,646 | 1,747 | 1,551 | 1,475 | 1,414 | 1,356 | (29) |
| x | x | x | x | x | x | x | (30) |
| x | x | x | x | x | x | x | (31) |
| x | x | x | x | x | x | x | (32) |
| 12 | 12 | 12 | 12 | 12 | 11 | 11 | (33) |
| 611 | 601 | 622 | 669 | 572 | 446 | 433 | (34) |
| 223 | 225 | 240 | 212 | 215 | 206 | 202 | (35) |
| x | x | x | x | x | x | x | (36) |
| x | x | x | x | x | x | x | (37) |
| x | x | x | x | x | x | x | (38) |
| x | x | x | x | x | x | x | (39) |
| x | x | x | x | x | x | x | (40) |
| 648 | 657 | 632 | 594 | 688 | 736 | 833 | (41) |
| – | – | – | – | – | – | – | (42) |
| – | – | – | – | – | – | – | (43) |
| 2,010 | 2,006 | 2,040 | 1,993 | 1,914 | 1,842 | 1,858 | (44) |
| 437 | 438 | 465 | 391 | 385 | 346 | 334 | (45) |
| 917 | 967 | 971 | 912 | 923 | 823 | 811 | (46) |
| – | – | – | – | – | – | – | (47) |
| – | – | – | – | – | – | – | (48) |

## 9　乳飲料生産量（都道府県別）（月別）

| 都道府県 | 年計 実数 | 年計 対前年比 | 1月 | 2 | 3 | 4 | 5 |
|---|---|---|---|---|---|---|---|
| | kl | % | kl | kl | kl | kl | kl |
| **全国 (1)** | **1,108,195** | **98.3** | **85,954** | **81,180** | **91,581** | **92,789** | **97,470** |
| 北海道 (2) | 24,299 | 94.1 | 2,093 | 1,909 | 2,123 | 1,709 | 1,888 |
| 青森 (3) | x | x | x | x | x | x | x |
| 岩手 (4) | 4,247 | 93.3 | 329 | 325 | 366 | 346 | 390 |
| 宮城 (5) | 37,205 | 93.0 | 3,221 | 3,047 | 3,443 | 3,367 | 3,431 |
| 秋田 (6) | x | x | x | x | x | x | x |
| 山形 (7) | 72 | 14.2 | 6 | 6 | 6 | 6 | 6 |
| 福島 (8) | 12,424 | 116.3 | 927 | 891 | 999 | 997 | 1,061 |
| 茨城 (9) | 68,974 | 93.4 | 4,947 | 4,860 | 5,740 | 5,584 | 6,491 |
| 栃木 (10) | 3,581 | 76.9 | 317 | 280 | 339 | 297 | 308 |
| 群馬 (11) | 29,715 | 85.5 | 2,308 | 2,214 | 2,511 | 2,415 | 2,738 |
| 埼玉 (12) | 44,863 | 104.9 | 2,762 | 2,746 | 3,435 | 3,582 | 4,061 |
| 千葉 (13) | 95,715 | 98.9 | 7,268 | 6,851 | 8,421 | 8,151 | 8,651 |
| 東京 (14) | 97,091 | 94.8 | 7,946 | 8,010 | 8,632 | 7,967 | 7,769 |
| 神奈川 (15) | 108,158 | 106.4 | 8,399 | 8,273 | 9,505 | 11,068 | 9,621 |
| 新潟 (16) | 3,435 | 99.4 | 261 | 257 | 280 | 295 | 312 |
| 富山 (17) | x | x | x | x | x | x | x |
| 石川 (18) | 1,956 | 33.4 | 137 | 130 | 146 | 179 | 189 |
| 福井 (19) | x | x | x | x | x | x | x |
| 山梨 (20) | - | nc | - | - | - | - | - |
| 長野 (21) | 13,350 | 119.5 | 957 | 946 | 1,093 | 1,138 | 1,243 |
| 岐阜 (22) | 37,495 | 100.8 | 2,501 | 2,460 | 3,025 | 3,278 | 3,334 |
| 静岡 (23) | 30,724 | 111.9 | 2,447 | 2,400 | 2,770 | 2,635 | 2,685 |
| 愛知 (24) | 82,004 | 91.3 | 6,502 | 6,033 | 6,017 | 5,979 | 7,220 |
| 三重 (25) | 2,211 | 101.2 | 164 | 163 | 184 | 181 | 183 |
| 滋賀 (26) | 86 | 111.7 | 7 | 7 | 8 | 8 | 8 |
| 京都 (27) | 35,499 | 100.2 | 2,915 | 2,600 | 2,976 | 3,194 | 3,028 |
| 大阪 (28) | 38,144 | 119.8 | 2,343 | 2,678 | 3,269 | 3,276 | 3,256 |
| 兵庫 (29) | 96,629 | 99.5 | 8,612 | 6,965 | 7,580 | 7,603 | 8,344 |
| 奈良 (30) | x | x | x | x | x | x | x |
| 和歌山 (31) | x | x | x | x | x | x | x |
| 鳥取 (32) | x | x | x | x | x | x | x |
| 島根 (33) | 1,085 | 94.5 | 86 | 85 | 87 | 87 | 91 |
| 岡山 (34) | 42,984 | 68.9 | 4,362 | 3,550 | 3,181 | 3,241 | 3,588 |
| 広島 (35) | 20,459 | 125.7 | 1,381 | 1,329 | 1,552 | 1,683 | 1,867 |
| 山口 (36) | x | x | x | x | x | x | x |
| 徳島 (37) | x | x | x | x | x | x | x |
| 香川 (38) | x | x | x | x | x | x | x |
| 愛媛 (39) | x | x | x | x | x | x | x |
| 高知 (40) | x | x | x | x | x | x | x |
| 福岡 (41) | 25,981 | 114.4 | 1,595 | 1,427 | 1,899 | 2,228 | 2,388 |
| 佐賀 (42) | 31,900 | 99.8 | 2,341 | 2,218 | 2,448 | 2,571 | 2,876 |
| 長崎 (43) | 521 | 94.4 | 43 | 40 | 42 | 44 | 46 |
| 熊本 (44) | 19,713 | 97.7 | 1,642 | 1,575 | 1,771 | 1,529 | 1,834 |
| 大分 (45) | 15,501 | 114.6 | 1,103 | 1,080 | 1,237 | 1,329 | 1,461 |
| 宮崎 (46) | 6,910 | 89.0 | 494 | 420 | 454 | 565 | 540 |
| 鹿児島 (47) | 9,278 | 98.1 | 753 | 709 | 819 | 735 | 770 |
| 沖縄 (48) | 10,733 | 105.1 | 792 | 754 | 813 | 920 | 935 |

| 6 | 7 | 8 | 9 | 10 | 11 | 12 | |
|---|---|---|---|---|---|---|---|
| kl | kl | kl | kl | kl | kl | kl | |
| **98,703** | **100,756** | **104,186** | **99,231** | **92,410** | **83,261** | **80,674** | (1) |
| 1,996 | 2,119 | 2,022 | 2,063 | 2,209 | 2,001 | 2,167 | (2) |
| x | x | x | x | x | x | x | (3) |
| 358 | 348 | 408 | 380 | 360 | 322 | 315 | (4) |
| 3,071 | 3,167 | 3,327 | 3,101 | 2,924 | 2,770 | 2,336 | (5) |
| x | x | x | x | x | x | x | (6) |
| 6 | 6 | 6 | 6 | 6 | 6 | 6 | (7) |
| 1,063 | 1,144 | 1,265 | 1,102 | 1,004 | 942 | 1,029 | (8) |
| 6,480 | 6,517 | 6,895 | 6,166 | 5,467 | 5,096 | 4,731 | (9) |
| 292 | 316 | 313 | 309 | 282 | 256 | 272 | (10) |
| 2,793 | 2,752 | 2,825 | 2,733 | 2,376 | 2,121 | 1,929 | (11) |
| 4,088 | 4,059 | 4,448 | 4,025 | 4,187 | 3,870 | 3,600 | (12) |
| 8,385 | 8,531 | 8,769 | 8,660 | 7,953 | 7,276 | 6,799 | (13) |
| 8,090 | 8,469 | 8,830 | 8,914 | 7,857 | 7,228 | 7,379 | (14) |
| 10,061 | 9,738 | 9,994 | 8,919 | 7,987 | 7,200 | 7,393 | (15) |
| 297 | 304 | 310 | 300 | 289 | 264 | 266 | (16) |
| x | x | x | x | x | x | x | (17) |
| 180 | 177 | 190 | 174 | 165 | 144 | 145 | (18) |
| x | x | x | x | x | x | x | (19) |
| - | - | - | - | - | - | - | (20) |
| 1,176 | 1,199 | 1,265 | 1,238 | 1,115 | 1,004 | 976 | (21) |
| 3,336 | 3,673 | 3,836 | 3,402 | 3,186 | 2,938 | 2,526 | (22) |
| 2,594 | 2,572 | 2,724 | 2,616 | 2,532 | 2,348 | 2,401 | (23) |
| 7,592 | 8,071 | 7,602 | 7,801 | 7,082 | 6,032 | 6,073 | (24) |
| 196 | 194 | 200 | 199 | 187 | 182 | 178 | (25) |
| 7 | 7 | 7 | 6 | 7 | 7 | 7 | (26) |
| 3,068 | 3,384 | 3,354 | 3,022 | 2,824 | 2,616 | 2,518 | (27) |
| 3,615 | 3,550 | 3,646 | 3,662 | 3,342 | 2,837 | 2,670 | (28) |
| 8,870 | 8,480 | 9,050 | 8,712 | 8,279 | 6,961 | 7,173 | (29) |
| x | x | x | x | x | x | x | (30) |
| x | x | x | x | x | x | x | (31) |
| x | x | x | x | x | x | x | (32) |
| 91 | 96 | 95 | 94 | 96 | 87 | 90 | (33) |
| 3,683 | 4,015 | 4,015 | 3,849 | 3,501 | 3,146 | 2,853 | (34) |
| 1,824 | 1,863 | 2,010 | 1,959 | 1,777 | 1,622 | 1,592 | (35) |
| x | x | x | x | x | x | x | (36) |
| x | x | x | x | x | x | x | (37) |
| x | x | x | x | x | x | x | (38) |
| x | x | x | x | x | x | x | (39) |
| x | x | x | x | x | x | x | (40) |
| 2,400 | 2,461 | 2,718 | 2,498 | 2,322 | 2,091 | 1,954 | (41) |
| 2,855 | 2,902 | 3,306 | 2,970 | 2,784 | 2,335 | 2,294 | (42) |
| 47 | 47 | 46 | 44 | 43 | 40 | 39 | (43) |
| 1,741 | 1,779 | 1,713 | 1,714 | 1,608 | 1,484 | 1,323 | (44) |
| 1,386 | 1,409 | 1,478 | 1,367 | 1,294 | 1,217 | 1,140 | (45) |
| 738 | 687 | 721 | 620 | 580 | 625 | 466 | (46) |
| 804 | 845 | 809 | 766 | 810 | 775 | 683 | (47) |
| 881 | 1,010 | 971 | 948 | 962 | 878 | 869 | (48) |

# 10　はっ酵乳生産量（都道府県別）（月別）

| 都道府県 | 年計 | | 1月 | 2 | 3 | 4 | 5 |
|---|---|---|---|---|---|---|---|
| | 実数 | 対前年比 | | | | | |
| | kl | % | kl | kl | kl | kl | kl |
| **全国 (1)** | **1,059,866** | **102.9** | **84,994** | **84,932** | **93,610** | **93,927** | **95,233** |
| 北海道 (2) | 27,293 | 110.2 | 2,172 | 2,225 | 2,353 | 2,355 | 2,477 |
| 青森 (3) | x | x | x | x | x | x | x |
| 岩手 (4) | 17,216 | 103.1 | 1,397 | 1,359 | 1,563 | 1,359 | 1,521 |
| 宮城 (5) | 26,690 | 103.4 | 2,062 | 2,091 | 2,428 | 2,410 | 2,303 |
| 秋田 (6) | x | x | x | x | x | x | x |
| 山形 (7) | 688 | 91.1 | 60 | 58 | 62 | 58 | 62 |
| 福島 (8) | 3,019 | 93.6 | 242 | 227 | 268 | 245 | 256 |
| 茨城 (9) | 118,976 | 103.9 | 9,910 | 10,530 | 11,006 | 10,903 | 10,462 |
| 栃木 (10) | 17,634 | 95.1 | 1,584 | 1,521 | 1,667 | 1,519 | 1,548 |
| 群馬 (11) | 144,055 | 106.1 | 11,243 | 11,254 | 12,593 | 12,650 | 13,230 |
| 埼玉 (12) | 88,670 | 104.5 | 7,359 | 7,054 | 8,050 | 8,287 | 8,300 |
| 千葉 (13) | 16,786 | 109.0 | 1,213 | 1,301 | 1,521 | 1,525 | 1,517 |
| 東京 (14) | 81,377 | 101.6 | 6,206 | 6,352 | 7,171 | 7,301 | 7,425 |
| 神奈川 (15) | 131,424 | 98.5 | 10,584 | 10,061 | 11,543 | 11,333 | 11,290 |
| 新潟 (16) | 10,010 | 104.7 | 726 | 761 | 844 | 847 | 875 |
| 富山 (17) | x | x | x | x | x | x | x |
| 石川 (18) | 4,228 | 106.5 | 289 | 337 | 379 | 413 | 430 |
| 福井 (19) | x | x | x | x | x | x | x |
| 山梨 (20) | 9,137 | 112.1 | 709 | 655 | 700 | 759 | 836 |
| 長野 (21) | 19,241 | 96.0 | 1,491 | 1,462 | 1,644 | 1,664 | 1,795 |
| 岐阜 (22) | 26,090 | 89.2 | 2,085 | 2,166 | 2,250 | 2,338 | 2,465 |
| 静岡 (23) | 5,765 | 99.6 | 484 | 460 | 489 | 494 | 475 |
| 愛知 (24) | 53,924 | 105.9 | 4,634 | 5,130 | 5,237 | 5,104 | 4,729 |
| 三重 (25) | 2,641 | 127.6 | 169 | 170 | 208 | 217 | 250 |
| 滋賀 (26) | 4,420 | 126.1 | 289 | 311 | 366 | 424 | 437 |
| 京都 (27) | 67,345 | 98.3 | 5,322 | 5,398 | 5,532 | 5,763 | 5,830 |
| 大阪 (28) | 13,516 | 59.3 | 986 | 944 | 1,157 | 1,181 | 1,209 |
| 兵庫 (29) | 36,011 | 272.9 | 2,846 | 2,606 | 3,022 | 3,479 | 3,411 |
| 奈良 (30) | x | x | x | x | x | x | x |
| 和歌山 (31) | x | x | x | x | x | x | x |
| 鳥取 (32) | x | x | x | x | x | x | x |
| 島根 (33) | 869 | 93.3 | 72 | 71 | 81 | 74 | 78 |
| 岡山 (34) | 10,093 | 92.9 | 818 | 786 | 941 | 808 | 843 |
| 広島 (35) | 46,241 | 101.3 | 3,586 | 3,545 | 4,010 | 4,236 | 4,415 |
| 山口 (36) | x | x | x | x | x | x | x |
| 徳島 (37) | x | x | x | x | x | x | x |
| 香川 (38) | x | x | x | x | x | x | x |
| 愛媛 (39) | x | x | x | x | x | x | x |
| 高知 (40) | x | x | x | x | x | x | x |
| 福岡 (41) | 31,859 | 87.4 | 2,912 | 2,729 | 2,681 | 2,576 | 2,637 |
| 佐賀 (42) | 8,251 | 119.9 | 684 | 661 | 725 | 721 | 842 |
| 長崎 (43) | 36 | 97.3 | 3 | 3 | 3 | 3 | 3 |
| 熊本 (44) | 6,330 | 104.9 | 438 | 426 | 488 | 507 | 532 |
| 大分 (45) | 1,437 | 96.5 | 109 | 105 | 127 | 131 | 160 |
| 宮崎 (46) | 6,466 | 97.9 | 483 | 505 | 549 | 546 | 584 |
| 鹿児島 (47) | 101 | 83.5 | 10 | 8 | 9 | 8 | 8 |
| 沖縄 (48) | 1,550 | 108.9 | 119 | 108 | 120 | 136 | 145 |

| 6 | 7 | 8 | 9 | 10 | 11 | 12 | |
|---|---|---|---|---|---|---|---|
| kl | kl | kl | kl | kl | kl | kl | |
| **91,104** | **90,095** | **88,508** | **85,451** | **88,065** | **83,327** | **80,620** | (1) |
| 2,355 | 2,341 | 2,271 | 2,206 | 2,290 | 2,233 | 2,015 | (2) |
| x | x | x | x | x | x | x | (3) |
| 1,473 | 1,452 | 1,469 | 1,410 | 1,473 | 1,361 | 1,379 | (4) |
| 2,414 | 2,405 | 2,291 | 2,179 | 1,992 | 1,902 | 2,213 | (5) |
| x | x | x | x | x | x | x | (6) |
| 56 | 56 | 53 | 54 | 53 | 54 | 62 | (7) |
| 256 | 277 | 251 | 244 | 248 | 241 | 264 | (8) |
| 10,316 | 10,096 | 9,591 | 8,920 | 9,473 | 8,937 | 8,832 | (9) |
| 1,450 | 1,461 | 1,326 | 1,334 | 1,416 | 1,370 | 1,438 | (10) |
| 12,078 | 12,291 | 12,304 | 11,747 | 12,230 | 11,763 | 10,672 | (11) |
| 7,613 | 7,296 | 6,464 | 7,038 | 7,095 | 7,104 | 7,010 | (12) |
| 1,456 | 1,449 | 1,363 | 1,423 | 1,442 | 1,362 | 1,214 | (13) |
| 7,095 | 7,012 | 7,144 | 6,572 | 6,665 | 6,447 | 5,987 | (14) |
| 10,994 | 11,107 | 11,257 | 10,708 | 11,293 | 10,493 | 10,761 | (15) |
| 868 | 905 | 866 | 818 | 823 | 799 | 878 | (16) |
| x | x | x | x | x | x | x | (17) |
| 354 | 380 | 391 | 336 | 368 | 250 | 301 | (18) |
| x | x | x | x | x | x | x | (19) |
| 788 | 796 | 747 | 773 | 786 | 763 | 825 | (20) |
| 1,700 | 1,680 | 1,680 | 1,616 | 1,579 | 1,512 | 1,418 | (21) |
| 2,511 | 2,290 | 2,070 | 2,130 | 1,971 | 1,833 | 1,981 | (22) |
| 539 | 495 | 471 | 491 | 491 | 460 | 416 | (23) |
| 4,375 | 4,222 | 4,421 | 4,103 | 4,079 | 3,808 | 4,082 | (24) |
| 257 | 249 | 250 | 223 | 221 | 218 | 209 | (25) |
| 434 | 391 | 373 | 380 | 370 | 319 | 326 | (26) |
| 5,886 | 5,779 | 5,932 | 5,607 | 5,899 | 5,501 | 4,896 | (27) |
| 1,179 | 1,206 | 1,125 | 1,088 | 1,220 | 1,069 | 1,152 | (28) |
| 2,914 | 3,032 | 3,057 | 2,944 | 3,036 | 2,919 | 2,745 | (29) |
| x | x | x | x | x | x | x | (30) |
| x | x | x | x | x | x | x | (31) |
| x | x | x | x | x | x | x | (32) |
| 74 | 75 | 72 | 69 | 70 | 65 | 68 | (33) |
| 896 | 920 | 902 | 811 | 836 | 805 | 727 | (34) |
| 4,202 | 4,062 | 3,966 | 3,773 | 3,769 | 3,474 | 3,203 | (35) |
| x | x | x | x | x | x | x | (36) |
| x | x | x | x | x | x | x | (37) |
| x | x | x | x | x | x | x | (38) |
| x | x | x | x | x | x | x | (39) |
| x | x | x | x | x | x | x | (40) |
| 2,462 | 2,375 | 2,531 | 2,642 | 3,057 | 2,892 | 2,365 | (41) |
| 820 | 713 | 658 | 710 | 692 | 559 | 466 | (42) |
| 3 | 3 | 3 | 3 | 3 | 3 | 3 | (43) |
| 634 | 627 | 564 | 558 | 571 | 493 | 492 | (44) |
| 128 | 126 | 123 | 112 | 118 | 102 | 96 | (45) |
| 554 | 583 | 564 | 539 | 555 | 510 | 494 | (46) |
| 8 | 8 | 8 | 8 | 9 | 9 | 8 | (47) |
| 134 | 138 | 143 | 142 | 139 | 111 | 115 | (48) |

# 11　乳酸菌飲料生産量（都道府県別）（月別）

| 都道府県 | 年計 | | 1月 | 2 | 3 | 4 | 5 |
|---|---|---|---|---|---|---|---|
| | 実数 | 対前年比 | | | | | |
| | kl | % | kl | kl | kl | kl | kl |
| **全国 (1)** | **117,248** | **101.1** | **9,508** | **9,541** | **11,098** | **11,403** | **11,958** |
| 北海道 (2) | 4,650 | 94.4 | 403 | 382 | 405 | 363 | 359 |
| 青森 (3) | x | x | x | x | x | x | x |
| 岩手 (4) | - | nc | - | - | - | - | - |
| 宮城 (5) | 1,488 | 86.7 | 132 | 117 | 130 | 125 | 123 |
| 秋田 (6) | x | x | x | x | x | x | x |
| 山形 (7) | - | nc | - | - | - | - | - |
| 福島 (8) | - | nc | - | - | - | - | - |
| 茨城 (9) | - | - | - | - | - | - | - |
| 栃木 (10) | 456 | nc | - | - | - | 54 | 55 |
| 群馬 (11) | 52,024 | 144.2 | 3,099 | 3,235 | 3,730 | 5,098 | 5,894 |
| 埼玉 (12) | 488 | 1,742.9 | 3 | 2 | 3 | 59 | 60 |
| 千葉 (13) | 40 | 93.0 | 3 | 4 | 4 | 3 | 4 |
| 東京 (14) | 8,214 | 93.0 | 712 | 645 | 707 | 714 | 689 |
| 神奈川 (15) | 8,935 | 139.3 | 968 | 947 | 1,172 | 1,112 | 1,009 |
| 新潟 (16) | - | nc | - | - | - | - | - |
| 富山 (17) | x | x | x | x | x | x | x |
| 石川 (18) | - | nc | - | - | - | - | - |
| 福井 (19) | x | x | x | x | x | x | x |
| 山梨 (20) | - | nc | - | - | - | - | - |
| 長野 (21) | - | nc | - | - | - | - | - |
| 岐阜 (22) | - | nc | - | - | - | - | - |
| 静岡 (23) | 894 | 96.2 | 78 | 72 | 74 | 72 | 70 |
| 愛知 (24) | 14,611 | 76.7 | 1,538 | 1,466 | 1,644 | 1,748 | 1,641 |
| 三重 (25) | - | nc | - | - | - | - | - |
| 滋賀 (26) | - | nc | - | - | - | - | - |
| 京都 (27) | 26 | 104.0 | 2 | 2 | 2 | 2 | 2 |
| 大阪 (28) | 218 | 81.3 | 22 | 16 | 23 | 19 | 13 |
| 兵庫 (29) | - | - | - | - | - | - | - |
| 奈良 (30) | x | x | x | x | x | x | x |
| 和歌山 (31) | x | x | x | x | x | x | x |
| 鳥取 (32) | x | x | x | x | x | x | x |
| 島根 (33) | - | nc | - | - | - | - | - |
| 岡山 (34) | 7,532 | 145.8 | 235 | 223 | 375 | 823 | 920 |
| 広島 (35) | - | nc | - | - | - | - | - |
| 山口 (36) | x | x | x | x | x | x | x |
| 徳島 (37) | x | x | x | x | x | x | x |
| 香川 (38) | x | x | x | x | x | x | x |
| 愛媛 (39) | x | x | x | x | x | x | x |
| 高知 (40) | x | x | x | x | x | x | x |
| 福岡 (41) | - | nc | - | - | - | - | - |
| 佐賀 (42) | - | nc | - | - | - | - | - |
| 長崎 (43) | 138 | 90.2 | 12 | 10 | 11 | 12 | 12 |
| 熊本 (44) | 1,271 | 91.6 | 110 | 101 | 112 | 108 | 106 |
| 大分 (45) | 77 | 88.5 | 7 | 6 | 7 | 5 | 6 |
| 宮崎 (46) | 4,680 | 73.2 | 224 | 454 | 601 | 427 | 355 |
| 鹿児島 (47) | 107 | 78.1 | 10 | 9 | 10 | 8 | 8 |
| 沖縄 (48) | 2,313 | 89.4 | 166 | 161 | 171 | 180 | 184 |

| 6 | 7 | 8 | 9 | 10 | 11 | 12 | |
|---|---|---|---|---|---|---|---|
| kl | kl | kl | kl | kl | kl | kl | |
| **11,838** | **11,178** | **8,217** | **8,635** | **9,114** | **7,513** | **7,245** | (1) |
| 375 | 427 | 365 | 430 | 404 | 370 | 367 | (2) |
| x | x | x | x | x | x | x | (3) |
| - | - | - | - | - | - | - | (4) |
| 123 | 129 | 119 | 122 | 122 | 116 | 130 | (5) |
| x | x | x | x | x | x | x | (6) |
| - | - | - | - | - | - | - | (7) |
| - | - | - | - | - | - | - | (8) |
| - | - | - | - | - | - | - | (9) |
| 51 | 51 | 48 | 47 | 50 | 49 | 51 | (10) |
| 7,686 | 6,734 | 4,063 | 3,597 | 3,835 | 2,757 | 2,296 | (11) |
| 55 | 54 | 49 | 48 | 51 | 51 | 53 | (12) |
| 3 | 3 | 3 | 3 | 3 | 4 | 3 | (13) |
| 677 | 712 | 697 | 692 | 670 | 665 | 634 | (14) |
| - | 28 | 628 | 717 | 798 | 794 | 762 | (15) |
| - | - | - | - | - | - | - | (16) |
| x | x | x | x | x | x | x | (17) |
| - | - | - | - | - | - | - | (18) |
| x | x | x | x | x | x | x | (19) |
| - | - | - | - | - | - | - | (20) |
| - | - | - | - | - | - | - | (21) |
| - | - | - | - | - | - | - | (22) |
| 76 | 77 | 74 | 77 | 80 | 72 | 72 | (23) |
| 474 | 491 | 462 | 1,179 | 1,364 | 1,334 | 1,270 | (24) |
| - | - | - | - | - | - | - | (25) |
| - | - | - | - | - | - | - | (26) |
| 2 | 2 | 3 | 3 | 2 | 2 | 2 | (27) |
| 20 | 25 | 13 | 19 | 18 | 13 | 17 | (28) |
| - | - | - | - | - | - | - | (29) |
| x | x | x | x | x | x | x | (30) |
| x | x | x | x | x | x | x | (31) |
| x | x | x | x | x | x | x | (32) |
| - | - | - | - | - | - | - | (33) |
| 1,212 | 1,030 | 518 | 561 | 753 | 398 | 484 | (34) |
| - | - | - | - | - | - | - | (35) |
| x | x | x | x | x | x | x | (36) |
| x | x | x | x | x | x | x | (37) |
| x | x | x | x | x | x | x | (38) |
| x | x | x | x | x | x | x | (39) |
| x | x | x | x | x | x | x | (40) |
| - | - | - | - | - | - | - | (41) |
| - | - | - | - | - | - | - | (42) |
| 12 | 12 | 13 | 12 | 12 | 10 | 10 | (43) |
| 106 | 110 | 105 | 108 | 105 | 102 | 98 | (44) |
| 6 | 6 | 7 | 7 | 7 | 7 | 6 | (45) |
| 328 | 651 | 402 | 379 | 227 | 197 | 435 | (46) |
| 9 | 9 | 9 | 9 | 9 | 8 | 9 | (47) |
| 199 | 209 | 221 | 223 | 226 | 196 | 177 | (48) |

# 12　飲用牛乳等出荷量（都道府県別）（月別）

| 都道府県 | 年計 | | 1月 | 2 | 3 | 4 | 5 |
|---|---|---|---|---|---|---|---|
| | 実数 | 飲用牛乳等生産量に対する割合 | | | | | |
| | kl | % | kl | kl | kl | kl | kl |
| **全国 (1)** | **1,750,409** | **49.0** | **139,303** | **135,105** | **140,963** | **138,091** | **145,982** |
| 北海道 (2) | 396,167 | 71.1 | 29,917 | 29,458 | 31,516 | 30,792 | 32,491 |
| 青森 (3) | x | x | x | x | x | x | x |
| 岩手 (4) | 49,162 | 64.2 | 3,985 | 3,760 | 3,995 | 3,844 | 4,175 |
| 宮城 (5) | 27,332 | 33.3 | 2,023 | 1,668 | 2,650 | 2,305 | 2,383 |
| 秋田 (6) | x | x | x | x | x | x | x |
| 山形 (7) | 3,967 | 16.4 | 283 | 286 | 320 | 368 | 378 |
| 福島 (8) | 10,837 | 33.9 | 854 | 1,021 | 893 | 676 | 537 |
| 茨城 (9) | 151,814 | 77.6 | 11,374 | 11,342 | 12,091 | 12,757 | 14,664 |
| 栃木 (10) | 112,305 | 67.0 | 8,595 | 8,450 | 8,777 | 8,520 | 9,811 |
| 群馬 (11) | 99,090 | 78.8 | 8,643 | 8,333 | 8,979 | 7,637 | 7,932 |
| 埼玉 (12) | 55,551 | 65.1 | 4,636 | 4,445 | 4,398 | 3,777 | 3,865 |
| 千葉 (13) | 85,055 | 50.3 | 6,711 | 6,581 | 5,989 | 6,598 | 6,720 |
| 東京 (14) | 39,674 | 55.3 | 3,368 | 3,152 | 3,536 | 3,421 | 3,502 |
| 神奈川 (15) | 81,716 | 29.0 | 6,992 | 6,779 | 6,575 | 7,031 | 7,207 |
| 新潟 (16) | 9,799 | 24.6 | 924 | 682 | 816 | 831 | 900 |
| 富山 (17) | x | x | x | x | x | x | x |
| 石川 (18) | 9,647 | 38.6 | 803 | 664 | 851 | 688 | 606 |
| 福井 (19) | x | x | x | x | x | x | x |
| 山梨 (20) | – | – | – | – | – | – | – |
| 長野 (21) | 54,306 | 47.3 | 4,271 | 4,382 | 4,650 | 4,732 | 5,138 |
| 岐阜 (22) | 54,724 | 69.9 | 4,552 | 4,425 | 5,203 | 5,082 | 4,610 |
| 静岡 (23) | 29,747 | 35.3 | 2,124 | 2,594 | 2,683 | 2,095 | 2,160 |
| 愛知 (24) | 49,331 | 28.2 | 4,279 | 3,647 | 3,351 | 3,188 | 4,012 |
| 三重 (25) | 8,310 | 32.3 | 582 | 566 | 717 | 754 | 766 |
| 滋賀 (26) | 10,623 | 48.0 | 794 | 795 | 642 | 655 | 743 |
| 京都 (27) | 34,333 | 36.3 | 2,938 | 2,680 | 2,433 | 2,699 | 2,508 |
| 大阪 (28) | 22,440 | 20.4 | 1,787 | 1,683 | 1,515 | 1,456 | 1,507 |
| 兵庫 (29) | 53,320 | 33.2 | 4,123 | 4,355 | 4,511 | 4,308 | 4,936 |
| 奈良 (30) | x | x | x | x | x | x | x |
| 和歌山 (31) | x | x | x | x | x | x | x |
| 鳥取 (32) | x | x | x | x | x | x | x |
| 島根 (33) | 3,418 | 24.0 | 279 | 272 | 275 | 252 | 257 |
| 岡山 (34) | 22,423 | 19.0 | 3,403 | 2,456 | 1,833 | 1,263 | 1,493 |
| 広島 (35) | 10,444 | 19.9 | 736 | 738 | 697 | 908 | 960 |
| 山口 (36) | x | x | x | x | x | x | x |
| 徳島 (37) | x | x | x | x | x | x | x |
| 香川 (38) | x | x | x | x | x | x | x |
| 愛媛 (39) | x | x | x | x | x | x | x |
| 高知 (40) | x | x | x | x | x | x | x |
| 福岡 (41) | 96,502 | 62.8 | 7,932 | 7,783 | 8,121 | 8,086 | 8,033 |
| 佐賀 (42) | 14,631 | 127.8 | 1,157 | 1,072 | 1,184 | 1,204 | 1,252 |
| 長崎 (43) | 2,345 | 20.2 | 187 | 194 | 217 | 222 | 233 |
| 熊本 (44) | 71,627 | 57.4 | 5,237 | 5,123 | 5,717 | 5,602 | 5,500 |
| 大分 (45) | 954 | 1.9 | 68 | 68 | 83 | 82 | 85 |
| 宮崎 (46) | 18,757 | 50.6 | 1,435 | 1,416 | 1,335 | 1,491 | 1,644 |
| 鹿児島 (47) | 275 | 3.0 | 25 | 23 | 25 | 22 | 22 |
| 沖縄 (48) | – | – | – | – | – | – | – |

| 6 | 7 | 8 | 9 | 10 | 11 | 12 | |
|---|---|---|---|---|---|---|---|
| kl | kl | kl | kl | kl | kl | kl | |
| **149,970** | **152,415** | **154,837** | **154,572** | **151,918** | **144,610** | **142,643** | (1) |
| 34,023 | 35,116 | 36,578 | 39,171 | 34,523 | 31,369 | 31,213 | (2) |
| x | x | x | x | x | x | x | (3) |
| 4,329 | 4,199 | 4,287 | 4,253 | 4,164 | 4,147 | 4,024 | (4) |
| 2,385 | 2,426 | 2,516 | 2,623 | 2,151 | 2,213 | 1,989 | (5) |
| x | x | x | x | x | x | x | (6) |
| 375 | 380 | 329 | 346 | 325 | 311 | 266 | (7) |
| 812 | 942 | 960 | 998 | 1,235 | 1,073 | 836 | (8) |
| 13,444 | 13,033 | 13,706 | 12,199 | 12,590 | 12,445 | 12,169 | (9) |
| 9,618 | 9,632 | 10,106 | 9,420 | 9,896 | 9,645 | 9,835 | (10) |
| 8,206 | 7,823 | 8,282 | 8,219 | 8,480 | 8,451 | 8,105 | (11) |
| 4,581 | 4,929 | 4,753 | 5,127 | 5,276 | 4,995 | 4,769 | (12) |
| 7,518 | 7,993 | 7,349 | 7,182 | 7,866 | 7,398 | 7,150 | (13) |
| 3,458 | 3,293 | 3,189 | 3,314 | 3,015 | 3,226 | 3,200 | (14) |
| 6,680 | 6,845 | 6,979 | 6,807 | 6,731 | 6,617 | 6,473 | (15) |
| 799 | 819 | 880 | 759 | 732 | 762 | 895 | (16) |
| x | x | x | x | x | x | x | (17) |
| 784 | 694 | 937 | 783 | 937 | 997 | 903 | (18) |
| x | x | x | x | x | x | x | (19) |
| – | – | – | – | – | – | – | (20) |
| 4,835 | 4,569 | 4,698 | 4,083 | 4,489 | 4,074 | 4,385 | (21) |
| 4,551 | 4,336 | 4,584 | 4,201 | 4,557 | 4,460 | 4,163 | (22) |
| 2,525 | 2,562 | 2,566 | 2,646 | 2,653 | 2,562 | 2,577 | (23) |
| 4,380 | 4,504 | 4,620 | 4,383 | 4,475 | 4,224 | 4,268 | (24) |
| 785 | 738 | 724 | 642 | 670 | 677 | 689 | (25) |
| 1,054 | 1,081 | 932 | 996 | 1,061 | 961 | 909 | (26) |
| 2,950 | 2,928 | 3,039 | 3,411 | 3,349 | 2,750 | 2,648 | (27) |
| 2,096 | 2,288 | 2,015 | 2,146 | 2,097 | 1,946 | 1,904 | (28) |
| 4,407 | 4,740 | 4,884 | 4,680 | 4,118 | 4,092 | 4,166 | (29) |
| x | x | x | x | x | x | x | (30) |
| x | x | x | x | x | x | x | (31) |
| x | x | x | x | x | x | x | (32) |
| 288 | 295 | 300 | 303 | 310 | 292 | 295 | (33) |
| 1,358 | 1,556 | 1,611 | 1,889 | 1,796 | 1,848 | 1,917 | (34) |
| 982 | 955 | 938 | 909 | 927 | 860 | 834 | (35) |
| x | x | x | x | x | x | x | (36) |
| x | x | x | x | x | x | x | (37) |
| x | x | x | x | x | x | x | (38) |
| x | x | x | x | x | x | x | (39) |
| x | x | x | x | x | x | x | (40) |
| 7,920 | 8,506 | 8,596 | 7,970 | 8,427 | 7,547 | 7,581 | (41) |
| 1,311 | 1,335 | 1,360 | 1,332 | 1,199 | 1,109 | 1,116 | (42) |
| 205 | 195 | 196 | 193 | 84 | 212 | 207 | (43) |
| 5,995 | 6,598 | 5,979 | 6,524 | 6,683 | 6,517 | 6,152 | (44) |
| 82 | 82 | 86 | 84 | 80 | 80 | 74 | (45) |
| 1,704 | 1,693 | 1,520 | 1,682 | 1,691 | 1,590 | 1,556 | (46) |
| 23 | 23 | 23 | 22 | 22 | 22 | 23 | (47) |
| – | – | – | – | – | – | – | (48) |

## 13　飲用牛乳等入荷量（都道府県別）（月別）

| 都道府県 | 年計 実数 | 年計 飲用牛乳等生産量に対する割合 | 1月 | 2 | 3 | 4 | 5 |
|---|---|---|---|---|---|---|---|
| | kl | % | kl | kl | kl | kl | kl |
| **全国 (1)** | **1,750,409** | **49.0** | **139,303** | **135,105** | **140,963** | **138,091** | **145,982** |
| 北海道 (2) | 1,022 | 0.2 | 105 | 95 | 89 | 85 | 83 |
| 青森 (3) | 9,203 | x | 719 | 716 | 692 | 694 | 836 |
| 岩手 (4) | 5,590 | 7.3 | 454 | 485 | 520 | 524 | 548 |
| 宮城 (5) | 26,599 | 32.4 | 2,142 | 2,340 | 1,840 | 1,897 | 1,892 |
| 秋田 (6) | 10,361 | x | 783 | 801 | 824 | 843 | 927 |
| 山形 (7) | 2,977 | 12.3 | 445 | 214 | 250 | 235 | 228 |
| 福島 (8) | 6,650 | 20.8 | 535 | 519 | 565 | 602 | 656 |
| 茨城 (9) | 90,564 | 46.3 | 7,040 | 6,646 | 6,908 | 6,703 | 7,347 |
| 栃木 (10) | 15,123 | 9.0 | 1,308 | 1,284 | 1,420 | 1,435 | 1,366 |
| 群馬 (11) | 41,775 | 33.2 | 3,171 | 3,340 | 3,654 | 3,492 | 3,077 |
| 埼玉 (12) | 279,843 | 328.1 | 21,992 | 20,784 | 22,610 | 23,149 | 25,131 |
| 千葉 (13) | 71,041 | 42.0 | 6,080 | 5,837 | 5,905 | 5,963 | 6,257 |
| 東京 (14) | 286,754 | 400.0 | 23,994 | 23,306 | 22,469 | 20,890 | 21,945 |
| 神奈川 (15) | 139,951 | 49.7 | 9,336 | 9,520 | 10,875 | 10,780 | 12,945 |
| 新潟 (16) | 14,942 | 37.5 | 1,169 | 1,099 | 1,217 | 1,196 | 1,254 |
| 富山 (17) | 9,484 | x | 781 | 664 | 1,014 | 668 | 655 |
| 石川 (18) | 6,215 | 24.8 | 681 | 262 | 261 | 509 | 578 |
| 福井 (19) | 20,137 | x | 1,629 | 1,722 | 1,463 | 1,551 | 1,666 |
| 山梨 (20) | 13,558 | 650.0 | 1,013 | 1,000 | 986 | 1,024 | 1,097 |
| 長野 (21) | 5,636 | 4.9 | 444 | 437 | 485 | 513 | 490 |
| 岐阜 (22) | 6,373 | 8.1 | 529 | 500 | 518 | 514 | 539 |
| 静岡 (23) | 33,930 | 40.2 | 3,373 | 3,184 | 3,303 | 3,380 | 2,604 |
| 愛知 (24) | 107,589 | 61.5 | 9,298 | 9,057 | 10,068 | 8,606 | 8,550 |
| 三重 (25) | 5,704 | 22.2 | 500 | 466 | 439 | 412 | 404 |
| 滋賀 (26) | 2,685 | 12.1 | 270 | 282 | 354 | 183 | 210 |
| 京都 (27) | 62,281 | 65.8 | 5,059 | 5,024 | 5,500 | 4,803 | 5,510 |
| 大阪 (28) | 215,741 | 196.6 | 15,668 | 15,330 | 16,735 | 17,143 | 18,492 |
| 兵庫 (29) | 36,792 | 22.9 | 2,912 | 2,923 | 3,035 | 2,968 | 2,814 |
| 奈良 (30) | 10,398 | x | 887 | 817 | 717 | 746 | 739 |
| 和歌山 (31) | 6,361 | x | 551 | 508 | 345 | 366 | 395 |
| 鳥取 (32) | 1,571 | x | 160 | 90 | 44 | 155 | 154 |
| 島根 (33) | 1,122 | 7.9 | 75 | 75 | 78 | 73 | 74 |
| 岡山 (34) | 29,118 | 24.7 | 1,987 | 2,077 | 2,187 | 2,361 | 2,410 |
| 広島 (35) | 28,870 | 55.1 | 2,603 | 2,320 | 2,334 | 2,373 | 2,366 |
| 山口 (36) | 4,867 | x | 359 | 359 | 369 | 384 | 396 |
| 徳島 (37) | 5,670 | x | 389 | 381 | 399 | 362 | 517 |
| 香川 (38) | 8,568 | x | 611 | 604 | 377 | 554 | 637 |
| 愛媛 (39) | 4,624 | x | 385 | 394 | 388 | 344 | 374 |
| 高知 (40) | 3,471 | x | 291 | 294 | 303 | 260 | 288 |
| 福岡 (41) | 42,530 | 27.7 | 3,383 | 3,200 | 3,333 | 3,259 | 3,428 |
| 佐賀 (42) | 13,055 | 114.0 | 1,270 | 1,351 | 1,196 | 1,263 | 1,027 |
| 長崎 (43) | 12,702 | 109.6 | 979 | 948 | 1,005 | 1,010 | 1,044 |
| 熊本 (44) | 9,315 | 7.5 | 783 | 772 | 854 | 741 | 734 |
| 大分 (45) | 5,361 | 11.0 | 456 | 443 | 453 | 395 | 414 |
| 宮崎 (46) | 2,334 | 6.3 | 194 | 190 | 187 | 172 | 182 |
| 鹿児島 (47) | 30,119 | 328.1 | 2,358 | 2,304 | 2,252 | 2,400 | 2,596 |
| 沖縄 (48) | 1,833 | 7.4 | 152 | 141 | 143 | 111 | 106 |

| 6 | 7 | 8 | 9 | 10 | 11 | 12 | |
|---|---|---|---|---|---|---|---|
| kl | kl | kl | kl | kl | kl | kl | |
| **149, 970** | **152, 415** | **154, 837** | **154, 572** | **151, 918** | **144, 610** | **142, 643** | (1) |
| 96 | 96 | 88 | 81 | 71 | 66 | 67 | (2) |
| 813 | 790 | 757 | 809 | 803 | 787 | 787 | (3) |
| 489 | 434 | 418 | 370 | 392 | 467 | 489 | (4) |
| 2, 037 | 1, 838 | 2, 049 | 1, 982 | 2, 903 | 2, 880 | 2, 799 | (5) |
| 936 | 901 | 856 | 910 | 874 | 845 | 861 | (6) |
| 222 | 238 | 236 | 243 | 241 | 217 | 208 | (7) |
| 605 | 584 | 673 | 583 | 455 | 447 | 426 | (8) |
| 8, 028 | 8, 571 | 8, 076 | 8, 575 | 7, 954 | 7, 468 | 7, 248 | (9) |
| 1, 313 | 1, 237 | 1, 305 | 1, 153 | 1, 123 | 1, 115 | 1, 064 | (10) |
| 3, 324 | 3, 576 | 3, 815 | 3, 882 | 3, 759 | 3, 531 | 3, 154 | (11) |
| 24, 567 | 24, 171 | 25, 365 | 24, 293 | 23, 310 | 22, 583 | 21, 888 | (12) |
| 6, 025 | 6, 282 | 6, 298 | 5, 988 | 5, 719 | 5, 347 | 5, 340 | (13) |
| 23, 844 | 24, 962 | 23, 950 | 25, 504 | 26, 619 | 24, 857 | 24, 414 | (14) |
| 12, 341 | 12, 220 | 13, 282 | 12, 586 | 12, 190 | 11, 693 | 12, 183 | (15) |
| 1, 306 | 1, 261 | 1, 377 | 1, 367 | 1, 291 | 1, 224 | 1, 181 | (16) |
| 772 | 683 | 904 | 583 | 765 | 978 | 1, 017 | (17) |
| 571 | 574 | 580 | 587 | 536 | 523 | 553 | (18) |
| 1, 803 | 1, 720 | 1, 816 | 1, 721 | 1, 760 | 1, 635 | 1, 651 | (19) |
| 1, 253 | 1, 266 | 1, 193 | 1, 197 | 1, 234 | 1, 158 | 1, 137 | (20) |
| 530 | 452 | 518 | 482 | 438 | 415 | 432 | (21) |
| 540 | 538 | 536 | 547 | 573 | 537 | 502 | (22) |
| 2, 607 | 2, 507 | 2, 685 | 2, 741 | 2, 385 | 2, 742 | 2, 419 | (23) |
| 8, 862 | 8, 822 | 9, 182 | 8, 761 | 8, 988 | 8, 701 | 8, 694 | (24) |
| 468 | 499 | 494 | 541 | 533 | 491 | 457 | (25) |
| 224 | 196 | 209 | 190 | 240 | 159 | 168 | (26) |
| 5, 056 | 5, 302 | 5, 828 | 5, 847 | 4, 903 | 4, 735 | 4, 714 | (27) |
| 18, 942 | 19, 240 | 19, 602 | 20, 182 | 18, 965 | 17, 847 | 17, 595 | (28) |
| 3, 073 | 3, 132 | 3, 072 | 3, 328 | 3, 439 | 3, 044 | 3, 052 | (29) |
| 918 | 960 | 898 | 1, 001 | 935 | 894 | 886 | (30) |
| 589 | 746 | 542 | 629 | 598 | 549 | 543 | (31) |
| 147 | 152 | 147 | 131 | 136 | 129 | 126 | (32) |
| 80 | 112 | 114 | 106 | 115 | 109 | 111 | (33) |
| 2, 657 | 2, 701 | 2, 730 | 2, 665 | 2, 521 | 2, 369 | 2, 453 | (34) |
| 2, 348 | 2, 482 | 2, 535 | 2, 550 | 2, 418 | 2, 229 | 2, 312 | (35) |
| 377 | 382 | 565 | 449 | 550 | 344 | 333 | (36) |
| 599 | 539 | 558 | 523 | 502 | 460 | 441 | (37) |
| 664 | 938 | 815 | 794 | 873 | 858 | 843 | (38) |
| 444 | 412 | 382 | 427 | 395 | 356 | 323 | (39) |
| 350 | 299 | 292 | 317 | 287 | 258 | 232 | (40) |
| 3, 588 | 3, 838 | 3, 739 | 3, 873 | 3, 678 | 3, 556 | 3, 655 | (41) |
| 1, 110 | 1, 206 | 1, 154 | 848 | 1, 064 | 791 | 775 | (42) |
| 1, 114 | 1, 140 | 1, 149 | 1, 126 | 1, 103 | 1, 053 | 1, 031 | (43) |
| 823 | 764 | 681 | 640 | 760 | 845 | 918 | (44) |
| 460 | 479 | 471 | 474 | 451 | 440 | 425 | (45) |
| 211 | 208 | 196 | 203 | 206 | 199 | 186 | (46) |
| 2, 683 | 2, 744 | 2, 582 | 2, 625 | 2, 677 | 2, 497 | 2, 401 | (47) |
| 161 | 221 | 123 | 158 | 186 | 182 | 149 | (48) |

## 14　飲用牛乳等入出荷量（都道府県別）（月別）

### (1)　年計

| 入荷＼出荷 | 全　国 | 北海道 | 青　森 | 岩　手 | 宮　城 | 秋　田 | 山　形 | 福　島 | 茨　城 | 栃　木 | 群　馬 |
|---|---|---|---|---|---|---|---|---|---|---|---|
| 全　　国 (1) | 1,750,409 | 396,167 | x | 49,162 | 27,332 | x | 3,967 | 10,837 | 151,814 | 112,305 | 99,090 |
| 北 海 道 (2) | 1,022 | - | x | - | 384 | x | - | - | - | - | - |
| 青　　森 (3) | 9,203 | 4,090 | x | 3,856 | - | x | - | - | - | - | - |
| 岩　　手 (4) | 5,590 | 3,250 | x | - | 700 | x | - | 74 | - | - | - |
| 宮　　城 (5) | 26,599 | 6,653 | x | 4,794 | - | x | 2,797 | 247 | 2,865 | 1,786 | 3,870 |
| 秋　　田 (6) | 10,361 | 4,369 | x | 4,719 | 282 | x | 342 | - | - | - | - |
| 山　　形 (7) | 2,977 | 106 | x | 81 | 1,781 | x | - | - | - | 239 | - |
| 福　　島 (8) | 6,650 | 237 | x | - | 2,611 | x | 596 | - | 972 | 905 | 603 |
| 茨　　城 (9) | 90,564 | 24,540 | x | 155 | 5,216 | x | - | - | - | 26,559 | 14,899 |
| 栃　　木 (10) | 15,123 | 1,915 | x | 217 | 120 | x | - | 37 | 9,793 | - | 1,454 |
| 群　　馬 (11) | 41,775 | 2,241 | x | 470 | 436 | x | 206 | - | 3,555 | 7,249 | - |
| 埼　　玉 (12) | 279,843 | 73,149 | x | 14,685 | 8,835 | x | - | 84 | 55,190 | 44,950 | 21,382 |
| 千　　葉 (13) | 71,041 | 27,188 | x | 13 | - | x | - | 1 | 25,231 | 1,032 | 424 |
| 東　　京 (14) | 286,754 | 75,703 | x | 1,226 | 6,229 | x | - | 10,393 | 27,358 | 2,171 | 36,522 |
| 神 奈 川 (15) | 139,951 | 36,989 | x | 18,811 | 8 | x | - | 1 | 22,256 | 11,577 | 15,555 |
| 新　　潟 (16) | 14,942 | 6,125 | x | - | 730 | x | 20 | - | 252 | - | 1,092 |
| 富　　山 (17) | 9,484 | 591 | x | - | - | x | - | - | - | - | - |
| 石　　川 (18) | 6,215 | 1,111 | x | - | - | x | - | - | - | - | - |
| 福　　井 (19) | 20,137 | 542 | x | - | - | x | - | - | - | - | - |
| 山　　梨 (20) | 13,558 | - | x | - | - | x | - | - | - | 185 | 28 |
| 長　　野 (21) | 5,636 | 159 | x | - | - | x | - | - | 35 | 210 | 1,057 |
| 岐　　阜 (22) | 6,373 | 438 | x | - | - | x | - | - | - | - | 591 |
| 静　　岡 (23) | 33,930 | 663 | x | 135 | - | x | 6 | - | 4,307 | 5,199 | 103 |
| 愛　　知 (24) | 107,589 | 15,776 | x | - | - | x | - | - | - | 8,680 | 1,378 |
| 三　　重 (25) | 5,704 | 36 | x | - | - | x | - | - | - | - | - |
| 滋　　賀 (26) | 2,685 | 113 | x | - | - | x | - | - | - | - | - |
| 京　　都 (27) | 62,281 | 6,459 | x | - | - | x | - | - | - | 343 | 2 |
| 大　　阪 (28) | 215,741 | 101,005 | x | - | - | x | - | - | - | - | 130 |
| 兵　　庫 (29) | 36,792 | 2,022 | x | - | - | x | - | - | - | 1,220 | - |
| 奈　　良 (30) | 10,398 | - | x | - | - | x | - | - | - | - | - |
| 和 歌 山 (31) | 6,361 | 27 | x | - | - | x | - | - | - | - | - |
| 鳥　　取 (32) | 1,571 | - | x | - | - | x | - | - | - | - | - |
| 島　　根 (33) | 1,122 | - | x | - | - | x | - | - | - | - | - |
| 岡　　山 (34) | 29,118 | 339 | x | - | - | x | - | - | - | - | - |
| 広　　島 (35) | 28,870 | - | x | - | - | x | - | - | - | - | - |
| 山　　口 (36) | 4,867 | 11 | x | - | - | x | - | - | - | - | - |
| 徳　　島 (37) | 5,670 | - | x | - | - | x | - | - | - | - | - |
| 香　　川 (38) | 8,568 | - | x | - | - | x | - | - | - | - | - |
| 愛　　媛 (39) | 4,624 | - | x | - | - | x | - | - | - | - | - |
| 高　　知 (40) | 3,471 | - | x | - | - | x | - | - | - | - | - |
| 福　　岡 (41) | 42,530 | 301 | x | - | - | x | - | - | - | - | - |
| 佐　　賀 (42) | 13,055 | - | x | - | - | x | - | - | - | - | - |
| 長　　崎 (43) | 12,702 | - | x | - | - | x | - | - | - | - | - |
| 熊　　本 (44) | 9,315 | - | x | - | - | x | - | - | - | - | - |
| 大　　分 (45) | 5,361 | - | x | - | - | x | - | - | - | - | - |
| 宮　　崎 (46) | 2,334 | - | x | - | - | x | - | - | - | - | - |
| 鹿 児 島 (47) | 30,119 | - | x | - | - | x | - | - | - | - | - |
| 沖　　縄 (48) | 1,833 | 19 | x | - | - | x | - | - | - | - | - |

単位：kl

| 埼玉 | 千葉 | 東京 | 神奈川 | 新潟 | 富山 | 石川 | 福井 | 山梨 | 長野 | 岐阜 | 静岡 | |
|---|---|---|---|---|---|---|---|---|---|---|---|---|
| **55,551** | **85,055** | **39,674** | **81,716** | **9,799** | **x** | **9,647** | **x** | **-** | **54,306** | **54,724** | **29,747** | (1) |
| - | 337 | - | - | - | x | - | x | - | - | - | - | (2) |
| - | 21 | - | - | - | x | - | x | - | - | - | - | (3) |
| - | - | 12 | - | 830 | x | - | x | - | - | - | - | (4) |
| - | 170 | 752 | 20 | 2,134 | x | - | x | - | - | - | - | (5) |
| - | - | 92 | - | 447 | x | - | x | - | - | - | - | (6) |
| - | - | - | - | 753 | x | - | x | - | - | - | - | (7) |
| - | 36 | 317 | - | 297 | x | - | x | - | - | - | - | (8) |
| 3,005 | 11,537 | 1,684 | 2,277 | 37 | x | - | x | - | - | - | 79 | (9) |
| - | 57 | 1,306 | - | - | x | - | x | - | - | - | - | (10) |
| 16,881 | 4,337 | 2,063 | 84 | 3,102 | x | - | x | - | 487 | - | - | (11) |
| - | 16,469 | 9,029 | 30,544 | - | x | 14 | x | - | 1,715 | - | 172 | (12) |
| - | - | 6,704 | 9,029 | 668 | x | - | x | - | - | 68 | 44 | (13) |
| 28,527 | 45,473 | - | 22,796 | - | x | - | x | - | 16,101 | 269 | 1,223 | (14) |
| 486 | 5,166 | 9,408 | - | - | x | - | x | - | 14,979 | 135 | 384 | (15) |
| - | 1,121 | 749 | 879 | - | x | - | x | - | 3,847 | - | - | (16) |
| - | - | - | - | 777 | x | 5,905 | x | - | 1,707 | 385 | - | (17) |
| - | - | - | - | - | x | - | x | - | - | 185 | - | (18) |
| - | - | 13 | - | - | x | 3,016 | x | - | - | 68 | - | (19) |
| 2,134 | 167 | 1,099 | 959 | - | x | - | x | - | 6,484 | - | 2,333 | (20) |
| 1,866 | - | 1,413 | - | 653 | x | - | x | - | - | - | 3 | (21) |
| - | - | 238 | - | - | x | - | x | - | - | - | - | (22) |
| - | 8 | 681 | 14,796 | - | x | - | x | - | 1,972 | 135 | - | (23) |
| - | - | 3,972 | 135 | 101 | x | 293 | x | - | 5,746 | 27,731 | 15,290 | (24) |
| - | - | - | - | - | x | - | x | - | - | 2,567 | 237 | (25) |
| - | - | - | - | - | x | - | x | - | - | 183 | - | (26) |
| - | 27 | 18 | - | - | x | 50 | x | - | - | 2,300 | 5,800 | (27) |
| 2,652 | 36 | 25 | 118 | - | x | 324 | x | - | 1,268 | 20,257 | 4,182 | (28) |
| - | 48 | 39 | 79 | - | x | 45 | x | - | - | 284 | - | (29) |
| - | - | - | - | - | x | - | x | - | - | 61 | - | (30) |
| - | - | - | - | - | x | - | x | - | - | 96 | - | (31) |
| - | - | - | - | - | x | - | x | - | - | - | - | (32) |
| - | - | - | - | - | x | - | x | - | - | - | - | (33) |
| - | 24 | - | - | - | x | - | x | - | - | - | - | (34) |
| - | 21 | 11 | - | - | x | - | x | - | - | - | - | (35) |
| - | - | - | - | - | x | - | x | - | - | - | - | (36) |
| - | - | - | - | - | x | - | x | - | - | - | - | (37) |
| - | - | - | - | - | x | - | x | - | - | - | - | (38) |
| - | - | - | - | - | x | - | x | - | - | - | - | (39) |
| - | - | - | - | - | x | - | x | - | - | - | - | (40) |
| - | - | - | - | - | x | - | x | - | - | - | - | (41) |
| - | - | 49 | - | - | x | - | x | - | - | - | - | (42) |
| - | - | - | - | - | x | - | x | - | - | - | - | (43) |
| - | - | - | - | - | x | - | x | - | - | - | - | (44) |
| - | - | - | - | - | x | - | x | - | - | - | - | (45) |
| - | - | - | - | - | x | - | x | - | - | - | - | (46) |
| - | - | - | - | - | x | - | x | - | - | - | - | (47) |
| - | - | - | - | - | x | - | x | - | - | - | - | (48) |

## 14 飲用牛乳等入出荷量（都道府県別）（月別）（続き）

### (1) 年計（続き）

| 入荷＼出荷 | 愛知 | 三重 | 滋賀 | 京都 | 大阪 | 兵庫 | 奈良 | 和歌山 | 鳥取 | 島根 | 岡山 | 広島 |
|---|---|---|---|---|---|---|---|---|---|---|---|---|
| **全国** (1) | **49,331** | **8,310** | **10,623** | **34,333** | **22,440** | **53,320** | **x** | **x** | **x** | **3,418** | **22,423** | **10,444** |
| 北海道 (2) | 292 | - | - | - | - | - | x | x | x | - | - | - |
| 青森 (3) | - | - | - | - | - | - | x | x | x | - | - | - |
| 岩手 (4) | 96 | - | - | - | - | - | x | x | x | - | - | - |
| 宮城 (5) | 496 | - | - | - | - | - | x | x | x | - | - | - |
| 秋田 (6) | - | - | - | - | - | - | x | x | x | - | - | - |
| 山形 (7) | - | - | - | - | - | - | x | x | x | - | - | - |
| 福島 (8) | 64 | - | - | - | - | - | x | x | x | - | - | - |
| 茨城 (9) | 558 | - | - | - | - | - | x | x | x | - | - | - |
| 栃木 (10) | 207 | - | - | - | - | - | x | x | x | - | - | - |
| 群馬 (11) | 186 | - | - | - | - | - | x | x | x | - | 460 | - |
| 埼玉 (12) | 1,059 | 5 | - | - | - | - | x | x | x | - | 1,635 | - |
| 千葉 (13) | 491 | - | - | - | - | - | x | x | x | - | - | - |
| 東京 (14) | 4,003 | 325 | - | - | - | 64 | x | x | x | 275 | 37 | - |
| 神奈川 (15) | 1,423 | 239 | - | - | - | - | x | x | x | - | 2,151 | - |
| 新潟 (16) | 108 | - | - | 1 | - | - | x | x | x | - | - | - |
| 富山 (17) | 108 | - | - | - | - | - | x | x | x | - | - | - |
| 石川 (18) | 3,978 | - | 17 | 103 | 132 | 273 | x | x | x | - | 231 | - |
| 福井 (19) | 8,047 | - | 4,025 | - | 585 | 3,784 | x | x | x | - | - | - |
| 山梨 (20) | 160 | - | - | - | - | - | x | x | x | - | - | - |
| 長野 (21) | 215 | - | - | - | - | - | x | x | x | - | - | - |
| 岐阜 (22) | 4,179 | 3 | - | 24 | - | - | x | x | x | 508 | - | - |
| 静岡 (23) | 5,819 | - | - | 29 | 4 | - | x | x | x | - | - | - |
| 愛知 (24) | - | 312 | 665 | 6,450 | 3,152 | 14,454 | x | x | x | - | 1,151 | - |
| 三重 (25) | 1,583 | - | 395 | 656 | 209 | - | x | x | x | - | - | - |
| 滋賀 (26) | 189 | - | - | 707 | 980 | 213 | x | x | x | - | - | - |
| 京都 (27) | 2,940 | - | 939 | - | 859 | 8,384 | x | x | x | 106 | 1,020 | - |
| 大阪 (28) | 8,349 | 4,986 | 4,582 | 15,181 | - | 9,157 | x | x | x | 1,130 | 11,633 | - |
| 兵庫 (29) | 2,046 | - | - | 7,680 | 4,864 | - | x | x | x | 316 | 483 | - |
| 奈良 (30) | 92 | 2,440 | - | 2,329 | 5,414 | 39 | x | x | x | - | - | - |
| 和歌山 (31) | 122 | - | - | 762 | 3,701 | 1,604 | x | x | x | - | - | - |
| 鳥取 (32) | - | - | - | - | - | - | x | x | x | 343 | 258 | 886 |
| 島根 (33) | - | - | - | - | - | - | x | x | x | - | - | 135 |
| 岡山 (34) | 386 | - | - | 195 | 352 | 5,272 | x | x | x | 191 | - | 6,587 |
| 広島 (35) | 366 | - | - | 216 | 417 | 3,924 | x | x | x | 234 | 1,609 | - |
| 山口 (36) | 89 | - | - | - | - | - | x | x | x | 48 | - | 2,816 |
| 徳島 (37) | - | - | - | - | 1,223 | 1,608 | x | x | x | - | - | - |
| 香川 (38) | 184 | - | - | - | 273 | 3,736 | x | x | x | - | 154 | 12 |
| 愛媛 (39) | 132 | - | - | - | - | - | x | x | x | 48 | 231 | 8 |
| 高知 (40) | 35 | - | - | - | - | - | x | x | x | - | - | - |
| 福岡 (41) | 769 | - | - | - | 275 | 502 | x | x | x | 219 | 1,370 | - |
| 佐賀 (42) | 33 | - | - | - | - | - | x | x | x | - | - | - |
| 長崎 (43) | 103 | - | - | - | - | - | x | x | x | - | - | - |
| 熊本 (44) | 172 | - | - | - | - | 170 | x | x | x | - | - | - |
| 大分 (45) | 54 | - | - | - | - | - | x | x | x | - | - | - |
| 宮崎 (46) | - | - | - | - | - | - | x | x | x | - | - | - |
| 鹿児島 (47) | 198 | - | - | - | - | 136 | x | x | x | - | - | - |
| 沖縄 (48) | - | - | - | - | - | - | x | x | x | - | - | - |

単位：kl

| 山　口 | 徳　島 | 香　川 | 愛　媛 | 高　知 | 福　岡 | 佐　賀 | 長　崎 | 熊　本 | 大　分 | 宮　崎 | 鹿児島 | 沖　縄 | |
|---|---|---|---|---|---|---|---|---|---|---|---|---|---|
| x | x | x | x | x | 96, 502 | 14, 631 | 2, 345 | 71, 627 | 954 | 18, 757 | 275 | - | (1) |
| x | x | x | x | x | - | - | - | 9 | - | - | - | - | (2) |
| x | x | x | x | x | - | - | - | - | - | - | - | - | (3) |
| x | x | x | x | x | - | - | - | 10 | - | - | - | - | (4) |
| x | x | x | x | x | - | - | - | 15 | - | - | - | - | (5) |
| x | x | x | x | x | - | - | - | - | - | - | - | - | (6) |
| x | x | x | x | x | - | - | - | 17 | - | - | - | - | (7) |
| x | x | x | x | x | - | - | - | 12 | - | - | - | - | (8) |
| x | x | x | x | x | - | - | - | 18 | - | - | - | - | (9) |
| x | x | x | x | x | - | - | - | 17 | - | - | - | - | (10) |
| x | x | x | x | x | - | - | - | 18 | - | - | - | - | (11) |
| x | x | x | x | x | - | 468 | - | 458 | - | - | - | - | (12) |
| x | x | x | x | x | - | - | - | 148 | - | - | - | - | (13) |
| x | x | x | x | x | - | - | - | 7, 909 | - | 150 | - | - | (14) |
| x | x | x | x | x | - | - | - | 383 | - | - | - | - | (15) |
| x | x | x | x | x | - | - | - | 18 | - | - | - | - | (16) |
| x | x | x | x | x | - | - | - | 11 | - | - | - | - | (17) |
| x | x | x | x | x | - | - | - | 30 | - | - | - | - | (18) |
| x | x | x | x | x | - | - | - | 9 | - | - | - | - | (19) |
| x | x | x | x | x | - | - | - | 9 | - | - | - | - | (20) |
| x | x | x | x | x | - | - | - | 25 | - | - | - | - | (21) |
| x | x | x | x | x | - | 374 | - | 18 | - | - | - | - | (22) |
| x | x | x | x | x | - | - | - | 73 | - | - | - | - | (23) |
| x | x | x | x | x | - | - | - | 2, 303 | - | - | - | - | (24) |
| x | x | x | x | x | - | - | - | 21 | - | - | - | - | (25) |
| x | x | x | x | x | - | - | - | 300 | - | - | - | - | (26) |
| x | x | x | x | x | 20, 920 | - | - | 62 | - | - | - | - | (27) |
| x | x | x | x | x | 18, 925 | 1, 195 | - | 1, 984 | - | 479 | - | - | (28) |
| x | x | x | x | x | 994 | - | - | 13, 904 | - | - | - | - | (29) |
| x | x | x | x | x | - | - | - | 23 | - | - | - | - | (30) |
| x | x | x | x | x | - | - | - | 49 | - | - | - | - | (31) |
| x | x | x | x | x | - | - | - | 84 | - | - | - | - | (32) |
| x | x | x | x | x | - | - | - | 46 | - | - | - | - | (33) |
| x | x | x | x | x | 6, 182 | - | - | 171 | - | - | - | - | (34) |
| x | x | x | x | x | 10, 956 | 2, 921 | - | 4, 686 | - | - | - | - | (35) |
| x | x | x | x | x | 1, 624 | 130 | - | 149 | - | - | - | - | (36) |
| x | x | x | x | x | - | - | - | 11 | - | - | - | - | (37) |
| x | x | x | x | x | 4, 181 | - | - | 28 | - | - | - | - | (38) |
| x | x | x | x | x | - | - | - | 305 | - | - | - | - | (39) |
| x | x | x | x | x | - | - | - | 40 | - | - | - | - | (40) |
| x | x | x | x | x | - | 4, 900 | 1, 374 | 21, 513 | 954 | 2, 370 | 76 | - | (41) |
| x | x | x | x | x | 11, 596 | - | 922 | 243 | - | - | - | - | (42) |
| x | x | x | x | x | 5, 842 | 1, 105 | - | 5, 032 | - | 196 | - | - | (43) |
| x | x | x | x | x | 6, 699 | 1, 274 | - | - | - | 154 | - | - | (44) |
| x | x | x | x | x | 2, 288 | 578 | 49 | 1, 968 | - | - | - | - | (45) |
| x | x | x | x | x | 1, 787 | - | - | 136 | - | - | 199 | - | (46) |
| x | x | x | x | x | 3, 616 | 1, 649 | - | 8, 633 | - | 15, 252 | - | - | (47) |
| x | x | x | x | x | 892 | 37 | - | 729 | - | 156 | - | - | (48) |

## 14　飲用牛乳等入出荷量（都道府県別）（月別）（続き）

### (2)　１月分

| 入荷＼出荷 | 全　国 | 北海道 | 青　森 | 岩　手 | 宮　城 | 秋　田 | 山　形 | 福　島 | 茨　城 | 栃　木 | 群　馬 |
|---|---|---|---|---|---|---|---|---|---|---|---|
| **全　　国 (1)** | **139,303** | **29,917** | **x** | **3,985** | **2,023** | **x** | **283** | **854** | **11,374** | **8,595** | **8,643** |
| 北海道 (2) | **105** | － | x | － | 47 | x | － | － | － | － | － |
| 青　　森 (3) | **719** | 332 | x | 289 | － | x | － | － | － | － | － |
| 岩　　手 (4) | **454** | 263 | x | － | 60 | x | － | 6 | － | － | － |
| 宮　　城 (5) | **2,142** | 469 | x | 451 | － | x | 224 | 23 | 243 | 380 | 36 |
| 秋　　田 (6) | **783** | 338 | x | 357 | 25 | x | 25 | － | － | － | － |
| 山　　形 (7) | **445** | 6 | x | 6 | 151 | x | － | － | － | 20 | － |
| 福　　島 (8) | **535** | 19 | x | － | 203 | x | 33 | － | 89 | 75 | 62 |
| 茨　　城 (9) | **7,040** | 1,748 | x | 1 | 451 | x | － | － | － | 2,014 | 1,349 |
| 栃　　木 (10) | **1,308** | 159 | x | 16 | 4 | x | － | 3 | 836 | － | 134 |
| 群　　馬 (11) | **3,171** | 166 | x | 1 | 53 | x | － | － | 533 | 365 | － |
| 埼　　玉 (12) | **21,992** | 5,820 | x | 1,158 | 511 | x | － | 7 | 3,850 | 3,924 | 1,859 |
| 千　　葉 (13) | **6,080** | 2,427 | x | 2 | － | x | － | － | 2,147 | 85 | 40 |
| 東　　京 (14) | **23,994** | 6,489 | x | 81 | 515 | x | － | 815 | 1,972 | 157 | 3,090 |
| 神奈川 (15) | **9,336** | 2,046 | x | 1,610 | － | x | － | － | 919 | 372 | 1,369 |
| 新　　潟 (16) | **1,169** | 482 | x | － | 3 | x | 1 | － | 41 | － | 101 |
| 富　　山 (17) | **781** | 53 | x | － | － | x | － | － | － | － | － |
| 石　　川 (18) | **681** | 85 | x | － | － | x | － | － | － | － | － |
| 福　　井 (19) | **1,629** | 48 | x | － | － | x | － | － | － | － | － |
| 山　　梨 (20) | **1,013** | － | x | － | － | x | － | － | － | 14 | 2 |
| 長　　野 (21) | **444** | 5 | x | － | － | x | － | － | 8 | 16 | 95 |
| 岐　　阜 (22) | **529** | 39 | x | － | － | x | － | － | － | － | 29 |
| 静　　岡 (23) | **3,373** | 38 | x | 13 | － | x | － | － | 736 | 369 | 9 |
| 愛　　知 (24) | **9,298** | 1,187 | x | － | － | x | － | － | － | 778 | 456 |
| 三　　重 (25) | **500** | － | x | － | － | x | － | － | － | － | － |
| 滋　　賀 (26) | **270** | － | x | － | － | x | － | － | － | － | － |
| 京　　都 (27) | **5,059** | 1,067 | x | － | － | x | － | － | － | 5 | － |
| 大　　阪 (28) | **15,668** | 6,434 | x | － | － | x | － | － | － | － | 12 |
| 兵　　庫 (29) | **2,912** | 153 | x | － | － | x | － | － | － | 21 | － |
| 奈　　良 (30) | **887** | － | x | － | － | x | － | － | － | － | － |
| 和歌山 (31) | **551** | 16 | x | － | － | x | － | － | － | － | － |
| 鳥　　取 (32) | **160** | － | x | － | － | x | － | － | － | － | － |
| 島　　根 (33) | **75** | － | x | － | － | x | － | － | － | － | － |
| 岡　　山 (34) | **1,987** | － | x | － | － | x | － | － | － | － | － |
| 広　　島 (35) | **2,603** | － | x | － | － | x | － | － | － | － | － |
| 山　　口 (36) | **359** | － | x | － | － | x | － | － | － | － | － |
| 徳　　島 (37) | **389** | － | x | － | － | x | － | － | － | － | － |
| 香　　川 (38) | **611** | － | x | － | － | x | － | － | － | － | － |
| 愛　　媛 (39) | **385** | － | x | － | － | x | － | － | － | － | － |
| 高　　知 (40) | **291** | － | x | － | － | x | － | － | － | － | － |
| 福　　岡 (41) | **3,383** | 28 | x | － | － | x | － | － | － | － | － |
| 佐　　賀 (42) | **1,270** | － | x | － | － | x | － | － | － | － | － |
| 長　　崎 (43) | **979** | － | x | － | － | x | － | － | － | － | － |
| 熊　　本 (44) | **783** | － | x | － | － | x | － | － | － | － | － |
| 大　　分 (45) | **456** | － | x | － | － | x | － | － | － | － | － |
| 宮　　崎 (46) | **194** | － | x | － | － | x | － | － | － | － | － |
| 鹿児島 (47) | **2,358** | － | x | － | － | x | － | － | － | － | － |
| 沖　　縄 (48) | **152** | － | x | － | － | x | － | － | － | － | － |

単位：kl

| 埼 玉 | 千 葉 | 東 京 | 神奈川 | 新 潟 | 富 山 | 石 川 | 福 井 | 山 梨 | 長 野 | 岐 阜 | 静 岡 | |
|---|---|---|---|---|---|---|---|---|---|---|---|---|
| **4, 636** | **6, 711** | **3, 368** | **6, 992** | **924** | **x** | **803** | **x** | **-** | **4, 271** | **4, 552** | **2, 124** | (1) |
| - | 28 | - | - | - | x | - | x | - | - | - | - | (2) |
| - | 2 | - | - | - | x | - | x | - | - | - | - | (3) |
| - | - | 1 | - | 63 | x | - | x | - | - | - | - | (4) |
| - | 14 | 98 | 4 | 143 | x | - | x | - | - | - | - | (5) |
| - | - | 8 | - | 30 | x | - | x | - | - | - | - | (6) |
| - | - | - | - | 260 | x | - | x | - | - | - | - | (7) |
| - | 3 | 25 | - | 17 | x | - | x | - | - | - | - | (8) |
| 217 | 863 | 144 | 182 | 2 | x | - | x | - | - | - | 7 | (9) |
| - | 5 | 130 | - | - | x | - | x | - | - | - | - | (10) |
| 1, 206 | 353 | 165 | - | 227 | x | - | x | - | 40 | - | - | (11) |
| - | 1, 296 | 778 | 2, 285 | - | x | - | x | - | 118 | - | 48 | (12) |
| - | - | 563 | 680 | 47 | x | - | x | - | - | 6 | 15 | (13) |
| 2, 638 | 3, 645 | - | 2, 228 | - | x | - | x | - | 1, 325 | 22 | 107 | (14) |
| 60 | 384 | 759 | - | - | x | - | x | - | 1, 116 | 11 | 44 | (15) |
| - | 92 | 60 | 73 | - | x | - | x | - | 306 | - | - | (16) |
| - | - | - | - | 81 | x | 484 | x | - | 121 | 32 | - | (17) |
| - | - | - | - | - | x | - | x | - | - | 17 | - | (18) |
| - | - | - | - | - | x | 264 | x | - | - | 5 | - | (19) |
| 156 | 13 | 89 | 84 | - | x | - | x | - | 506 | - | 137 | (20) |
| 136 | - | 113 | - | 48 | x | - | x | - | - | - | 1 | (21) |
| - | - | 44 | - | - | x | - | x | - | - | - | - | (22) |
| - | - | 57 | 1, 418 | - | x | - | x | - | 140 | 14 | - | (23) |
| - | - | 309 | 31 | 6 | x | 7 | x | - | 507 | 2, 201 | 1, 441 | (24) |
| - | - | - | - | - | x | - | x | - | - | 259 | - | (25) |
| - | - | - | - | - | x | - | x | - | - | 12 | - | (26) |
| - | 2 | 3 | - | - | x | 27 | x | - | - | 199 | 61 | (27) |
| 223 | 3 | 5 | 5 | - | x | 17 | x | - | 92 | 1, 736 | 263 | (28) |
| - | 4 | 17 | 2 | - | x | 4 | x | - | - | 25 | - | (29) |
| - | - | - | - | - | x | - | x | - | - | 6 | - | (30) |
| - | - | - | - | - | x | - | x | - | - | 7 | - | (31) |
| - | - | - | - | - | x | - | x | - | - | - | - | (32) |
| - | - | - | - | - | x | - | x | - | - | - | - | (33) |
| - | 2 | - | - | - | x | - | x | - | - | - | - | (34) |
| - | 2 | - | - | - | x | - | x | - | - | - | - | (35) |
| - | - | - | - | - | x | - | x | - | - | - | - | (36) |
| - | - | - | - | - | x | - | x | - | - | - | - | (37) |
| - | - | - | - | - | x | - | x | - | - | - | - | (38) |
| - | - | - | - | - | x | - | x | - | - | - | - | (39) |
| - | - | - | - | - | x | - | x | - | - | - | - | (40) |
| - | - | - | - | - | x | - | x | - | - | - | - | (41) |
| - | - | - | - | - | x | - | x | - | - | - | - | (42) |
| - | - | - | - | - | x | - | x | - | - | - | - | (43) |
| - | - | - | - | - | x | - | x | - | - | - | - | (44) |
| - | - | - | - | - | x | - | x | - | - | - | - | (45) |
| - | - | - | - | - | x | - | x | - | - | - | - | (46) |
| - | - | - | - | - | x | - | x | - | - | - | - | (47) |
| - | - | - | - | - | x | - | x | - | - | - | - | (48) |

## 14　飲用牛乳等入出荷量（都道府県別）（月別）（続き）

### (2)　1月分（続き）

| 入荷 ＼ 出荷 | 愛知 | 三重 | 滋賀 | 京都 | 大阪 | 兵庫 | 奈良 | 和歌山 | 鳥取 | 島根 | 岡山 | 広島 |
|---|---|---|---|---|---|---|---|---|---|---|---|---|
| **全国 (1)** | **4,279** | **582** | **794** | **2,938** | **1,787** | **4,123** | **x** | **x** | **x** | **279** | **3,403** | **736** |
| 北海道 (2) | 29 | - | - | - | - | - | x | x | x | - | - | - |
| 青森 (3) | - | - | - | - | - | - | x | x | x | - | - | - |
| 岩手 (4) | 12 | - | - | - | - | - | x | x | x | - | - | - |
| 宮城 (5) | 56 | - | - | - | - | - | x | x | x | - | - | - |
| 秋田 (6) | - | - | - | - | - | - | x | x | x | - | - | - |
| 山形 (7) | - | - | - | - | - | - | x | x | x | - | - | - |
| 福島 (8) | 8 | - | - | - | - | - | x | x | x | - | - | - |
| 茨城 (9) | 60 | - | - | - | - | - | x | x | x | - | - | - |
| 栃木 (10) | 20 | - | - | - | - | - | x | x | x | - | - | - |
| 群馬 (11) | 15 | - | - | - | - | - | x | x | x | - | 45 | - |
| 埼玉 (12) | 100 | 1 | - | - | - | - | x | x | x | - | 159 | - |
| 千葉 (13) | 55 | - | - | - | - | - | x | x | x | - | - | - |
| 東京 (14) | 368 | 20 | - | - | - | 38 | x | x | x | 22 | 4 | - |
| 神奈川 (15) | 393 | 13 | - | - | - | - | x | x | x | - | 206 | - |
| 新潟 (16) | 8 | - | - | - | - | - | x | x | x | - | - | - |
| 富山 (17) | 9 | - | - | - | - | - | x | x | x | - | - | - |
| 石川 (18) | 514 | - | 2 | 10 | - | 14 | x | x | x | - | 22 | - |
| 福井 (19) | 552 | - | 346 | - | 44 | 365 | x | x | x | - | - | - |
| 山梨 (20) | 12 | - | - | - | - | - | x | x | x | - | - | - |
| 長野 (21) | 20 | - | - | - | - | - | x | x | x | - | - | - |
| 岐阜 (22) | 344 | 1 | - | 2 | - | - | x | x | x | 41 | - | - |
| 静岡 (23) | 572 | - | - | 2 | - | - | x | x | x | - | - | - |
| 愛知 (24) | - | 25 | 56 | 519 | 218 | 1,189 | x | x | x | - | 112 | - |
| 三重 (25) | 134 | - | 38 | 54 | 13 | - | x | x | x | - | - | - |
| 滋賀 (26) | 20 | - | - | 70 | 81 | 16 | x | x | x | - | - | - |
| 京都 (27) | 151 | - | 74 | - | 38 | 589 | x | x | x | 8 | 485 | - |
| 大阪 (28) | 382 | 348 | 278 | 1,305 | - | 700 | x | x | x | 93 | 1,371 | - |
| 兵庫 (29) | 178 | - | - | 697 | 485 | - | x | x | x | 25 | 46 | - |
| 奈良 (30) | 11 | 174 | - | 191 | 500 | 3 | x | x | x | - | - | - |
| 和歌山 (31) | 11 | - | - | 67 | 341 | 107 | x | x | x | - | - | - |
| 鳥取 (32) | - | - | - | - | - | - | x | x | x | 31 | 122 | - |
| 島根 (33) | - | - | - | - | - | - | x | x | x | - | - | 11 |
| 岡山 (34) | 32 | - | - | 19 | 1 | 408 | x | x | x | 14 | - | 496 |
| 広島 (35) | 35 | - | - | 2 | 20 | 291 | x | x | x | 19 | 474 | - |
| 山口 (36) | 8 | - | - | - | - | - | x | x | x | 4 | - | 227 |
| 徳島 (37) | - | - | - | - | 15 | 122 | x | x | x | - | - | - |
| 香川 (38) | 17 | - | - | - | 31 | 213 | x | x | x | - | 47 | 1 |
| 愛媛 (39) | 14 | - | - | - | - | - | x | x | x | 4 | 22 | 1 |
| 高知 (40) | 3 | - | - | - | - | - | x | x | x | - | - | - |
| 福岡 (41) | 75 | - | - | - | - | 42 | x | x | x | 18 | 288 | - |
| 佐賀 (42) | - | - | - | - | - | - | x | x | x | - | - | - |
| 長崎 (43) | 10 | - | - | - | - | - | x | x | x | - | - | - |
| 熊本 (44) | 23 | - | - | - | - | 14 | x | x | x | - | - | - |
| 大分 (45) | 6 | - | - | - | - | - | x | x | x | - | - | - |
| 宮崎 (46) | - | - | - | - | - | - | x | x | x | - | - | - |
| 鹿児島 (47) | 22 | - | - | - | - | 12 | x | x | x | - | - | - |
| 沖縄 (48) | - | - | - | - | - | - | x | x | x | - | - | - |

単位：kl

| 山 口 | 徳 島 | 香 川 | 愛 媛 | 高 知 | 福 岡 | 佐 賀 | 長 崎 | 熊 本 | 大 分 | 宮 崎 | 鹿児島 | 沖 縄 | |
|---|---|---|---|---|---|---|---|---|---|---|---|---|---|
| **x** | **x** | **x** | **x** | **x** | **7,932** | **1,157** | **187** | **5,237** | **68** | **1,435** | **25** | **-** | (1) |
| x | x | x | x | x | - | - | - | 1 | - | - | - | - | (2) |
| x | x | x | x | x | - | - | - | - | - | - | - | - | (3) |
| x | x | x | x | x | - | - | - | 1 | - | - | - | - | (4) |
| x | x | x | x | x | - | - | - | 1 | - | - | - | - | (5) |
| x | x | x | x | x | - | - | - | - | - | - | - | - | (6) |
| x | x | x | x | x | - | - | - | 2 | - | - | - | - | (7) |
| x | x | x | x | x | - | - | - | 1 | - | - | - | - | (8) |
| x | x | x | x | x | - | - | - | 2 | - | - | - | - | (9) |
| x | x | x | x | x | - | - | - | 1 | - | - | - | - | (10) |
| x | x | x | x | x | - | - | - | 2 | - | - | - | - | (11) |
| x | x | x | x | x | - | 36 | - | 42 | - | - | - | - | (12) |
| x | x | x | x | x | - | - | - | 13 | - | - | - | - | (13) |
| x | x | x | x | x | - | - | - | 450 | - | 8 | - | - | (14) |
| x | x | x | x | x | - | - | - | 34 | - | - | - | - | (15) |
| x | x | x | x | x | - | - | - | 2 | - | - | - | - | (16) |
| x | x | x | x | x | - | - | - | 1 | - | - | - | - | (17) |
| x | x | x | x | x | - | - | - | 3 | - | - | - | - | (18) |
| x | x | x | x | x | - | - | - | 1 | - | - | - | - | (19) |
| x | x | x | x | x | - | - | - | - | - | - | - | - | (20) |
| x | x | x | x | x | - | - | - | 2 | - | - | - | - | (21) |
| x | x | x | x | x | - | 27 | - | 2 | - | - | - | - | (22) |
| x | x | x | x | x | - | - | - | 5 | - | - | - | - | (23) |
| x | x | x | x | x | - | - | - | 256 | - | - | - | - | (24) |
| x | x | x | x | x | - | - | - | 2 | - | - | - | - | (25) |
| x | x | x | x | x | - | - | - | 71 | - | - | - | - | (26) |
| x | x | x | x | x | 1,555 | - | - | 5 | - | - | - | - | (27) |
| x | x | x | x | x | 1,587 | 80 | - | 109 | - | 23 | - | - | (28) |
| x | x | x | x | x | 88 | - | - | 955 | - | - | - | - | (29) |
| x | x | x | x | x | - | - | - | 2 | - | - | - | - | (30) |
| x | x | x | x | x | - | - | - | 2 | - | - | - | - | (31) |
| x | x | x | x | x | - | - | - | 7 | - | - | - | - | (32) |
| x | x | x | x | x | - | - | - | 3 | - | - | - | - | (33) |
| x | x | x | x | x | 484 | - | - | 13 | - | - | - | - | (34) |
| x | x | x | x | x | 894 | 209 | - | 392 | - | - | - | - | (35) |
| x | x | x | x | x | 97 | 12 | - | 11 | - | - | - | - | (36) |
| x | x | x | x | x | - | - | - | 1 | - | - | - | - | (37) |
| x | x | x | x | x | 300 | - | - | 2 | - | - | - | - | (38) |
| x | x | x | x | x | - | - | - | 18 | - | - | - | - | (39) |
| x | x | x | x | x | - | - | - | 3 | - | - | - | - | (40) |
| x | x | x | x | x | - | 386 | 121 | 1,594 | 68 | 171 | 7 | - | (41) |
| x | x | x | x | x | 1,172 | - | 62 | 18 | - | - | - | - | (42) |
| x | x | x | x | x | 472 | 90 | - | 355 | - | 17 | - | - | (43) |
| x | x | x | x | x | 540 | 125 | - | - | - | 11 | - | - | (44) |
| x | x | x | x | x | 211 | 49 | 4 | 151 | - | - | - | - | (45) |
| x | x | x | x | x | 147 | - | - | 11 | - | - | 18 | - | (46) |
| x | x | x | x | x | 312 | 140 | - | 627 | - | 1,192 | - | - | (47) |
| x | x | x | x | x | 73 | 3 | - | 63 | - | 13 | - | - | (48) |

## 14　飲用牛乳等入出荷量（都道府県別）（月別）（続き）

### (3)　２月分

| 入荷＼出荷 | 全　国 | 北海道 | 青　森 | 岩　手 | 宮　城 | 秋　田 | 山　形 | 福　島 | 茨　城 | 栃　木 | 群　馬 |
|---|---|---|---|---|---|---|---|---|---|---|---|
| 全　　国 (1) | 135,105 | 29,458 | x | 3,760 | 1,668 | x | 286 | 1,021 | 11,342 | 8,450 | 8,333 |
| 北 海 道 (2) | 95 | − | x | − | 41 | x | − | − | − | − | − |
| 青　　森 (3) | 716 | 302 | x | 309 | − | x | − | − | − | − | − |
| 岩　　手 (4) | 485 | 299 | x | − | 58 | x | − | 6 | − | − | − |
| 宮　　城 (5) | 2,340 | 513 | x | 427 | − | x | 226 | 21 | 247 | 583 | 35 |
| 秋　　田 (6) | 801 | 337 | x | 379 | 24 | x | 24 | − | − | − | − |
| 山　　形 (7) | 214 | 8 | x | 6 | 140 | x | − | − | − | 20 | − |
| 福　　島 (8) | 519 | 16 | x | − | 194 | x | 35 | − | 90 | 73 | 57 |
| 茨　　城 (9) | 6,646 | 1,538 | x | 18 | 274 | x | − | − | − | 2,054 | 1,357 |
| 栃　　木 (10) | 1,284 | 154 | x | 16 | 5 | x | − | 2 | 844 | − | 129 |
| 群　　馬 (11) | 3,340 | 163 | x | 1 | 51 | x | − | − | 539 | 457 | − |
| 埼　　玉 (12) | 20,784 | 6,010 | x | 1,029 | 388 | x | − | 7 | 3,800 | 3,004 | 1,765 |
| 千　　葉 (13) | 5,837 | 2,250 | x | 1 | − | x | − | − | 2,181 | 85 | 42 |
| 東　　京 (14) | 23,306 | 6,082 | x | 82 | 488 | x | − | 985 | 1,933 | 156 | 3,012 |
| 神 奈 川 (15) | 9,520 | 2,395 | x | 1,479 | − | x | − | − | 919 | 566 | 1,294 |
| 新　　潟 (16) | 1,099 | 443 | x | − | 5 | x | 1 | − | 42 | − | 93 |
| 富　　山 (17) | 664 | 8 | x | − | − | x | − | − | − | − | − |
| 石　　川 (18) | 262 | 89 | x | − | − | x | − | − | − | − | − |
| 福　　井 (19) | 1,722 | 49 | x | − | − | x | − | − | − | − | − |
| 山　　梨 (20) | 1,000 | − | x | − | − | x | − | − | − | 14 | 2 |
| 長　　野 (21) | 437 | 6 | x | − | − | x | − | − | 8 | 17 | 92 |
| 岐　　阜 (22) | 500 | 40 | x | − | − | x | − | − | − | − | 27 |
| 静　　岡 (23) | 3,184 | 35 | x | 13 | − | x | − | − | 739 | 343 | 9 |
| 愛　　知 (24) | 9,057 | 1,321 | x | − | − | x | − | − | − | 761 | 406 |
| 三　　重 (25) | 466 | − | x | − | − | x | − | − | − | − | − |
| 滋　　賀 (26) | 282 | − | x | − | − | x | − | − | − | − | − |
| 京　　都 (27) | 5,024 | 929 | x | − | − | x | − | − | − | 105 | 2 |
| 大　　阪 (28) | 15,330 | 6,263 | x | − | − | x | − | − | − | − | 11 |
| 兵　　庫 (29) | 2,923 | 147 | x | − | − | x | − | − | − | 212 | − |
| 奈　　良 (30) | 817 | − | x | − | − | x | − | − | − | − | − |
| 和 歌 山 (31) | 508 | − | x | − | − | x | − | − | − | − | − |
| 鳥　　取 (32) | 90 | − | x | − | − | x | − | − | − | − | − |
| 島　　根 (33) | 75 | − | x | − | − | x | − | − | − | − | − |
| 岡　　山 (34) | 2,077 | 25 | x | − | − | x | − | − | − | − | − |
| 広　　島 (35) | 2,320 | − | x | − | − | x | − | − | − | − | − |
| 山　　口 (36) | 359 | − | x | − | − | x | − | − | − | − | − |
| 徳　　島 (37) | 381 | − | x | − | − | x | − | − | − | − | − |
| 香　　川 (38) | 604 | − | x | − | − | x | − | − | − | − | − |
| 愛　　媛 (39) | 394 | − | x | − | − | x | − | − | − | − | − |
| 高　　知 (40) | 294 | − | x | − | − | x | − | − | − | − | − |
| 福　　岡 (41) | 3,200 | 36 | x | − | − | x | − | − | − | − | − |
| 佐　　賀 (42) | 1,351 | − | x | − | − | x | − | − | − | − | − |
| 長　　崎 (43) | 948 | − | x | − | − | x | − | − | − | − | − |
| 熊　　本 (44) | 772 | − | x | − | − | x | − | − | − | − | − |
| 大　　分 (45) | 443 | − | x | − | − | x | − | − | − | − | − |
| 宮　　崎 (46) | 190 | − | x | − | − | x | − | − | − | − | − |
| 鹿 児 島 (47) | 2,304 | − | x | − | − | x | − | − | − | − | − |
| 沖　　縄 (48) | 141 | − | x | − | − | x | − | − | − | − | − |

単位：kl

| 埼玉 | 千葉 | 東京 | 神奈川 | 新潟 | 富山 | 石川 | 福井 | 山梨 | 長野 | 岐阜 | 静岡 | |
|---|---|---|---|---|---|---|---|---|---|---|---|---|
| **4,445** | **6,581** | **3,152** | **6,779** | **682** | **x** | **664** | **x** | **-** | **4,382** | **4,425** | **2,594** | (1) |
| - | 26 | - | - | - | x | - | x | - | - | - | - | (2) |
| - | 1 | - | - | - | x | - | x | - | - | - | - | (3) |
| - | - | 1 | - | 59 | x | - | x | - | - | - | - | (4) |
| - | 13 | 72 | - | 151 | x | - | x | - | - | - | - | (5) |
| - | - | 8 | - | 29 | x | - | x | - | - | - | - | (6) |
| - | - | - | - | 38 | x | - | x | - | - | - | - | (7) |
| - | 3 | 24 | - | 18 | x | - | x | - | - | - | - | (8) |
| 209 | 839 | 135 | 172 | 2 | x | - | x | - | - | - | 1 | (9) |
| - | 4 | 109 | - | - | x | - | x | - | - | - | - | (10) |
| 1,310 | 336 | 161 | 1 | 222 | x | - | x | - | 39 | - | - | (11) |
| - | 1,271 | 748 | 2,262 | - | x | - | x | - | 124 | - | 64 | (12) |
| - | - | 538 | 612 | 47 | x | - | x | - | - | 6 | 12 | (13) |
| 2,376 | 3,599 | - | 2,209 | - | x | - | x | - | 1,353 | 22 | 80 | (14) |
| 58 | 378 | 723 | - | - | x | - | x | - | 1,205 | 11 | 29 | (15) |
| - | 87 | 57 | 64 | - | x | - | x | - | 295 | - | - | (16) |
| - | - | - | - | 62 | x | 360 | x | - | 193 | 31 | - | (17) |
| - | - | - | - | - | x | - | x | - | - | 16 | - | (18) |
| - | - | - | - | - | x | 250 | x | - | - | 5 | - | (19) |
| 151 | 12 | 84 | 80 | - | x | - | x | - | 435 | - | 208 | (20) |
| 132 | - | 107 | - | 49 | x | - | x | - | - | - | 1 | (21) |
| - | - | 33 | - | - | x | - | x | - | - | - | - | (22) |
| - | - | 52 | 1,370 | - | x | - | x | - | 152 | 12 | - | (23) |
| - | - | 291 | 2 | 5 | x | 32 | x | - | 493 | 2,099 | 1,380 | (24) |
| - | - | - | - | - | x | - | x | - | - | 236 | - | (25) |
| - | - | - | - | - | x | - | x | - | - | 13 | - | (26) |
| - | 2 | - | - | - | x | - | x | - | - | 191 | 394 | (27) |
| 209 | 3 | 9 | 5 | - | x | 18 | x | - | 93 | 1,746 | 425 | (28) |
| - | 4 | - | 2 | - | x | 4 | x | - | - | 24 | - | (29) |
| - | - | - | - | - | x | - | x | - | - | 5 | - | (30) |
| - | - | - | - | - | x | - | x | - | - | 8 | - | (31) |
| - | - | - | - | - | x | - | x | - | - | - | - | (32) |
| - | - | - | - | - | x | - | x | - | - | - | - | (33) |
| - | 2 | - | - | - | x | - | x | - | - | - | - | (34) |
| - | 1 | - | - | - | x | - | x | - | - | - | - | (35) |
| - | - | - | - | - | x | - | x | - | - | - | - | (36) |
| - | - | - | - | - | x | - | x | - | - | - | - | (37) |
| - | - | - | - | - | x | - | x | - | - | - | - | (38) |
| - | - | - | - | - | x | - | x | - | - | - | - | (39) |
| - | - | - | - | - | x | - | x | - | - | - | - | (40) |
| - | - | - | - | - | x | - | x | - | - | - | - | (41) |
| - | - | - | - | - | x | - | x | - | - | - | - | (42) |
| - | - | - | - | - | x | - | x | - | - | - | - | (43) |
| - | - | - | - | - | x | - | x | - | - | - | - | (44) |
| - | - | - | - | - | x | - | x | - | - | - | - | (45) |
| - | - | - | - | - | x | - | x | - | - | - | - | (46) |
| - | - | - | - | - | x | - | x | - | - | - | - | (47) |
| - | - | - | - | - | x | - | x | - | - | - | - | (48) |

## 14　飲用牛乳等入出荷量（都道府県別）（月別）（続き）

### (3)　２月分（続き）

| 出荷 ＼ 入荷 | 愛 知 | 三 重 | 滋 賀 | 京 都 | 大 阪 | 兵 庫 | 奈 良 | 和歌山 | 鳥 取 | 島 根 | 岡 山 | 広 島 |
|---|---|---|---|---|---|---|---|---|---|---|---|---|
| **全 国 (1)** | **3,647** | **566** | **795** | **2,680** | **1,683** | **4,355** | **x** | **x** | **x** | **272** | **2,456** | **738** |
| 北 海 道 (2) | 27 | - | - | - | - | - | x | x | x | - | - | - |
| 青 森 (3) | - | - | - | - | - | - | x | x | x | - | - | - |
| 岩 手 (4) | 9 | - | - | - | - | - | x | x | x | - | - | - |
| 宮 城 (5) | 50 | - | - | - | - | - | x | x | x | - | - | - |
| 秋 田 (6) | - | - | - | - | - | - | x | x | x | - | - | - |
| 山 形 (7) | - | - | - | - | - | - | x | x | x | - | - | - |
| 福 島 (8) | 7 | - | - | - | - | - | x | x | x | - | - | - |
| 茨 城 (9) | 45 | - | - | - | - | - | x | x | x | - | - | - |
| 栃 木 (10) | 19 | - | - | - | - | - | x | x | x | - | - | - |
| 群 馬 (11) | 17 | - | - | - | - | - | x | x | x | - | 41 | - |
| 埼 玉 (12) | 92 | 1 | - | - | - | - | x | x | x | - | 146 | - |
| 千 葉 (13) | 52 | - | - | - | - | - | x | x | x | - | - | - |
| 東 京 (14) | 388 | 19 | - | - | - | - | x | x | x | 20 | 5 | - |
| 神 奈 川 (15) | 225 | 12 | - | - | - | - | x | x | x | - | 190 | - |
| 新 潟 (16) | 10 | - | - | - | - | - | x | x | x | - | - | - |
| 富 山 (17) | 9 | - | - | - | - | - | x | x | x | - | - | - |
| 石 川 (18) | 96 | - | 2 | 10 | - | 14 | x | x | x | - | 21 | - |
| 福 井 (19) | 509 | - | 350 | - | 50 | 505 | x | x | x | - | - | - |
| 山 梨 (20) | 14 | - | - | - | - | - | x | x | x | - | - | - |
| 長 野 (21) | 23 | - | - | - | - | - | x | x | x | - | - | - |
| 岐 阜 (22) | 330 | 1 | - | 2 | - | - | x | x | x | 41 | - | - |
| 静 岡 (23) | 445 | - | - | 2 | 4 | - | x | x | x | - | - | - |
| 愛 知 (24) | - | 25 | 53 | 466 | 279 | 1,130 | x | x | x | - | 103 | - |
| 三 重 (25) | 127 | - | 42 | 47 | 12 | - | x | x | x | - | - | - |
| 滋 賀 (26) | 17 | - | - | 87 | 78 | 17 | x | x | x | - | - | - |
| 京 都 (27) | 208 | - | 77 | - | 36 | 635 | x | x | x | 8 | 237 | - |
| 大 阪 (28) | 492 | 303 | 271 | 1,114 | - | 714 | x | x | x | 92 | 1,191 | - |
| 兵 庫 (29) | 166 | - | - | 711 | 386 | - | x | x | x | 24 | 42 | - |
| 奈 良 (30) | 9 | 205 | - | 165 | 428 | 3 | x | x | x | - | - | - |
| 和 歌 山 (31) | 12 | - | - | 53 | 332 | 100 | x | x | x | - | - | - |
| 鳥 取 (32) | - | - | - | - | - | - | x | x | x | 29 | 54 | - |
| 島 根 (33) | - | - | - | - | - | - | x | x | x | - | - | 11 |
| 岡 山 (34) | 28 | - | - | 19 | - | 441 | x | x | x | 14 | - | 497 |
| 広 島 (35) | 34 | - | - | 4 | 27 | 316 | x | x | x | 18 | 250 | - |
| 山 口 (36) | 8 | - | - | - | - | - | x | x | x | 4 | - | 228 |
| 徳 島 (37) | - | - | - | - | 13 | 118 | x | x | x | - | - | - |
| 香 川 (38) | 18 | - | - | - | 21 | 295 | x | x | x | - | 9 | 1 |
| 愛 媛 (39) | 14 | - | - | - | - | - | x | x | x | 4 | 21 | 1 |
| 高 知 (40) | 2 | - | - | - | - | - | x | x | x | - | - | - |
| 福 岡 (41) | 91 | - | - | - | 17 | 41 | x | x | x | 18 | 146 | - |
| 佐 賀 (42) | - | - | - | - | - | - | x | x | x | - | - | - |
| 長 崎 (43) | 10 | - | - | - | - | - | x | x | x | - | - | - |
| 熊 本 (44) | 19 | - | - | - | - | 15 | x | x | x | - | - | - |
| 大 分 (45) | 6 | - | - | - | - | - | x | x | x | - | - | - |
| 宮 崎 (46) | - | - | - | - | - | - | x | x | x | - | - | - |
| 鹿 児 島 (47) | 19 | - | - | - | - | 11 | x | x | x | - | - | - |
| 沖 縄 (48) | - | - | - | - | - | - | x | x | x | - | - | - |

単位：kl

| 山口 | 徳島 | 香川 | 愛媛 | 高知 | 福岡 | 佐賀 | 長崎 | 熊本 | 大分 | 宮崎 | 鹿児島 | 沖縄 | |
|---|---|---|---|---|---|---|---|---|---|---|---|---|---|
| **x** | **x** | **x** | **x** | **x** | **7,783** | **1,072** | **194** | **5,123** | **68** | **1,416** | **23** | **-** | (1) |
| x | x | x | x | x | - | - | - | 1 | - | - | - | - | (2) |
| x | x | x | x | x | - | - | - | - | - | - | - | - | (3) |
| x | x | x | x | x | - | - | - | 1 | - | - | - | - | (4) |
| x | x | x | x | x | - | - | - | 2 | - | - | - | - | (5) |
| x | x | x | x | x | - | - | - | - | - | - | - | - | (6) |
| x | x | x | x | x | - | - | - | 2 | - | - | - | - | (7) |
| x | x | x | x | x | - | - | - | 2 | - | - | - | - | (8) |
| x | x | x | x | x | - | - | - | 2 | - | - | - | - | (9) |
| x | x | x | x | x | - | - | - | 2 | - | - | - | - | (10) |
| x | x | x | x | x | - | - | - | 2 | - | - | - | - | (11) |
| x | x | x | x | x | - | 32 | - | 41 | - | - | - | - | (12) |
| x | x | x | x | x | - | - | - | 11 | - | - | - | - | (13) |
| x | x | x | x | x | - | - | - | 489 | - | 8 | - | - | (14) |
| x | x | x | x | x | - | - | - | 36 | - | - | - | - | (15) |
| x | x | x | x | x | - | - | - | 2 | - | - | - | - | (16) |
| x | x | x | x | x | - | - | - | 1 | - | - | - | - | (17) |
| x | x | x | x | x | - | - | - | 4 | - | - | - | - | (18) |
| x | x | x | x | x | - | - | - | 1 | - | - | - | - | (19) |
| x | x | x | x | x | - | - | - | - | - | - | - | - | (20) |
| x | x | x | x | x | - | - | - | 2 | - | - | - | - | (21) |
| x | x | x | x | x | - | 24 | - | 2 | - | - | - | - | (22) |
| x | x | x | x | x | - | - | - | 8 | - | - | - | - | (23) |
| x | x | x | x | x | - | - | - | 211 | - | - | - | - | (24) |
| x | x | x | x | x | - | - | - | 2 | - | - | - | - | (25) |
| x | x | x | x | x | - | - | - | 70 | - | - | - | - | (26) |
| x | x | x | x | x | 1,448 | - | - | 6 | - | - | - | - | (27) |
| x | x | x | x | x | 1,578 | 85 | - | 112 | - | 35 | - | - | (28) |
| x | x | x | x | x | 101 | - | - | 880 | - | - | - | - | (29) |
| x | x | x | x | x | - | - | - | 2 | - | - | - | - | (30) |
| x | x | x | x | x | - | - | - | 3 | - | - | - | - | (31) |
| x | x | x | x | x | - | - | - | 7 | - | - | - | - | (32) |
| x | x | x | x | x | - | - | - | 3 | - | - | - | - | (33) |
| x | x | x | x | x | 468 | - | - | 14 | - | - | - | - | (34) |
| x | x | x | x | x | 862 | 187 | - | 371 | - | - | - | - | (35) |
| x | x | x | x | x | 97 | 10 | - | 12 | - | - | - | - | (36) |
| x | x | x | x | x | - | - | - | 1 | - | - | - | - | (37) |
| x | x | x | x | x | 257 | - | - | 3 | - | - | - | - | (38) |
| x | x | x | x | x | - | - | - | 28 | - | - | - | - | (39) |
| x | x | x | x | x | - | - | - | 4 | - | - | - | - | (40) |
| x | x | x | x | x | - | 363 | 120 | 1,557 | 68 | 171 | 6 | - | (41) |
| x | x | x | x | x | 1,247 | - | 70 | 18 | - | - | - | - | (42) |
| x | x | x | x | x | 451 | 84 | - | 355 | - | 16 | - | - | (43) |
| x | x | x | x | x | 554 | 110 | - | - | - | 11 | - | - | (44) |
| x | x | x | x | x | 203 | 47 | 4 | 151 | - | - | - | - | (45) |
| x | x | x | x | x | 146 | - | - | 11 | - | - | 17 | - | (46) |
| x | x | x | x | x | 308 | 128 | - | 628 | - | 1,162 | - | - | (47) |
| x | x | x | x | x | 63 | 2 | - | 63 | - | 13 | - | - | (48) |

## 14　飲用牛乳等入出荷量（都道府県別）（月別）（続き）

### (4)　３月分

| 入荷＼出荷 | 全　国 | 北海道 | 青　森 | 岩　手 | 宮　城 | 秋　田 | 山　形 | 福　島 | 茨　城 | 栃　木 | 群　馬 |
|---|---|---|---|---|---|---|---|---|---|---|---|
| 全　　国 (1) | 140,963 | 31,516 | x | 3,995 | 2,650 | x | 320 | 893 | 12,091 | 8,777 | 8,979 |
| 北 海 道 (2) | 89 | - | x | - | 42 | x | - | - | - | - | - |
| 青　　森 (3) | 692 | 346 | x | 265 | - | x | - | - | - | - | - |
| 岩　　手 (4) | 520 | 328 | x | - | 64 | x | - | 7 | - | - | - |
| 宮　　城 (5) | 1,840 | 541 | x | 329 | - | x | 257 | 22 | 269 | - | 68 |
| 秋　　田 (6) | 824 | 368 | x | 358 | 25 | x | 27 | - | - | - | - |
| 山　　形 (7) | 250 | 7 | x | 7 | 170 | x | - | - | - | 20 | - |
| 福　　島 (8) | 565 | 18 | x | - | 220 | x | 34 | - | 98 | 79 | 58 |
| 茨　　城 (9) | 6,908 | 1,631 | x | 17 | 553 | x | - | - | - | 1,895 | 1,400 |
| 栃　　木 (10) | 1,420 | 180 | x | 19 | 5 | x | - | 3 | 919 | - | 146 |
| 群　　馬 (11) | 3,654 | 241 | x | 17 | 52 | x | - | - | 588 | 547 | - |
| 埼　　玉 (12) | 22,610 | 6,353 | x | 1,238 | 879 | x | - | 8 | 4,142 | 3,024 | 1,895 |
| 千　　葉 (13) | 5,905 | 2,086 | x | 1 | - | x | - | 1 | 2,264 | 87 | 27 |
| 東　　京 (14) | 22,469 | 6,232 | x | 99 | 576 | x | - | 851 | 1,966 | 168 | 3,254 |
| 神 奈 川 (15) | 10,875 | 2,965 | x | 1,632 | 6 | x | - | 1 | 991 | 881 | 1,406 |
| 新　　潟 (16) | 1,217 | 448 | x | - | 58 | x | 2 | - | 46 | - | 102 |
| 富　　山 (17) | 1,014 | 53 | x | - | - | x | - | - | - | - | - |
| 石　　川 (18) | 261 | 102 | x | - | - | x | - | - | - | - | - |
| 福　　井 (19) | 1,463 | 54 | x | - | - | x | - | - | - | - | - |
| 山　　梨 (20) | 986 | - | x | - | - | x | - | - | - | 14 | 3 |
| 長　　野 (21) | 485 | 2 | x | - | - | x | - | - | 9 | 19 | 112 |
| 岐　　阜 (22) | 518 | 44 | x | - | - | x | - | - | - | - | 30 |
| 静　　岡 (23) | 3,303 | 38 | x | 13 | - | x | - | - | 799 | 407 | 11 |
| 愛　　知 (24) | 10,068 | 1,389 | x | - | - | x | - | - | - | 1,084 | 455 |
| 三　　重 (25) | 439 | - | x | - | - | x | - | - | - | - | - |
| 滋　　賀 (26) | 354 | - | x | - | - | x | - | - | - | - | - |
| 京　　都 (27) | 5,500 | 802 | x | - | - | x | - | - | - | 212 | - |
| 大　　阪 (28) | 16,735 | 7,084 | x | - | - | x | - | - | - | - | 12 |
| 兵　　庫 (29) | 3,035 | 154 | x | - | - | x | - | - | - | 340 | - |
| 奈　　良 (30) | 717 | - | x | - | - | x | - | - | - | - | - |
| 和 歌 山 (31) | 345 | - | x | - | - | x | - | - | - | - | - |
| 鳥　　取 (32) | 44 | - | x | - | - | x | - | - | - | - | - |
| 島　　根 (33) | 78 | - | x | - | - | x | - | - | - | - | - |
| 岡　　山 (34) | 2,187 | 20 | x | - | - | x | - | - | - | - | - |
| 広　　島 (35) | 2,334 | - | x | - | - | x | - | - | - | - | - |
| 山　　口 (36) | 369 | - | x | - | - | x | - | - | - | - | - |
| 徳　　島 (37) | 399 | - | x | - | - | x | - | - | - | - | - |
| 香　　川 (38) | 377 | - | x | - | - | x | - | - | - | - | - |
| 愛　　媛 (39) | 388 | - | x | - | - | x | - | - | - | - | - |
| 高　　知 (40) | 303 | - | x | - | - | x | - | - | - | - | - |
| 福　　岡 (41) | 3,333 | 30 | x | - | - | x | - | - | - | - | - |
| 佐　　賀 (42) | 1,196 | - | x | - | - | x | - | - | - | - | - |
| 長　　崎 (43) | 1,005 | - | x | - | - | x | - | - | - | - | - |
| 熊　　本 (44) | 854 | - | x | - | - | x | - | - | - | - | - |
| 大　　分 (45) | 453 | - | x | - | - | x | - | - | - | - | - |
| 宮　　崎 (46) | 187 | - | x | - | - | x | - | - | - | - | - |
| 鹿 児 島 (47) | 2,252 | - | x | - | - | x | - | - | - | - | - |
| 沖　　縄 (48) | 143 | - | x | - | - | x | - | - | - | - | - |

単位：kl

| 埼玉 | 千葉 | 東京 | 神奈川 | 新潟 | 富山 | 石川 | 福井 | 山梨 | 長野 | 岐阜 | 静岡 | |
|---|---|---|---|---|---|---|---|---|---|---|---|---|
| **4,398** | **5,989** | **3,536** | **6,575** | **816** | **x** | **851** | **x** | **-** | **4,650** | **5,203** | **2,683** | (1) |
| - | 26 | - | - | - | x | - | x | - | - | - | - | (2) |
| - | 1 | - | - | - | x | - | x | - | - | - | - | (3) |
| - | - | 1 | - | 70 | x | - | x | - | - | - | - | (4) |
| - | 13 | 106 | 5 | 178 | x | - | x | - | - | - | - | (5) |
| - | - | 8 | - | 37 | x | - | x | - | - | - | - | (6) |
| - | - | - | - | 45 | x | - | x | - | - | - | - | (7) |
| - | 3 | 25 | - | 22 | x | - | x | - | - | - | - | (8) |
| 240 | 732 | 162 | 185 | 3 | x | - | x | - | - | - | 52 | (9) |
| - | 5 | 123 | - | - | x | - | x | - | - | - | - | (10) |
| 1,331 | 339 | 181 | - | 264 | x | - | x | - | 35 | - | - | (11) |
| - | 1,358 | 789 | 2,422 | - | x | - | x | - | 137 | - | 53 | (12) |
| - | - | 626 | 687 | 56 | x | - | x | - | - | 6 | 11 | (13) |
| 2,205 | 2,976 | - | 1,781 | - | x | - | x | - | 1,296 | 23 | 71 | (14) |
| 66 | 423 | 788 | - | - | x | - | x | - | 1,322 | 11 | 30 | (15) |
| - | 86 | 67 | 72 | - | x | - | x | - | 325 | - | - | (16) |
| - | - | - | - | 78 | x | 639 | x | - | 199 | 34 | - | (17) |
| - | - | - | - | - | x | - | x | - | - | 17 | - | (18) |
| - | - | - | - | - | x | 202 | x | - | - | 6 | - | (19) |
| 174 | 15 | 79 | 84 | - | x | - | x | - | 513 | - | 85 | (20) |
| 152 | - | 116 | - | 56 | x | - | x | - | - | - | 1 | (21) |
| - | - | 37 | - | - | x | - | x | - | - | - | - | (22) |
| - | - | 59 | 1,330 | - | x | - | x | - | 166 | 12 | - | (23) |
| - | - | 345 | 2 | 7 | x | 6 | x | - | 548 | 2,522 | 1,327 | (24) |
| - | - | - | - | - | x | - | x | - | - | 256 | - | (25) |
| - | - | - | - | - | x | - | x | - | - | 15 | - | (26) |
| - | 2 | - | - | - | x | - | x | - | - | 215 | 631 | (27) |
| 230 | 3 | 9 | 5 | - | x | - | x | - | 109 | 2,049 | 422 | (28) |
| - | 4 | 11 | 2 | - | x | 4 | x | - | - | 24 | - | (29) |
| - | - | - | - | - | x | - | x | - | - | 5 | - | (30) |
| - | - | - | - | - | x | - | x | - | - | 8 | - | (31) |
| - | - | - | - | - | x | - | x | - | - | - | - | (32) |
| - | - | - | - | - | x | - | x | - | - | - | - | (33) |
| - | 2 | - | - | - | x | - | x | - | - | - | - | (34) |
| - | 1 | 2 | - | - | x | - | x | - | - | - | - | (35) |
| - | - | - | - | - | x | - | x | - | - | - | - | (36) |
| - | - | - | - | - | x | - | x | - | - | - | - | (37) |
| - | - | - | - | - | x | - | x | - | - | - | - | (38) |
| - | - | - | - | - | x | - | x | - | - | - | - | (39) |
| - | - | - | - | - | x | - | x | - | - | - | - | (40) |
| - | - | - | - | - | x | - | x | - | - | - | - | (41) |
| - | - | 2 | - | - | x | - | x | - | - | - | - | (42) |
| - | - | - | - | - | x | - | x | - | - | - | - | (43) |
| - | - | - | - | - | x | - | x | - | - | - | - | (44) |
| - | - | - | - | - | x | - | x | - | - | - | - | (45) |
| - | - | - | - | - | x | - | x | - | - | - | - | (46) |
| - | - | - | - | - | x | - | x | - | - | - | - | (47) |
| - | - | - | - | - | x | - | x | - | - | - | - | (48) |

## 14 飲用牛乳等入出荷量（都道府県別）（月別）（続き）

### (4) ３月分（続き）

| 入荷＼出荷 | 愛知 | 三重 | 滋賀 | 京都 | 大阪 | 兵庫 | 奈良 | 和歌山 | 鳥取 | 島根 | 岡山 | 広島 |
|---|---|---|---|---|---|---|---|---|---|---|---|---|
| **全国 (1)** | **3,351** | **717** | **642** | **2,433** | **1,515** | **4,511** | **x** | **x** | **x** | **275** | **1,833** | **697** |
| 北海道 (2) | 20 | – | – | – | – | – | x | x | x | – | – | – |
| 青森 (3) | – | – | – | – | – | – | x | x | x | – | – | – |
| 岩手 (4) | 9 | – | – | – | – | – | x | x | x | – | – | – |
| 宮城 (5) | 50 | – | – | – | – | – | x | x | x | – | – | – |
| 秋田 (6) | – | – | – | – | – | – | x | x | x | – | – | – |
| 山形 (7) | – | – | – | – | – | – | x | x | x | – | – | – |
| 福島 (8) | 7 | – | – | – | – | – | x | x | x | – | – | – |
| 茨城 (9) | 36 | – | – | – | – | – | x | x | x | – | – | – |
| 栃木 (10) | 18 | – | – | – | – | – | x | x | x | – | – | – |
| 群馬 (11) | 15 | – | – | – | – | – | x | x | x | – | 42 | – |
| 埼玉 (12) | 87 | 2 | – | – | – | – | x | x | x | – | 147 | – |
| 千葉 (13) | 39 | – | – | – | – | – | x | x | x | – | – | – |
| 東京 (14) | 329 | 27 | – | – | – | – | x | x | x | 22 | 4 | – |
| 神奈川 (15) | 100 | 15 | – | – | – | – | x | x | x | – | 192 | – |
| 新潟 (16) | 9 | – | – | – | – | – | x | x | x | – | – | – |
| 富山 (17) | 10 | – | – | – | – | – | x | x | x | – | – | – |
| 石川 (18) | 58 | – | 2 | 10 | 12 | 23 | x | x | x | – | 21 | – |
| 福井 (19) | 592 | – | 207 | – | 58 | 339 | x | x | x | – | – | – |
| 山梨 (20) | 18 | – | – | – | – | – | x | x | x | – | – | – |
| 長野 (21) | 16 | – | – | – | – | – | x | x | x | – | – | – |
| 岐阜 (22) | 342 | 1 | – | 1 | – | – | x | x | x | 41 | – | – |
| 静岡 (23) | 460 | – | – | 2 | – | – | x | x | x | – | – | – |
| 愛知 (24) | – | 32 | 53 | 482 | 294 | 1,225 | x | x | x | – | 104 | – |
| 三重 (25) | 125 | – | 1 | 40 | 16 | – | x | x | x | – | – | – |
| 滋賀 (26) | 15 | – | – | 143 | 82 | 18 | x | x | x | – | – | – |
| 京都 (27) | 210 | – | 65 | – | 77 | 752 | x | x | x | 8 | 32 | – |
| 大阪 (28) | 346 | 424 | 314 | 1,029 | – | 799 | x | x | x | 92 | 1,014 | – |
| 兵庫 (29) | 176 | – | – | 520 | 346 | – | x | x | x | 24 | 43 | – |
| 奈良 (30) | 8 | 216 | – | 141 | 342 | 3 | x | x | x | – | – | – |
| 和歌山 (31) | 9 | – | – | 45 | 153 | 125 | x | x | x | – | – | – |
| 鳥取 (32) | – | – | – | – | – | – | x | x | x | 29 | 7 | – |
| 島根 (33) | – | – | – | – | – | – | x | x | x | – | – | 11 |
| 岡山 (34) | 40 | – | – | 18 | 35 | 417 | x | x | x | 15 | – | 433 |
| 広島 (35) | 38 | – | – | 2 | 36 | 356 | x | x | x | 18 | 93 | – |
| 山口 (36) | 8 | – | – | – | – | – | x | x | x | 4 | – | 252 |
| 徳島 (37) | – | – | – | – | 13 | 130 | x | x | x | – | – | – |
| 香川 (38) | 16 | – | – | – | 22 | 249 | x | x | x | – | 9 | 1 |
| 愛媛 (39) | 12 | – | – | – | – | – | x | x | x | 4 | 21 | – |
| 高知 (40) | 3 | – | – | – | – | – | x | x | x | – | – | – |
| 福岡 (41) | 80 | – | – | – | 29 | 48 | x | x | x | 18 | 104 | – |
| 佐賀 (42) | – | – | – | – | – | – | x | x | x | – | – | – |
| 長崎 (43) | 9 | – | – | – | – | – | x | x | x | – | – | – |
| 熊本 (44) | 17 | – | – | – | – | 15 | x | x | x | – | – | – |
| 大分 (45) | 5 | – | – | – | – | – | x | x | x | – | – | – |
| 宮崎 (46) | – | – | – | – | – | – | x | x | x | – | – | – |
| 鹿児島 (47) | 19 | – | – | – | – | 12 | x | x | x | – | – | – |
| 沖縄 (48) | – | – | – | – | – | – | x | x | x | – | – | – |

単位：kl

| 山　口 | 徳　島 | 香　川 | 愛　媛 | 高　知 | 福　岡 | 佐　賀 | 長　崎 | 熊　本 | 大　分 | 宮　崎 | 鹿児島 | 沖　縄 | |
|---|---|---|---|---|---|---|---|---|---|---|---|---|---|
| x | x | x | x | x | 8,121 | 1,184 | 217 | 5,717 | 83 | 1,335 | 25 | - | (1) |
| x | x | x | x | x | - | - | - | 1 | - | - | - | - | (2) |
| x | x | x | x | x | - | - | - | - | - | - | - | - | (3) |
| x | x | x | x | x | - | - | - | 1 | - | - | - | - | (4) |
| x | x | x | x | x | - | - | - | 2 | - | - | - | - | (5) |
| x | x | x | x | x | - | - | - | - | - | - | - | - | (6) |
| x | x | x | x | x | - | - | - | 1 | - | - | - | - | (7) |
| x | x | x | x | x | - | - | - | 1 | - | - | - | - | (8) |
| x | x | x | x | x | - | - | - | 2 | - | - | - | - | (9) |
| x | x | x | x | x | - | - | - | 2 | - | - | - | - | (10) |
| x | x | x | x | x | - | - | - | 2 | - | - | - | - | (11) |
| x | x | x | x | x | - | 30 | - | 46 | - | - | - | - | (12) |
| x | x | x | x | x | - | - | - | 14 | - | - | - | - | (13) |
| x | x | x | x | x | - | - | - | 577 | - | 12 | - | - | (14) |
| x | x | x | x | x | - | - | - | 46 | - | - | - | - | (15) |
| x | x | x | x | x | - | - | - | 2 | - | - | - | - | (16) |
| x | x | x | x | x | - | - | - | 1 | - | - | - | - | (17) |
| x | x | x | x | x | - | - | - | 4 | - | - | - | - | (18) |
| x | x | x | x | x | - | - | - | 1 | - | - | - | - | (19) |
| x | x | x | x | x | - | - | - | 1 | - | - | - | - | (20) |
| x | x | x | x | x | - | - | - | 2 | - | - | - | - | (21) |
| x | x | x | x | x | - | 20 | - | 2 | - | - | - | - | (22) |
| x | x | x | x | x | - | - | - | 6 | - | - | - | - | (23) |
| x | x | x | x | x | - | - | - | 193 | - | - | - | - | (24) |
| x | x | x | x | x | - | - | - | 1 | - | - | - | - | (25) |
| x | x | x | x | x | - | - | - | 81 | - | - | - | - | (26) |
| x | x | x | x | x | 1,663 | - | - | 7 | - | - | - | - | (27) |
| x | x | x | x | x | 1,884 | 102 | - | 132 | - | 45 | - | - | (28) |
| x | x | x | x | x | 88 | - | - | 1,070 | - | - | - | - | (29) |
| x | x | x | x | x | - | - | - | 2 | - | - | - | - | (30) |
| x | x | x | x | x | - | - | - | 5 | - | - | - | - | (31) |
| x | x | x | x | x | - | - | - | 8 | - | - | - | - | (32) |
| x | x | x | x | x | - | - | - | 4 | - | - | - | - | (33) |
| x | x | x | x | x | 552 | - | - | 17 | - | - | - | - | (34) |
| x | x | x | x | x | 927 | 209 | - | 393 | - | - | - | - | (35) |
| x | x | x | x | x | 81 | 12 | - | 12 | - | - | - | - | (36) |
| x | x | x | x | x | - | - | - | 1 | - | - | - | - | (37) |
| x | x | x | x | x | 78 | - | - | 2 | - | - | - | - | (38) |
| x | x | x | x | x | - | - | - | 25 | - | - | - | - | (39) |
| x | x | x | x | x | - | - | - | 2 | - | - | - | - | (40) |
| x | x | x | x | x | - | 408 | 119 | 1,684 | 83 | 188 | 7 | - | (41) |
| x | x | x | x | x | 1,064 | - | 94 | 21 | - | - | - | - | (42) |
| x | x | x | x | x | 440 | 93 | - | 417 | - | 17 | - | - | (43) |
| x | x | x | x | x | 637 | 115 | - | - | - | 12 | - | - | (44) |
| x | x | x | x | x | 203 | 48 | 4 | 164 | - | - | - | - | (45) |
| x | x | x | x | x | 141 | - | - | 13 | - | - | 18 | - | (46) |
| x | x | x | x | x | 301 | 144 | - | 683 | - | 1,049 | - | - | (47) |
| x | x | x | x | x | 62 | 3 | - | 66 | - | 12 | - | - | (48) |

## 14 飲用牛乳等入出荷量（都道府県別）（月別）（続き）

### (5) 4月分

| 入荷＼出荷 | 全国 | 北海道 | 青森 | 岩手 | 宮城 | 秋田 | 山形 | 福島 | 茨城 | 栃木 | 群馬 |
|---|---|---|---|---|---|---|---|---|---|---|---|
| **全国 (1)** | **138,091** | **30,792** | **x** | **3,844** | **2,305** | **x** | **368** | **676** | **12,757** | **8,520** | **7,637** |
| 北海道 (2) | **85** | - | x | - | 38 | x | - | - | - | - | - |
| 青森 (3) | **694** | 346 | x | 252 | - | x | - | - | - | - | - |
| 岩手 (4) | **524** | 317 | x | - | 70 | x | - | 6 | - | - | - |
| 宮城 (5) | **1,897** | 542 | x | 337 | - | x | 289 | 19 | 287 | 41 | 78 |
| 秋田 (6) | **843** | 367 | x | 364 | 23 | x | 30 | - | - | - | - |
| 山形 (7) | **235** | 8 | x | 6 | 150 | x | - | - | - | 20 | - |
| 福島 (8) | **602** | 11 | x | - | 231 | x | 47 | - | 105 | 86 | 67 |
| 茨城 (9) | **6,703** | 2,011 | x | 1 | 519 | x | - | - | - | 1,810 | 950 |
| 栃木 (10) | **1,435** | 198 | x | 20 | 3 | x | - | 2 | 976 | - | 118 |
| 群馬 (11) | **3,492** | 94 | x | 14 | 49 | x | - | - | 627 | 595 | - |
| 埼玉 (12) | **23,149** | 6,416 | x | 1,269 | 635 | x | - | 7 | 4,415 | 3,469 | 1,686 |
| 千葉 (13) | **5,963** | 1,769 | x | 1 | - | x | - | - | 2,426 | 91 | 33 |
| 東京 (14) | **20,890** | 5,265 | x | 104 | 556 | x | - | 642 | 2,020 | 168 | 3,093 |
| 神奈川 (15) | **10,780** | 2,965 | x | 1,465 | - | x | - | - | 1,014 | 1,036 | 1,288 |
| 新潟 (16) | **1,196** | 396 | x | - | 31 | x | 2 | - | 49 | - | 142 |
| 富山 (17) | **668** | 76 | x | - | - | x | - | - | - | - | - |
| 石川 (18) | **509** | 79 | x | - | - | x | - | - | - | - | - |
| 福井 (19) | **1,551** | 41 | x | - | - | x | - | - | - | - | - |
| 山梨 (20) | **1,024** | - | x | - | - | x | - | - | - | 15 | 1 |
| 長野 (21) | **513** | 42 | x | - | - | x | - | - | 10 | 18 | 89 |
| 岐阜 (22) | **514** | 42 | x | - | - | x | - | - | - | - | 31 |
| 静岡 (23) | **3,380** | 50 | x | 11 | - | x | - | - | 828 | 427 | 8 |
| 愛知 (24) | **8,606** | 916 | x | - | - | x | - | - | - | 707 | 41 |
| 三重 (25) | **412** | 1 | x | - | - | x | - | - | - | - | - |
| 滋賀 (26) | **183** | - | x | - | - | x | - | - | - | - | - |
| 京都 (27) | **4,803** | 211 | x | - | - | x | - | - | - | 16 | - |
| 大阪 (28) | **17,143** | 8,411 | x | - | - | x | - | - | - | - | 12 |
| 兵庫 (29) | **2,968** | 168 | x | - | - | x | - | - | - | 21 | - |
| 奈良 (30) | **746** | - | x | - | - | x | - | - | - | - | - |
| 和歌山 (31) | **366** | - | x | - | - | x | - | - | - | - | - |
| 鳥取 (32) | **155** | - | x | - | - | x | - | - | - | - | - |
| 島根 (33) | **73** | - | x | - | - | x | - | - | - | - | - |
| 岡山 (34) | **2,361** | 29 | x | - | - | x | - | - | - | - | - |
| 広島 (35) | **2,373** | - | x | - | - | x | - | - | - | - | - |
| 山口 (36) | **384** | - | x | - | - | x | - | - | - | - | - |
| 徳島 (37) | **362** | - | x | - | - | x | - | - | - | - | - |
| 香川 (38) | **554** | - | x | - | - | x | - | - | - | - | - |
| 愛媛 (39) | **344** | - | x | - | - | x | - | - | - | - | - |
| 高知 (40) | **260** | - | x | - | - | x | - | - | - | - | - |
| 福岡 (41) | **3,259** | 21 | x | - | - | x | - | - | - | - | - |
| 佐賀 (42) | **1,263** | - | x | - | - | x | - | - | - | - | - |
| 長崎 (43) | **1,010** | - | x | - | - | x | - | - | - | - | - |
| 熊本 (44) | **741** | - | x | - | - | x | - | - | - | - | - |
| 大分 (45) | **395** | - | x | - | - | x | - | - | - | - | - |
| 宮崎 (46) | **172** | - | x | - | - | x | - | - | - | - | - |
| 鹿児島 (47) | **2,400** | - | x | - | - | x | - | - | - | - | - |
| 沖縄 (48) | **111** | - | x | - | - | x | - | - | - | - | - |

単位：kl

| 埼　玉 | 千　葉 | 東　京 | 神奈川 | 新　潟 | 富　山 | 石　川 | 福　井 | 山　梨 | 長　野 | 岐　阜 | 静　岡 | |
|---|---|---|---|---|---|---|---|---|---|---|---|---|
| **3,777** | **6,598** | **3,421** | **7,031** | **831** | **x** | **688** | **x** | **-** | **4,732** | **5,082** | **2,095** | (1) |
| - | 30 | - | - | - | x | - | x | - | - | - | - | (2) |
| - | 2 | - | - | - | x | - | x | - | - | - | - | (3) |
| - | - | 1 | - | 77 | x | - | x | - | - | - | - | (4) |
| - | 15 | 60 | 2 | 192 | x | - | x | - | - | - | - | (5) |
| - | - | 9 | - | 38 | x | - | x | - | - | - | - | (6) |
| - | - | - | - | 50 | x | - | x | - | - | - | - | (7) |
| - | 3 | 22 | - | 25 | x | - | x | - | - | - | - | (8) |
| 258 | 760 | 147 | 191 | 3 | x | - | x | - | - | - | 19 | (9) |
| - | 6 | 100 | - | - | x | - | x | - | - | - | - | (10) |
| 1,213 | 385 | 175 | - | 266 | x | - | x | - | 37 | - | - | (11) |
| - | 1,484 | 759 | 2,649 | - | x | - | x | - | 143 | - | 7 | (12) |
| - | - | 564 | 981 | 57 | x | - | x | - | - | 5 | 6 | (13) |
| 1,667 | 3,332 | - | 1,696 | - | x | - | x | - | 1,342 | 22 | 88 | (14) |
| 76 | 452 | 811 | - | - | x | - | x | - | 1,403 | 11 | 25 | (15) |
| - | 99 | 67 | 67 | - | x | - | x | - | 334 | - | - | (16) |
| - | - | - | - | 56 | x | 439 | x | - | 56 | 31 | - | (17) |
| - | - | - | - | - | x | - | x | - | - | 13 | - | (18) |
| - | - | - | - | - | x | 204 | x | - | - | 5 | - | (19) |
| 185 | 16 | 79 | 80 | - | x | - | x | - | 553 | - | 86 | (20) |
| 162 | - | 121 | - | 61 | x | - | x | - | - | - | - | (21) |
| - | - | 30 | - | - | x | - | x | - | - | - | - | (22) |
| - | - | 71 | 1,354 | - | x | - | x | - | 176 | 10 | - | (23) |
| - | - | 377 | 4 | 6 | x | 35 | x | - | 588 | 2,626 | 1,040 | (24) |
| - | - | - | - | - | x | - | x | - | - | 220 | - | (25) |
| - | - | - | - | - | x | - | x | - | - | 12 | - | (26) |
| - | 3 | - | - | - | x | - | x | - | - | 199 | 509 | (27) |
| 216 | 3 | - | 5 | - | x | 5 | x | - | 100 | 1,894 | 315 | (28) |
| - | 4 | - | 2 | - | x | 5 | x | - | - | 22 | - | (29) |
| - | - | - | - | - | x | - | x | - | - | 5 | - | (30) |
| - | - | - | - | - | x | - | x | - | - | 7 | - | (31) |
| - | - | - | - | - | x | - | x | - | - | - | - | (32) |
| - | - | - | - | - | x | - | x | - | - | - | - | (33) |
| - | 2 | - | - | - | x | - | x | - | - | - | - | (34) |
| - | 2 | 3 | - | - | x | - | x | - | - | - | - | (35) |
| - | - | - | - | - | x | - | x | - | - | - | - | (36) |
| - | - | - | - | - | x | - | x | - | - | - | - | (37) |
| - | - | - | - | - | x | - | x | - | - | - | - | (38) |
| - | - | - | - | - | x | - | x | - | - | - | - | (39) |
| - | - | - | - | - | x | - | x | - | - | - | - | (40) |
| - | - | - | - | - | x | - | x | - | - | - | - | (41) |
| - | - | 25 | - | - | x | - | x | - | - | - | - | (42) |
| - | - | - | - | - | x | - | x | - | - | - | - | (43) |
| - | - | - | - | - | x | - | x | - | - | - | - | (44) |
| - | - | - | - | - | x | - | x | - | - | - | - | (45) |
| - | - | - | - | - | x | - | x | - | - | - | - | (46) |
| - | - | - | - | - | x | - | x | - | - | - | - | (47) |
| - | - | - | - | - | x | - | x | - | - | - | - | (48) |

# 14 飲用牛乳等入出荷量（都道府県別）（月別）（続き）

## (5) 4月分（続き）

| 入荷＼出荷 | 愛知 | 三重 | 滋賀 | 京都 | 大阪 | 兵庫 | 奈良 | 和歌山 | 鳥取 | 島根 | 岡山 | 広島 |
|---|---|---|---|---|---|---|---|---|---|---|---|---|
| **全国 (1)** | **3,188** | **754** | **655** | **2,699** | **1,456** | **4,308** | **x** | **x** | **x** | **252** | **1,263** | **908** |
| 北海道 (2) | 16 | − | − | − | − | − | x | x | x | − | − | − |
| 青森 (3) | − | − | − | − | − | − | x | x | x | − | − | − |
| 岩手 (4) | 6 | − | − | − | − | − | x | x | x | − | − | − |
| 宮城 (5) | 34 | − | − | − | − | − | x | x | x | − | − | − |
| 秋田 (6) | − | − | − | − | − | − | x | x | x | − | − | − |
| 山形 (7) | − | − | − | − | − | − | x | x | x | − | − | − |
| 福島 (8) | 4 | − | − | − | − | − | x | x | x | − | − | − |
| 茨城 (9) | 33 | − | − | − | − | − | x | x | x | − | − | − |
| 栃木 (10) | 11 | − | − | − | − | − | x | x | x | − | − | − |
| 群馬 (11) | 8 | − | − | − | − | − | x | x | x | − | 28 | − |
| 埼玉 (12) | 49 | 1 | − | − | − | − | x | x | x | − | 99 | − |
| 千葉 (13) | 22 | − | − | − | − | − | x | x | x | − | − | − |
| 東京 (14) | 215 | 25 | − | − | − | 4 | x | x | x | 19 | 3 | − |
| 神奈川 (15) | 55 | 19 | − | − | − | − | x | x | x | − | 138 | − |
| 新潟 (16) | 8 | − | − | − | − | − | x | x | x | − | − | − |
| 富山 (17) | 9 | − | − | − | − | − | x | x | x | − | − | − |
| 石川 (18) | 321 | − | 1 | 12 | 12 | 43 | x | x | x | − | 14 | − |
| 福井 (19) | 734 | − | 210 | − | 59 | 294 | x | x | x | − | − | − |
| 山梨 (20) | 8 | − | − | − | − | − | x | x | x | − | − | − |
| 長野 (21) | 9 | − | − | − | − | − | x | x | x | − | − | − |
| 岐阜 (22) | 343 | − | − | 2 | − | − | x | x | x | 35 | − | − |
| 静岡 (23) | 440 | − | − | 2 | − | − | x | x | x | − | − | − |
| 愛知 (24) | − | 32 | 44 | 520 | 254 | 1,235 | x | x | x | − | 69 | − |
| 三重 (25) | 117 | − | 12 | 46 | 15 | − | x | x | x | − | − | − |
| 滋賀 (26) | 12 | − | − | 38 | 76 | 19 | x | x | x | − | − | − |
| 京都 (27) | 170 | − | 62 | − | 71 | 578 | x | x | x | 8 | 24 | − |
| 大阪 (28) | 257 | 456 | 326 | 1,130 | − | 726 | x | x | x | 82 | 683 | − |
| 兵庫 (29) | 169 | − | − | 712 | 329 | − | x | x | x | 24 | 34 | − |
| 奈良 (30) | 4 | 221 | − | 164 | 348 | 3 | x | x | x | − | − | − |
| 和歌山 (31) | 7 | − | − | 52 | 157 | 138 | x | x | x | − | − | − |
| 鳥取 (32) | − | − | − | − | − | − | x | x | x | 27 | 7 | 116 |
| 島根 (33) | − | − | − | − | − | − | x | x | x | − | − | 10 |
| 岡山 (34) | 21 | − | − | 20 | 37 | 431 | x | x | x | 15 | − | 519 |
| 広島 (35) | 22 | − | − | 1 | 37 | 377 | x | x | x | 18 | 72 | − |
| 山口 (36) | 5 | − | − | − | − | − | x | x | x | 4 | − | 262 |
| 徳島 (37) | − | − | − | − | 14 | 136 | x | x | x | − | − | − |
| 香川 (38) | 9 | − | − | − | 22 | 251 | x | x | x | − | 9 | 1 |
| 愛媛 (39) | 7 | − | − | − | − | − | x | x | x | 4 | 14 | − |
| 高知 (40) | 2 | − | − | − | − | − | x | x | x | − | − | − |
| 福岡 (41) | 35 | − | − | − | 25 | 46 | x | x | x | 16 | 69 | − |
| 佐賀 (42) | − | − | − | − | − | − | x | x | x | − | − | − |
| 長崎 (43) | 4 | − | − | − | − | − | x | x | x | − | − | − |
| 熊本 (44) | 8 | − | − | − | − | 15 | x | x | x | − | − | − |
| 大分 (45) | 3 | − | − | − | − | − | x | x | x | − | − | − |
| 宮崎 (46) | − | − | − | − | − | − | x | x | x | − | − | − |
| 鹿児島 (47) | 11 | − | − | − | − | 12 | x | x | x | − | − | − |
| 沖縄 (48) | − | − | − | − | − | − | x | x | x | − | − | − |

単位：kl

| 山口 | 徳島 | 香川 | 愛媛 | 高知 | 福岡 | 佐賀 | 長崎 | 熊本 | 大分 | 宮崎 | 鹿児島 | 沖縄 | |
|---|---|---|---|---|---|---|---|---|---|---|---|---|---|
| **x** | **x** | **x** | **x** | **x** | **8,086** | **1,204** | **222** | **5,602** | **82** | **1,491** | **22** | **-** | (1) |
| x | x | x | x | x | - | - | - | 1 | - | - | - | - | (2) |
| x | x | x | x | x | - | - | - | - | - | - | - | - | (3) |
| x | x | x | x | x | - | - | - | - | - | - | - | - | (4) |
| x | x | x | x | x | - | - | - | 1 | - | - | - | - | (5) |
| x | x | x | x | x | - | - | - | - | - | - | - | - | (6) |
| x | x | x | x | x | - | - | - | 1 | - | - | - | - | (7) |
| x | x | x | x | x | - | - | - | 1 | - | - | - | - | (8) |
| x | x | x | x | x | - | - | - | 1 | - | - | - | - | (9) |
| x | x | x | x | x | - | - | - | 1 | - | - | - | - | (10) |
| x | x | x | x | x | - | - | - | 1 | - | - | - | - | (11) |
| x | x | x | x | x | - | 31 | - | 30 | - | - | - | - | (12) |
| x | x | x | x | x | - | - | - | 8 | - | - | - | - | (13) |
| x | x | x | x | x | - | - | - | 615 | - | 14 | - | - | (14) |
| x | x | x | x | x | - | - | - | 22 | - | - | - | - | (15) |
| x | x | x | x | x | - | - | - | 1 | - | - | - | - | (16) |
| x | x | x | x | x | - | - | - | 1 | - | - | - | - | (17) |
| x | x | x | x | x | - | - | - | 1 | - | - | - | - | (18) |
| x | x | x | x | x | - | - | - | - | - | - | - | - | (19) |
| x | x | x | x | x | - | - | - | 1 | - | - | - | - | (20) |
| x | x | x | x | x | - | - | - | 1 | - | - | - | - | (21) |
| x | x | x | x | x | - | 30 | - | 1 | - | - | - | - | (22) |
| x | x | x | x | x | - | - | - | 3 | - | - | - | - | (23) |
| x | x | x | x | x | - | - | - | 112 | - | - | - | - | (24) |
| x | x | x | x | x | - | - | - | 1 | - | - | - | - | (25) |
| x | x | x | x | x | - | - | - | 26 | - | - | - | - | (26) |
| x | x | x | x | x | 1,874 | - | - | 4 | - | - | - | - | (27) |
| x | x | x | x | x | 1,618 | 112 | - | 123 | - | 49 | - | - | (28) |
| x | x | x | x | x | 101 | - | - | 1,167 | - | - | - | - | (29) |
| x | x | x | x | x | - | - | - | 1 | - | - | - | - | (30) |
| x | x | x | x | x | - | - | - | 5 | - | - | - | - | (31) |
| x | x | x | x | x | - | - | - | 5 | - | - | - | - | (32) |
| x | x | x | x | x | - | - | - | 3 | - | - | - | - | (33) |
| x | x | x | x | x | 488 | - | - | 10 | - | - | - | - | (34) |
| x | x | x | x | x | 917 | 259 | - | 380 | - | - | - | - | (35) |
| x | x | x | x | x | 92 | 10 | - | 11 | - | - | - | - | (36) |
| x | x | x | x | x | - | - | - | 1 | - | - | - | - | (37) |
| x | x | x | x | x | 261 | - | - | 1 | - | - | - | - | (38) |
| x | x | x | x | x | - | - | - | 26 | - | - | - | - | (39) |
| x | x | x | x | x | - | - | - | 3 | - | - | - | - | (40) |
| x | x | x | x | x | - | 388 | 119 | 1,673 | 82 | 196 | 6 | - | (41) |
| x | x | x | x | x | 1,109 | - | 99 | 15 | - | - | - | - | (42) |
| x | x | x | x | x | 455 | 89 | - | 414 | - | 18 | - | - | (43) |
| x | x | x | x | x | 544 | 101 | - | - | - | 13 | - | - | (44) |
| x | x | x | x | x | 166 | 47 | 4 | 145 | - | - | - | - | (45) |
| x | x | x | x | x | 134 | - | - | 7 | - | - | 16 | - | (46) |
| x | x | x | x | x | 264 | 134 | - | 747 | - | 1,187 | - | - | (47) |
| x | x | x | x | x | 63 | 3 | - | 31 | - | 14 | - | - | (48) |

## 14　飲用牛乳等入出荷量（都道府県別）（月別）（続き）

(6)　５月分

| 入荷＼出荷 | 全国 | 北海道 | 青森 | 岩手 | 宮城 | 秋田 | 山形 | 福島 | 茨城 | 栃木 | 群馬 |
|---|---|---|---|---|---|---|---|---|---|---|---|
| **全国 (1)** | **145,982** | **32,491** | **x** | **4,175** | **2,383** | **x** | **378** | **537** | **14,664** | **9,811** | **7,932** |
| 北海道 (2) | **83** | - | x | - | 38 | x | - | - | - | - | - |
| 青森 (3) | **836** | 353 | x | 375 | - | x | - | - | - | - | - |
| 岩手 (4) | **548** | 339 | x | - | 66 | x | - | 6 | - | - | - |
| 宮城 (5) | **1,892** | 553 | x | 298 | - | x | 297 | 16 | 337 | - | 76 |
| 秋田 (6) | **927** | 393 | x | 424 | 23 | x | 26 | - | - | - | - |
| 山形 (7) | **228** | 8 | x | 7 | 140 | x | - | - | - | 21 | - |
| 福島 (8) | **656** | 4 | x | - | 243 | x | 53 | - | 135 | 90 | 74 |
| 茨城 (9) | **7,347** | 1,878 | x | 1 | 537 | x | - | - | - | 2,268 | 1,139 |
| 栃木 (10) | **1,366** | 213 | x | 19 | 3 | x | - | 3 | 889 | - | 124 |
| 群馬 (11) | **3,077** | 164 | x | 40 | 57 | x | - | - | 193 | 655 | - |
| 埼玉 (12) | **25,131** | 6,458 | x | 1,286 | 631 | x | - | 7 | 5,348 | 4,302 | 1,817 |
| 千葉 (13) | **6,257** | 2,059 | x | 1 | - | x | - | - | 2,344 | 98 | 32 |
| 東京 (14) | **21,945** | 5,793 | x | 124 | 576 | x | - | 505 | 2,392 | 182 | 3,079 |
| 神奈川 (15) | **12,945** | 2,866 | x | 1,587 | - | x | - | - | 2,867 | 1,080 | 1,339 |
| 新潟 (16) | **1,254** | 453 | x | - | 69 | x | 2 | - | 13 | - | 98 |
| 富山 (17) | **655** | 9 | x | - | - | x | - | - | - | - | - |
| 石川 (18) | **578** | 83 | x | - | - | x | - | - | - | - | - |
| 福井 (19) | **1,666** | 40 | x | - | - | x | - | - | - | - | - |
| 山梨 (20) | **1,097** | - | x | - | - | x | - | - | - | 15 | 1 |
| 長野 (21) | **490** | 1 | x | - | - | x | - | - | - | 18 | 96 |
| 岐阜 (22) | **539** | 44 | x | - | - | x | - | - | - | - | 33 |
| 静岡 (23) | **2,604** | 44 | x | 13 | - | x | - | - | 146 | 466 | 8 |
| 愛知 (24) | **8,550** | 1,278 | x | - | - | x | - | - | - | 585 | 2 |
| 三重 (25) | **404** | 1 | x | - | - | x | - | - | - | - | - |
| 滋賀 (26) | **210** | - | x | - | - | x | - | - | - | - | - |
| 京都 (27) | **5,510** | 456 | x | - | - | x | - | - | - | - | - |
| 大阪 (28) | **18,492** | 8,804 | x | - | - | x | - | - | - | - | 14 |
| 兵庫 (29) | **2,814** | 183 | x | - | - | x | - | - | - | 31 | - |
| 奈良 (30) | **739** | - | x | - | - | x | - | - | - | - | - |
| 和歌山 (31) | **395** | - | x | - | - | x | - | - | - | - | - |
| 鳥取 (32) | **154** | - | x | - | - | x | - | - | - | - | - |
| 島根 (33) | **74** | - | x | - | - | x | - | - | - | - | - |
| 岡山 (34) | **2,410** | 5 | x | - | - | x | - | - | - | - | - |
| 広島 (35) | **2,366** | - | x | - | - | x | - | - | - | - | - |
| 山口 (36) | **396** | - | x | - | - | x | - | - | - | - | - |
| 徳島 (37) | **517** | - | x | - | - | x | - | - | - | - | - |
| 香川 (38) | **637** | - | x | - | - | x | - | - | - | - | - |
| 愛媛 (39) | **374** | - | x | - | - | x | - | - | - | - | - |
| 高知 (40) | **288** | - | x | - | - | x | - | - | - | - | - |
| 福岡 (41) | **3,428** | 9 | x | - | - | x | - | - | - | - | - |
| 佐賀 (42) | **1,027** | - | x | - | - | x | - | - | - | - | - |
| 長崎 (43) | **1,044** | - | x | - | - | x | - | - | - | - | - |
| 熊本 (44) | **734** | - | x | - | - | x | - | - | - | - | - |
| 大分 (45) | **414** | - | x | - | - | x | - | - | - | - | - |
| 宮崎 (46) | **182** | - | x | - | - | x | - | - | - | - | - |
| 鹿児島 (47) | **2,596** | - | x | - | - | x | - | - | - | - | - |
| 沖縄 (48) | **106** | - | x | - | - | x | - | - | - | - | - |

単位：kl

| 埼玉 | 千葉 | 東京 | 神奈川 | 新潟 | 富山 | 石川 | 福井 | 山梨 | 長野 | 岐阜 | 静岡 | |
|---|---|---|---|---|---|---|---|---|---|---|---|---|
| **3,865** | **6,720** | **3,502** | **7,207** | **900** | **x** | **606** | **x** | **-** | **5,138** | **4,610** | **2,160** | (1) |
| - | 29 | - | - | - | x | - | x | - | - | - | - | (2) |
| - | 2 | - | - | - | x | - | x | - | - | - | - | (3) |
| - | - | 1 | - | 77 | x | - | x | - | - | - | - | (4) |
| - | 15 | 78 | - | 191 | x | - | x | - | - | - | - | (5) |
| - | - | 8 | - | 41 | x | - | x | - | - | - | - | (6) |
| - | - | - | - | 52 | x | - | x | - | - | - | - | (7) |
| - | 3 | 24 | - | 27 | x | - | x | - | - | - | - | (8) |
| 278 | 859 | 151 | 202 | 3 | x | - | x | - | - | - | - | (9) |
| - | 6 | 96 | - | - | x | - | x | - | - | - | - | (10) |
| 1,051 | 379 | 178 | - | 278 | x | - | x | - | 40 | - | - | (11) |
| - | 1,387 | 766 | 2,763 | - | x | - | x | - | 150 | - | - | (12) |
| - | - | 582 | 1,050 | 59 | x | - | x | - | - | 6 | - | (13) |
| 1,812 | 3,432 | - | 1,827 | - | x | - | x | - | 1,417 | 23 | 97 | (14) |
| 101 | 482 | 826 | - | - | x | - | x | - | 1,503 | 12 | 24 | (15) |
| - | 96 | 68 | 76 | - | x | - | x | - | 372 | - | - | (16) |
| - | - | - | - | 100 | x | 354 | x | - | 149 | 33 | - | (17) |
| - | - | - | - | - | x | - | x | - | - | 14 | - | (18) |
| - | - | 13 | - | - | x | 229 | x | - | - | 5 | - | (19) |
| 201 | 17 | 81 | 85 | - | x | - | x | - | 600 | - | 88 | (20) |
| 176 | - | 124 | - | 64 | x | - | x | - | - | - | - | (21) |
| - | - | 35 | - | - | x | - | x | - | - | - | - | (22) |
| - | - | 60 | 1,196 | - | x | - | x | - | 193 | 10 | - | (23) |
| - | - | 387 | 2 | 8 | x | 15 | x | - | 607 | 2,358 | 1,029 | (24) |
| - | - | - | - | - | x | - | x | - | - | 210 | - | (25) |
| - | - | - | - | - | x | - | x | - | - | 11 | - | (26) |
| - | 2 | 15 | - | - | x | - | x | - | - | 201 | 522 | (27) |
| 246 | 3 | - | 4 | - | x | 3 | x | - | 107 | 1,693 | 400 | (28) |
| - | 4 | - | 2 | - | x | 5 | x | - | - | 22 | - | (29) |
| - | - | - | - | - | x | - | x | - | - | 5 | - | (30) |
| - | - | - | - | - | x | - | x | - | - | 7 | - | (31) |
| - | - | - | - | - | x | - | x | - | - | - | - | (32) |
| - | - | - | - | - | x | - | x | - | - | - | - | (33) |
| - | 2 | - | - | - | x | - | x | - | - | - | - | (34) |
| - | 2 | 4 | - | - | x | - | x | - | - | - | - | (35) |
| - | - | - | - | - | x | - | x | - | - | - | - | (36) |
| - | - | - | - | - | x | - | x | - | - | - | - | (37) |
| - | - | - | - | - | x | - | x | - | - | - | - | (38) |
| - | - | - | - | - | x | - | x | - | - | - | - | (39) |
| - | - | - | - | - | x | - | x | - | - | - | - | (40) |
| - | - | - | - | - | x | - | x | - | - | - | - | (41) |
| - | - | 5 | - | - | x | - | x | - | - | - | - | (42) |
| - | - | - | - | - | x | - | x | - | - | - | - | (43) |
| - | - | - | - | - | x | - | x | - | - | - | - | (44) |
| - | - | - | - | - | x | - | x | - | - | - | - | (45) |
| - | - | - | - | - | x | - | x | - | - | - | - | (46) |
| - | - | - | - | - | x | - | x | - | - | - | - | (47) |
| - | - | - | - | - | x | - | x | - | - | - | - | (48) |

## 14 飲用牛乳等入出荷量（都道府県別）（月別）（続き）

### (6) 5月分（続き）

| 入荷 ＼ 出荷 | 愛知 | 三重 | 滋賀 | 京都 | 大阪 | 兵庫 | 奈良 | 和歌山 | 鳥取 | 島根 | 岡山 | 広島 |
|---|---|---|---|---|---|---|---|---|---|---|---|---|
| **全国 (1)** | **4,012** | **766** | **743** | **2,508** | **1,507** | **4,936** | **x** | **x** | **x** | **257** | **1,493** | **960** |
| 北海道 (2) | 16 | - | - | - | - | - | x | x | x | - | - | - |
| 青森 (3) | - | - | - | - | - | - | x | x | x | - | - | - |
| 岩手 (4) | 6 | - | - | - | - | - | x | x | x | - | - | - |
| 宮城 (5) | 31 | - | - | - | - | - | x | x | x | - | - | - |
| 秋田 (6) | - | - | - | - | - | - | x | x | x | - | - | - |
| 山形 (7) | - | - | - | - | - | - | x | x | x | - | - | - |
| 福島 (8) | 3 | - | - | - | - | - | x | x | x | - | - | - |
| 茨城 (9) | 30 | - | - | - | - | - | x | x | x | - | - | - |
| 栃木 (10) | 12 | - | - | - | - | - | x | x | x | - | - | - |
| 群馬 (11) | 8 | - | - | - | - | - | x | x | x | - | 33 | - |
| 埼玉 (12) | 42 | - | - | - | - | - | x | x | x | - | 118 | - |
| 千葉 (13) | 18 | - | - | - | - | - | x | x | x | - | - | - |
| 東京 (14) | 215 | 33 | - | - | - | - | x | x | x | 22 | 1 | - |
| 神奈川 (15) | 52 | 26 | - | - | - | - | x | x | x | - | 158 | - |
| 新潟 (16) | 6 | - | - | - | - | - | x | x | x | - | - | - |
| 富山 (17) | 9 | - | - | - | - | - | x | x | x | - | - | - |
| 石川 (18) | 378 | - | 1 | 10 | 13 | 45 | x | x | x | - | 17 | - |
| 福井 (19) | 786 | - | 238 | - | 68 | 283 | x | x | x | - | - | - |
| 山梨 (20) | 8 | - | - | - | - | - | x | x | x | - | - | - |
| 長野 (21) | 10 | - | - | - | - | - | x | x | x | - | - | - |
| 岐阜 (22) | 365 | - | - | 2 | - | - | x | x | x | 35 | - | - |
| 静岡 (23) | 463 | - | - | 2 | - | - | x | x | x | - | - | - |
| 愛知 (24) | - | 34 | 44 | 534 | 173 | 1,322 | x | x | x | - | 83 | - |
| 三重 (25) | 122 | - | 8 | 43 | 18 | - | x | x | x | - | - | - |
| 滋賀 (26) | 9 | - | - | 52 | 79 | 28 | x | x | x | - | - | - |
| 京都 (27) | 322 | - | 74 | - | 72 | 806 | x | x | x | 8 | 28 | - |
| 大阪 (28) | 800 | 446 | 378 | 1,082 | - | 847 | x | x | x | 81 | 812 | - |
| 兵庫 (29) | 152 | - | - | 561 | 315 | - | x | x | x | 26 | 40 | - |
| 奈良 (30) | 4 | 227 | - | 153 | 345 | 4 | x | x | x | - | - | - |
| 和歌山 (31) | 6 | - | - | 48 | 173 | 157 | x | x | x | - | - | - |
| 鳥取 (32) | - | - | - | - | - | - | x | x | x | 27 | 10 | 114 |
| 島根 (33) | - | - | - | - | - | - | x | x | x | - | - | 10 |
| 岡山 (34) | 21 | - | - | 19 | 36 | 500 | x | x | x | 15 | - | 562 |
| 広島 (35) | 16 | - | - | 2 | 37 | 393 | x | x | x | 19 | 84 | - |
| 山口 (36) | 5 | - | - | - | - | - | x | x | x | 4 | - | 273 |
| 徳島 (37) | - | - | - | - | 127 | 155 | x | x | x | - | - | - |
| 香川 (38) | 9 | - | - | - | 27 | 327 | x | x | x | - | 9 | 1 |
| 愛媛 (39) | 6 | - | - | - | - | - | x | x | x | 4 | 17 | - |
| 高知 (40) | 3 | - | - | - | - | - | x | x | x | - | - | - |
| 福岡 (41) | 51 | - | - | - | 24 | 43 | x | x | x | 16 | 83 | - |
| 佐賀 (42) | - | - | - | - | - | - | x | x | x | - | - | - |
| 長崎 (43) | 4 | - | - | - | - | - | x | x | x | - | - | - |
| 熊本 (44) | 10 | - | - | - | - | 15 | x | x | x | - | - | - |
| 大分 (45) | 2 | - | - | - | - | - | x | x | x | - | - | - |
| 宮崎 (46) | - | - | - | - | - | - | x | x | x | - | - | - |
| 鹿児島 (47) | 12 | - | - | - | - | 11 | x | x | x | - | - | - |
| 沖縄 (48) | - | - | - | - | - | - | x | x | x | - | - | - |

単位：kl

| 山口 | 徳島 | 香川 | 愛媛 | 高知 | 福岡 | 佐賀 | 長崎 | 熊本 | 大分 | 宮崎 | 鹿児島 | 沖縄 | |
|---|---|---|---|---|---|---|---|---|---|---|---|---|---|
| x | x | x | x | x | 8,033 | 1,252 | 233 | 5,500 | 85 | 1,644 | 22 | - | (1) |
| x | x | x | x | x | - | - | - | - | - | - | - | - | (2) |
| x | x | x | x | x | - | - | - | - | - | - | - | - | (3) |
| x | x | x | x | x | - | - | - | - | - | - | - | - | (4) |
| x | x | x | x | x | - | - | - | - | - | - | - | - | (5) |
| x | x | x | x | x | - | - | - | - | - | - | - | - | (6) |
| x | x | x | x | x | - | - | - | - | - | - | - | - | (7) |
| x | x | x | x | x | - | - | - | - | - | - | - | - | (8) |
| x | x | x | x | x | - | - | - | 1 | - | - | - | - | (9) |
| x | x | x | x | x | - | - | - | 1 | - | - | - | - | (10) |
| x | x | x | x | x | - | - | - | 1 | - | - | - | - | (11) |
| x | x | x | x | x | - | 37 | - | 19 | - | - | - | - | (12) |
| x | x | x | x | x | - | - | - | 8 | - | - | - | - | (13) |
| x | x | x | x | x | - | - | - | 386 | - | 29 | - | - | (14) |
| x | x | x | x | x | - | - | - | 22 | - | - | - | - | (15) |
| x | x | x | x | x | - | - | - | 1 | - | - | - | - | (16) |
| x | x | x | x | x | - | - | - | 1 | - | - | - | - | (17) |
| x | x | x | x | x | - | - | - | 1 | - | - | - | - | (18) |
| x | x | x | x | x | - | - | - | - | - | - | - | - | (19) |
| x | x | x | x | x | - | - | - | 1 | - | - | - | - | (20) |
| x | x | x | x | x | - | - | - | 1 | - | - | - | - | (21) |
| x | x | x | x | x | - | 24 | - | 1 | - | - | - | - | (22) |
| x | x | x | x | x | - | - | - | 3 | - | - | - | - | (23) |
| x | x | x | x | x | - | - | - | 89 | - | - | - | - | (24) |
| x | x | x | x | x | - | - | - | 2 | - | - | - | - | (25) |
| x | x | x | x | x | - | - | - | 31 | - | - | - | - | (26) |
| x | x | x | x | x | 1,949 | - | - | 2 | - | - | - | - | (27) |
| x | x | x | x | x | 1,864 | 101 | - | 128 | - | 34 | - | - | (28) |
| x | x | x | x | x | 75 | - | - | 1,181 | - | - | - | - | (29) |
| x | x | x | x | x | - | - | - | 1 | - | - | - | - | (30) |
| x | x | x | x | x | - | - | - | 4 | - | - | - | - | (31) |
| x | x | x | x | x | - | - | - | 3 | - | - | - | - | (32) |
| x | x | x | x | x | - | - | - | 2 | - | - | - | - | (33) |
| x | x | x | x | x | 427 | - | - | 9 | - | - | - | - | (34) |
| x | x | x | x | x | 828 | 289 | - | 387 | - | - | - | - | (35) |
| x | x | x | x | x | 94 | 11 | - | 9 | - | - | - | - | (36) |
| x | x | x | x | x | - | - | - | - | - | - | - | - | (37) |
| x | x | x | x | x | 263 | - | - | 1 | - | - | - | - | (38) |
| x | x | x | x | x | - | - | - | 17 | - | - | - | - | (39) |
| x | x | x | x | x | - | - | - | 2 | - | - | - | - | (40) |
| x | x | x | x | x | - | 400 | 124 | 1,773 | 85 | 201 | 6 | - | (41) |
| x | x | x | x | x | 888 | - | 105 | 13 | - | - | - | - | (42) |
| x | x | x | x | x | 459 | 93 | - | 439 | - | 18 | - | - | (43) |
| x | x | x | x | x | 526 | 106 | - | - | - | 14 | - | - | (44) |
| x | x | x | x | x | 176 | 48 | 4 | 153 | - | - | - | - | (45) |
| x | x | x | x | x | 142 | - | - | 8 | - | - | 16 | - | (46) |
| x | x | x | x | x | 284 | 140 | - | 767 | - | 1,335 | - | - | (47) |
| x | x | x | x | x | 58 | 3 | - | 32 | - | 13 | - | - | (48) |

## 14　飲用牛乳等入出荷量（都道府県別）（月別）（続き）

### (7)　６月分

| 入荷＼出荷 | 全国 | 北海道 | 青森 | 岩手 | 宮城 | 秋田 | 山形 | 福島 | 茨城 | 栃木 | 群馬 |
|---|---|---|---|---|---|---|---|---|---|---|---|
| 全国 (1) | 149,970 | 34,023 | x | 4,329 | 2,385 | x | 375 | 812 | 13,444 | 9,618 | 8,206 |
| 北海道 (2) | 96 | - | x | - | 41 | x | - | - | - | - | - |
| 青森 (3) | 813 | 335 | x | 360 | - | x | - | - | - | - | - |
| 岩手 (4) | 489 | 281 | x | - | 59 | x | - | 6 | - | - | - |
| 宮城 (5) | 2,037 | 625 | x | 401 | - | x | 274 | 19 | 303 | - | 81 |
| 秋田 (6) | 936 | 373 | x | 442 | 23 | x | 40 | - | - | - | - |
| 山形 (7) | 222 | 7 | x | 7 | 141 | x | - | - | - | 21 | - |
| 福島 (8) | 605 | 16 | x | - | 228 | x | 59 | - | 102 | 80 | 65 |
| 茨城 (9) | 8,028 | 2,120 | x | 34 | 587 | x | - | - | - | 2,385 | 1,222 |
| 栃木 (10) | 1,313 | 196 | x | 20 | 6 | x | - | 3 | 828 | - | 133 |
| 群馬 (11) | 3,324 | 159 | x | 105 | 57 | x | - | - | 163 | 612 | - |
| 埼玉 (12) | 24,567 | 6,127 | x | 1,263 | 672 | x | - | 6 | 5,111 | 4,183 | 2,003 |
| 千葉 (13) | 6,025 | 2,456 | x | 1 | - | x | - | - | 2,064 | 97 | 45 |
| 東京 (14) | 23,844 | 6,168 | x | 117 | 499 | x | - | 778 | 2,347 | 204 | 3,004 |
| 神奈川 (15) | 12,341 | 3,091 | x | 1,565 | 2 | x | - | - | 2,367 | 921 | 1,388 |
| 新潟 (16) | 1,306 | 525 | x | - | 70 | x | 2 | - | 10 | - | 102 |
| 富山 (17) | 772 | 30 | x | - | - | x | - | - | - | - | - |
| 石川 (18) | 571 | 85 | x | - | - | x | - | - | - | - | - |
| 福井 (19) | 1,803 | 41 | x | - | - | x | - | - | - | - | - |
| 山梨 (20) | 1,253 | - | x | - | - | x | - | - | - | 18 | 2 |
| 長野 (21) | 530 | 42 | x | - | - | x | - | - | - | 19 | 103 |
| 岐阜 (22) | 540 | 39 | x | - | - | x | - | - | - | - | 32 |
| 静岡 (23) | 2,607 | 60 | x | 14 | - | x | - | - | 149 | 471 | 10 |
| 愛知 (24) | 8,862 | 1,356 | x | - | - | x | - | - | - | 597 | 3 |
| 三重 (25) | 468 | 1 | x | - | - | x | - | - | - | - | - |
| 滋賀 (26) | 224 | - | x | - | - | x | - | - | - | - | - |
| 京都 (27) | 5,056 | 601 | x | - | - | x | - | - | - | - | - |
| 大阪 (28) | 18,942 | 9,053 | x | - | - | x | - | - | - | - | 13 |
| 兵庫 (29) | 3,073 | 175 | x | - | - | x | - | - | - | 10 | - |
| 奈良 (30) | 918 | - | x | - | - | x | - | - | - | - | - |
| 和歌山 (31) | 589 | - | x | - | - | x | - | - | - | - | - |
| 鳥取 (32) | 147 | - | x | - | - | x | - | - | - | - | - |
| 島根 (33) | 80 | - | x | - | - | x | - | - | - | - | - |
| 岡山 (34) | 2,657 | 34 | x | - | - | x | - | - | - | - | - |
| 広島 (35) | 2,348 | - | x | - | - | x | - | - | - | - | - |
| 山口 (36) | 377 | - | x | - | - | x | - | - | - | - | - |
| 徳島 (37) | 599 | - | x | - | - | x | - | - | - | - | - |
| 香川 (38) | 664 | - | x | - | - | x | - | - | - | - | - |
| 愛媛 (39) | 444 | - | x | - | - | x | - | - | - | - | - |
| 高知 (40) | 350 | - | x | - | - | x | - | - | - | - | - |
| 福岡 (41) | 3,588 | 27 | x | - | - | x | - | - | - | - | - |
| 佐賀 (42) | 1,110 | - | x | - | - | x | - | - | - | - | - |
| 長崎 (43) | 1,114 | - | x | - | - | x | - | - | - | - | - |
| 熊本 (44) | 823 | - | x | - | - | x | - | - | - | - | - |
| 大分 (45) | 460 | - | x | - | - | x | - | - | - | - | - |
| 宮崎 (46) | 211 | - | x | - | - | x | - | - | - | - | - |
| 鹿児島 (47) | 2,683 | - | x | - | - | x | - | - | - | - | - |
| 沖縄 (48) | 161 | - | x | - | - | x | - | - | - | - | - |

単位：kl

| 埼玉 | 千葉 | 東京 | 神奈川 | 新潟 | 富山 | 石川 | 福井 | 山梨 | 長野 | 岐阜 | 静岡 | |
|---|---|---|---|---|---|---|---|---|---|---|---|---|
| **4,581** | **7,518** | **3,458** | **6,680** | **799** | **x** | **784** | **x** | **-** | **4,835** | **4,551** | **2,525** | (1) |
| - | 30 | - | - | - | x | - | x | - | - | - | - | (2) |
| - | 2 | - | - | - | x | - | x | - | - | - | - | (3) |
| - | - | 1 | - | 76 | x | - | x | - | - | - | - | (4) |
| - | 15 | 89 | 2 | 188 | x | - | x | - | - | - | - | (5) |
| - | - | 6 | - | 40 | x | - | x | - | - | - | - | (6) |
| - | - | - | - | 45 | x | - | x | - | - | - | - | (7) |
| - | 3 | 25 | - | 22 | x | - | x | - | - | - | - | (8) |
| 275 | 1,028 | 131 | 195 | 2 | x | - | x | - | - | - | - | (9) |
| - | 6 | 107 | - | - | x | - | x | - | - | - | - | (10) |
| 1,333 | 386 | 169 | - | 260 | x | - | x | - | 36 | - | - | (11) |
| - | 1,363 | 800 | 2,616 | - | x | - | x | - | 151 | - | - | (12) |
| - | - | 528 | 719 | 56 | x | - | x | - | - | 6 | - | (13) |
| 2,305 | 4,089 | - | 1,814 | - | x | - | x | - | 1,417 | 26 | 117 | (14) |
| 81 | 468 | 848 | - | - | x | - | x | - | 1,289 | 13 | 34 | (15) |
| - | 99 | 69 | 78 | - | x | - | x | - | 341 | - | - | (16) |
| - | - | - | - | 47 | x | 443 | x | - | 206 | 36 | - | (17) |
| - | - | - | - | - | x | - | x | - | - | 16 | - | (18) |
| - | - | - | - | - | x | 301 | x | - | - | 6 | - | (19) |
| 198 | 15 | 96 | 87 | - | x | - | x | - | 570 | - | 258 | (20) |
| 173 | - | 121 | - | 55 | x | - | x | - | - | - | - | (21) |
| - | - | 46 | - | - | x | - | x | - | - | - | - | (22) |
| - | - | 52 | 1,145 | - | x | - | x | - | 176 | 12 | - | (23) |
| - | - | 367 | 18 | 8 | x | 16 | x | - | 536 | 2,406 | 1,137 | (24) |
| - | - | - | - | - | x | - | x | - | - | 179 | 36 | (25) |
| - | - | - | - | - | x | - | x | - | - | 12 | - | (26) |
| - | 3 | - | - | - | x | - | x | - | - | 173 | 515 | (27) |
| 216 | 3 | - | 4 | - | x | 21 | x | - | 113 | 1,626 | 428 | (28) |
| - | 4 | - | 2 | - | x | 3 | x | - | - | 26 | - | (29) |
| - | - | - | - | - | x | - | x | - | - | 5 | - | (30) |
| - | - | - | - | - | x | - | x | - | - | 9 | - | (31) |
| - | - | - | - | - | x | - | x | - | - | - | - | (32) |
| - | - | - | - | - | x | - | x | - | - | - | - | (33) |
| - | 2 | - | - | - | x | - | x | - | - | - | - | (34) |
| - | 2 | 1 | - | - | x | - | x | - | - | - | - | (35) |
| - | - | - | - | - | x | - | x | - | - | - | - | (36) |
| - | - | - | - | - | x | - | x | - | - | - | - | (37) |
| - | - | - | - | - | x | - | x | - | - | - | - | (38) |
| - | - | - | - | - | x | - | x | - | - | - | - | (39) |
| - | - | - | - | - | x | - | x | - | - | - | - | (40) |
| - | - | - | - | - | x | - | x | - | - | - | - | (41) |
| - | - | 2 | - | - | x | - | x | - | - | - | - | (42) |
| - | - | - | - | - | x | - | x | - | - | - | - | (43) |
| - | - | - | - | - | x | - | x | - | - | - | - | (44) |
| - | - | - | - | - | x | - | x | - | - | - | - | (45) |
| - | - | - | - | - | x | - | x | - | - | - | - | (46) |
| - | - | - | - | - | x | - | x | - | - | - | - | (47) |
| - | - | - | - | - | x | - | x | - | - | - | - | (48) |

# 14 飲用牛乳等入出荷量（都道府県別）（月別）（続き）

## (7) 6月分（続き）

| 入荷＼出荷 | 愛知 | 三重 | 滋賀 | 京都 | 大阪 | 兵庫 | 奈良 | 和歌山 | 鳥取 | 島根 | 岡山 | 広島 |
|---|---|---|---|---|---|---|---|---|---|---|---|---|
| **全国 (1)** | **4,380** | **785** | **1,054** | **2,950** | **2,096** | **4,407** | **x** | **x** | **x** | **288** | **1,358** | **982** |
| 北海道 (2) | 25 | - | - | - | - | - | x | x | x | - | - | - |
| 青森 (3) | - | - | - | - | - | - | x | x | x | - | - | - |
| 岩手 (4) | 7 | - | - | - | - | - | x | x | x | - | - | - |
| 宮城 (5) | 39 | - | - | - | - | - | x | x | x | - | - | - |
| 秋田 (6) | - | - | - | - | - | - | x | x | x | - | - | - |
| 山形 (7) | - | - | - | - | - | - | x | x | x | - | - | - |
| 福島 (8) | 4 | - | - | - | - | - | x | x | x | - | - | - |
| 茨城 (9) | 48 | - | - | - | - | - | x | x | x | - | - | - |
| 栃木 (10) | 13 | - | - | - | - | - | x | x | x | - | - | - |
| 群馬 (11) | 13 | - | - | - | - | - | x | x | x | - | 30 | - |
| 埼玉 (12) | 83 | - | - | - | - | - | x | x | x | - | 107 | - |
| 千葉 (13) | 40 | - | - | - | - | - | x | x | x | - | - | - |
| 東京 (14) | 333 | 31 | - | - | - | - | x | x | x | 25 | 2 | - |
| 神奈川 (15) | 79 | 24 | - | - | - | - | x | x | x | - | 145 | - |
| 新潟 (16) | 9 | - | - | - | - | - | x | x | x | - | - | - |
| 富山 (17) | 9 | - | - | - | - | - | x | x | x | - | - | - |
| 石川 (18) | 371 | - | 1 | 10 | 14 | 44 | x | x | x | - | 15 | - |
| 福井 (19) | 710 | - | 426 | - | 58 | 256 | x | x | x | - | - | - |
| 山梨 (20) | 8 | - | - | - | - | - | x | x | x | - | - | - |
| 長野 (21) | 15 | - | - | - | - | - | x | x | x | - | - | - |
| 岐阜 (22) | 356 | - | - | 2 | - | - | x | x | x | 40 | - | - |
| 静岡 (23) | 510 | - | - | 2 | - | - | x | x | x | - | - | - |
| 愛知 (24) | - | 26 | 61 | 574 | 279 | 1,187 | x | x | x | - | 75 | - |
| 三重 (25) | 127 | - | 52 | 54 | 18 | - | x | x | x | - | - | - |
| 滋賀 (26) | 14 | - | - | 87 | 90 | 19 | x | x | x | - | - | - |
| 京都 (27) | 333 | - | 87 | - | 80 | 558 | x | x | x | 10 | 27 | - |
| 大阪 (28) | 877 | 481 | 427 | 1,294 | - | 824 | x | x | x | 96 | 733 | - |
| 兵庫 (29) | 160 | - | - | 654 | 429 | - | x | x | x | 28 | 39 | - |
| 奈良 (30) | 7 | 223 | - | 193 | 485 | 3 | x | x | x | - | - | - |
| 和歌山 (31) | 8 | - | - | 61 | 350 | 157 | x | x | x | - | - | - |
| 鳥取 (32) | - | - | - | - | - | - | x | x | x | 28 | 8 | 103 |
| 島根 (33) | - | - | - | - | - | - | x | x | x | - | - | 12 |
| 岡山 (34) | 35 | - | - | 18 | 38 | 479 | x | x | x | 15 | - | 627 |
| 広島 (35) | 26 | - | - | 1 | 40 | 316 | x | x | x | 20 | 77 | - |
| 山口 (36) | 6 | - | - | - | - | - | x | x | x | 4 | - | 238 |
| 徳島 (37) | - | - | - | - | 166 | 144 | x | x | x | - | - | - |
| 香川 (38) | 12 | - | - | - | 22 | 357 | x | x | x | - | 10 | 1 |
| 愛媛 (39) | 9 | - | - | - | - | - | x | x | x | 4 | 15 | 1 |
| 高知 (40) | 2 | - | - | - | - | - | x | x | x | - | - | - |
| 福岡 (41) | 52 | - | - | - | 27 | 39 | x | x | x | 18 | 75 | - |
| 佐賀 (42) | 1 | - | - | - | - | - | x | x | x | - | - | - |
| 長崎 (43) | 7 | - | - | - | - | - | x | x | x | - | - | - |
| 熊本 (44) | 12 | - | - | - | - | 13 | x | x | x | - | - | - |
| 大分 (45) | 4 | - | - | - | - | - | x | x | x | - | - | - |
| 宮崎 (46) | - | - | - | - | - | - | x | x | x | - | - | - |
| 鹿児島 (47) | 16 | - | - | - | - | 11 | x | x | x | - | - | - |
| 沖縄 (48) | - | - | - | - | - | - | x | x | x | - | - | - |

単位：kl

| 山口 | 徳島 | 香川 | 愛媛 | 高知 | 福岡 | 佐賀 | 長崎 | 熊本 | 大分 | 宮崎 | 鹿児島 | 沖縄 | |
|---|---|---|---|---|---|---|---|---|---|---|---|---|---|
| x | x | x | x | x | 7,920 | 1,311 | 205 | 5,995 | 82 | 1,704 | 23 | - | (1) |
| x | x | x | x | x | - | - | - | - | - | - | - | - | (2) |
| x | x | x | x | x | - | - | - | - | - | - | - | - | (3) |
| x | x | x | x | x | - | - | - | 1 | - | - | - | - | (4) |
| x | x | x | x | x | - | - | - | 1 | - | - | - | - | (5) |
| x | x | x | x | x | - | - | - | - | - | - | - | - | (6) |
| x | x | x | x | x | - | - | - | 1 | - | - | - | - | (7) |
| x | x | x | x | x | - | - | - | 1 | - | - | - | - | (8) |
| x | x | x | x | x | - | - | - | 1 | - | - | - | - | (9) |
| x | x | x | x | x | - | - | - | 1 | - | - | - | - | (10) |
| x | x | x | x | x | - | - | - | 1 | - | - | - | - | (11) |
| x | x | x | x | x | - | 42 | - | 40 | - | - | - | - | (12) |
| x | x | x | x | x | - | - | - | 13 | - | - | - | - | (13) |
| x | x | x | x | x | - | - | - | 557 | - | 11 | - | - | (14) |
| x | x | x | x | x | - | - | - | 26 | - | - | - | - | (15) |
| x | x | x | x | x | - | - | - | 1 | - | - | - | - | (16) |
| x | x | x | x | x | - | - | - | 1 | - | - | - | - | (17) |
| x | x | x | x | x | - | - | - | 2 | - | - | - | - | (18) |
| x | x | x | x | x | - | - | - | 1 | - | - | - | - | (19) |
| x | x | x | x | x | - | - | - | 1 | - | - | - | - | (20) |
| x | x | x | x | x | - | - | - | 2 | - | - | - | - | (21) |
| x | x | x | x | x | - | 24 | - | 1 | - | - | - | - | (22) |
| x | x | x | x | x | - | - | - | 6 | - | - | - | - | (23) |
| x | x | x | x | x | - | - | - | 216 | - | - | - | - | (24) |
| x | x | x | x | x | - | - | - | 1 | - | - | - | - | (25) |
| x | x | x | x | x | - | - | - | 2 | - | - | - | - | (26) |
| x | x | x | x | x | 1,525 | - | - | 5 | - | - | - | - | (27) |
| x | x | x | x | x | 1,707 | 111 | - | 201 | - | 39 | - | - | (28) |
| x | x | x | x | x | 76 | - | - | 1,227 | - | - | - | - | (29) |
| x | x | x | x | x | - | - | - | 2 | - | - | - | - | (30) |
| x | x | x | x | x | - | - | - | 4 | - | - | - | - | (31) |
| x | x | x | x | x | - | - | - | 8 | - | - | - | - | (32) |
| x | x | x | x | x | - | - | - | 4 | - | - | - | - | (33) |
| x | x | x | x | x | 524 | - | - | 16 | - | - | - | - | (34) |
| x | x | x | x | x | 856 | 309 | - | 392 | - | - | - | - | (35) |
| x | x | x | x | x | 105 | 11 | - | 13 | - | - | - | - | (36) |
| x | x | x | x | x | - | - | - | 1 | - | - | - | - | (37) |
| x | x | x | x | x | 260 | - | - | 2 | - | - | - | - | (38) |
| x | x | x | x | x | - | - | - | 25 | - | - | - | - | (39) |
| x | x | x | x | x | - | - | - | 4 | - | - | - | - | (40) |
| x | x | x | x | x | - | 418 | 126 | 1,784 | 82 | 206 | 7 | - | (41) |
| x | x | x | x | x | 991 | - | 76 | 20 | - | - | - | - | (42) |
| x | x | x | x | x | 522 | 93 | - | 433 | - | 19 | - | - | (43) |
| x | x | x | x | x | 597 | 109 | - | - | - | 12 | - | - | (44) |
| x | x | x | x | x | 197 | 48 | 3 | 168 | - | - | - | - | (45) |
| x | x | x | x | x | 163 | - | - | 12 | - | - | 16 | - | (46) |
| x | x | x | x | x | 314 | 143 | - | 735 | - | 1,404 | - | - | (47) |
| x | x | x | x | x | 83 | 3 | - | 62 | - | 13 | - | - | (48) |

## 14　飲用牛乳等入出荷量（都道府県別）（月別）（続き）

### (8)　7月分

| 入荷＼出荷 | 全国 | 北海道 | 青森 | 岩手 | 宮城 | 秋田 | 山形 | 福島 | 茨城 | 栃木 | 群馬 |
|---|---|---|---|---|---|---|---|---|---|---|---|
| **全　　国 (1)** | **152,415** | **35,116** | **x** | **4,199** | **2,426** | **x** | **380** | **942** | **13,033** | **9,632** | **7,823** |
| 北 海 道 (2) | **96** | − | x | − | 40 | x | − | − | − | − | − |
| 青　　森 (3) | **790** | 341 | x | 335 | − | x | − | − | − | − | − |
| 岩　　手 (4) | **434** | 241 | x | − | 55 | x | − | 6 | − | − | − |
| 宮　　城 (5) | **1,838** | 605 | x | 273 | − | x | 286 | 20 | 266 | − | 93 |
| 秋　　田 (6) | **901** | 364 | x | 415 | 24 | x | 42 | − | − | − | − |
| 山　　形 (7) | **238** | 8 | x | 7 | 155 | x | − | − | − | 21 | − |
| 福　　島 (8) | **584** | 19 | x | − | 225 | x | 43 | − | 89 | 73 | 70 |
| 茨　　城 (9) | **8,571** | 2,573 | x | 31 | 565 | x | − | − | − | 2,346 | 1,289 |
| 栃　　木 (10) | **1,237** | 181 | x | 14 | 15 | x | − | 4 | 748 | − | 130 |
| 群　　馬 (11) | **3,576** | 140 | x | 49 | 52 | x | 7 | − | 151 | 618 | − |
| 埼　　玉 (12) | **24,171** | 6,098 | x | 1,344 | 715 | x | − | 7 | 4,783 | 4,199 | 1,590 |
| 千　　葉 (13) | **6,282** | 2,708 | x | 1 | − | x | − | − | 2,030 | 86 | 50 |
| 東　　京 (14) | **24,962** | 6,416 | x | 118 | 498 | x | − | 905 | 2,576 | 201 | 3,001 |
| 神 奈 川 (15) | **12,220** | 3,165 | x | 1,601 | − | x | − | − | 2,232 | 968 | 1,379 |
| 新　　潟 (16) | **1,261** | 530 | x | − | 82 | x | 2 | − | 8 | − | 99 |
| 富　　山 (17) | **683** | 38 | x | − | − | x | − | − | − | − | − |
| 石　　川 (18) | **574** | 90 | x | − | − | x | − | − | − | − | − |
| 福　　井 (19) | **1,720** | 44 | x | − | − | x | − | − | − | − | − |
| 山　　梨 (20) | **1,266** | − | x | − | − | x | − | − | − | 16 | 3 |
| 長　　野 (21) | **452** | 22 | x | − | − | x | − | − | − | 18 | 53 |
| 岐　　阜 (22) | **538** | 37 | x | − | − | x | − | − | − | − | 33 |
| 静　　岡 (23) | **2,507** | 59 | x | 11 | − | x | − | − | 150 | 479 | 9 |
| 愛　　知 (24) | **8,822** | 1,455 | x | − | − | x | − | − | − | 576 | 9 |
| 三　　重 (25) | **499** | 2 | x | − | − | x | − | − | − | − | − |
| 滋　　賀 (26) | **196** | 6 | x | − | − | x | − | − | − | − | − |
| 京　　都 (27) | **5,302** | 356 | x | − | − | x | − | − | − | − | − |
| 大　　阪 (28) | **19,240** | 9,329 | x | − | − | x | − | − | − | − | 15 |
| 兵　　庫 (29) | **3,132** | 200 | x | − | − | x | − | − | − | 31 | − |
| 奈　　良 (30) | **960** | − | x | − | − | x | − | − | − | − | − |
| 和 歌 山 (31) | **746** | 1 | x | − | − | x | − | − | − | − | − |
| 鳥　　取 (32) | **152** | − | x | − | − | x | − | − | − | − | − |
| 島　　根 (33) | **112** | − | x | − | − | x | − | − | − | − | − |
| 岡　　山 (34) | **2,701** | 45 | x | − | − | x | − | − | − | − | − |
| 広　　島 (35) | **2,482** | − | x | − | − | x | − | − | − | − | − |
| 山　　口 (36) | **382** | 1 | x | − | − | x | − | − | − | − | − |
| 徳　　島 (37) | **539** | − | x | − | − | x | − | − | − | − | − |
| 香　　川 (38) | **938** | − | x | − | − | x | − | − | − | − | − |
| 愛　　媛 (39) | **412** | − | x | − | − | x | − | − | − | − | − |
| 高　　知 (40) | **299** | − | x | − | − | x | − | − | − | − | − |
| 福　　岡 (41) | **3,838** | 41 | x | − | − | x | − | − | − | − | − |
| 佐　　賀 (42) | **1,206** | − | x | − | − | x | − | − | − | − | − |
| 長　　崎 (43) | **1,140** | − | x | − | − | x | − | − | − | − | − |
| 熊　　本 (44) | **764** | − | x | − | − | x | − | − | − | − | − |
| 大　　分 (45) | **479** | − | x | − | − | x | − | − | − | − | − |
| 宮　　崎 (46) | **208** | − | x | − | − | x | − | − | − | − | − |
| 鹿 児 島 (47) | **2,744** | − | x | − | − | x | − | − | − | − | − |
| 沖　　縄 (48) | **221** | 1 | x | − | − | x | − | − | − | − | − |

単位：kl

| 埼　玉 | 千　葉 | 東　京 | 神奈川 | 新　潟 | 富　山 | 石　川 | 福　井 | 山　梨 | 長　野 | 岐　阜 | 静　岡 | |
|---|---|---|---|---|---|---|---|---|---|---|---|---|
| **4,929** | **7,993** | **3,293** | **6,845** | **819** | **x** | **694** | **x** | **-** | **4,569** | **4,336** | **2,562** | (1) |
| - | 30 | - | - | - | x | - | x | - | - | - | - | (2) |
| - | 2 | - | - | - | x | - | x | - | - | - | - | (3) |
| - | - | 1 | - | 66 | x | - | x | - | - | - | - | (4) |
| - | 15 | 56 | 3 | 184 | x | - | x | - | - | - | - | (5) |
| - | - | 6 | - | 38 | x | - | x | - | - | - | - | (6) |
| - | - | - | - | 45 | x | - | x | - | - | - | - | (7) |
| - | 3 | 32 | - | 23 | x | - | x | - | - | - | - | (8) |
| 256 | 1,106 | 133 | 209 | 2 | x | - | x | - | - | - | - | (9) |
| - | 5 | 120 | - | - | x | - | x | - | - | - | - | (10) |
| 1,630 | 385 | 168 | 13 | 266 | x | - | x | - | 45 | - | - | (11) |
| - | 1,482 | 753 | 2,743 | - | x | - | x | - | 155 | - | - | (12) |
| - | - | 543 | 739 | 58 | x | - | x | - | - | 6 | - | (13) |
| 2,435 | 4,378 | - | 1,923 | - | x | - | x | - | 1,471 | 23 | 113 | (14) |
| 44 | 459 | 800 | - | - | x | - | x | - | 1,212 | 11 | 33 | (15) |
| - | 100 | 61 | 81 | - | x | - | x | - | 286 | - | - | (16) |
| - | - | - | - | 74 | x | 425 | x | - | 103 | 33 | - | (17) |
| - | - | - | - | - | x | - | x | - | - | 16 | - | (18) |
| - | - | - | - | - | x | 215 | x | - | - | 6 | - | (19) |
| 182 | 14 | 99 | 87 | - | x | - | x | - | 573 | - | 277 | (20) |
| 159 | - | 122 | - | 55 | x | - | x | - | - | - | - | (21) |
| - | - | 7 | - | - | x | - | x | - | - | - | - | (22) |
| - | - | 56 | 1,036 | - | x | - | x | - | 158 | 12 | - | (23) |
| - | - | 332 | 5 | 8 | x | 5 | x | - | 459 | 2,217 | 1,142 | (24) |
| - | - | - | - | - | x | - | x | - | - | 181 | 47 | (25) |
| - | - | - | - | - | x | - | x | - | - | 13 | - | (26) |
| - | 3 | - | - | - | x | 23 | x | - | - | 177 | 504 | (27) |
| 223 | 3 | 1 | 4 | - | x | 23 | x | - | 107 | 1,603 | 446 | (28) |
| - | 4 | - | 2 | - | x | 3 | x | - | - | 24 | - | (29) |
| - | - | - | - | - | x | - | x | - | - | 5 | - | (30) |
| - | - | - | - | - | x | - | x | - | - | 9 | - | (31) |
| - | - | - | - | - | x | - | x | - | - | - | - | (32) |
| - | - | - | - | - | x | - | x | - | - | - | - | (33) |
| - | 2 | - | - | - | x | - | x | - | - | - | - | (34) |
| - | 2 | 1 | - | - | x | - | x | - | - | - | - | (35) |
| - | - | - | - | - | x | - | x | - | - | - | - | (36) |
| - | - | - | - | - | x | - | x | - | - | - | - | (37) |
| - | - | - | - | - | x | - | x | - | - | - | - | (38) |
| - | - | - | - | - | x | - | x | - | - | - | - | (39) |
| - | - | - | - | - | x | - | x | - | - | - | - | (40) |
| - | - | - | - | - | x | - | x | - | - | - | - | (41) |
| - | - | 2 | - | - | x | - | x | - | - | - | - | (42) |
| - | - | - | - | - | x | - | x | - | - | - | - | (43) |
| - | - | - | - | - | x | - | x | - | - | - | - | (44) |
| - | - | - | - | - | x | - | x | - | - | - | - | (45) |
| - | - | - | - | - | x | - | x | - | - | - | - | (46) |
| - | - | - | - | - | x | - | x | - | - | - | - | (47) |
| - | - | - | - | - | x | - | x | - | - | - | - | (48) |

## 14 飲用牛乳等入出荷量（都道府県別）（月別）（続き）

### (8) 7月分（続き）

| 入荷 ＼ 出荷 | 愛知 | 三重 | 滋賀 | 京都 | 大阪 | 兵庫 | 奈良 | 和歌山 | 鳥取 | 島根 | 岡山 | 広島 |
|---|---|---|---|---|---|---|---|---|---|---|---|---|
| **全国 (1)** | **4,504** | **738** | **1,081** | **2,928** | **2,288** | **4,740** | **x** | **x** | **x** | **295** | **1,556** | **955** |
| 北海道 (2) | 25 | - | - | - | - | - | x | x | x | - | - | - |
| 青森 (3) | - | - | - | - | - | - | x | x | x | - | - | - |
| 岩手 (4) | 7 | - | - | - | - | - | x | x | x | - | - | - |
| 宮城 (5) | 35 | - | - | - | - | - | x | x | x | - | - | - |
| 秋田 (6) | - | - | - | - | - | - | x | x | x | - | - | - |
| 山形 (7) | - | - | - | - | - | - | x | x | x | - | - | - |
| 福島 (8) | 6 | - | - | - | - | - | x | x | x | - | - | - |
| 茨城 (9) | 59 | - | - | - | - | - | x | x | x | - | - | - |
| 栃木 (10) | 18 | - | - | - | - | - | x | x | x | - | - | - |
| 群馬 (11) | 15 | - | - | - | - | - | x | x | x | - | 35 | - |
| 埼玉 (12) | 63 | - | - | - | - | - | x | x | x | - | 127 | - |
| 千葉 (13) | 40 | - | - | - | - | - | x | x | x | - | - | - |
| 東京 (14) | 354 | 30 | - | - | - | - | x | x | x | 24 | 2 | - |
| 神奈川 (15) | 78 | 23 | - | - | - | - | x | x | x | - | 166 | - |
| 新潟 (16) | 10 | - | - | - | - | - | x | x | x | - | - | - |
| 富山 (17) | 9 | - | - | - | - | - | x | x | x | - | - | - |
| 石川 (18) | 396 | - | 2 | 7 | 13 | 17 | x | x | x | - | 18 | - |
| 福井 (19) | 702 | - | 401 | - | 57 | 291 | x | x | x | - | - | - |
| 山梨 (20) | 14 | - | - | - | - | - | x | x | x | - | - | - |
| 長野 (21) | 19 | - | - | - | - | - | x | x | x | - | - | - |
| 岐阜 (22) | 364 | - | - | 2 | - | - | x | x | x | 44 | - | - |
| 静岡 (23) | 525 | - | - | 2 | - | - | x | x | x | - | - | - |
| 愛知 (24) | - | 24 | 58 | 597 | 285 | 1,256 | x | x | x | - | 88 | - |
| 三重 (25) | 141 | - | 47 | 57 | 20 | - | x | x | x | - | - | - |
| 滋賀 (26) | 17 | - | - | 48 | 90 | 16 | x | x | x | - | - | - |
| 京都 (27) | 328 | - | 89 | - | 87 | 885 | x | x | x | 10 | 29 | - |
| 大阪 (28) | 874 | 443 | 484 | 1,303 | - | 804 | x | x | x | 98 | 850 | - |
| 兵庫 (29) | 167 | - | - | 616 | 444 | - | x | x | x | 28 | 37 | - |
| 奈良 (30) | 7 | 218 | - | 203 | 520 | 4 | x | x | x | - | - | - |
| 和歌山 (31) | 10 | - | - | 80 | 476 | 160 | x | x | x | - | - | - |
| 鳥取 (32) | - | - | - | - | - | - | x | x | x | 29 | 8 | 104 |
| 島根 (33) | - | - | - | - | - | - | x | x | x | - | - | 12 |
| 岡山 (34) | 34 | - | - | 13 | 39 | 449 | x | x | x | 15 | - | 598 |
| 広島 (35) | 34 | - | - | - | 39 | 321 | x | x | x | 20 | 81 | - |
| 山口 (36) | 7 | - | - | - | - | - | x | x | x | 4 | - | 239 |
| 徳島 (37) | - | - | - | - | 165 | 134 | x | x | x | - | - | - |
| 香川 (38) | 15 | - | - | - | 25 | 345 | x | x | x | - | 9 | 1 |
| 愛媛 (39) | 11 | - | - | - | - | - | x | x | x | 4 | 18 | 1 |
| 高知 (40) | 4 | - | - | - | - | - | x | x | x | - | - | - |
| 福岡 (41) | 66 | - | - | - | 28 | 33 | x | x | x | 19 | 88 | - |
| 佐賀 (42) | 6 | - | - | - | - | - | x | x | x | - | - | - |
| 長崎 (43) | 10 | - | - | - | - | - | x | x | x | - | - | - |
| 熊本 (44) | 14 | - | - | - | - | 14 | x | x | x | - | - | - |
| 大分 (45) | 5 | - | - | - | - | - | x | x | x | - | - | - |
| 宮崎 (46) | - | - | - | - | - | - | x | x | x | - | - | - |
| 鹿児島 (47) | 15 | - | - | - | - | 11 | x | x | x | - | - | - |
| 沖縄 (48) | - | - | - | - | - | - | x | x | x | - | - | - |

単位：kl

| 山口 | 徳島 | 香川 | 愛媛 | 高知 | 福岡 | 佐賀 | 長崎 | 熊本 | 大分 | 宮崎 | 鹿児島 | 沖縄 | |
|---|---|---|---|---|---|---|---|---|---|---|---|---|---|
| **x** | **x** | **x** | **x** | **x** | **8,506** | **1,335** | **195** | **6,598** | **82** | **1,693** | **23** | **–** | (1) |
| x | x | x | x | x | – | – | – | 1 | – | – | – | – | (2) |
| x | x | x | x | x | – | – | – | – | – | – | – | – | (3) |
| x | x | x | x | x | – | – | – | 2 | – | – | – | – | (4) |
| x | x | x | x | x | – | – | – | 2 | – | – | – | – | (5) |
| x | x | x | x | x | – | – | – | – | – | – | – | – | (6) |
| x | x | x | x | x | – | – | – | 2 | – | – | – | – | (7) |
| x | x | x | x | x | – | – | – | 1 | – | – | – | – | (8) |
| x | x | x | x | x | – | – | – | 2 | – | – | – | – | (9) |
| x | x | x | x | x | – | – | – | 2 | – | – | – | – | (10) |
| x | x | x | x | x | – | – | – | 2 | – | – | – | – | (11) |
| x | x | x | x | x | – | 55 | – | 57 | – | – | – | – | (12) |
| x | x | x | x | x | – | – | – | 21 | – | – | – | – | (13) |
| x | x | x | x | x | – | – | – | 479 | – | 15 | – | – | (14) |
| x | x | x | x | x | – | – | – | 49 | – | – | – | – | (15) |
| x | x | x | x | x | – | – | – | 2 | – | – | – | – | (16) |
| x | x | x | x | x | – | – | – | 1 | – | – | – | – | (17) |
| x | x | x | x | x | – | – | – | 3 | – | – | – | – | (18) |
| x | x | x | x | x | – | – | – | 1 | – | – | – | – | (19) |
| x | x | x | x | x | – | – | – | 1 | – | – | – | – | (20) |
| x | x | x | x | x | – | – | – | 4 | – | – | – | – | (21) |
| x | x | x | x | x | – | 49 | – | 2 | – | – | – | – | (22) |
| x | x | x | x | x | – | – | – | 10 | – | – | – | – | (23) |
| x | x | x | x | x | – | – | – | 306 | – | – | – | – | (24) |
| x | x | x | x | x | – | – | – | 4 | – | – | – | – | (25) |
| x | x | x | x | x | – | – | – | 6 | – | – | – | – | (26) |
| x | x | x | x | x | 1,708 | – | – | 7 | – | – | – | – | (27) |
| x | x | x | x | x | 1,538 | 112 | – | 235 | – | 47 | – | – | (28) |
| x | x | x | x | x | 76 | – | – | 1,256 | – | – | – | – | (29) |
| x | x | x | x | x | – | – | – | 3 | – | – | – | – | (30) |
| x | x | x | x | x | – | – | – | 10 | – | – | – | – | (31) |
| x | x | x | x | x | – | – | – | 11 | – | – | – | – | (32) |
| x | x | x | x | x | – | – | – | 5 | – | – | – | – | (33) |
| x | x | x | x | x | 617 | – | – | 20 | – | – | – | – | (34) |
| x | x | x | x | x | 988 | 269 | – | 413 | – | – | – | – | (35) |
| x | x | x | x | x | 101 | 11 | – | 19 | – | – | – | – | (36) |
| x | x | x | x | x | – | – | – | 1 | – | – | – | – | (37) |
| x | x | x | x | x | 539 | – | – | 4 | – | – | – | – | (38) |
| x | x | x | x | x | – | – | – | 40 | – | – | – | – | (39) |
| x | x | x | x | x | – | – | – | 5 | – | – | – | – | (40) |
| x | x | x | x | x | – | 436 | 125 | 2,008 | 82 | 215 | 7 | – | (41) |
| x | x | x | x | x | 1,084 | – | 66 | 30 | – | – | – | – | (42) |
| x | x | x | x | x | 517 | 101 | – | 459 | – | 16 | – | – | (43) |
| x | x | x | x | x | 545 | 104 | – | – | – | 13 | – | – | (44) |
| x | x | x | x | x | 200 | 48 | 4 | 185 | – | – | – | – | (45) |
| x | x | x | x | x | 157 | – | – | 17 | – | – | 16 | – | (46) |
| x | x | x | x | x | 329 | 144 | – | 818 | – | 1,372 | – | – | (47) |
| x | x | x | x | x | 107 | 6 | – | 92 | – | 15 | – | – | (48) |

## 14　飲用牛乳等入出荷量（都道府県別）（月別）（続き）

### (9)　８月分

| 入荷＼出荷 | 全　国 | 北海道 | 青　森 | 岩　手 | 宮　城 | 秋　田 | 山　形 | 福　島 | 茨　城 | 栃　木 | 群　馬 |
|---|---|---|---|---|---|---|---|---|---|---|---|
| **全　　国 (1)** | **154,837** | **36,578** | **x** | **4,287** | **2,516** | **x** | **329** | **960** | **13,706** | **10,106** | **8,282** |
| 北 海 道 (2) | **88** | － | x | － | 33 | x | － | － | － | － | － |
| 青　　森 (3) | **757** | 373 | x | 290 | － | x | － | － | － | － | － |
| 岩　　手 (4) | **418** | 226 | x | － | 59 | x | － | 6 | － | － | － |
| 宮　　城 (5) | **2,049** | 623 | x | 400 | － | x | 216 | 21 | 314 | 41 | 151 |
| 秋　　田 (6) | **856** | 383 | x | 365 | 23 | x | 27 | － | － | － | － |
| 山　　形 (7) | **236** | 11 | x | 7 | 155 | x | － | － | － | 16 | － |
| 福　　島 (8) | **673** | 22 | x | － | 239 | x | 56 | － | 109 | 77 | 73 |
| 茨　　城 (9) | **8,076** | 2,075 | x | 1 | 555 | x | － | － | － | 2,437 | 1,308 |
| 栃　　木 (10) | **1,305** | 168 | x | 19 | 17 | x | － | 3 | 841 | － | 119 |
| 群　　馬 (11) | **3,815** | 215 | x | 82 | 54 | x | 28 | － | 188 | 699 | － |
| 埼　　玉 (12) | **25,365** | 6,400 | x | 1,349 | 775 | x | － | 7 | 5,054 | 4,324 | 2,031 |
| 千　　葉 (13) | **6,298** | 2,556 | x | 1 | － | x | － | － | 2,228 | 79 | 31 |
| 東　　京 (14) | **23,950** | 6,813 | x | 114 | 514 | x | － | 923 | 2,274 | 168 | 2,823 |
| 神 奈 川 (15) | **13,282** | 3,679 | x | 1,649 | － | x | － | － | 2,526 | 995 | 1,446 |
| 新　　潟 (16) | **1,377** | 596 | x | － | 92 | x | 2 | － | 10 | － | 107 |
| 富　　山 (17) | **904** | 66 | x | － | － | x | － | － | － | － | － |
| 石　　川 (18) | **580** | 97 | x | － | － | x | － | － | － | － | － |
| 福　　井 (19) | **1,816** | 44 | x | － | － | x | － | － | － | － | － |
| 山　　梨 (20) | **1,193** | － | x | － | － | x | － | － | － | 16 | 6 |
| 長　　野 (21) | **518** | 4 | x | － | － | x | － | － | － | 15 | 112 |
| 岐　　阜 (22) | **536** | 36 | x | － | － | x | － | － | － | － | 48 |
| 静　　岡 (23) | **2,685** | 51 | x | 10 | － | x | － | － | 162 | 507 | 9 |
| 愛　　知 (24) | **9,182** | 1,671 | x | － | － | x | － | － | － | 653 | 2 |
| 三　　重 (25) | **494** | 5 | x | － | － | x | － | － | － | － | － |
| 滋　　賀 (26) | **209** | 12 | x | － | － | x | － | － | － | － | － |
| 京　　都 (27) | **5,828** | 704 | x | － | － | x | － | － | － | － | － |
| 大　　阪 (28) | **19,602** | 9,521 | x | － | － | x | － | － | － | － | 16 |
| 兵　　庫 (29) | **3,072** | 161 | x | － | － | x | － | － | － | 79 | － |
| 奈　　良 (30) | **898** | － | x | － | － | x | － | － | － | － | － |
| 和 歌 山 (31) | **542** | 1 | x | － | － | x | － | － | － | － | － |
| 鳥　　取 (32) | **147** | － | x | － | － | x | － | － | － | － | － |
| 島　　根 (33) | **114** | － | x | － | － | x | － | － | － | － | － |
| 岡　　山 (34) | **2,730** | 33 | x | － | － | x | － | － | － | － | － |
| 広　　島 (35) | **2,535** | － | x | － | － | x | － | － | － | － | － |
| 山　　口 (36) | **565** | 1 | x | － | － | x | － | － | － | － | － |
| 徳　　島 (37) | **558** | － | x | － | － | x | － | － | － | － | － |
| 香　　川 (38) | **815** | － | x | － | － | x | － | － | － | － | － |
| 愛　　媛 (39) | **382** | － | x | － | － | x | － | － | － | － | － |
| 高　　知 (40) | **292** | － | x | － | － | x | － | － | － | － | － |
| 福　　岡 (41) | **3,739** | 29 | x | － | － | x | － | － | － | － | － |
| 佐　　賀 (42) | **1,154** | － | x | － | － | x | － | － | － | － | － |
| 長　　崎 (43) | **1,149** | － | x | － | － | x | － | － | － | － | － |
| 熊　　本 (44) | **681** | － | x | － | － | x | － | － | － | － | － |
| 大　　分 (45) | **471** | － | x | － | － | x | － | － | － | － | － |
| 宮　　崎 (46) | **196** | － | x | － | － | x | － | － | － | － | － |
| 鹿 児 島 (47) | **2,582** | － | x | － | － | x | － | － | － | － | － |
| 沖　　縄 (48) | **123** | 2 | x | － | － | x | － | － | － | － | － |

単位：kl

| 埼玉 | 千葉 | 東京 | 神奈川 | 新潟 | 富山 | 石川 | 福井 | 山梨 | 長野 | 岐阜 | 静岡 | |
|---|---|---|---|---|---|---|---|---|---|---|---|---|
| **4, 753** | **7, 349** | **3, 189** | **6, 979** | **880** | **x** | **937** | **x** | **-** | **4, 698** | **4, 584** | **2, 566** | (1) |
| - | 28 | - | - | - | x | - | x | - | - | - | - | (2) |
| - | 2 | - | - | - | x | - | x | - | - | - | - | (3) |
| - | - | 1 | - | 73 | x | - | x | - | - | - | - | (4) |
| - | 14 | 32 | - | 195 | x | - | x | - | - | - | - | (5) |
| - | - | 7 | - | 39 | x | - | x | - | - | - | - | (6) |
| - | - | - | - | 46 | x | - | x | - | - | - | - | (7) |
| - | 3 | 30 | - | 57 | x | - | x | - | - | - | - | (8) |
| 281 | 1, 050 | 123 | 201 | 2 | x | - | x | - | - | - | - | (9) |
| - | 6 | 113 | - | - | x | - | x | - | - | - | - | (10) |
| 1, 617 | 371 | 172 | 16 | 275 | x | - | x | - | 43 | - | - | (11) |
| - | 1, 503 | 741 | 2, 773 | - | x | 14 | x | - | 140 | - | - | (12) |
| - | - | 493 | 794 | 58 | x | - | x | - | - | 5 | - | (13) |
| 2, 251 | 3, 762 | - | 1, 886 | - | x | - | x | - | 1, 313 | 21 | 108 | (14) |
| - | 486 | 791 | - | - | x | - | x | - | 1, 380 | 11 | 32 | (15) |
| - | 94 | 64 | 84 | - | x | - | x | - | 317 | - | - | (16) |
| - | - | - | - | 70 | x | 597 | x | - | 131 | 31 | - | (17) |
| - | - | - | - | - | x | - | x | - | - | 15 | - | (18) |
| - | - | - | - | - | x | 286 | x | - | - | 6 | - | (19) |
| 203 | 16 | 96 | 93 | - | x | - | x | - | 586 | - | 162 | (20) |
| 178 | - | 130 | - | 57 | x | - | x | - | - | - | - | (21) |
| - | - | 6 | - | - | x | - | x | - | - | - | - | (22) |
| - | 1 | 55 | 1, 107 | - | x | - | x | - | 191 | 11 | - | (23) |
| - | - | 321 | 19 | 8 | x | 5 | x | - | 482 | 2, 328 | 1, 231 | (24) |
| - | - | - | - | - | x | - | x | - | - | 210 | 44 | (25) |
| - | - | - | - | - | x | - | x | - | - | 16 | - | (26) |
| - | 2 | - | - | - | x | - | x | - | - | 195 | 561 | (27) |
| 223 | 3 | 1 | 4 | - | x | 32 | x | - | 115 | 1, 699 | 428 | (28) |
| - | 4 | - | 2 | - | x | 3 | x | - | - | 23 | - | (29) |
| - | - | - | - | - | x | - | x | - | - | 5 | - | (30) |
| - | - | - | - | - | x | - | x | - | - | 8 | - | (31) |
| - | - | - | - | - | x | - | x | - | - | - | - | (32) |
| - | - | - | - | - | x | - | x | - | - | - | - | (33) |
| - | 2 | - | - | - | x | - | x | - | - | - | - | (34) |
| - | 2 | - | - | - | x | - | x | - | - | - | - | (35) |
| - | - | - | - | - | x | - | x | - | - | - | - | (36) |
| - | - | - | - | - | x | - | x | - | - | - | - | (37) |
| - | - | - | - | - | x | - | x | - | - | - | - | (38) |
| - | - | - | - | - | x | - | x | - | - | - | - | (39) |
| - | - | - | - | - | x | - | x | - | - | - | - | (40) |
| - | - | - | - | - | x | - | x | - | - | - | - | (41) |
| - | - | 13 | - | - | x | - | x | - | - | - | - | (42) |
| - | - | - | - | - | x | - | x | - | - | - | - | (43) |
| - | - | - | - | - | x | - | x | - | - | - | - | (44) |
| - | - | - | - | - | x | - | x | - | - | - | - | (45) |
| - | - | - | - | - | x | - | x | - | - | - | - | (46) |
| - | - | - | - | - | x | - | x | - | - | - | - | (47) |
| - | - | - | - | - | x | - | x | - | - | - | - | (48) |

## 14 飲用牛乳等入出荷量（都道府県別）（月別）（続き）

### (9) 8月分（続き）

| 入荷＼出荷 | 愛知 | 三重 | 滋賀 | 京都 | 大阪 | 兵庫 | 奈良 | 和歌山 | 鳥取 | 島根 | 岡山 | 広島 |
|---|---|---|---|---|---|---|---|---|---|---|---|---|
| **全国** (1) | **4,620** | **724** | **932** | **3,039** | **2,015** | **4,884** | **x** | **x** | **x** | **300** | **1,611** | **938** |
| 北海道 (2) | 27 | - | - | - | - | - | x | x | x | - | - | - |
| 青森 (3) | - | - | - | - | - | - | x | x | x | - | - | - |
| 岩手 (4) | 7 | - | - | - | - | - | x | x | x | - | - | - |
| 宮城 (5) | 42 | - | - | - | - | - | x | x | x | - | - | - |
| 秋田 (6) | - | - | - | - | - | - | x | x | x | - | - | - |
| 山形 (7) | - | - | - | - | - | - | x | x | x | - | - | - |
| 福島 (8) | 7 | - | - | - | - | - | x | x | x | - | - | - |
| 茨城 (9) | 42 | - | - | - | - | - | x | x | x | - | - | - |
| 栃木 (10) | 18 | - | - | - | - | - | x | x | x | - | - | - |
| 群馬 (11) | 18 | - | - | - | - | - | x | x | x | - | 36 | - |
| 埼玉 (12) | 58 | - | - | - | - | - | x | x | x | - | 129 | - |
| 千葉 (13) | 46 | - | - | - | - | - | x | x | x | - | - | - |
| 東京 (14) | 336 | 29 | - | - | - | - | x | x | x | 24 | 4 | - |
| 神奈川 (15) | 74 | 23 | - | - | - | - | x | x | x | - | 169 | - |
| 新潟 (16) | 10 | - | - | - | - | - | x | x | x | - | - | - |
| 富山 (17) | 9 | - | - | - | - | - | x | x | x | - | - | - |
| 石川 (18) | 399 | - | 1 | 7 | 11 | 17 | x | x | x | - | 18 | - |
| 福井 (19) | 771 | - | 334 | - | 55 | 316 | x | x | x | - | - | - |
| 山梨 (20) | 15 | - | - | - | - | - | x | x | x | - | - | - |
| 長野 (21) | 20 | - | - | - | - | - | x | x | x | - | - | - |
| 岐阜 (22) | 372 | - | - | 2 | - | - | x | x | x | 46 | - | - |
| 静岡 (23) | 575 | - | - | 3 | - | - | x | x | x | - | - | - |
| 愛知 (24) | - | 23 | 55 | 618 | 286 | 1,281 | x | x | x | - | 91 | - |
| 三重 (25) | 135 | - | 15 | 59 | 25 | - | x | x | x | - | - | - |
| 滋賀 (26) | 15 | - | - | 65 | 84 | 16 | x | x | x | - | - | - |
| 京都 (27) | 363 | - | 69 | - | 78 | 877 | x | x | x | 10 | 29 | - |
| 大阪 (28) | 868 | 445 | 458 | 1,380 | - | 825 | x | x | x | 100 | 881 | - |
| 兵庫 (29) | 171 | - | - | 615 | 427 | - | x | x | x | 28 | 38 | - |
| 奈良 (30) | 7 | 204 | - | 211 | 466 | 4 | x | x | x | - | - | - |
| 和歌山 (31) | 10 | - | - | 67 | 294 | 160 | x | x | x | - | - | - |
| 鳥取 (32) | - | - | - | - | - | - | x | x | x | 28 | 7 | 108 |
| 島根 (33) | - | - | - | - | - | - | x | x | x | - | - | 12 |
| 岡山 (34) | 33 | - | - | 12 | 33 | 473 | x | x | x | 17 | - | 575 |
| 広島 (35) | 29 | - | - | - | 34 | 314 | x | x | x | 20 | 90 | - |
| 山口 (36) | 8 | - | - | - | - | - | x | x | x | 4 | - | 241 |
| 徳島 (37) | - | - | - | - | 176 | 146 | x | x | x | - | - | - |
| 香川 (38) | 16 | - | - | - | 23 | 384 | x | x | x | - | 10 | 1 |
| 愛媛 (39) | 11 | - | - | - | - | - | x | x | x | 4 | 18 | 1 |
| 高知 (40) | 3 | - | - | - | - | - | x | x | x | - | - | - |
| 福岡 (41) | 58 | - | - | - | 23 | 46 | x | x | x | 19 | 91 | - |
| 佐賀 (42) | 5 | - | - | - | - | - | x | x | x | - | - | - |
| 長崎 (43) | 8 | - | - | - | - | - | x | x | x | - | - | - |
| 熊本 (44) | 13 | - | - | - | - | 14 | x | x | x | - | - | - |
| 大分 (45) | 5 | - | - | - | - | - | x | x | x | - | - | - |
| 宮崎 (46) | - | - | - | - | - | - | x | x | x | - | - | - |
| 鹿児島 (47) | 16 | - | - | - | - | 11 | x | x | x | - | - | - |
| 沖縄 (48) | - | - | - | - | - | - | x | x | x | - | - | - |

単位：kl

| 山口 | 徳島 | 香川 | 愛媛 | 高知 | 福岡 | 佐賀 | 長崎 | 熊本 | 大分 | 宮崎 | 鹿児島 | 沖縄 | |
|---|---|---|---|---|---|---|---|---|---|---|---|---|---|
| **x** | **x** | **x** | **x** | **x** | **8,596** | **1,360** | **196** | **5,979** | **86** | **1,520** | **23** | **-** | (1) |
| x | x | x | x | x | - | - | - | - | - | - | - | - | (2) |
| x | x | x | x | x | - | - | - | - | - | - | - | - | (3) |
| x | x | x | x | x | - | - | - | - | - | - | - | - | (4) |
| x | x | x | x | x | - | - | - | - | - | - | - | - | (5) |
| x | x | x | x | x | - | - | - | - | - | - | - | - | (6) |
| x | x | x | x | x | - | - | - | 1 | - | - | - | - | (7) |
| x | x | x | x | x | - | - | - | - | - | - | - | - | (8) |
| x | x | x | x | x | - | - | - | 1 | - | - | - | - | (9) |
| x | x | x | x | x | - | - | - | 1 | - | - | - | - | (10) |
| x | x | x | x | x | - | - | - | 1 | - | - | - | - | (11) |
| x | x | x | x | x | - | 42 | - | 25 | - | - | - | - | (12) |
| x | x | x | x | x | - | - | - | 7 | - | - | - | - | (13) |
| x | x | x | x | x | - | - | - | 575 | - | 12 | - | - | (14) |
| x | x | x | x | x | - | - | - | 21 | - | - | - | - | (15) |
| x | x | x | x | x | - | - | - | 1 | - | - | - | - | (16) |
| x | x | x | x | x | - | - | - | - | - | - | - | - | (17) |
| x | x | x | x | x | - | - | - | 2 | - | - | - | - | (18) |
| x | x | x | x | x | - | - | - | - | - | - | - | - | (19) |
| x | x | x | x | x | - | - | - | - | - | - | - | - | (20) |
| x | x | x | x | x | - | - | - | 2 | - | - | - | - | (21) |
| x | x | x | x | x | - | 25 | - | 1 | - | - | - | - | (22) |
| x | x | x | x | x | - | - | - | 3 | - | - | - | - | (23) |
| x | x | x | x | x | - | - | - | 108 | - | - | - | - | (24) |
| x | x | x | x | x | - | - | - | 1 | - | - | - | - | (25) |
| x | x | x | x | x | - | - | - | 1 | - | - | - | - | (26) |
| x | x | x | x | x | 1,867 | - | - | 3 | - | - | - | - | (27) |
| x | x | x | x | x | 1,586 | 120 | - | 150 | - | 37 | - | - | (28) |
| x | x | x | x | x | 75 | - | - | 1,213 | - | - | - | - | (29) |
| x | x | x | x | x | - | - | - | 1 | - | - | - | - | (30) |
| x | x | x | x | x | - | - | - | 2 | - | - | - | - | (31) |
| x | x | x | x | x | - | - | - | 4 | - | - | - | - | (32) |
| x | x | x | x | x | - | - | - | 3 | - | - | - | - | (33) |
| x | x | x | x | x | 599 | - | - | 8 | - | - | - | - | (34) |
| x | x | x | x | x | 1,051 | 286 | - | 388 | - | - | - | - | (35) |
| x | x | x | x | x | 291 | 12 | - | 8 | - | - | - | - | (36) |
| x | x | x | x | x | - | - | - | - | - | - | - | - | (37) |
| x | x | x | x | x | 380 | - | - | 1 | - | - | - | - | (38) |
| x | x | x | x | x | - | - | - | 17 | - | - | - | - | (39) |
| x | x | x | x | x | - | - | - | 2 | - | - | - | - | (40) |
| x | x | x | x | x | - | 460 | 124 | 1,901 | 86 | 214 | 6 | - | (41) |
| x | x | x | x | x | 1,036 | - | 68 | 14 | - | - | - | - | (42) |
| x | x | x | x | x | 516 | 104 | - | 470 | - | 15 | - | - | (43) |
| x | x | x | x | x | 457 | 107 | - | - | - | 18 | - | - | (44) |
| x | x | x | x | x | 198 | 52 | 4 | 176 | - | - | - | - | (45) |
| x | x | x | x | x | 154 | - | - | 7 | - | - | 17 | - | (46) |
| x | x | x | x | x | 320 | 150 | - | 821 | - | 1,210 | - | - | (47) |
| x | x | x | x | x | 66 | 2 | - | 39 | - | 14 | - | - | (48) |

## 14 飲用牛乳等入出荷量（都道府県別）（月別）（続き）

### (10) 9月分

| 出荷 / 入荷 | 全国 | 北海道 | 青森 | 岩手 | 宮城 | 秋田 | 山形 | 福島 | 茨城 | 栃木 | 群馬 |
|---|---|---|---|---|---|---|---|---|---|---|---|
| **全国 (1)** | **154,572** | **39,171** | **x** | **4,253** | **2,623** | **x** | **346** | **998** | **12,199** | **9,420** | **8,219** |
| 北海道 (2) | **81** | - | x | - | 28 | x | - | - | - | - | - |
| 青森 (3) | **809** | 365 | x | 329 | - | x | - | - | - | - | - |
| 岩手 (4) | **370** | 171 | x | - | 55 | x | - | 6 | - | - | - |
| 宮城 (5) | **1,982** | 575 | x | 367 | - | x | 195 | 21 | 249 | 50 | 233 |
| 秋田 (6) | **910** | 387 | x | 414 | 23 | x | 27 | - | - | - | - |
| 山形 (7) | **243** | 10 | x | 7 | 159 | x | - | - | - | 21 | - |
| 福島 (8) | **583** | 23 | x | - | 217 | x | 60 | - | 84 | 75 | 68 |
| 茨城 (9) | **8,575** | 2,733 | x | 31 | 597 | x | - | - | - | 2,203 | 1,366 |
| 栃木 (10) | **1,153** | 148 | x | 17 | 17 | x | - | 4 | 716 | - | 128 |
| 群馬 (11) | **3,882** | 279 | x | 63 | - | x | 62 | - | 137 | 699 | - |
| 埼玉 (12) | **24,293** | 6,698 | x | 1,313 | 918 | x | - | 7 | 4,549 | 3,850 | 1,820 |
| 千葉 (13) | **5,988** | 2,624 | x | 1 | - | x | - | - | 1,865 | 83 | 47 |
| 東京 (14) | **25,504** | 7,160 | x | 110 | 556 | x | - | 960 | 2,447 | 202 | 2,914 |
| 神奈川 (15) | **12,586** | 3,872 | x | 1,592 | - | x | - | - | 1,994 | 1,069 | 1,379 |
| 新潟 (16) | **1,367** | 666 | x | - | 53 | x | 2 | - | 9 | - | 96 |
| 富山 (17) | **583** | 28 | x | - | - | x | - | - | - | - | - |
| 石川 (18) | **587** | 105 | x | - | - | x | - | - | - | - | - |
| 福井 (19) | **1,721** | 42 | x | - | - | x | - | - | - | - | - |
| 山梨 (20) | **1,197** | - | x | - | - | x | - | - | - | 17 | 2 |
| 長野 (21) | **482** | 2 | x | - | - | x | - | - | - | 19 | 113 |
| 岐阜 (22) | **547** | 34 | x | - | - | x | - | - | - | - | 32 |
| 静岡 (23) | **2,741** | 84 | x | 9 | - | x | - | - | 149 | 480 | 7 |
| 愛知 (24) | **8,761** | 1,536 | x | - | - | x | - | - | - | 480 | 1 |
| 三重 (25) | **541** | 5 | x | - | - | x | - | - | - | - | - |
| 滋賀 (26) | **190** | 17 | x | - | - | x | - | - | - | - | - |
| 京都 (27) | **5,847** | 937 | x | - | - | x | - | - | - | - | - |
| 大阪 (28) | **20,182** | 10,446 | x | - | - | x | - | - | - | - | 13 |
| 兵庫 (29) | **3,328** | 165 | x | - | - | x | - | - | - | 172 | - |
| 奈良 (30) | **1,001** | - | x | - | - | x | - | - | - | - | - |
| 和歌山 (31) | **629** | 2 | x | - | - | x | - | - | - | - | - |
| 鳥取 (32) | **131** | - | x | - | - | x | - | - | - | - | - |
| 島根 (33) | **106** | - | x | - | - | x | - | - | - | - | - |
| 岡山 (34) | **2,665** | 31 | x | - | - | x | - | - | - | - | - |
| 広島 (35) | **2,550** | - | x | - | - | x | - | - | - | - | - |
| 山口 (36) | **449** | 2 | x | - | - | x | - | - | - | - | - |
| 徳島 (37) | **523** | - | x | - | - | x | - | - | - | - | - |
| 香川 (38) | **794** | - | x | - | - | x | - | - | - | - | - |
| 愛媛 (39) | **427** | - | x | - | - | x | - | - | - | - | - |
| 高知 (40) | **317** | - | x | - | - | x | - | - | - | - | - |
| 福岡 (41) | **3,873** | 21 | x | - | - | x | - | - | - | - | - |
| 佐賀 (42) | **848** | - | x | - | - | x | - | - | - | - | - |
| 長崎 (43) | **1,126** | - | x | - | - | x | - | - | - | - | - |
| 熊本 (44) | **640** | - | x | - | - | x | - | - | - | - | - |
| 大分 (45) | **474** | - | x | - | - | x | - | - | - | - | - |
| 宮崎 (46) | **203** | - | x | - | - | x | - | - | - | - | - |
| 鹿児島 (47) | **2,625** | - | x | - | - | x | - | - | - | - | - |
| 沖縄 (48) | **158** | 3 | x | - | - | x | - | - | - | - | - |

単位：kl

| 埼　玉 | 千　葉 | 東　京 | 神奈川 | 新　潟 | 富　山 | 石　川 | 福　井 | 山　梨 | 長　野 | 岐　阜 | 静　岡 | |
|---|---|---|---|---|---|---|---|---|---|---|---|---|
| **5, 127** | **7, 182** | **3, 314** | **6, 807** | **759** | **x** | **783** | **x** | **－** | **4, 083** | **4, 201** | **2, 646** | (1) |
| － | 26 | － | － | － | x | － | x | － | － | － | － | (2) |
| － | 1 | － | － | － | x | － | x | － | － | － | － | (3) |
| － | － | 1 | － | 73 | x | － | x | － | － | － | － | (4) |
| － | 13 | 56 | － | 183 | x | － | x | － | － | － | － | (5) |
| － | － | 7 | － | 40 | x | － | x | － | － | － | － | (6) |
| － | － | － | － | 45 | x | － | x | － | － | － | － | (7) |
| － | 3 | 25 | － | 22 | x | － | x | － | － | － | － | (8) |
| 236 | 1, 023 | 135 | 191 | 8 | x | － | x | － | － | － | － | (9) |
| － | 4 | 103 | － | － | x | － | x | － | － | － | － | (10) |
| 1, 748 | 332 | 185 | 14 | 260 | x | － | x | － | 43 | － | － | (11) |
| － | 1, 303 | 767 | 2, 594 | － | x | － | x | － | 167 | － | － | (12) |
| － | － | 546 | 710 | 58 | x | － | x | － | － | 6 | － | (13) |
| 2, 612 | 3, 979 | － | 1, 890 | － | x | － | x | － | 1, 259 | 22 | 113 | (14) |
| － | 386 | 800 | － | － | x | － | x | － | 1, 115 | 11 | 34 | (15) |
| － | 87 | 64 | 79 | － | x | － | x | － | 302 | － | － | (16) |
| － | － | － | － | 8 | x | 439 | x | － | 67 | 31 | － | (17) |
| － | － | － | － | － | x | － | x | － | － | 16 | － | (18) |
| － | － | － | － | － | x | 207 | x | － | － | 6 | － | (19) |
| 168 | 12 | 103 | 86 | － | x | － | x | － | 526 | － | 268 | (20) |
| 147 | － | 126 | － | 53 | x | － | x | － | － | － | － | (21) |
| － | － | － | － | － | x | － | x | － | － | － | － | (22) |
| － | 1 | 58 | 1, 235 | － | x | － | x | － | 158 | 12 | － | (23) |
| － | － | 336 | 2 | 9 | x | 97 | x | － | 332 | 2, 165 | 1, 335 | (24) |
| － | － | － | － | － | x | － | x | － | － | 201 | 45 | (25) |
| － | － | － | － | － | x | － | x | － | － | 17 | － | (26) |
| － | 2 | － | － | － | x | － | x | － | － | 181 | 562 | (27) |
| 216 | 3 | － | 4 | － | x | 36 | x | － | 114 | 1, 496 | 289 | (28) |
| － | 4 | 2 | 2 | － | x | 4 | x | － | － | 24 | － | (29) |
| － | － | － | － | － | x | － | x | － | － | 5 | － | (30) |
| － | － | － | － | － | x | － | x | － | － | 8 | － | (31) |
| － | － | － | － | － | x | － | x | － | － | － | － | (32) |
| － | － | － | － | － | x | － | x | － | － | － | － | (33) |
| － | 2 | － | － | － | x | － | x | － | － | － | － | (34) |
| － | 1 | － | － | － | x | － | x | － | － | － | － | (35) |
| － | － | － | － | － | x | － | x | － | － | － | － | (36) |
| － | － | － | － | － | x | － | x | － | － | － | － | (37) |
| － | － | － | － | － | x | － | x | － | － | － | － | (38) |
| － | － | － | － | － | x | － | x | － | － | － | － | (39) |
| － | － | － | － | － | x | － | x | － | － | － | － | (40) |
| － | － | － | － | － | x | － | x | － | － | － | － | (41) |
| － | － | － | － | － | x | － | x | － | － | － | － | (42) |
| － | － | － | － | － | x | － | x | － | － | － | － | (43) |
| － | － | － | － | － | x | － | x | － | － | － | － | (44) |
| － | － | － | － | － | x | － | x | － | － | － | － | (45) |
| － | － | － | － | － | x | － | x | － | － | － | － | (46) |
| － | － | － | － | － | x | － | x | － | － | － | － | (47) |
| － | － | － | － | － | x | － | x | － | － | － | － | (48) |

## 14　飲用牛乳等入出荷量（都道府県別）（月別）（続き）

（10） 9月分（続き）

| 入荷＼出荷 | 愛知 | 三重 | 滋賀 | 京都 | 大阪 | 兵庫 | 奈良 | 和歌山 | 鳥取 | 島根 | 岡山 | 広島 |
|---|---|---|---|---|---|---|---|---|---|---|---|---|
| **全国 (1)** | 4,383 | 642 | 996 | 3,411 | 2,146 | 4,680 | x | x | x | 303 | 1,889 | 909 |
| 北海道 (2) | 26 | - | - | - | - | - | x | x | x | - | - | - |
| 青森 (3) | - | - | - | - | - | - | x | x | x | - | - | - |
| 岩手 (4) | 6 | - | - | - | - | - | x | x | x | - | - | - |
| 宮城 (5) | 39 | - | - | - | - | - | x | x | x | - | - | - |
| 秋田 (6) | - | - | - | - | - | - | x | x | x | - | - | - |
| 山形 (7) | - | - | - | - | - | - | x | x | x | - | - | - |
| 福島 (8) | 5 | - | - | - | - | - | x | x | x | - | - | - |
| 茨城 (9) | 51 | - | - | - | - | - | x | x | x | - | - | - |
| 栃木 (10) | 15 | - | - | - | - | - | x | x | x | - | - | - |
| 群馬 (11) | 16 | - | - | - | - | - | x | x | x | - | 43 | - |
| 埼玉 (12) | 57 | - | - | - | - | - | x | x | x | - | 152 | - |
| 千葉 (13) | 35 | - | - | - | - | - | x | x | x | - | - | - |
| 東京 (14) | 346 | 29 | - | - | - | - | x | x | x | 24 | 2 | - |
| 神奈川 (15) | 72 | 22 | - | - | - | - | x | x | x | - | 200 | - |
| 新潟 (16) | 8 | - | - | - | - | - | x | x | x | - | - | - |
| 富山 (17) | 9 | - | - | - | - | - | x | x | x | - | - | - |
| 石川 (18) | 388 | - | 1 | 9 | 14 | 16 | x | x | x | - | 22 | - |
| 福井 (19) | 728 | - | 392 | - | 45 | 293 | x | x | x | - | - | - |
| 山梨 (20) | 14 | - | - | - | - | - | x | x | x | - | - | - |
| 長野 (21) | 20 | - | - | - | - | - | x | x | x | - | - | - |
| 岐阜 (22) | 379 | - | - | 3 | - | - | x | x | x | 46 | - | - |
| 静岡 (23) | 539 | - | - | 3 | - | - | x | x | x | - | - | - |
| 愛知 (24) | - | 24 | 59 | 586 | 286 | 1,210 | x | x | x | - | 108 | - |
| 三重 (25) | 145 | - | 46 | 78 | 20 | - | x | x | x | - | - | - |
| 滋賀 (26) | 15 | - | - | 22 | 98 | 18 | x | x | x | - | - | - |
| 京都 (27) | 284 | - | 75 | - | 83 | 896 | x | x | x | 10 | 34 | - |
| 大阪 (28) | 805 | 392 | 423 | 1,571 | - | 774 | x | x | x | 98 | 1,037 | - |
| 兵庫 (29) | 176 | - | - | 736 | 447 | - | x | x | x | 27 | 43 | - |
| 奈良 (30) | 8 | 175 | - | 277 | 531 | 3 | x | x | x | - | - | - |
| 和歌山 (31) | 11 | - | - | 88 | 378 | 138 | x | x | x | - | - | - |
| 鳥取 (32) | - | - | - | - | - | - | x | x | x | 30 | 10 | 83 |
| 島根 (33) | - | - | - | - | - | - | x | x | x | - | - | 12 |
| 岡山 (34) | 32 | - | - | 11 | 36 | 444 | x | x | x | 21 | - | 603 |
| 広島 (35) | 27 | - | - | 27 | 37 | 334 | x | x | x | 20 | 98 | - |
| 山口 (36) | 6 | - | - | - | - | - | x | x | x | 4 | - | 209 |
| 徳島 (37) | - | - | - | - | 124 | 138 | x | x | x | - | - | - |
| 香川 (38) | 13 | - | - | - | 21 | 338 | x | x | x | - | 10 | 1 |
| 愛媛 (39) | 10 | - | - | - | - | - | x | x | x | 4 | 22 | 1 |
| 高知 (40) | 3 | - | - | - | - | - | x | x | x | - | - | - |
| 福岡 (41) | 54 | - | - | - | 26 | 53 | x | x | x | 19 | 108 | - |
| 佐賀 (42) | 4 | - | - | - | - | - | x | x | x | - | - | - |
| 長崎 (43) | 8 | - | - | - | - | - | x | x | x | - | - | - |
| 熊本 (44) | 11 | - | - | - | - | 14 | x | x | x | - | - | - |
| 大分 (45) | 3 | - | - | - | - | - | x | x | x | - | - | - |
| 宮崎 (46) | - | - | - | - | - | - | x | x | x | - | - | - |
| 鹿児島 (47) | 15 | - | - | - | - | 11 | x | x | x | - | - | - |
| 沖縄 (48) | - | - | - | - | - | - | x | x | x | - | - | - |

単位：kl

| 山　口 | 徳　島 | 香　川 | 愛　媛 | 高　知 | 福　岡 | 佐　賀 | 長　崎 | 熊　本 | 大　分 | 宮　崎 | 鹿児島 | 沖　縄 | |
|---|---|---|---|---|---|---|---|---|---|---|---|---|---|
| **x** | **x** | **x** | **x** | **x** | **7,970** | **1,332** | **193** | **6,524** | **84** | **1,682** | **22** | **-** | (1) |
| x | x | x | x | x | - | - | - | 1 | - | - | - | - | (2) |
| x | x | x | x | x | - | - | - | - | - | - | - | - | (3) |
| x | x | x | x | x | - | - | - | 1 | - | - | - | - | (4) |
| x | x | x | x | x | - | - | - | 1 | - | - | - | - | (5) |
| x | x | x | x | x | - | - | - | - | - | - | - | - | (6) |
| x | x | x | x | x | - | - | - | 1 | - | - | - | - | (7) |
| x | x | x | x | x | - | - | - | 1 | - | - | - | - | (8) |
| x | x | x | x | x | - | - | - | 1 | - | - | - | - | (9) |
| x | x | x | x | x | - | - | - | 1 | - | - | - | - | (10) |
| x | x | x | x | x | - | - | - | 1 | - | - | - | - | (11) |
| x | x | x | x | x | - | 54 | - | 44 | - | - | - | - | (12) |
| x | x | x | x | x | - | - | - | 13 | - | - | - | - | (13) |
| x | x | x | x | x | - | - | - | 868 | - | 11 | - | - | (14) |
| x | x | x | x | x | - | - | - | 40 | - | - | - | - | (15) |
| x | x | x | x | x | - | - | - | 1 | - | - | - | - | (16) |
| x | x | x | x | x | - | - | - | 1 | - | - | - | - | (17) |
| x | x | x | x | x | - | - | - | 1 | - | - | - | - | (18) |
| x | x | x | x | x | - | - | - | 1 | - | - | - | - | (19) |
| x | x | x | x | x | - | - | - | 1 | - | - | - | - | (20) |
| x | x | x | x | x | - | - | - | 2 | - | - | - | - | (21) |
| x | x | x | x | x | - | 52 | - | 1 | - | - | - | - | (22) |
| x | x | x | x | x | - | - | - | 6 | - | - | - | - | (23) |
| x | x | x | x | x | - | - | - | 195 | - | - | - | - | (24) |
| x | x | x | x | x | - | - | - | 1 | - | - | - | - | (25) |
| x | x | x | x | x | - | - | - | 3 | - | - | - | - | (26) |
| x | x | x | x | x | 1,779 | - | - | 6 | - | - | - | - | (27) |
| x | x | x | x | x | 1,463 | 116 | - | 206 | - | 37 | - | - | (28) |
| x | x | x | x | x | 76 | - | - | 1,217 | - | - | - | - | (29) |
| x | x | x | x | x | - | - | - | 2 | - | - | - | - | (30) |
| x | x | x | x | x | - | - | - | 4 | - | - | - | - | (31) |
| x | x | x | x | x | - | - | - | 8 | - | - | - | - | (32) |
| x | x | x | x | x | - | - | - | 4 | - | - | - | - | (33) |
| x | x | x | x | x | 589 | - | - | 16 | - | - | - | - | (34) |
| x | x | x | x | x | 1,029 | 270 | - | 388 | - | - | - | - | (35) |
| x | x | x | x | x | 200 | 14 | - | 14 | - | - | - | - | (36) |
| x | x | x | x | x | - | - | - | 1 | - | - | - | - | (37) |
| x | x | x | x | x | 408 | - | - | 3 | - | - | - | - | (38) |
| x | x | x | x | x | - | - | - | 30 | - | - | - | - | (39) |
| x | x | x | x | x | - | - | - | 4 | - | - | - | - | (40) |
| x | x | x | x | x | - | 436 | 125 | 1,999 | 84 | 217 | 6 | - | (41) |
| x | x | x | x | x | 738 | - | 64 | 23 | - | - | - | - | (42) |
| x | x | x | x | x | 520 | 95 | - | 449 | - | 15 | - | - | (43) |
| x | x | x | x | x | 421 | 103 | - | - | - | 13 | - | - | (44) |
| x | x | x | x | x | 197 | 51 | 4 | 180 | - | - | - | - | (45) |
| x | x | x | x | x | 156 | - | - | 12 | - | - | 16 | - | (46) |
| x | x | x | x | x | 314 | 137 | - | 713 | - | 1,377 | - | - | (47) |
| x | x | x | x | x | 80 | 4 | - | 59 | - | 12 | - | - | (48) |

# 14　飲用牛乳等入出荷量（都道府県別）（月別）（続き）

## (11)　10月分

| 入荷＼出荷 | 全国 | 北海道 | 青森 | 岩手 | 宮城 | 秋田 | 山形 | 福島 | 茨城 | 栃木 | 群馬 |
|---|---|---|---|---|---|---|---|---|---|---|---|
| **全国 (1)** | **151,918** | **34,523** | **x** | **4,164** | **2,151** | **x** | **325** | **1,235** | **12,590** | **9,896** | **8,480** |
| 北海道 (2) | 71 | － | x | － | 12 | x | － | － | － | － | － |
| 青森 (3) | 803 | 338 | x | 349 | － | x | － | － | － | － | － |
| 岩手 (4) | 392 | 194 | x | － | 53 | x | － | 6 | － | － | － |
| 宮城 (5) | 2,903 | 542 | x | 465 | － | x | 174 | 23 | 128 | 199 | 1,108 |
| 秋田 (6) | 874 | 357 | x | 410 | 23 | x | 26 | － | － | － | － |
| 山形 (7) | 241 | 11 | x | 7 | 157 | x | － | － | － | 21 | － |
| 福島 (8) | 455 | 28 | x | － | 208 | x | 63 | － | 26 | 68 | 3 |
| 茨城 (9) | 7,954 | 2,341 | x | 1 | 105 | x | － | － | － | 2,602 | 1,178 |
| 栃木 (10) | 1,123 | 127 | x | 18 | 15 | x | － | 3 | 716 | － | 108 |
| 群馬 (11) | 3,759 | 187 | x | 45 | 10 | x | 55 | － | 149 | 693 | － |
| 埼玉 (12) | 23,310 | 5,838 | x | 1,187 | 953 | x | － | 7 | 4,810 | 3,618 | 1,699 |
| 千葉 (13) | 5,719 | 2,439 | x | 1 | － | x | － | － | 1,889 | 76 | 22 |
| 東京 (14) | 26,619 | 6,969 | x | 99 | 517 | x | － | 1,196 | 2,537 | 194 | 3,001 |
| 神奈川 (15) | 12,190 | 3,338 | x | 1,574 | － | x | － | － | 2,176 | 1,218 | 1,113 |
| 新潟 (16) | 1,291 | 570 | x | － | 98 | x | 1 | － | 8 | － | 55 |
| 富山 (17) | 765 | 57 | x | － | － | x | － | － | － | － | － |
| 石川 (18) | 536 | 98 | x | － | － | x | － | － | － | － | － |
| 福井 (19) | 1,760 | 45 | x | － | － | x | － | － | － | － | － |
| 山梨 (20) | 1,234 | － | x | － | － | x | － | － | － | 16 | 2 |
| 長野 (21) | 438 | 3 | x | － | － | x | － | － | － | 17 | 70 |
| 岐阜 (22) | 573 | 31 | x | － | － | x | － | － | － | － | 107 |
| 静岡 (23) | 2,385 | 78 | x | 8 | － | x | 6 | － | 151 | 430 | 8 |
| 愛知 (24) | 8,988 | 1,375 | x | － | － | x | － | － | － | 659 | 1 |
| 三重 (25) | 533 | 6 | x | － | － | x | － | － | － | － | － |
| 滋賀 (26) | 240 | 22 | x | － | － | x | － | － | － | － | － |
| 京都 (27) | 4,903 | 162 | x | － | － | x | － | － | － | 5 | － |
| 大阪 (28) | 18,965 | 9,159 | x | － | － | x | － | － | － | － | 5 |
| 兵庫 (29) | 3,439 | 173 | x | － | － | x | － | － | － | 80 | － |
| 奈良 (30) | 935 | － | x | － | － | x | － | － | － | － | － |
| 和歌山 (31) | 598 | 2 | x | － | － | x | － | － | － | － | － |
| 鳥取 (32) | 136 | － | x | － | － | x | － | － | － | － | － |
| 島根 (33) | 115 | － | x | － | － | x | － | － | － | － | － |
| 岡山 (34) | 2,521 | 21 | x | － | － | x | － | － | － | － | － |
| 広島 (35) | 2,418 | － | x | － | － | x | － | － | － | － | － |
| 山口 (36) | 550 | 2 | x | － | － | x | － | － | － | － | － |
| 徳島 (37) | 502 | － | x | － | － | x | － | － | － | － | － |
| 香川 (38) | 873 | － | x | － | － | x | － | － | － | － | － |
| 愛媛 (39) | 395 | － | x | － | － | x | － | － | － | － | － |
| 高知 (40) | 287 | － | x | － | － | x | － | － | － | － | － |
| 福岡 (41) | 3,678 | 6 | x | － | － | x | － | － | － | － | － |
| 佐賀 (42) | 1,064 | － | x | － | － | x | － | － | － | － | － |
| 長崎 (43) | 1,103 | － | x | － | － | x | － | － | － | － | － |
| 熊本 (44) | 760 | － | x | － | － | x | － | － | － | － | － |
| 大分 (45) | 451 | － | x | － | － | x | － | － | － | － | － |
| 宮崎 (46) | 206 | － | x | － | － | x | － | － | － | － | － |
| 鹿児島 (47) | 2,677 | － | x | － | － | x | － | － | － | － | － |
| 沖縄 (48) | 186 | 4 | x | － | － | x | － | － | － | － | － |

単位：kl

| 埼　玉 | 千　葉 | 東　京 | 神奈川 | 新　潟 | 富　山 | 石　川 | 福　井 | 山　梨 | 長　野 | 岐　阜 | 静　岡 | |
|---|---|---|---|---|---|---|---|---|---|---|---|---|
| 5, 276 | 7, 866 | 3, 015 | 6, 731 | 732 | x | 937 | x | - | 4, 489 | 4, 557 | 2, 653 | (1) |
| - | 29 | - | - | - | x | - | x | - | - | - | - | (2) |
| - | 2 | - | - | - | x | - | x | - | - | - | - | (3) |
| - | - | 1 | - | 72 | x | - | x | - | - | - | - | (4) |
| - | 15 | 30 | 2 | 174 | x | - | x | - | - | - | - | (5) |
| - | - | 8 | - | 37 | x | - | x | - | - | - | - | (6) |
| - | - | - | - | 43 | x | - | x | - | - | - | - | (7) |
| - | 3 | 30 | - | 21 | x | - | x | - | - | - | - | (8) |
| 259 | 1, 101 | 114 | 190 | 4 | x | - | x | - | - | - | - | (9) |
| - | 4 | 109 | - | - | x | - | x | - | - | - | - | (10) |
| 1, 700 | 372 | 169 | 14 | 259 | x | - | x | - | 44 | - | - | (11) |
| - | 1, 380 | 697 | 2, 594 | - | x | - | x | - | 168 | - | - | (12) |
| - | - | 459 | 713 | 53 | x | - | x | - | - | 6 | - | (13) |
| 2, 749 | 4, 406 | - | 2, 053 | - | x | - | x | - | 1, 367 | 22 | 122 | (14) |
| - | 428 | 752 | - | - | x | - | x | - | 1, 211 | 11 | 37 | (15) |
| - | 98 | 58 | 68 | - | x | - | x | - | 323 | - | - | (16) |
| - | - | - | - | 8 | x | 533 | x | - | 125 | 32 | - | (17) |
| - | - | - | - | - | x | - | x | - | - | 16 | - | (18) |
| - | - | - | - | - | x | 297 | x | - | - | 6 | - | (19) |
| 184 | 13 | 96 | 69 | - | x | - | x | - | 561 | - | 277 | (20) |
| 161 | - | 112 | - | 50 | x | - | x | - | - | - | - | (21) |
| - | - | - | - | - | x | - | x | - | - | - | - | (22) |
| - | 2 | 54 | 1, 020 | - | x | - | x | - | 163 | 11 | - | (23) |
| - | - | 326 | 2 | 11 | x | 46 | x | - | 425 | 2, 367 | 1, 351 | (24) |
| - | - | - | - | - | x | - | x | - | - | 214 | 45 | (25) |
| - | - | - | - | - | x | - | x | - | - | 24 | - | (26) |
| - | 2 | - | - | - | x | - | x | - | - | 190 | 540 | (27) |
| 223 | 3 | - | 4 | - | x | 57 | x | - | 102 | 1, 620 | 281 | (28) |
| - | 4 | - | 2 | - | x | 4 | x | - | - | 24 | - | (29) |
| - | - | - | - | - | x | - | x | - | - | 5 | - | (30) |
| - | - | - | - | - | x | - | x | - | - | 9 | - | (31) |
| - | - | - | - | - | x | - | x | - | - | - | - | (32) |
| - | - | - | - | - | x | - | x | - | - | - | - | (33) |
| - | 2 | - | - | - | x | - | x | - | - | - | - | (34) |
| - | 2 | - | - | - | x | - | x | - | - | - | - | (35) |
| - | - | - | - | - | x | - | x | - | - | - | - | (36) |
| - | - | - | - | - | x | - | x | - | - | - | - | (37) |
| - | - | - | - | - | x | - | x | - | - | - | - | (38) |
| - | - | - | - | - | x | - | x | - | - | - | - | (39) |
| - | - | - | - | - | x | - | x | - | - | - | - | (40) |
| - | - | - | - | - | x | - | x | - | - | - | - | (41) |
| - | - | - | - | - | x | - | x | - | - | - | - | (42) |
| - | - | - | - | - | x | - | x | - | - | - | - | (43) |
| - | - | - | - | - | x | - | x | - | - | - | - | (44) |
| - | - | - | - | - | x | - | x | - | - | - | - | (45) |
| - | - | - | - | - | x | - | x | - | - | - | - | (46) |
| - | - | - | - | - | x | - | x | - | - | - | - | (47) |
| - | - | - | - | - | x | - | x | - | - | - | - | (48) |

## 14　飲用牛乳等入出荷量（都道府県別）（月別）（続き）

### (11)　10月分（続き）

| 入荷＼出荷 | | 愛知 | 三重 | 滋賀 | 京都 | 大阪 | 兵庫 | 奈良 | 和歌山 | 鳥取 | 島根 | 岡山 | 広島 |
|---|---|---|---|---|---|---|---|---|---|---|---|---|---|
| **全国** | (1) | **4,475** | **670** | **1,061** | **3,349** | **2,097** | **4,118** | **x** | **x** | **x** | **310** | **1,796** | **927** |
| 北海道 | (2) | 29 | - | - | - | - | - | x | x | x | - | - | - |
| 青森 | (3) | - | - | - | - | - | - | x | x | x | - | - | - |
| 岩手 | (4) | 8 | - | - | - | - | - | x | x | x | - | - | - |
| 宮城 | (5) | 41 | - | - | - | - | - | x | x | x | - | - | - |
| 秋田 | (6) | - | - | - | - | - | - | x | x | x | - | - | - |
| 山形 | (7) | - | - | - | - | - | - | x | x | x | - | - | - |
| 福島 | (8) | 4 | - | - | - | - | - | x | x | x | - | - | - |
| 茨城 | (9) | 57 | - | - | - | - | - | x | x | x | - | - | - |
| 栃木 | (10) | 21 | - | - | - | - | - | x | x | x | - | - | - |
| 群馬 | (11) | 19 | - | - | - | - | - | x | x | x | - | 41 | - |
| 埼玉 | (12) | 134 | - | - | - | - | - | x | x | x | - | 145 | - |
| 千葉 | (13) | 46 | - | - | - | - | - | x | x | x | - | - | - |
| 東京 | (14) | 372 | 27 | - | - | - | - | x | x | x | 25 | 2 | - |
| 神奈川 | (15) | 96 | 21 | - | - | - | - | x | x | x | - | 187 | - |
| 新潟 | (16) | 10 | - | - | - | - | - | x | x | x | - | - | - |
| 富山 | (17) | 9 | - | - | - | - | - | x | x | x | - | - | - |
| 石川 | (18) | 351 | - | 2 | 7 | 15 | 10 | x | x | x | - | 20 | - |
| 福井 | (19) | 692 | - | 401 | - | 31 | 283 | x | x | x | - | - | - |
| 山梨 | (20) | 15 | - | - | - | - | - | x | x | x | - | - | - |
| 長野 | (21) | 22 | - | - | - | - | - | x | x | x | - | - | - |
| 岐阜 | (22) | 343 | - | - | 2 | - | - | x | x | x | 48 | - | - |
| 静岡 | (23) | 444 | - | - | 3 | - | - | x | x | x | - | - | - |
| 愛知 | (24) | - | 22 | 63 | 575 | 274 | 1,155 | x | x | x | - | 102 | - |
| 三重 | (25) | 136 | - | 50 | 61 | 19 | - | x | x | x | - | - | - |
| 滋賀 | (26) | 18 | - | - | 78 | 79 | 15 | x | x | x | - | - | - |
| 京都 | (27) | 202 | - | 103 | - | 84 | 570 | x | x | x | 10 | 32 | - |
| 大阪 | (28) | 972 | 414 | 442 | 1,364 | - | 709 | x | x | x | 101 | 986 | - |
| 兵庫 | (29) | 178 | - | - | 882 | 436 | - | x | x | x | 28 | 39 | - |
| 奈良 | (30) | 9 | 186 | - | 217 | 512 | 3 | x | x | x | - | - | - |
| 和歌山 | (31) | 11 | - | - | 69 | 381 | 123 | x | x | x | - | - | - |
| 鳥取 | (32) | - | - | - | - | - | - | x | x | x | 30 | 8 | 90 |
| 島根 | (33) | - | - | - | - | - | - | x | x | x | - | - | 12 |
| 岡山 | (34) | 37 | - | - | 22 | 36 | 423 | x | x | x | 18 | - | 598 |
| 広島 | (35) | 36 | - | - | 69 | 38 | 295 | x | x | x | 22 | 101 | - |
| 山口 | (36) | 9 | - | - | - | - | - | x | x | x | 4 | - | 226 |
| 徳島 | (37) | - | - | - | - | 144 | 127 | x | x | x | - | - | - |
| 香川 | (38) | 19 | - | - | - | 21 | 341 | x | x | x | - | 11 | 1 |
| 愛媛 | (39) | 13 | - | - | - | - | - | x | x | x | 4 | 20 | - |
| 高知 | (40) | 3 | - | - | - | - | - | x | x | x | - | - | - |
| 福岡 | (41) | 68 | - | - | - | 27 | 38 | x | x | x | 20 | 102 | - |
| 佐賀 | (42) | 6 | - | - | - | - | - | x | x | x | - | - | - |
| 長崎 | (43) | 10 | - | - | - | - | - | x | x | x | - | - | - |
| 熊本 | (44) | 14 | - | - | - | - | 14 | x | x | x | - | - | - |
| 大分 | (45) | 5 | - | - | - | - | - | x | x | x | - | - | - |
| 宮崎 | (46) | - | - | - | - | - | - | x | x | x | - | - | - |
| 鹿児島 | (47) | 16 | - | - | - | - | 12 | x | x | x | - | - | - |
| 沖縄 | (48) | - | - | - | - | - | - | x | x | x | - | - | - |

単位：kl

| 山口 | 徳島 | 香川 | 愛媛 | 高知 | 福岡 | 佐賀 | 長崎 | 熊本 | 大分 | 宮崎 | 鹿児島 | 沖縄 | |
|---|---|---|---|---|---|---|---|---|---|---|---|---|---|
| **x** | **x** | **x** | **x** | **x** | **8,427** | **1,199** | **84** | **6,683** | **80** | **1,691** | **22** | **-** | (1) |
| x | x | x | x | x | − | − | − | 1 | − | − | − | − | (2) |
| x | x | x | x | x | − | − | − | − | − | − | − | − | (3) |
| x | x | x | x | x | − | − | − | 1 | − | − | − | − | (4) |
| x | x | x | x | x | − | − | − | 2 | − | − | − | − | (5) |
| x | x | x | x | x | − | − | − | − | − | − | − | − | (6) |
| x | x | x | x | x | − | − | − | 2 | − | − | − | − | (7) |
| x | x | x | x | x | − | − | − | 1 | − | − | − | − | (8) |
| x | x | x | x | x | − | − | − | 2 | − | − | − | − | (9) |
| x | x | x | x | x | − | − | − | 2 | − | − | − | − | (10) |
| x | x | x | x | x | − | − | − | 2 | − | − | − | − | (11) |
| x | x | x | x | x | − | 40 | − | 40 | − | − | − | − | (12) |
| x | x | x | x | x | − | − | − | 15 | − | − | − | − | (13) |
| x | x | x | x | x | − | − | − | 951 | − | 10 | − | − | (14) |
| x | x | x | x | x | − | − | − | 28 | − | − | − | − | (15) |
| x | x | x | x | x | − | − | − | 2 | − | − | − | − | (16) |
| x | x | x | x | x | − | − | − | 1 | − | − | − | − | (17) |
| x | x | x | x | x | − | − | − | 4 | − | − | − | − | (18) |
| x | x | x | x | x | − | − | − | 1 | − | − | − | − | (19) |
| x | x | x | x | x | − | − | − | 1 | − | − | − | − | (20) |
| x | x | x | x | x | − | − | − | 3 | − | − | − | − | (21) |
| x | x | x | x | x | − | 40 | − | 2 | − | − | − | − | (22) |
| x | x | x | x | x | − | − | − | 7 | − | − | − | − | (23) |
| x | x | x | x | x | − | − | − | 234 | − | − | − | − | (24) |
| x | x | x | x | x | − | − | − | 2 | − | − | − | − | (25) |
| x | x | x | x | x | − | − | − | 4 | − | − | − | − | (26) |
| x | x | x | x | x | 1,942 | − | − | 5 | − | − | − | − | (27) |
| x | x | x | x | x | 1,452 | 91 | − | 203 | − | 39 | − | − | (28) |
| x | x | x | x | x | 88 | − | − | 1,256 | − | − | − | − | (29) |
| x | x | x | x | x | − | − | − | 3 | − | − | − | − | (30) |
| x | x | x | x | x | − | − | − | 3 | − | − | − | − | (31) |
| x | x | x | x | x | − | − | − | 8 | − | − | − | − | (32) |
| x | x | x | x | x | − | − | − | 5 | − | − | − | − | (33) |
| x | x | x | x | x | 508 | − | − | 18 | − | − | − | − | (34) |
| x | x | x | x | x | 921 | 225 | − | 401 | − | − | − | − | (35) |
| x | x | x | x | x | 284 | 10 | − | 15 | − | − | − | − | (36) |
| x | x | x | x | x | − | − | − | 2 | − | − | − | − | (37) |
| x | x | x | x | x | 477 | − | − | 3 | − | − | − | − | (38) |
| x | x | x | x | x | − | − | − | 31 | − | − | − | − | (39) |
| x | x | x | x | x | − | − | − | 4 | − | − | − | − | (40) |
| x | x | x | x | x | − | 411 | 30 | 1,941 | 80 | 205 | 6 | − | (41) |
| x | x | x | x | x | 964 | − | 50 | 25 | − | − | − | − | (42) |
| x | x | x | x | x | 516 | 92 | − | 432 | − | 15 | − | − | (43) |
| x | x | x | x | x | 542 | 102 | − | − | − | 13 | − | − | (44) |
| x | x | x | x | x | 186 | 48 | 4 | 170 | − | − | − | − | (45) |
| x | x | x | x | x | 156 | − | − | 15 | − | − | 16 | − | (46) |
| x | x | x | x | x | 307 | 136 | − | 755 | − | 1,395 | − | − | (47) |
| x | x | x | x | x | 84 | 4 | − | 80 | − | 14 | − | − | (48) |

## 14 飲用牛乳等入出荷量（都道府県別）（月別）（続き）

（12） 11月分

| 入荷＼出荷 | 全国 | 北海道 | 青森 | 岩手 | 宮城 | 秋田 | 山形 | 福島 | 茨城 | 栃木 | 群馬 |
|---|---|---|---|---|---|---|---|---|---|---|---|
| **全国 (1)** | **144,610** | **31,369** | **x** | **4,147** | **2,213** | **x** | **311** | **1,073** | **12,445** | **9,645** | **8,451** |
| 北海道 (2) | **66** | － | x | － | 12 | x | － | － | － | － | － |
| 青森 (3) | **787** | 328 | x | 355 | － | x | － | － | － | － | － |
| 岩手 (4) | **467** | 291 | x | － | 51 | x | － | 6 | － | － | － |
| 宮城 (5) | **2,880** | 533 | x | 579 | － | x | 181 | 21 | 111 | 207 | 976 |
| 秋田 (6) | **845** | 347 | x | 395 | 22 | x | 23 | － | － | － | － |
| 山形 (7) | **217** | 11 | x | 8 | 136 | x | － | － | － | 19 | － |
| 福島 (8) | **447** | 30 | x | － | 204 | x | 58 | － | 22 | 66 | 3 |
| 茨城 (9) | **7,468** | 1,797 | x | 18 | 252 | x | － | － | － | 2,380 | 1,207 |
| 栃木 (10) | **1,115** | 103 | x | 20 | 15 | x | － | 4 | 755 | － | 92 |
| 群馬 (11) | **3,531** | 214 | x | 39 | － | x | 47 | － | 145 | 640 | － |
| 埼玉 (12) | **22,583** | 5,599 | x | 1,110 | 954 | x | － | 7 | 4,781 | 3,483 | 1,650 |
| 千葉 (13) | **5,347** | 2,014 | x | 1 | － | x | － | － | 1,873 | 83 | 22 |
| 東京 (14) | **24,857** | 6,286 | x | 91 | 475 | x | － | 1,035 | 2,488 | 184 | 3,221 |
| 神奈川 (15) | **11,693** | 3,138 | x | 1,521 | － | x | － | － | 2,110 | 1,182 | 1,054 |
| 新潟 (16) | **1,224** | 523 | x | － | 92 | x | 2 | － | 8 | － | 52 |
| 富山 (17) | **978** | 107 | x | － | － | x | － | － | － | － | － |
| 石川 (18) | **523** | 97 | x | － | － | x | － | － | － | － | － |
| 福井 (19) | **1,635** | 46 | x | － | － | x | － | － | － | － | － |
| 山梨 (20) | **1,158** | － | x | － | － | x | － | － | － | 15 | 2 |
| 長野 (21) | **415** | 4 | x | － | － | x | － | － | － | 17 | 62 |
| 岐阜 (22) | **537** | 27 | x | － | － | x | － | － | － | － | 97 |
| 静岡 (23) | **2,742** | 48 | x | 10 | － | x | － | － | 152 | 407 | 9 |
| 愛知 (24) | **8,701** | 1,133 | x | － | － | x | － | － | － | 849 | 1 |
| 三重 (25) | **491** | 7 | x | － | － | x | － | － | － | － | － |
| 滋賀 (26) | **159** | 26 | x | － | － | x | － | － | － | － | － |
| 京都 (27) | **4,735** | 61 | x | － | － | x | － | － | － | － | － |
| 大阪 (28) | **17,847** | 8,376 | x | － | － | x | － | － | － | － | 3 |
| 兵庫 (29) | **3,044** | 159 | x | － | － | x | － | － | － | 113 | － |
| 奈良 (30) | **894** | － | x | － | － | x | － | － | － | － | － |
| 和歌山 (31) | **549** | 2 | x | － | － | x | － | － | － | － | － |
| 鳥取 (32) | **129** | － | x | － | － | x | － | － | － | － | － |
| 島根 (33) | **109** | － | x | － | － | x | － | － | － | － | － |
| 岡山 (34) | **2,369** | 50 | x | － | － | x | － | － | － | － | － |
| 広島 (35) | **2,229** | － | x | － | － | x | － | － | － | － | － |
| 山口 (36) | **344** | 2 | x | － | － | x | － | － | － | － | － |
| 徳島 (37) | **460** | － | x | － | － | x | － | － | － | － | － |
| 香川 (38) | **858** | － | x | － | － | x | － | － | － | － | － |
| 愛媛 (39) | **356** | － | x | － | － | x | － | － | － | － | － |
| 高知 (40) | **258** | － | x | － | － | x | － | － | － | － | － |
| 福岡 (41) | **3,556** | 6 | x | － | － | x | － | － | － | － | － |
| 佐賀 (42) | **791** | － | x | － | － | x | － | － | － | － | － |
| 長崎 (43) | **1,053** | － | x | － | － | x | － | － | － | － | － |
| 熊本 (44) | **845** | － | x | － | － | x | － | － | － | － | － |
| 大分 (45) | **440** | － | x | － | － | x | － | － | － | － | － |
| 宮崎 (46) | **199** | － | x | － | － | x | － | － | － | － | － |
| 鹿児島 (47) | **2,497** | － | x | － | － | x | － | － | － | － | － |
| 沖縄 (48) | **182** | 4 | x | － | － | x | － | － | － | － | － |

単位：kl

| 埼玉 | 千葉 | 東京 | 神奈川 | 新潟 | 富山 | 石川 | 福井 | 山梨 | 長野 | 岐阜 | 静岡 | |
|---|---|---|---|---|---|---|---|---|---|---|---|---|
| **4,995** | **7,398** | **3,226** | **6,617** | **762** | **x** | **997** | **x** | **-** | **4,074** | **4,460** | **2,562** | (1) |
| - | 28 | - | - | - | x | - | x | - | - | - | - | (2) |
| - | 2 | - | - | - | x | - | x | - | - | - | - | (3) |
| - | - | 1 | - | 56 | x | - | x | - | - | - | - | (4) |
| - | 14 | 45 | - | 170 | x | - | x | - | - | - | - | (5) |
| - | - | 9 | - | 37 | x | - | x | - | - | - | - | (6) |
| - | - | - | - | 41 | x | - | x | - | - | - | - | (7) |
| - | 3 | 33 | - | 21 | x | - | x | - | - | - | - | (8) |
| 253 | 1,188 | 138 | 180 | 3 | x | - | x | - | - | - | - | (9) |
| - | 3 | 99 | - | - | x | - | x | - | - | - | - | (10) |
| 1,543 | 352 | 177 | 13 | 251 | x | - | x | - | 43 | - | - | (11) |
| - | 1,337 | 756 | 2,408 | - | x | - | x | - | 134 | - | - | (12) |
| - | - | 566 | 659 | 55 | x | - | x | - | - | 5 | - | (13) |
| 2,661 | 3,937 | - | 1,711 | - | x | - | x | - | 1,174 | 22 | 102 | (14) |
| - | 415 | 778 | - | - | x | - | x | - | 1,102 | 11 | 31 | (15) |
| - | 92 | 57 | 67 | - | x | - | x | - | 319 | - | - | (16) |
| - | - | - | - | 66 | x | 629 | x | - | 136 | 30 | - | (17) |
| - | - | - | - | - | x | - | x | - | - | 14 | - | (18) |
| - | - | - | - | - | x | 283 | x | - | - | 6 | - | (19) |
| 172 | 12 | 106 | 64 | - | x | - | x | - | 525 | - | 243 | (20) |
| 150 | - | 109 | - | 50 | x | - | x | - | - | - | - | (21) |
| - | - | - | - | - | x | - | x | - | - | - | - | (22) |
| - | 2 | 57 | 1,459 | - | x | - | x | - | 145 | 10 | - | (23) |
| - | - | 293 | 32 | 12 | x | 25 | x | - | 387 | 2,272 | 1,390 | (24) |
| - | - | - | - | - | x | - | x | - | - | 210 | 10 | (25) |
| - | - | - | - | - | x | - | x | - | - | 21 | - | (26) |
| - | 2 | - | - | - | x | - | x | - | - | 201 | 525 | (27) |
| 216 | 3 | - | 15 | - | x | 57 | x | - | 109 | 1,621 | 261 | (28) |
| - | 4 | 2 | 9 | - | x | 3 | x | - | - | 24 | - | (29) |
| - | - | - | - | - | x | - | x | - | - | 5 | - | (30) |
| - | - | - | - | - | x | - | x | - | - | 8 | - | (31) |
| - | - | - | - | - | x | - | x | - | - | - | - | (32) |
| - | - | - | - | - | x | - | x | - | - | - | - | (33) |
| - | 2 | - | - | - | x | - | x | - | - | - | - | (34) |
| - | 2 | - | - | - | x | - | x | - | - | - | - | (35) |
| - | - | - | - | - | x | - | x | - | - | - | - | (36) |
| - | - | - | - | - | x | - | x | - | - | - | - | (37) |
| - | - | - | - | - | x | - | x | - | - | - | - | (38) |
| - | - | - | - | - | x | - | x | - | - | - | - | (39) |
| - | - | - | - | - | x | - | x | - | - | - | - | (40) |
| - | - | - | - | - | x | - | x | - | - | - | - | (41) |
| - | - | - | - | - | x | - | x | - | - | - | - | (42) |
| - | - | - | - | - | x | - | x | - | - | - | - | (43) |
| - | - | - | - | - | x | - | x | - | - | - | - | (44) |
| - | - | - | - | - | x | - | x | - | - | - | - | (45) |
| - | - | - | - | - | x | - | x | - | - | - | - | (46) |
| - | - | - | - | - | x | - | x | - | - | - | - | (47) |
| - | - | - | - | - | x | - | x | - | - | - | - | (48) |

## 14　飲用牛乳等入出荷量（都道府県別）（月別）（続き）

(12)　11月分（続き）

| 入荷＼出荷 | 愛知 | 三重 | 滋賀 | 京都 | 大阪 | 兵庫 | 奈良 | 和歌山 | 鳥取 | 島根 | 岡山 | 広島 |
|---|---|---|---|---|---|---|---|---|---|---|---|---|
| **全国 (1)** | **4,224** | **677** | **961** | **2,750** | **1,946** | **4,092** | **x** | **x** | **x** | **292** | **1,848** | **860** |
| 北海道 (2) | 25 | - | - | - | - | - | x | x | x | - | - | - |
| 青森 (3) | - | - | - | - | - | - | x | x | x | - | - | - |
| 岩手 (4) | 10 | - | - | - | - | - | x | x | x | - | - | - |
| 宮城 (5) | 41 | - | - | - | - | - | x | x | x | - | - | - |
| 秋田 (6) | - | - | - | - | - | - | x | x | x | - | - | - |
| 山形 (7) | - | - | - | - | - | - | x | x | x | - | - | - |
| 福島 (8) | 5 | - | - | - | - | - | x | x | x | - | - | - |
| 茨城 (9) | 50 | - | - | - | - | - | x | x | x | - | - | - |
| 栃木 (10) | 22 | - | - | - | - | - | x | x | x | - | - | - |
| 群馬 (11) | 23 | - | - | - | - | - | x | x | x | - | 42 | - |
| 埼玉 (12) | 136 | - | - | - | - | - | x | x | x | - | 150 | - |
| 千葉 (13) | 52 | - | - | - | - | - | x | x | x | - | - | - |
| 東京 (14) | 372 | 26 | - | - | - | 22 | x | x | x | 24 | 4 | - |
| 神奈川 (15) | 99 | 20 | - | - | - | - | x | x | x | - | 196 | - |
| 新潟 (16) | 10 | - | - | - | - | - | x | x | x | - | - | - |
| 富山 (17) | 9 | - | - | - | - | - | x | x | x | - | - | - |
| 石川 (18) | 340 | - | 1 | 6 | 14 | 15 | x | x | x | - | 21 | - |
| 福井 (19) | 622 | - | 374 | - | 31 | 269 | x | x | x | - | - | - |
| 山梨 (20) | 18 | - | - | - | - | - | x | x | x | - | - | - |
| 長野 (21) | 21 | - | - | - | - | - | x | x | x | - | - | - |
| 岐阜 (22) | 336 | - | - | 2 | - | - | x | x | x | 45 | - | - |
| 静岡 (23) | 431 | - | - | 3 | - | - | x | x | x | - | - | - |
| 愛知 (24) | - | 23 | 61 | 503 | 262 | 1,125 | x | x | x | - | 106 | - |
| 三重 (25) | 144 | - | 44 | 58 | 16 | - | x | x | x | - | - | - |
| 滋賀 (26) | 19 | - | - | 2 | 74 | 15 | x | x | x | - | - | - |
| 京都 (27) | 180 | - | 85 | - | 77 | 612 | x | x | x | 8 | 30 | - |
| 大阪 (28) | 824 | 416 | 396 | 1,311 | - | 705 | x | x | x | 98 | 1,020 | - |
| 兵庫 (29) | 172 | - | - | 528 | 413 | - | x | x | x | 27 | 40 | - |
| 奈良 (30) | 9 | 192 | - | 206 | 477 | 3 | x | x | x | - | - | - |
| 和歌山 (31) | 14 | - | - | 66 | 339 | 116 | x | x | x | - | - | - |
| 鳥取 (32) | - | - | - | - | - | - | x | x | x | 27 | 8 | 85 |
| 島根 (33) | - | - | - | - | - | - | x | x | x | - | - | 11 |
| 岡山 (34) | 33 | - | - | 10 | 30 | 400 | x | x | x | 16 | - | 550 |
| 広島 (35) | 36 | - | - | 55 | 36 | 298 | x | x | x | 20 | 94 | - |
| 山口 (36) | 10 | - | - | - | - | - | x | x | x | 4 | - | 212 |
| 徳島 (37) | - | - | - | - | 133 | 129 | x | x | x | - | - | - |
| 香川 (38) | 19 | - | - | - | 20 | 324 | x | x | x | - | 10 | 1 |
| 愛媛 (39) | 13 | - | - | - | - | - | x | x | x | 4 | 21 | 1 |
| 高知 (40) | 4 | - | - | - | - | - | x | x | x | - | - | - |
| 福岡 (41) | 68 | - | - | - | 24 | 34 | x | x | x | 19 | 106 | - |
| 佐賀 (42) | 6 | - | - | - | - | - | x | x | x | - | - | - |
| 長崎 (43) | 12 | - | - | - | - | - | x | x | x | - | - | - |
| 熊本 (44) | 15 | - | - | - | - | 14 | x | x | x | - | - | - |
| 大分 (45) | 5 | - | - | - | - | - | x | x | x | - | - | - |
| 宮崎 (46) | - | - | - | - | - | - | x | x | x | - | - | - |
| 鹿児島 (47) | 19 | - | - | - | - | 11 | x | x | x | - | - | - |
| 沖縄 (48) | - | - | - | - | - | - | x | x | x | - | - | - |

単位：kl

| 山口 | 徳島 | 香川 | 愛媛 | 高知 | 福岡 | 佐賀 | 長崎 | 熊本 | 大分 | 宮崎 | 鹿児島 | 沖縄 | |
|---|---|---|---|---|---|---|---|---|---|---|---|---|---|
| **x** | **x** | **x** | **x** | **x** | **7, 547** | **1, 109** | **212** | **6, 517** | **80** | **1, 590** | **22** | **-** | (1) |
| x | x | x | x | x | - | - | - | 1 | - | - | - | - | (2) |
| x | x | x | x | x | - | - | - | - | - | - | - | - | (3) |
| x | x | x | x | x | - | - | - | 1 | - | - | - | - | (4) |
| x | x | x | x | x | - | - | - | 2 | - | - | - | - | (5) |
| x | x | x | x | x | - | - | - | - | - | - | - | - | (6) |
| x | x | x | x | x | - | - | - | 2 | - | - | - | - | (7) |
| x | x | x | x | x | - | - | - | 2 | - | - | - | - | (8) |
| x | x | x | x | x | - | - | - | 2 | - | - | - | - | (9) |
| x | x | x | x | x | - | - | - | 2 | - | - | - | - | (10) |
| x | x | x | x | x | - | - | - | 2 | - | - | - | - | (11) |
| x | x | x | x | x | - | 33 | - | 45 | - | - | - | - | (12) |
| x | x | x | x | x | - | - | - | 17 | - | - | - | - | (13) |
| x | x | x | x | x | - | - | - | 1, 012 | - | 10 | - | - | (14) |
| x | x | x | x | x | - | - | - | 36 | - | - | - | - | (15) |
| x | x | x | x | x | - | - | - | 2 | - | - | - | - | (16) |
| x | x | x | x | x | - | - | - | 1 | - | - | - | - | (17) |
| x | x | x | x | x | - | - | - | 3 | - | - | - | - | (18) |
| x | x | x | x | x | - | - | - | 1 | - | - | - | - | (19) |
| x | x | x | x | x | - | - | - | 1 | - | - | - | - | (20) |
| x | x | x | x | x | - | - | - | 2 | - | - | - | - | (21) |
| x | x | x | x | x | - | 28 | - | 2 | - | - | - | - | (22) |
| x | x | x | x | x | - | - | - | 9 | - | - | - | - | (23) |
| x | x | x | x | x | - | - | - | 227 | - | - | - | - | (24) |
| x | x | x | x | x | - | - | - | 2 | - | - | - | - | (25) |
| x | x | x | x | x | - | - | - | 2 | - | - | - | - | (26) |
| x | x | x | x | x | 1, 844 | - | - | 7 | - | - | - | - | (27) |
| x | x | x | x | x | 1, 292 | 84 | - | 201 | - | 37 | - | - | (28) |
| x | x | x | x | x | 75 | - | - | 1, 245 | - | - | - | - | (29) |
| x | x | x | x | x | - | - | - | 2 | - | - | - | - | (30) |
| x | x | x | x | x | - | - | - | 4 | - | - | - | - | (31) |
| x | x | x | x | x | - | - | - | 9 | - | - | - | - | (32) |
| x | x | x | x | x | - | - | - | 6 | - | - | - | - | (33) |
| x | x | x | x | x | 453 | - | - | 17 | - | - | - | - | (34) |
| x | x | x | x | x | 818 | 203 | - | 389 | - | - | - | - | (35) |
| x | x | x | x | x | 92 | 9 | - | 15 | - | - | - | - | (36) |
| x | x | x | x | x | - | - | - | 1 | - | - | - | - | (37) |
| x | x | x | x | x | 481 | - | - | 3 | - | - | - | - | (38) |
| x | x | x | x | x | - | - | - | 29 | - | - | - | - | (39) |
| x | x | x | x | x | - | - | - | 4 | - | - | - | - | (40) |
| x | x | x | x | x | - | 394 | 120 | 1, 819 | 80 | 195 | 6 | - | (41) |
| x | x | x | x | x | 654 | - | 87 | 27 | - | - | - | - | (42) |
| x | x | x | x | x | 495 | 89 | - | 407 | - | 15 | - | - | (43) |
| x | x | x | x | x | 641 | 94 | - | - | - | 12 | - | - | (44) |
| x | x | x | x | x | 180 | 47 | 5 | 168 | - | - | - | - | (45) |
| x | x | x | x | x | 151 | - | - | 15 | - | - | 16 | - | (46) |
| x | x | x | x | x | 289 | 126 | - | 691 | - | 1, 309 | - | - | (47) |
| x | x | x | x | x | 82 | 2 | - | 82 | - | 12 | - | - | (48) |

## 14　飲用牛乳等入出荷量（都道府県別）（月別）（続き）

### (13)　12月分

| 入荷 ＼ 出荷 | 全　国 | 北海道 | 青　森 | 岩　手 | 宮　城 | 秋　田 | 山　形 | 福　島 | 茨　城 | 栃　木 | 群　馬 |
|---|---|---|---|---|---|---|---|---|---|---|---|
| **全　　国 (1)** | **142,643** | **31,213** | **x** | **4,024** | **1,989** | **x** | **266** | **836** | **12,169** | **9,835** | **8,105** |
| 北　海　道 (2) | **67** | - | x | - | 12 | x | - | - | - | - | - |
| 青　　森 (3) | **787** | 331 | x | 348 | - | x | - | - | - | - | - |
| 岩　　手 (4) | **489** | 300 | x | - | 50 | x | - | 7 | - | - | - |
| 宮　　城 (5) | **2,799** | 532 | x | 467 | - | x | 178 | 21 | 111 | 285 | 935 |
| 秋　　田 (6) | **861** | 355 | x | 396 | 24 | x | 25 | - | - | - | - |
| 山　　形 (7) | **208** | 11 | x | 6 | 127 | x | - | - | - | 19 | - |
| 福　　島 (8) | **426** | 31 | x | - | 199 | x | 55 | - | 23 | 63 | 3 |
| 茨　　城 (9) | **7,248** | 2,095 | x | 1 | 221 | x | - | - | - | 2,165 | 1,134 |
| 栃　　木 (10) | **1,064** | 88 | x | 19 | 15 | x | - | 3 | 725 | - | 93 |
| 群　　馬 (11) | **3,154** | 219 | x | 14 | 1 | x | 7 | - | 142 | 669 | - |
| 埼　　玉 (12) | **21,888** | 5,332 | x | 1,139 | 804 | x | - | 7 | 4,547 | 3,570 | 1,567 |
| 千　　葉 (13) | **5,340** | 1,800 | x | 1 | - | x | - | - | 1,920 | 82 | 33 |
| 東　　京 (14) | **24,414** | 6,030 | x | 87 | 459 | x | - | 798 | 2,406 | 187 | 3,030 |
| 神　奈　川 (15) | **12,183** | 3,469 | x | 1,536 | - | x | - | - | 2,141 | 1,289 | 1,100 |
| 新　　潟 (16) | **1,181** | 493 | x | - | 77 | x | 1 | - | 8 | - | 45 |
| 富　　山 (17) | **1,017** | 66 | x | - | - | x | - | - | - | - | - |
| 石　　川 (18) | **553** | 101 | x | - | - | x | - | - | - | - | - |
| 福　　井 (19) | **1,651** | 48 | x | - | - | x | - | - | - | - | - |
| 山　　梨 (20) | **1,137** | - | x | - | - | x | - | - | - | 15 | 2 |
| 長　　野 (21) | **432** | 26 | x | - | - | x | - | - | - | 17 | 60 |
| 岐　　阜 (22) | **502** | 25 | x | - | - | x | - | - | - | - | 92 |
| 静　　岡 (23) | **2,419** | 78 | x | 10 | - | x | - | - | 146 | 413 | 6 |
| 愛　　知 (24) | **8,694** | 1,159 | x | - | - | x | - | - | - | 951 | 1 |
| 三　　重 (25) | **457** | 8 | x | - | - | x | - | - | - | - | - |
| 滋　　賀 (26) | **168** | 30 | x | - | - | x | - | - | - | - | - |
| 京　　都 (27) | **4,714** | 173 | x | - | - | x | - | - | - | - | - |
| 大　　阪 (28) | **17,595** | 8,125 | x | - | - | x | - | - | - | - | 4 |
| 兵　　庫 (29) | **3,052** | 184 | x | - | - | x | - | - | - | 110 | - |
| 奈　　良 (30) | **886** | - | x | - | - | x | - | - | - | - | - |
| 和　歌　山 (31) | **543** | 3 | x | - | - | x | - | - | - | - | - |
| 鳥　　取 (32) | **126** | - | x | - | - | x | - | - | - | - | - |
| 島　　根 (33) | **111** | - | x | - | - | x | - | - | - | - | - |
| 岡　　山 (34) | **2,453** | 46 | x | - | - | x | - | - | - | - | - |
| 広　　島 (35) | **2,312** | - | x | - | - | x | - | - | - | - | - |
| 山　　口 (36) | **333** | 3 | x | - | - | x | - | - | - | - | - |
| 徳　　島 (37) | **441** | - | x | - | - | x | - | - | - | - | - |
| 香　　川 (38) | **843** | - | x | - | - | x | - | - | - | - | - |
| 愛　　媛 (39) | **323** | - | x | - | - | x | - | - | - | - | - |
| 高　　知 (40) | **232** | - | x | - | - | x | - | - | - | - | - |
| 福　　岡 (41) | **3,655** | 47 | x | - | - | x | - | - | - | - | - |
| 佐　　賀 (42) | **775** | - | x | - | - | x | - | - | - | - | - |
| 長　　崎 (43) | **1,031** | - | x | - | - | x | - | - | - | - | - |
| 熊　　本 (44) | **918** | - | x | - | - | x | - | - | - | - | - |
| 大　　分 (45) | **425** | - | x | - | - | x | - | - | - | - | - |
| 宮　　崎 (46) | **186** | - | x | - | - | x | - | - | - | - | - |
| 鹿　児　島 (47) | **2,401** | - | x | - | - | x | - | - | - | - | - |
| 沖　　縄 (48) | **149** | 5 | x | - | - | x | - | - | - | - | - |

単位：kl

| 埼 玉 | 千 葉 | 東 京 | 神奈川 | 新 潟 | 富 山 | 石 川 | 福 井 | 山 梨 | 長 野 | 岐 阜 | 静 岡 | |
|---|---|---|---|---|---|---|---|---|---|---|---|---|
| **4, 769** | **7, 150** | **3, 200** | **6, 473** | **895** | **x** | **903** | **x** | **–** | **4, 385** | **4, 163** | **2, 577** | (1) |
| – | 27 | – | – | – | x | – | x | – | – | – | – | (2) |
| – | 2 | – | – | – | x | – | x | – | – | – | – | (3) |
| – | – | 1 | – | 68 | x | – | x | – | – | – | – | (4) |
| – | 14 | 30 | 2 | 185 | x | – | x | – | – | – | – | (5) |
| – | – | 8 | – | 41 | x | – | x | – | – | – | – | (6) |
| – | – | – | – | 43 | x | – | x | – | – | – | – | (7) |
| – | 3 | 22 | – | 22 | x | – | x | – | – | – | – | (8) |
| 243 | 988 | 171 | 179 | 3 | x | – | x | – | – | – | – | (9) |
| – | 3 | 97 | – | – | x | – | x | – | – | – | – | (10) |
| 1, 199 | 347 | 163 | 13 | 274 | x | – | x | – | 42 | – | – | (11) |
| – | 1, 305 | 675 | 2, 435 | – | x | – | x | – | 128 | – | – | (12) |
| – | – | 696 | 685 | 64 | x | – | x | – | – | 5 | – | (13) |
| 2, 816 | 3, 938 | – | 1, 778 | – | x | – | x | – | 1, 367 | 21 | 105 | (14) |
| – | 405 | 732 | – | – | x | – | x | – | 1, 121 | 11 | 31 | (15) |
| – | 91 | 57 | 70 | – | x | – | x | – | 327 | – | – | (16) |
| – | – | – | – | 127 | x | 563 | x | – | 221 | 31 | – | (17) |
| – | – | – | – | – | x | – | x | – | – | 15 | – | (18) |
| – | – | – | – | – | x | 278 | x | – | – | 6 | – | (19) |
| 160 | 12 | 91 | 60 | – | x | – | x | – | 536 | – | 244 | (20) |
| 140 | – | 112 | – | 55 | x | – | x | – | – | – | – | (21) |
| – | – | – | – | – | x | – | x | – | – | – | – | (22) |
| – | 2 | 50 | 1, 126 | – | x | – | x | – | 154 | 9 | – | (23) |
| – | – | 288 | 16 | 13 | x | 4 | x | – | 382 | 2, 170 | 1, 487 | (24) |
| – | – | – | – | – | x | – | x | – | – | 191 | 10 | (25) |
| – | – | – | – | – | x | – | x | – | – | 17 | – | (26) |
| – | 2 | – | – | – | x | – | x | – | – | 178 | 476 | (27) |
| 211 | 3 | – | 59 | – | x | 55 | x | – | 107 | 1, 474 | 224 | (28) |
| – | 4 | 7 | 50 | – | x | 3 | x | – | – | 22 | – | (29) |
| – | – | – | – | – | x | – | x | – | – | 5 | – | (30) |
| – | – | – | – | – | x | – | x | – | – | 8 | – | (31) |
| – | – | – | – | – | x | – | x | – | – | – | – | (32) |
| – | – | – | – | – | x | – | x | – | – | – | – | (33) |
| – | 2 | – | – | – | x | – | x | – | – | – | – | (34) |
| – | 2 | – | – | – | x | – | x | – | – | – | – | (35) |
| – | – | – | – | – | x | – | x | – | – | – | – | (36) |
| – | – | – | – | – | x | – | x | – | – | – | – | (37) |
| – | – | – | – | – | x | – | x | – | – | – | – | (38) |
| – | – | – | – | – | x | – | x | – | – | – | – | (39) |
| – | – | – | – | – | x | – | x | – | – | – | – | (40) |
| – | – | – | – | – | x | – | x | – | – | – | – | (41) |
| – | – | – | – | – | x | – | x | – | – | – | – | (42) |
| – | – | – | – | – | x | – | x | – | – | – | – | (43) |
| – | – | – | – | – | x | – | x | – | – | – | – | (44) |
| – | – | – | – | – | x | – | x | – | – | – | – | (45) |
| – | – | – | – | – | x | – | x | – | – | – | – | (46) |
| – | – | – | – | – | x | – | x | – | – | – | – | (47) |
| – | – | – | – | – | x | – | x | – | – | – | – | (48) |

# 14 飲用牛乳等入出荷量（都道府県別）（月別）（続き）

（13） 12月分（続き）

| 入荷＼出荷 | 愛 知 | 三 重 | 滋 賀 | 京 都 | 大 阪 | 兵 庫 | 奈 良 | 和歌山 | 鳥 取 | 島 根 | 岡 山 | 広 島 |
|---|---|---|---|---|---|---|---|---|---|---|---|---|
| **全 国 (1)** | **4,268** | **689** | **909** | **2,648** | **1,904** | **4,166** | **x** | **x** | **x** | **295** | **1,917** | **834** |
| 北 海 道 (2) | 27 | － | － | － | － | － | x | x | x | － | － | － |
| 青 森 (3) | － | － | － | － | － | － | x | x | x | － | － | － |
| 岩 手 (4) | 9 | － | － | － | － | － | x | x | x | － | － | － |
| 宮 城 (5) | 38 | － | － | － | － | － | x | x | x | － | － | － |
| 秋 田 (6) | － | － | － | － | － | － | x | x | x | － | － | － |
| 山 形 (7) | － | － | － | － | － | － | x | x | x | － | － | － |
| 福 島 (8) | 4 | － | － | － | － | － | x | x | x | － | － | － |
| 茨 城 (9) | 47 | － | － | － | － | － | x | x | x | － | － | － |
| 栃 木 (10) | 20 | － | － | － | － | － | x | x | x | － | － | － |
| 群 馬 (11) | 19 | － | － | － | － | － | x | x | x | － | 44 | － |
| 埼 玉 (12) | 158 | － | － | － | － | － | x | x | x | － | 156 | － |
| 千 葉 (13) | 46 | － | － | － | － | － | x | x | x | － | － | － |
| 東 京 (14) | 375 | 29 | － | － | － | － | x | x | x | 24 | 4 | － |
| 神 奈 川 (15) | 100 | 21 | － | － | － | － | x | x | x | － | 204 | － |
| 新 潟 (16) | 10 | － | － | 1 | － | － | x | x | x | － | － | － |
| 富 山 (17) | 8 | － | － | － | － | － | x | x | x | － | － | － |
| 石 川 (18) | 366 | － | 1 | 5 | 14 | 15 | x | x | x | － | 22 | － |
| 福 井 (19) | 649 | － | 346 | － | 29 | 290 | x | x | x | － | － | － |
| 山 梨 (20) | 16 | － | － | － | － | － | x | x | x | － | － | － |
| 長 野 (21) | 20 | － | － | － | － | － | x | x | x | － | － | － |
| 岐 阜 (22) | 305 | － | － | 2 | － | － | x | x | x | 46 | － | － |
| 静 岡 (23) | 415 | － | － | 3 | － | － | x | x | x | － | － | － |
| 愛 知 (24) | － | 22 | 58 | 476 | 262 | 1,139 | x | x | x | － | 110 | － |
| 三 重 (25) | 130 | － | 40 | 59 | 17 | － | x | x | x | － | － | － |
| 滋 賀 (26) | 18 | － | － | 15 | 69 | 16 | x | x | x | － | － | － |
| 京 都 (27) | 189 | － | 79 | － | 76 | 626 | x | x | x | 8 | 33 | － |
| 大 阪 (28) | 852 | 418 | 385 | 1,298 | － | 730 | x | x | x | 99 | 1,055 | － |
| 兵 庫 (29) | 181 | － | － | 448 | 407 | － | x | x | x | 27 | 42 | － |
| 奈 良 (30) | 9 | 199 | － | 208 | 460 | 3 | x | x | x | － | － | － |
| 和 歌 山 (31) | 13 | － | － | 66 | 327 | 123 | x | x | x | － | － | － |
| 鳥 取 (32) | － | － | － | － | － | － | x | x | x | 28 | 9 | 83 |
| 島 根 (33) | － | － | － | － | － | － | x | x | x | － | － | 11 |
| 岡 山 (34) | 40 | － | － | 14 | 31 | 407 | x | x | x | 16 | － | 529 |
| 広 島 (35) | 33 | － | － | 53 | 36 | 313 | x | x | x | 20 | 95 | － |
| 山 口 (36) | 9 | － | － | － | － | － | x | x | x | 4 | － | 209 |
| 徳 島 (37) | － | － | － | － | 133 | 129 | x | x | x | － | － | － |
| 香 川 (38) | 21 | － | － | － | 18 | 312 | x | x | x | － | 11 | 1 |
| 愛 媛 (39) | 12 | － | － | － | － | － | x | x | x | 4 | 22 | 1 |
| 高 知 (40) | 3 | － | － | － | － | － | x | x | x | － | － | － |
| 福 岡 (41) | 71 | － | － | － | 25 | 39 | x | x | x | 19 | 110 | － |
| 佐 賀 (42) | 5 | － | － | － | － | － | x | x | x | － | － | － |
| 長 崎 (43) | 11 | － | － | － | － | － | x | x | x | － | － | － |
| 熊 本 (44) | 16 | － | － | － | － | 13 | x | x | x | － | － | － |
| 大 分 (45) | 5 | － | － | － | － | － | x | x | x | － | － | － |
| 宮 崎 (46) | － | － | － | － | － | － | x | x | x | － | － | － |
| 鹿 児 島 (47) | 18 | － | － | － | － | 11 | x | x | x | － | － | － |
| 沖 縄 (48) | － | － | － | － | － | － | x | x | x | － | － | － |

単位：kl

| 山　口 | 徳　島 | 香　川 | 愛　媛 | 高　知 | 福　岡 | 佐　賀 | 長　崎 | 熊　本 | 大　分 | 宮　崎 | 鹿児島 | 沖　縄 | |
|---|---|---|---|---|---|---|---|---|---|---|---|---|---|
| **x** | **x** | **x** | **x** | **x** | **7, 581** | **1, 116** | **207** | **6, 152** | **74** | **1, 556** | **23** | **-** | (1) |
| x | x | x | x | x | - | - | - | 1 | - | - | - | - | (2) |
| x | x | x | x | x | - | - | - | - | - | - | - | - | (3) |
| x | x | x | x | x | - | - | - | 1 | - | - | - | - | (4) |
| x | x | x | x | x | - | - | - | 1 | - | - | - | - | (5) |
| x | x | x | x | x | - | - | - | - | - | - | - | - | (6) |
| x | x | x | x | x | - | - | - | 2 | - | - | - | - | (7) |
| x | x | x | x | x | - | - | - | 1 | - | - | - | - | (8) |
| x | x | x | x | x | - | - | - | 1 | - | - | - | - | (9) |
| x | x | x | x | x | - | - | - | 1 | - | - | - | - | (10) |
| x | x | x | x | x | - | - | - | 1 | - | - | - | - | (11) |
| x | x | x | x | x | - | 36 | - | 29 | - | - | - | - | (12) |
| x | x | x | x | x | - | - | - | 8 | - | - | - | - | (13) |
| x | x | x | x | x | - | - | - | 950 | - | 10 | - | - | (14) |
| x | x | x | x | x | - | - | - | 23 | - | - | - | - | (15) |
| x | x | x | x | x | - | - | - | 1 | - | - | - | - | (16) |
| x | x | x | x | x | - | - | - | 1 | - | - | - | - | (17) |
| x | x | x | x | x | - | - | - | 2 | - | - | - | - | (18) |
| x | x | x | x | x | - | - | - | 1 | - | - | - | - | (19) |
| x | x | x | x | x | - | - | - | 1 | - | - | - | - | (20) |
| x | x | x | x | x | - | - | - | 2 | - | - | - | - | (21) |
| x | x | x | x | x | - | 31 | - | 1 | - | - | - | - | (22) |
| x | x | x | x | x | - | - | - | 7 | - | - | - | - | (23) |
| x | x | x | x | x | - | - | - | 156 | - | - | - | - | (24) |
| x | x | x | x | x | - | - | - | 2 | - | - | - | - | (25) |
| x | x | x | x | x | - | - | - | 3 | - | - | - | - | (26) |
| x | x | x | x | x | 1, 766 | - | - | 5 | - | - | - | - | (27) |
| x | x | x | x | x | 1, 356 | 81 | - | 184 | - | 57 | - | - | (28) |
| x | x | x | x | x | 75 | - | - | 1, 237 | - | - | - | - | (29) |
| x | x | x | x | x | - | - | - | 2 | - | - | - | - | (30) |
| x | x | x | x | x | - | - | - | 3 | - | - | - | - | (31) |
| x | x | x | x | x | - | - | - | 6 | - | - | - | - | (32) |
| x | x | x | x | x | - | - | - | 4 | - | - | - | - | (33) |
| x | x | x | x | x | 473 | - | - | 13 | - | - | - | - | (34) |
| x | x | x | x | x | 865 | 206 | - | 392 | - | - | - | - | (35) |
| x | x | x | x | x | 90 | 8 | - | 10 | - | - | - | - | (36) |
| x | x | x | x | x | - | - | - | 1 | - | - | - | - | (37) |
| x | x | x | x | x | 477 | - | - | 3 | - | - | - | - | (38) |
| x | x | x | x | x | - | - | - | 19 | - | - | - | - | (39) |
| x | x | x | x | x | - | - | - | 3 | - | - | - | - | (40) |
| x | x | x | x | x | - | 400 | 121 | 1, 780 | 74 | 191 | 6 | - | (41) |
| x | x | x | x | x | 649 | - | 81 | 19 | - | - | - | - | (42) |
| x | x | x | x | x | 479 | 82 | - | 402 | - | 15 | - | - | (43) |
| x | x | x | x | x | 695 | 98 | - | - | - | 12 | - | - | (44) |
| x | x | x | x | x | 171 | 45 | 5 | 157 | - | - | - | - | (45) |
| x | x | x | x | x | 140 | - | - | 8 | - | - | 17 | - | (46) |
| x | x | x | x | x | 274 | 127 | - | 648 | - | 1, 260 | - | - | (47) |
| x | x | x | x | x | 71 | 2 | - | 60 | - | 11 | - | - | (48) |

## 15　乳製品生産量（全国・北海道・都府県）（月別）

| 種　類 | | 単位 | 年計 実数 | 年計 対前年比 | 1月 | 2 | 3 | 4 |
|---|---|---|---|---|---|---|---|---|
| | | | | % | | | | |
| **全国** | | | | | | | | |
| **全粉乳** | (1) | t | 9,067 | 90.7 | 1,113 | 1,036 | 1,303 | 1,071 |
| **脱脂粉乳** | (2) | 〃 | 139,953 | 112.1 | 12,525 | 11,950 | 14,588 | 14,118 |
| **調製粉乳** | (3) | 〃 | 28,232 | 103.3 | 1,976 | 2,428 | 2,541 | 2,262 |
| **ホエイパウダー** | (4) | 〃 | 18,859 | 97.4 | 1,690 | 1,482 | 1,936 | 1,670 |
| **うち、タンパク質含有量25%未満** | (5) | 〃 | 18,818 | 97.3 | 1,686 | 1,477 | 1,932 | 1,668 |
| **タンパク質含有量25%以上45%未満** | (6) | 〃 | 41 | 103.8 | 4 | 4 | 3 | 3 |
| **バター** | (7) | 〃 | 71,520 | 114.5 | 6,526 | 6,040 | 8,000 | 8,472 |
| **クリーム** | (8) | 〃 | 110,125 | 94.7 | 9,542 | 9,286 | 9,368 | 7,541 |
| **チーズ** | (9) | 〃 | 159,796 | 102.4 | 12,058 | 12,513 | 13,900 | 14,323 |
| **うち、直接消費用ナチュラルチーズ** | (10) | 〃 | 25,807 | 103.3 | 1,983 | 1,998 | 2,127 | 1,919 |
| **加糖れん乳** | (11) | 〃 | 30,329 | 88.7 | 3,588 | 2,940 | 3,119 | 3,014 |
| **無糖れん乳** | (12) | 〃 | 388 | 92.7 | 41 | 40 | 53 | 26 |
| **脱脂加糖れん乳** | (13) | 〃 | 3,321 | 86.7 | 338 | 268 | 212 | 232 |
| **アイスクリーム** | (14) | kl | 131,543 | 89.5 | 8,858 | 10,473 | 10,889 | 12,272 |
| 北海道 | | | | | | | | |
| 全粉乳 | (15) | t | 8,098 | 92.0 | 979 | 946 | 1,019 | 854 |
| 脱脂粉乳 | (16) | 〃 | 124,617 | 111.5 | 10,910 | 10,675 | 11,621 | 11,496 |
| 調製粉乳 | (17) | 〃 | － | nc | － | － | － | － |
| ホエイパウダー | (18) | 〃 | 18,859 | 97.4 | 1,690 | 1,482 | 1,936 | 1,670 |
| うち、タンパク質含有量25%未満 | (19) | 〃 | 18,818 | 97.3 | 1,686 | 1,477 | 1,932 | 1,668 |
| タンパク質含有量25%以上45%未満 | (20) | 〃 | 41 | 103.8 | 4 | 4 | 3 | 3 |
| バター | (21) | 〃 | 62,410 | 113.8 | 5,659 | 5,332 | 6,369 | 6,773 |
| クリーム | (22) | 〃 | 100,008 | 94.9 | 8,544 | 8,447 | 8,478 | 6,751 |
| チーズ | (23) | 〃 | 24,361 | 104.4 | 1,914 | 1,922 | 2,009 | 1,859 |
| うち、直接消費用ナチュラルチーズ | (24) | 〃 | 22,958 | 103.5 | 1,787 | 1,810 | 1,885 | 1,736 |
| 加糖れん乳 | (25) | 〃 | 13,408 | 81.3 | 1,601 | 1,393 | 1,287 | 1,215 |
| 無糖れん乳 | (26) | 〃 | － | － | － | － | － | － |
| 脱脂加糖れん乳 | (27) | 〃 | 1,726 | 92.9 | 183 | 106 | 94 | 146 |
| アイスクリーム | (28) | kl | 708 | 96.3 | 47 | 54 | 53 | 56 |
| 都府県 | | | | | | | | |
| 全粉乳 | (29) | t | 968 | 81.1 | 134 | 90 | 284 | 216 |
| 脱脂粉乳 | (30) | 〃 | 15,335 | 116.4 | 1,615 | 1,275 | 2,968 | 2,622 |
| 調製粉乳 | (31) | 〃 | 28,232 | 103.3 | 1,976 | 2,428 | 2,541 | 2,262 |
| ホエイパウダー | (32) | 〃 | － | nc | － | － | － | － |
| うち、タンパク質含有量25%未満 | (33) | 〃 | － | nc | － | － | － | － |
| タンパク質含有量25%以上45%未満 | (34) | 〃 | － | nc | － | － | － | － |
| バター | (35) | 〃 | 9,110 | 119.8 | 867 | 708 | 1,630 | 1,699 |
| クリーム | (36) | 〃 | 10,117 | 92.8 | 998 | 839 | 890 | 790 |
| チーズ | (37) | 〃 | 135,435 | 102.1 | 10,143 | 10,591 | 11,891 | 12,465 |
| うち、直接消費用ナチュラルチーズ | (38) | 〃 | 2,849 | 101.2 | 196 | 188 | 242 | 183 |
| 加糖れん乳 | (39) | 〃 | 16,921 | 95.6 | 1,987 | 1,547 | 1,832 | 1,799 |
| 無糖れん乳 | (40) | 〃 | 388 | 93.7 | 41 | 40 | 53 | 26 |
| 脱脂加糖れん乳 | (41) | 〃 | 1,596 | 80.9 | 155 | 163 | 118 | 86 |
| アイスクリーム | (42) | kl | 130,835 | 89.5 | 8,811 | 10,419 | 10,836 | 12,216 |

注：表示単位未満を四捨五入したため、計と内訳が一致しない場合がある。

| 5 | 6 | 7 | 8 | 9 | 10 | 11 | 12 | |
|---|---|---|---|---|---|---|---|---|
| 819 | 513 | 621 | 687 | 286 | 380 | 474 | 764 | (1) |
| 13, 680 | 10, 197 | 9, 895 | 9, 804 | 8, 267 | 10, 212 | 11, 001 | 13, 715 | (2) |
| 2, 349 | 2, 787 | 2, 799 | 2, 074 | 2, 012 | 2, 538 | 2, 518 | 1, 948 | (3) |
| 1, 994 | 1, 642 | 1, 462 | 1, 427 | 1, 387 | 1, 372 | 1, 277 | 1, 519 | (4) |
| 1, 993 | 1, 639 | 1, 458 | 1, 422 | 1, 383 | 1, 366 | 1, 277 | 1, 517 | (5) |
| 1 | 3 | 4 | 6 | 4 | 6 | - | 2 | (6) |
| 7, 555 | 5, 478 | 5, 029 | 5, 127 | 3, 970 | 4, 652 | 4, 679 | 5, 992 | (7) |
| 8, 566 | 8, 524 | 9, 180 | 8, 604 | 8, 592 | 9, 873 | 10, 388 | 10, 660 | (8) |
| 12, 350 | 13, 868 | 13, 821 | 12, 360 | 13, 389 | 14, 494 | 13, 444 | 13, 276 | (9) |
| 2, 086 | 2, 129 | 2, 174 | 2, 237 | 2, 153 | 2, 303 | 2, 325 | 2, 371 | (10) |
| 2, 484 | 2, 415 | 2, 173 | 1, 865 | 1, 193 | 2, 016 | 2, 533 | 2, 988 | (11) |
| 9 | 9 | 19 | 48 | 37 | 37 | 48 | 22 | (12) |
| 414 | 359 | 335 | 241 | 235 | 225 | 186 | 276 | (13) |
| 8, 891 | 12, 094 | 13, 700 | 11, 298 | 11, 012 | 13, 095 | 11, 045 | 7, 916 | (14) |
| 785 | 507 | 607 | 648 | 286 | 362 | 448 | 658 | (15) |
| 11, 828 | 9, 705 | 9, 254 | 9, 064 | 8, 052 | 9, 684 | 10, 414 | 11, 914 | (16) |
| - | - | - | - | - | - | - | - | (17) |
| 1, 994 | 1, 642 | 1, 462 | 1, 427 | 1, 387 | 1, 372 | 1, 277 | 1, 519 | (18) |
| 1, 993 | 1, 639 | 1, 458 | 1, 422 | 1, 383 | 1, 366 | 1, 277 | 1, 517 | (19) |
| 1 | 3 | 4 | 6 | 4 | 6 | - | 2 | (20) |
| 6, 452 | 5, 071 | 4, 520 | 4, 632 | 3, 799 | 4, 327 | 4, 352 | 5, 124 | (21) |
| 7, 768 | 7, 737 | 8, 391 | 7, 816 | 7, 835 | 9, 052 | 9, 531 | 9, 658 | (22) |
| 2, 044 | 2, 041 | 2, 032 | 2, 110 | 2, 064 | 2, 125 | 2, 089 | 2, 151 | (23) |
| 1, 933 | 1, 932 | 1, 927 | 2, 003 | 1, 950 | 1, 999 | 1, 966 | 2, 031 | (24) |
| 1, 261 | 1, 139 | 1, 119 | 962 | 600 | 664 | 978 | 1, 190 | (25) |
| - | - | - | - | - | - | - | - | (26) |
| 239 | 139 | 85 | 138 | 141 | 159 | 127 | 169 | (27) |
| 51 | 59 | 76 | 71 | 62 | 60 | 65 | 54 | (28) |
| 34 | 6 | 14 | 39 | - | 18 | 27 | 105 | (29) |
| 1, 852 | 491 | 641 | 740 | 215 | 528 | 588 | 1, 800 | (30) |
| 2, 349 | 2, 787 | 2, 799 | 2, 074 | 2, 012 | 2, 538 | 2, 518 | 1, 948 | (31) |
| - | - | - | - | - | - | - | - | (32) |
| - | - | - | - | - | - | - | - | (33) |
| - | - | - | - | - | - | - | - | (34) |
| 1, 103 | 407 | 509 | 495 | 172 | 324 | 327 | 868 | (35) |
| 798 | 787 | 789 | 788 | 757 | 821 | 857 | 1, 003 | (36) |
| 10, 306 | 11, 827 | 11, 789 | 10, 249 | 11, 325 | 12, 369 | 11, 355 | 11, 125 | (37) |
| 153 | 197 | 248 | 234 | 202 | 305 | 360 | 340 | (38) |
| 1, 224 | 1, 276 | 1, 054 | 903 | 593 | 1, 352 | 1, 555 | 1, 798 | (39) |
| 9 | 9 | 19 | 48 | 37 | 37 | 48 | 22 | (40) |
| 176 | 220 | 250 | 102 | 95 | 66 | 59 | 106 | (41) |
| 8, 840 | 12, 035 | 13, 624 | 11, 227 | 10, 950 | 13, 035 | 10, 980 | 7, 862 | (42) |

# 16　乳製品在庫量（全国）（月別）

単位：t

| 月別 | 全粉乳 | 脱脂粉乳 | | | バター | | |
|---|---|---|---|---|---|---|---|
| | | 計 | 国産 | 輸入 | 計 | 国産 | 輸入 |
| 1月 | 2, 426 | 72, 948 | 70, 802 | 2, 146 | 25, 683 | 21, 571 | 4, 113 |
| 2 | 2, 658 | 74, 839 | 73, 053 | 1, 786 | 26, 432 | 22, 644 | 3, 788 |
| 3 | 3, 153 | 76, 339 | 74, 451 | 1, 888 | 28, 806 | 24, 811 | 3, 996 |
| 4 | 3, 655 | 80, 563 | 79, 023 | 1, 540 | 32, 447 | 28, 648 | 3, 799 |
| 5 | 4, 070 | 85, 988 | 84, 586 | 1, 402 | 36, 747 | 32, 560 | 4, 187 |
| 6 | 4, 013 | 86, 682 | 85, 515 | 1, 167 | 38, 618 | 34, 092 | 4, 526 |
| 7 | 4, 138 | 85, 275 | 84, 351 | 925 | 39, 057 | 34, 642 | 4, 415 |
| 8 | 4, 366 | 84, 818 | 83, 908 | 910 | 39, 921 | 35, 578 | 4, 343 |
| 9 | 3, 961 | 81, 991 | 81, 271 | 720 | 38, 613 | 34, 676 | 3, 938 |
| 10 | 3, 495 | 80, 179 | 79, 533 | 647 | 37, 951 | 34, 283 | 3, 668 |
| 11 | 3, 208 | 80, 707 | 79, 985 | 722 | 36, 615 | 33, 192 | 3, 423 |
| 12 | 3, 234 | 82, 287 | 81, 445 | 842 | 35, 096 | 32, 072 | 3, 024 |

| 月別 | ホエイパウダー | | | | | | | | |
|---|---|---|---|---|---|---|---|---|---|
| | | | | タンパク質含有量25%未満 | | | タンパク質含有量25%以上45%未満 | | |
| | 計 | 国産 | 輸入 | 小計 | 国産 | 輸入 | 小計 | 国産 | 輸入 |
| 1月 | 19, 299 | 16, 470 | 2, 828 | 18, 295 | 16, 396 | 1, 898 | 998 | 74 | 924 |
| 2 | 19, 164 | 16, 266 | 2, 898 | 18, 194 | 16, 191 | 2, 003 | 964 | 75 | 889 |
| 3 | 19, 165 | 15, 832 | 3, 333 | 17, 759 | 15, 761 | 1, 999 | 1, 398 | 71 | 1, 327 |
| 4 | 18, 421 | 15, 921 | 2, 500 | 17, 596 | 15, 843 | 1, 753 | 817 | 78 | 739 |
| 5 | 18, 527 | 16, 372 | 2, 155 | 17, 815 | 16, 307 | 1, 508 | 704 | 65 | 640 |
| 6 | 18, 863 | 16, 597 | 2, 266 | 18, 148 | 16, 532 | 1, 616 | 707 | 65 | 642 |
| 7 | 18, 208 | 16, 149 | 2, 058 | 17, 640 | 16, 088 | 1, 552 | 558 | 62 | 496 |
| 8 | 17, 621 | 15, 819 | 1, 802 | 17, 095 | 15, 757 | 1, 338 | 519 | 62 | 457 |
| 9 | 17, 249 | 15, 585 | 1, 663 | 16, 710 | 15, 522 | 1, 189 | 532 | 64 | 468 |
| 10 | 16, 913 | 15, 337 | 1, 576 | 16, 473 | 15, 258 | 1, 214 | 431 | 79 | 352 |
| 11 | 16, 304 | 14, 752 | 1, 552 | 15, 871 | 14, 679 | 1, 192 | 425 | 73 | 353 |
| 12 | 16, 081 | 14, 471 | 1, 611 | 15, 661 | 14, 385 | 1, 276 | 413 | 85 | 327 |

注：1　在庫量は各月末時点のものである。
　　2　表示単位未満を四捨五入したため、計と内訳が一致しない場合がある。

# 17　牛乳処理場及び乳製品工場数

## (1)　経営組織別・生乳処理量規模別工場処理場数（全国農業地域別・都道府県別）（令和２年12月末日現在）

単位：工場

| 全国農業地域・都道府県 | 計 | 経営組織 | | | 12月の生乳処理量規模（1日当たり） | | | | | | | | |
| --- | --- | --- | --- | --- | --- | --- | --- | --- | --- | --- | --- | --- | --- |
| | | 会社 | 農業協同組合 | 個人・その他 | 2t未満 | 2t以上 | | | | | | 生乳を処理しない乳製品工場数 | 生乳を処理しないアイスクリーム工場数 |
| | | | | | | 小計 | 2～4 | 4～10 | 10～20 | 20～40 | 40t以上 | | |
| **全国** | **559** | **447** | **32** | **80** | **270** | **229** | **28** | **24** | **35** | **32** | **110** | **60** | **27** |
| （全国農業地域） | | | | | | | | | | | | | |
| 北海道 | 121 | 91 | 5 | 25 | 80 | 38 | 5 | 1 | 1 | 2 | 29 | 3 | 1 |
| 東北 | 57 | 47 | 2 | 8 | 30 | 25 | 1 | 4 | 5 | 6 | 9 | 2 | 1 |
| 北陸 | 32 | 20 | - | 12 | 18 | 12 | 4 | - | 4 | 2 | 2 | 2 | 2 |
| 関東 | 114 | 99 | 7 | 8 | 31 | 56 | 6 | 7 | 10 | 8 | 25 | 27 | 9 |
| 東山 | 30 | 26 | 1 | 3 | 19 | 8 | 2 | 1 | 1 | - | 4 | 3 | 1 |
| 東海 | 50 | 38 | 7 | 5 | 23 | 22 | 3 | 2 | 2 | 3 | 12 | 5 | 4 |
| 近畿 | 56 | 43 | - | 13 | 26 | 19 | 1 | 3 | 1 | 3 | 11 | 11 | 3 |
| 中国 | 30 | 26 | 3 | 1 | 13 | 17 | 1 | 2 | 5 | 2 | 7 | - | - |
| 四国 | 10 | 8 | - | 2 | 5 | 4 | - | - | - | 2 | 2 | 1 | 1 |
| 九州 | 51 | 41 | 7 | 3 | 21 | 24 | 5 | 2 | 5 | 3 | 9 | 6 | 5 |
| 沖縄 | 8 | 8 | - | - | 4 | 4 | - | 2 | 1 | 1 | - | - | - |
| （都道府県） | | | | | | | | | | | | | |
| 北海道 | 121 | 91 | 5 | 25 | 80 | 38 | 5 | 1 | 1 | 2 | 29 | 3 | 1 |
| 青森 | 5 | 5 | - | - | 4 | 1 | - | - | - | 1 | - | - | - |
| 岩手 | 19 | 17 | 1 | 1 | 9 | 10 | 1 | 2 | - | 4 | 3 | - | - |
| 宮城 | 8 | 6 | - | 2 | 3 | 5 | - | - | 2 | - | 3 | - | - |
| 秋田 | 8 | 5 | - | 3 | 7 | 1 | - | - | 1 | - | - | - | - |
| 山形 | 9 | 6 | 1 | 2 | 4 | 4 | - | 1 | 2 | 1 | - | 1 | - |
| 福島 | 8 | 8 | - | - | 3 | 4 | - | 1 | - | - | 3 | 1 | 1 |
| 茨城 | 14 | 12 | 1 | 1 | 4 | 8 | - | - | - | 5 | 3 | 2 | - |
| 栃木 | 21 | 19 | 1 | 1 | 9 | 7 | 1 | - | 3 | 1 | 2 | 5 | 2 |
| 群馬 | 21 | 17 | 2 | 2 | 8 | 12 | 2 | 4 | 2 | 1 | 3 | 1 | 1 |
| 埼玉 | 19 | 18 | 1 | - | 2 | 8 | 2 | 2 | 1 | 1 | 2 | 9 | 3 |
| 千葉 | 14 | 11 | 2 | 1 | 3 | 8 | 1 | - | 2 | - | 5 | 3 | 1 |
| 東京 | 12 | 9 | - | 3 | 5 | 4 | - | - | 1 | - | 3 | 3 | 1 |
| 神奈川 | 13 | 13 | - | - | - | 9 | - | 1 | 1 | - | 7 | 4 | 1 |
| 新潟 | 14 | 9 | - | 5 | 6 | 7 | 2 | - | 2 | 2 | 1 | 1 | 1 |
| 富山 | 10 | 7 | - | 3 | 6 | 3 | 2 | - | 1 | - | - | 1 | 1 |
| 石川 | 6 | 4 | - | 2 | 4 | 2 | - | - | 1 | - | 1 | - | - |
| 福井 | 2 | - | - | 2 | 2 | - | - | - | - | - | - | - | - |
| 山梨 | 7 | 7 | - | - | 4 | 2 | 1 | 1 | - | - | - | 1 | 1 |
| 長野 | 23 | 19 | 1 | 3 | 15 | 6 | 1 | - | 1 | - | 4 | 2 | - |
| 岐阜 | 12 | 9 | 2 | 1 | 6 | 5 | 1 | - | 1 | 1 | 2 | 1 | 1 |
| 静岡 | 18 | 13 | 3 | 2 | 8 | 8 | 1 | 2 | 1 | 1 | 3 | 2 | 2 |
| 愛知 | 12 | 12 | - | - | 3 | 7 | 1 | - | - | - | 6 | 2 | 1 |
| 三重 | 8 | 4 | 2 | 2 | 6 | 2 | - | - | - | 1 | 1 | - | - |
| 滋賀 | 14 | 11 | - | 3 | 11 | 2 | 1 | - | - | - | 1 | 1 | - |
| 京都 | 8 | 8 | - | - | 2 | 5 | - | 1 | - | 1 | 3 | 1 | 1 |
| 大阪 | 12 | 10 | - | 2 | 2 | 7 | - | 2 | - | 2 | 3 | 3 | 1 |
| 兵庫 | 13 | 13 | - | - | 2 | 5 | - | - | 1 | - | 4 | 6 | 1 |
| 奈良 | 3 | - | - | 3 | 3 | - | - | - | - | - | - | - | - |
| 和歌山 | 6 | 1 | - | 5 | 6 | - | - | - | - | - | - | - | - |
| 鳥取 | 2 | - | 2 | - | 1 | 1 | - | - | - | - | 1 | - | - |
| 島根 | 5 | 5 | - | - | 2 | 3 | - | - | 3 | - | - | - | - |
| 岡山 | 11 | 9 | 1 | 1 | 6 | 5 | - | 1 | 1 | - | 3 | - | - |
| 広島 | 7 | 7 | - | - | 1 | 6 | 1 | - | 1 | 2 | 2 | - | - |
| 山口 | 5 | 5 | - | - | 3 | 2 | - | 1 | - | - | 1 | - | - |
| 徳島 | 1 | 1 | - | - | - | 1 | - | - | - | 1 | - | - | - |
| 香川 | 3 | 2 | - | 1 | 2 | 1 | - | - | - | - | 1 | - | - |
| 愛媛 | 2 | 2 | - | - | 1 | 1 | - | - | - | - | 1 | - | - |
| 高知 | 4 | 3 | - | 1 | 2 | 1 | - | - | - | 1 | - | 1 | 1 |
| 福岡 | 12 | 11 | - | 1 | 3 | 5 | - | - | 1 | 1 | 3 | 4 | 3 |
| 佐賀 | 4 | 3 | - | 1 | 1 | 2 | 1 | - | - | 1 | - | 1 | 1 |
| 長崎 | 4 | 1 | 2 | 1 | 2 | 2 | - | - | 2 | - | - | - | - |
| 熊本 | 14 | 10 | 4 | - | 8 | 6 | - | 1 | 1 | 1 | 3 | - | - |
| 大分 | 5 | 4 | 1 | - | 2 | 3 | 2 | - | - | - | 1 | - | - |
| 宮崎 | 8 | 8 | - | - | 4 | 4 | 2 | 1 | - | - | 1 | - | - |
| 鹿児島 | 4 | 4 | - | - | 1 | 2 | - | - | 1 | - | 1 | 1 | 1 |
| 沖縄 | 8 | 8 | - | - | 4 | 4 | - | 2 | 1 | 1 | - | - | - |

## 17　牛乳処理場及び乳製品工場数（続き）

### (2)　牛乳等製造工場処理場数（全国農業地域別・都道府県別）（令和２年12月末日現在）

単位：工場

| 全国農業地域・都道府県 | 飲用牛乳等 | | | | | | | 乳飲料 | はっ酵乳 | 乳酸菌飲料 |
|---|---|---|---|---|---|---|---|---|---|---|
| | 計 | 牛乳 | | | 加工乳・成分調整牛乳 | | | | | |
| | | | 業務用 | 学校給食用 | | 業務用 | 成分調整牛乳 | | | |
| **全国** | **358** | **357** | **160** | **189** | **102** | **13** | **57** | **204** | **265** | **36** |
| （全国農業地域） | | | | | | | | | | |
| 北海道 | 52 | 51 | 29 | 16 | 16 | 2 | 12 | 19 | 36 | 3 |
| 東北 | 44 | 44 | 18 | 26 | 11 | 1 | 9 | 21 | 36 | 2 |
| 北陸 | 28 | 28 | 7 | 14 | 9 | - | 2 | 20 | 14 | - |
| 関東 | 58 | 58 | 30 | 38 | 20 | 3 | 12 | 33 | 57 | 10 |
| 東山 | 17 | 17 | 6 | 8 | - | - | - | 6 | 17 | - |
| 東海 | 38 | 38 | 15 | 20 | 13 | 1 | 5 | 27 | 25 | 3 |
| 近畿 | 43 | 43 | 19 | 23 | 7 | 1 | 2 | 25 | 20 | 4 |
| 中国 | 23 | 23 | 11 | 10 | 8 | 2 | 8 | 16 | 20 | 1 |
| 四国 | 8 | 8 | 3 | 6 | 4 | - | 2 | 6 | 4 | 2 |
| 九州 | 40 | 40 | 20 | 24 | 11 | 2 | 5 | 26 | 33 | 7 |
| 沖縄 | 7 | 7 | 2 | 4 | 3 | 1 | - | 5 | 3 | 4 |
| （都道府県） | | | | | | | | | | |
| 北海道 | 52 | 51 | 29 | 16 | 16 | 2 | 12 | 19 | 36 | 3 |
| 青森 | 3 | 3 | 1 | 1 | - | - | - | - | 5 | - |
| 岩手 | 14 | 14 | 6 | 10 | 4 | 1 | 4 | 7 | 14 | - |
| 宮城 | 8 | 8 | 4 | 4 | 3 | - | 3 | 5 | 6 | 1 |
| 秋田 | 6 | 6 | 1 | 2 | 1 | - | 1 | 2 | 3 | 1 |
| 山形 | 7 | 7 | 3 | 4 | 1 | - | - | 2 | 2 | - |
| 福島 | 6 | 6 | 3 | 5 | 2 | - | 1 | 5 | 6 | - |
| 茨城 | 5 | 5 | 4 | 3 | 2 | - | 2 | 4 | 8 | - |
| 栃木 | 12 | 12 | 5 | 6 | 3 | - | 1 | 7 | 11 | 2 |
| 群馬 | 8 | 8 | 5 | 4 | 3 | - | 2 | 4 | 13 | 2 |
| 埼玉 | 7 | 7 | 2 | 6 | 2 | 1 | 1 | 4 | 7 | 1 |
| 千葉 | 11 | 11 | 6 | 9 | 3 | - | 2 | 5 | 7 | 2 |
| 東京 | 7 | 7 | 3 | 3 | 2 | 1 | 2 | 3 | 6 | 2 |
| 神奈川 | 8 | 8 | 5 | 7 | 5 | 1 | 2 | 6 | 5 | 1 |
| 新潟 | 12 | 12 | 4 | 6 | 6 | - | 2 | 11 | 7 | - |
| 富山 | 9 | 9 | 1 | 6 | 3 | - | - | 7 | 2 | - |
| 石川 | 5 | 5 | 2 | 2 | - | - | - | 2 | 5 | - |
| 福井 | 2 | 2 | - | - | - | - | - | - | - | - |
| 山梨 | 3 | 3 | 2 | - | - | - | - | - | 3 | - |
| 長野 | 14 | 14 | 4 | 8 | - | - | - | 6 | 14 | - |
| 岐阜 | 9 | 9 | 5 | 8 | 2 | - | - | 8 | 6 | - |
| 静岡 | 12 | 12 | 3 | 6 | 4 | 1 | 1 | 7 | 9 | 1 |
| 愛知 | 9 | 9 | 4 | 4 | 4 | - | 2 | 7 | 4 | 1 |
| 三重 | 8 | 8 | 3 | 2 | 3 | - | 2 | 5 | 6 | 1 |
| 滋賀 | 12 | 12 | 2 | 5 | - | - | - | 7 | 5 | 1 |
| 京都 | 6 | 6 | 4 | 3 | 1 | - | - | 5 | 4 | 2 |
| 大阪 | 9 | 9 | 5 | 8 | 4 | 1 | - | 5 | 4 | 1 |
| 兵庫 | 8 | 8 | 6 | 6 | 2 | - | 2 | 5 | 5 | - |
| 奈良 | 2 | 2 | 2 | 1 | - | - | - | - | 2 | - |
| 和歌山 | 6 | 6 | - | - | - | - | - | 3 | - | - |
| 鳥取 | 1 | 1 | - | 1 | 1 | - | 1 | 1 | 2 | - |
| 島根 | 5 | 5 | 3 | 3 | 1 | - | 1 | 3 | 5 | - |
| 岡山 | 7 | 7 | 2 | 1 | 3 | 2 | 3 | 4 | 5 | 1 |
| 広島 | 5 | 5 | 3 | 4 | 1 | - | 1 | 4 | 5 | - |
| 山口 | 5 | 5 | 3 | 1 | 2 | - | 2 | 4 | 3 | - |
| 徳島 | 1 | 1 | 1 | 1 | - | - | - | 1 | - | - |
| 香川 | 3 | 3 | - | 1 | - | - | - | 1 | 2 | - |
| 愛媛 | 1 | 1 | 1 | 1 | 1 | - | 1 | 1 | 1 | 1 |
| 高知 | 3 | 3 | 1 | 3 | 3 | - | 1 | 3 | 1 | 1 |
| 福岡 | 7 | 7 | 4 | 5 | 2 | 2 | 1 | 6 | 5 | - |
| 佐賀 | 3 | 3 | 2 | 2 | - | - | - | 2 | 2 | - |
| 長崎 | 4 | 4 | 1 | 3 | - | - | - | 3 | 3 | 1 |
| 熊本 | 12 | 12 | 6 | 6 | 4 | - | 2 | 7 | 10 | 1 |
| 大分 | 5 | 5 | 3 | 3 | 1 | - | 1 | 2 | 5 | 1 |
| 宮崎 | 6 | 6 | 4 | 4 | 2 | - | 1 | 4 | 6 | 2 |
| 鹿児島 | 3 | 3 | - | 1 | 2 | - | - | 2 | 2 | 2 |
| 沖縄 | 7 | 7 | 2 | 4 | 3 | 1 | - | 5 | 3 | 4 |

注：「計」は各製品を製造した工場数であり、計と内訳は一致しない。

## (3)　乳製品種類別製造工場処理場数（全国農業地域別・都道府県別）（令和２年12月末日現在）

単位：工場

| 全国農業地域・都道府県 | 乳製品の生産を行った工場 | 粉乳 | | | ホエイパウダー | バター | クリーム | チーズ | | れん乳 | | | 乳脂肪分８％以上のアイスクリーム |
|---|---|---|---|---|---|---|---|---|---|---|---|---|---|
| | | 全粉乳 | 脱脂粉乳 | 調製粉乳 | | | | | 直接消費用ナチュラルチーズ | 加糖れん乳 | 無糖れん乳 | 脱脂加糖れん乳 | |
| **全国** | **327** | **10** | **27** | **5** | **5** | **73** | **73** | **182** | **162** | **21** | **2** | **10** | **122** |
| （全国農業地域） | | | | | | | | | | | | | |
| 北海道 | 106 | 6 | 14 | − | 5 | 31 | 24 | 79 | 79 | 5 | − | 4 | 22 |
| 東北 | 33 | − | 3 | − | − | 7 | 7 | 15 | 14 | 2 | − | 1 | 19 |
| 北陸 | 11 | − | − | − | − | 3 | 4 | 3 | 3 | 4 | 1 | − | 4 |
| 関東 | 64 | − | 4 | 4 | − | 10 | 11 | 32 | 22 | 2 | 1 | 1 | 21 |
| 東山 | 15 | − | − | − | − | 1 | 1 | 10 | 8 | − | − | − | 7 |
| 東海 | 25 | 2 | 2 | − | − | 6 | 7 | 10 | 9 | 2 | − | − | 13 |
| 近畿 | 24 | − | − | 1 | − | 2 | 2 | 14 | 8 | 1 | − | − | 9 |
| 中国 | 16 | 1 | 1 | − | − | 5 | 7 | 5 | 5 | 2 | − | 1 | 9 |
| 四国 | 5 | − | 1 | − | − | 1 | 2 | 3 | 3 | − | − | − | 3 |
| 九州 | 27 | 1 | 2 | − | − | 7 | 8 | 10 | 10 | 3 | − | 3 | 15 |
| 沖縄 | 1 | − | − | − | − | − | − | 1 | 1 | − | − | − | − |
| （都道府県） | | | | | | | | | | | | | |
| 北海道 | 106 | 6 | 14 | − | 5 | 31 | 24 | 79 | 79 | 5 | − | 4 | 22 |
| 青森 | 4 | − | − | − | − | 1 | − | − | − | − | − | − | 4 |
| 岩手 | 15 | − | 2 | − | − | 4 | 4 | 8 | 8 | 1 | − | − | 6 |
| 宮城 | 3 | − | − | − | − | 1 | 2 | 1 | 1 | − | − | − | 2 |
| 秋田 | 5 | − | − | − | − | − | − | 3 | 3 | − | − | − | 3 |
| 山形 | 2 | − | − | − | − | − | − | 2 | 1 | − | − | − | − |
| 福島 | 4 | − | 1 | − | − | 1 | 1 | 1 | 1 | 1 | − | 1 | 4 |
| 茨城 | 10 | − | 1 | − | − | 1 | 2 | 5 | 3 | 2 | 1 | 1 | 2 |
| 栃木 | 13 | − | − | 1 | − | 3 | 2 | 7 | 6 | − | − | − | 6 |
| 群馬 | 14 | − | 2 | 1 | − | 4 | 3 | 7 | 7 | − | − | − | 4 |
| 埼玉 | 9 | − | − | 1 | − | − | − | 4 | 2 | − | − | − | 4 |
| 千葉 | 5 | − | − | − | − | − | − | 3 | 2 | − | − | − | 3 |
| 東京 | 7 | − | 1 | 1 | − | 2 | 2 | 3 | 2 | − | − | − | 1 |
| 神奈川 | 6 | − | − | − | − | − | 2 | 3 | − | − | − | − | 1 |
| 新潟 | 8 | − | − | − | − | 2 | 3 | 2 | 2 | 4 | 1 | − | 3 |
| 富山 | 2 | − | − | − | − | − | 1 | − | − | − | − | − | 1 |
| 石川 | 1 | − | − | − | − | 1 | − | 1 | 1 | − | − | − | − |
| 福井 | − | − | − | − | − | − | − | − | − | − | − | − | − |
| 山梨 | 5 | − | − | − | − | − | − | 2 | 2 | − | − | − | 3 |
| 長野 | 10 | − | − | − | − | 1 | 1 | 8 | 6 | − | − | − | 4 |
| 岐阜 | 5 | − | − | − | − | − | 1 | 3 | 3 | − | − | − | 3 |
| 静岡 | 10 | 1 | 1 | − | − | 2 | 2 | 5 | 5 | 1 | − | − | 3 |
| 愛知 | 6 | 1 | 1 | − | − | 1 | 1 | 1 | − | − | − | − | 5 |
| 三重 | 4 | − | − | − | − | 3 | 3 | 1 | 1 | 1 | − | − | 2 |
| 滋賀 | 5 | − | − | − | − | 1 | − | 3 | 2 | − | − | − | 2 |
| 京都 | 3 | − | − | − | − | 1 | 1 | 2 | 2 | 1 | − | − | 1 |
| 大阪 | 4 | − | − | − | − | − | 1 | 2 | − | − | − | − | 1 |
| 兵庫 | 9 | − | − | 1 | − | − | − | 6 | 3 | − | − | − | 2 |
| 奈良 | 2 | − | − | − | − | − | − | 1 | 1 | − | − | − | 2 |
| 和歌山 | 1 | − | − | − | − | − | − | − | − | − | − | − | 1 |
| 鳥取 | 1 | 1 | 1 | − | − | 1 | 1 | − | − | 1 | − | 1 | 1 |
| 島根 | 4 | − | − | − | − | 1 | 1 | 1 | 1 | 1 | − | − | 3 |
| 岡山 | 6 | − | − | − | − | 2 | 2 | 3 | 3 | − | − | − | 2 |
| 広島 | 3 | − | − | − | − | − | 1 | − | − | − | − | − | 2 |
| 山口 | 2 | − | − | − | − | 1 | 2 | 1 | 1 | − | − | − | 1 |
| 徳島 | − | − | − | − | − | − | − | − | − | − | − | − | − |
| 香川 | 1 | − | − | − | − | − | − | 1 | 1 | − | − | − | 1 |
| 愛媛 | 2 | − | 1 | − | − | 1 | 1 | 2 | 2 | − | − | − | 1 |
| 高知 | 2 | − | − | − | − | − | 1 | − | − | − | − | − | 1 |
| 福岡 | 6 | − | − | − | − | − | 1 | 2 | 2 | − | − | − | 4 |
| 佐賀 | 3 | − | − | − | − | − | 1 | 1 | 1 | − | − | − | 2 |
| 長崎 | 1 | − | − | − | − | − | − | − | − | − | − | − | 1 |
| 熊本 | 7 | − | 1 | − | − | 3 | 4 | 3 | 3 | 1 | − | 1 | 4 |
| 大分 | 2 | − | − | − | − | 2 | − | 1 | 1 | − | − | − | 1 |
| 宮崎 | 5 | 1 | 1 | − | − | 2 | 1 | 2 | 2 | 1 | − | 1 | 2 |
| 鹿児島 | 3 | − | − | − | − | − | 1 | 1 | 1 | 1 | − | 1 | 1 |
| 沖縄 | 1 | − | − | − | − | − | − | 1 | 1 | − | − | − | − |

注：「乳製品の生産を行った工場」は、各製品を製造した工場数であり、計と内訳は一致しない。

## 17　牛乳処理場及び乳製品工場数（続き）

### (4)　生乳処理量規模別工場処理場数（全国農業地域別・都道府県別）（令和２年12月末日現在）

| 全国農業地域・都道府県 | | 計 | 牛乳処理場数（牛乳等向け≧乳製品向け） | | | | | | |
|---|---|---|---|---|---|---|---|---|---|
| | | | 小計 | ２ t 未満 | ２ ～ ４ | ４ ～ 10 | 10 ～ 20 | 20 ～ 40 | 40 t 以上 |
| **全国** | (1) | **559** | **361** | **170** | **24** | **24** | **31** | **29** | **83** |
| （全国農業地域） | | | | | | | | | |
| 北海道 | (2) | 121 | 41 | 29 | 2 | 1 | 1 | – | 8 |
| 東北 | (3) | 57 | 44 | 22 | 1 | 4 | 4 | 6 | 7 |
| 北陸 | (4) | 32 | 28 | 16 | 4 | – | 4 | 2 | 2 |
| 関東 | (5) | 114 | 71 | 19 | 6 | 7 | 8 | 7 | 24 |
| 東山 | (6) | 30 | 20 | 13 | 1 | 1 | 1 | – | 4 |
| 東海 | (7) | 50 | 40 | 19 | 3 | 2 | 1 | 3 | 12 |
| 近畿 | (8) | 56 | 39 | 20 | 1 | 3 | 1 | 3 | 11 |
| 中国 | (9) | 30 | 28 | 11 | 1 | 2 | 5 | 2 | 7 |
| 四国 | (10) | 10 | 8 | 4 | – | – | – | 2 | 2 |
| 九州 | (11) | 51 | 34 | 13 | 5 | 2 | 5 | 3 | 6 |
| 沖縄 | (12) | 8 | 8 | 4 | – | 2 | 1 | 1 | – |
| （都道府県） | | | | | | | | | |
| 北海道 | (13) | 121 | 41 | 29 | 2 | 1 | 1 | – | 8 |
| 青森 | (14) | 5 | 4 | 3 | – | – | – | 1 | – |
| 岩手 | (15) | 19 | 14 | 5 | 1 | 2 | – | 4 | 2 |
| 宮城 | (16) | 8 | 6 | 2 | – | – | 1 | – | 3 |
| 秋田 | (17) | 8 | 6 | 5 | – | – | 1 | – | – |
| 山形 | (18) | 9 | 8 | 4 | – | 1 | 2 | 1 | – |
| 福島 | (19) | 8 | 6 | 3 | – | 1 | – | – | 2 |
| 茨城 | (20) | 14 | 9 | 3 | – | – | – | 4 | 2 |
| 栃木 | (21) | 21 | 13 | 6 | 1 | – | 3 | 1 | 2 |
| 群馬 | (22) | 21 | 14 | 4 | 2 | 4 | – | 1 | 3 |
| 埼玉 | (23) | 19 | 9 | 1 | 2 | 2 | 1 | 1 | 2 |
| 千葉 | (24) | 14 | 10 | 2 | 1 | – | 2 | – | 5 |
| 東京 | (25) | 12 | 7 | 3 | – | – | 1 | – | 3 |
| 神奈川 | (26) | 13 | 9 | – | – | 1 | 1 | – | 7 |
| 新潟 | (27) | 14 | 12 | 5 | 2 | – | 2 | 2 | 1 |
| 富山 | (28) | 10 | 9 | 6 | 2 | – | 1 | – | – |
| 石川 | (29) | 6 | 5 | 3 | – | – | 1 | – | 1 |
| 福井 | (30) | 2 | 2 | 2 | – | – | – | – | – |
| 山梨 | (31) | 7 | 3 | 2 | – | 1 | – | – | – |
| 長野 | (32) | 23 | 17 | 11 | 1 | – | 1 | – | 4 |
| 岐阜 | (33) | 12 | 10 | 5 | 1 | – | 1 | 1 | 2 |
| 静岡 | (34) | 18 | 13 | 6 | 1 | 2 | – | 1 | 3 |
| 愛知 | (35) | 12 | 9 | 2 | 1 | – | – | – | 6 |
| 三重 | (36) | 8 | 8 | 6 | – | – | – | 1 | 1 |
| 滋賀 | (37) | 14 | 11 | 9 | 1 | – | – | – | 1 |
| 京都 | (38) | 8 | 6 | 1 | – | 1 | – | 1 | 3 |
| 大阪 | (39) | 12 | 9 | 2 | – | 2 | – | 2 | 3 |
| 兵庫 | (40) | 13 | 5 | – | – | – | 1 | – | 4 |
| 奈良 | (41) | 3 | 2 | 2 | – | – | – | – | – |
| 和歌山 | (42) | 6 | 6 | 6 | – | – | – | – | – |
| 鳥取 | (43) | 2 | 2 | 1 | – | – | – | – | 1 |
| 島根 | (44) | 5 | 5 | 2 | – | – | 3 | – | – |
| 岡山 | (45) | 11 | 9 | 4 | – | 1 | 1 | – | 3 |
| 広島 | (46) | 7 | 7 | 1 | 1 | – | 1 | 2 | 2 |
| 山口 | (47) | 5 | 5 | 3 | – | 1 | – | – | 1 |
| 徳島 | (48) | 1 | 1 | – | – | – | – | 1 | – |
| 香川 | (49) | 3 | 3 | 2 | – | – | – | – | 1 |
| 愛媛 | (50) | 2 | 1 | – | – | – | – | – | 1 |
| 高知 | (51) | 4 | 3 | 2 | – | – | – | 1 | – |
| 福岡 | (52) | 12 | 7 | 2 | – | – | 1 | 1 | 3 |
| 佐賀 | (53) | 4 | 2 | – | 1 | – | – | 1 | – |
| 長崎 | (54) | 4 | 3 | 1 | – | – | 2 | – | – |
| 熊本 | (55) | 14 | 10 | 6 | – | 1 | 1 | 1 | 1 |
| 大分 | (56) | 5 | 5 | 2 | 2 | – | – | – | 1 |
| 宮崎 | (57) | 8 | 5 | 2 | 2 | 1 | – | – | – |
| 鹿児島 | (58) | 4 | 2 | – | – | – | 1 | – | 1 |
| 沖縄 | (59) | 8 | 8 | 4 | – | 2 | 1 | 1 | – |

注：1　生乳処理量規模別は、12月における１日当たりの生乳の平均処理量を基に区分した。
　　2　本統計表では、生乳を処理した工場の分類として、生乳を主として牛乳等の生産に仕向けた工場を「牛乳処理場」、主として乳製品の生産に仕向けた工場を「乳製品工場」としている。

単位：工場

| 乳製品工場数（牛乳等向け＜乳製品向け） | | | | | | | 生乳を処理しない乳製品工場数 | 生乳を処理しないアイスクリーム工場数 | |
|---|---|---|---|---|---|---|---|---|---|
| 小計 | 2t未満 | 2～4 | 4～10 | 10～20 | 20～40 | 40t以上 | | | |
| **138** | **100** | **4** | **－** | **4** | **3** | **27** | **60** | **27** | (1) |
| 77 | 51 | 3 | － | － | 2 | 21 | 3 | 1 | (2) |
| 11 | 8 | － | － | 1 | － | 2 | 2 | 1 | (3) |
| 2 | 2 | － | － | － | － | － | 2 | 2 | (4) |
| 16 | 12 | － | － | 2 | 1 | 1 | 27 | 9 | (5) |
| 7 | 6 | 1 | － | － | － | － | 3 | 1 | (6) |
| 5 | 4 | － | － | 1 | － | － | 5 | 4 | (7) |
| 6 | 6 | － | － | － | － | － | 11 | 3 | (8) |
| 2 | 2 | － | － | － | － | － | － | － | (9) |
| 1 | 1 | － | － | － | － | － | 1 | 1 | (10) |
| 11 | 8 | － | － | － | － | 3 | 6 | 5 | (11) |
| － | － | － | － | － | － | － | － | － | (12) |
| 77 | 51 | 3 | － | － | 2 | 21 | 3 | 1 | (13) |
| 1 | 1 | － | － | － | － | － | － | － | (14) |
| 5 | 4 | － | － | － | － | 1 | － | － | (15) |
| 2 | 1 | － | － | 1 | － | － | － | － | (16) |
| 2 | 2 | － | － | － | － | － | － | － | (17) |
| － | － | － | － | － | － | － | 1 | － | (18) |
| 1 | － | － | － | － | － | 1 | 1 | 1 | (19) |
| 3 | 1 | － | － | － | 1 | 1 | 2 | － | (20) |
| 3 | 3 | － | － | － | － | － | 5 | 2 | (21) |
| 6 | 4 | － | － | 2 | － | － | 1 | 1 | (22) |
| 1 | 1 | － | － | － | － | － | 9 | 3 | (23) |
| 1 | 1 | － | － | － | － | － | 3 | 1 | (24) |
| 2 | 2 | － | － | － | － | － | 3 | 1 | (25) |
| － | － | － | － | － | － | － | 4 | 1 | (26) |
| 1 | 1 | － | － | － | － | － | 1 | 1 | (27) |
| － | － | － | － | － | － | － | 1 | 1 | (28) |
| 1 | 1 | － | － | － | － | － | － | － | (29) |
| － | － | － | － | － | － | － | － | － | (30) |
| 3 | 2 | 1 | － | － | － | － | 1 | 1 | (31) |
| 4 | 4 | － | － | － | － | － | 2 | － | (32) |
| 1 | 1 | － | － | － | － | － | 1 | 1 | (33) |
| 3 | 2 | － | － | 1 | － | － | 2 | 2 | (34) |
| 1 | 1 | － | － | － | － | － | 2 | 1 | (35) |
| － | － | － | － | － | － | － | － | － | (36) |
| 2 | 2 | － | － | － | － | － | 1 | － | (37) |
| 1 | 1 | － | － | － | － | － | 1 | 1 | (38) |
| － | － | － | － | － | － | － | 3 | 1 | (39) |
| 2 | 2 | － | － | － | － | － | 6 | 1 | (40) |
| 1 | 1 | － | － | － | － | － | － | － | (41) |
| － | － | － | － | － | － | － | － | － | (42) |
| － | － | － | － | － | － | － | － | － | (43) |
| － | － | － | － | － | － | － | － | － | (44) |
| 2 | 2 | － | － | － | － | － | － | － | (45) |
| － | － | － | － | － | － | － | － | － | (46) |
| － | － | － | － | － | － | － | － | － | (47) |
| － | － | － | － | － | － | － | － | － | (48) |
| － | － | － | － | － | － | － | － | － | (49) |
| 1 | 1 | － | － | － | － | － | － | － | (50) |
| － | － | － | － | － | － | － | 1 | 1 | (51) |
| 1 | 1 | － | － | － | － | － | 4 | 3 | (52) |
| 1 | 1 | － | － | － | － | － | 1 | 1 | (53) |
| 1 | 1 | － | － | － | － | － | － | － | (54) |
| 4 | 2 | － | － | － | － | 2 | － | － | (55) |
| － | － | － | － | － | － | － | － | － | (56) |
| 3 | 2 | － | － | － | － | 1 | － | － | (57) |
| 1 | 1 | － | － | － | － | － | 1 | 1 | (58) |
| － | － | － | － | － | － | － | － | － | (59) |

## 17　牛乳処理場及び乳製品工場数（続き）

### (5)　常用従業者規模別工場処理場数（全国農業地域別・都道府県別）（令和２年12月末日現在）

単位：工場

| 全国農業地域・都道府県 | 計 | 4人以下 | 5 ～ 9 | 10 ～ 19 | 20 ～ 29 | 30人以上 |
|---|---|---|---|---|---|---|
| **全国** | **559** | **125** | **89** | **71** | **33** | **241** |
| （全国農業地域） | | | | | | |
| 北海道 | 121 | 40 | 25 | 16 | 1 | 39 |
| 東北 | 57 | 13 | 6 | 12 | 7 | 19 |
| 北陸 | 32 | 12 | 4 | 6 | 3 | 7 |
| 関東 | 114 | 13 | 12 | 11 | 7 | 71 |
| 東山 | 30 | 7 | 6 | 4 | 2 | 11 |
| 東海 | 50 | 5 | 12 | 6 | 2 | 25 |
| 近畿 | 56 | 15 | 8 | 6 | 1 | 26 |
| 中国 | 30 | 4 | 7 | 1 | 5 | 13 |
| 四国 | 10 | 3 | 1 | − | 1 | 5 |
| 九州 | 51 | 12 | 7 | 6 | 4 | 22 |
| 沖縄 | 8 | 1 | 1 | 3 | − | 3 |
| （都道府県） | | | | | | |
| 北海道 | 121 | 40 | 25 | 16 | 1 | 39 |
| 青森 | 5 | 2 | 2 | − | − | 1 |
| 岩手 | 19 | 3 | 1 | 5 | 3 | 7 |
| 宮城 | 8 | 1 | 1 | 1 | 1 | 4 |
| 秋田 | 8 | 5 | − | 2 | − | 1 |
| 山形 | 9 | 2 | 1 | 3 | 1 | 2 |
| 福島 | 8 | − | 1 | 1 | 2 | 4 |
| 茨城 | 14 | 2 | 1 | 2 | − | 9 |
| 栃木 | 21 | 2 | 4 | 3 | 2 | 10 |
| 群馬 | 21 | 5 | 2 | 2 | 2 | 10 |
| 埼玉 | 19 | − | − | 2 | 2 | 15 |
| 千葉 | 14 | 1 | 1 | 2 | 1 | 9 |
| 東京 | 12 | 3 | 3 | − | − | 6 |
| 神奈川 | 13 | − | 1 | − | − | 12 |
| 新潟 | 14 | 4 | 2 | 2 | 2 | 4 |
| 富山 | 10 | 2 | 2 | 4 | 1 | 1 |
| 石川 | 6 | 4 | − | − | − | 2 |
| 福井 | 2 | 2 | − | − | − | − |
| 山梨 | 7 | − | 1 | 1 | − | 5 |
| 長野 | 23 | 7 | 5 | 3 | 2 | 6 |
| 岐阜 | 12 | − | 4 | 1 | 1 | 6 |
| 静岡 | 18 | 3 | 2 | 5 | 1 | 7 |
| 愛知 | 12 | 1 | 2 | − | − | 9 |
| 三重 | 8 | 1 | 4 | − | − | 3 |
| 滋賀 | 14 | 8 | 2 | 2 | − | 2 |
| 京都 | 8 | − | 1 | 1 | 1 | 5 |
| 大阪 | 12 | − | 2 | 1 | − | 9 |
| 兵庫 | 13 | 1 | 1 | 1 | − | 10 |
| 奈良 | 3 | 2 | 1 | − | − | − |
| 和歌山 | 6 | 4 | 1 | 1 | − | − |
| 鳥取 | 2 | 1 | − | − | − | 1 |
| 島根 | 5 | − | 1 | 1 | 1 | 2 |
| 岡山 | 11 | 3 | 2 | − | 2 | 4 |
| 広島 | 7 | − | 1 | − | 2 | 4 |
| 山口 | 5 | − | 3 | − | − | 2 |
| 徳島 | 1 | − | − | − | − | 1 |
| 香川 | 3 | 1 | 1 | − | − | 1 |
| 愛媛 | 2 | 1 | − | − | − | 1 |
| 高知 | 4 | 1 | − | − | 1 | 2 |
| 福岡 | 12 | 3 | − | − | 2 | 7 |
| 佐賀 | 4 | − | 1 | 1 | − | 2 |
| 長崎 | 4 | − | 2 | − | − | 2 |
| 熊本 | 14 | 4 | 1 | 4 | − | 5 |
| 大分 | 5 | 1 | 3 | − | − | 1 |
| 宮崎 | 8 | 3 | − | 1 | 2 | 2 |
| 鹿児島 | 4 | 1 | − | − | − | 3 |
| 沖縄 | 8 | 1 | 1 | 3 | − | 3 |

# 18　生産能力（全国農業地域別・都道府県別）（令和２年12月末日現在）

| 全国農業地域・都道府県 | 生乳の貯乳能力 | 飲用牛乳等 | はっ酵乳 | 粉乳 | バター | | クリーム | チーズ | | れん乳 |
|---|---|---|---|---|---|---|---|---|---|---|
| | | | | | 連続式 | バッチ式 | | 連続式 | バッチ式 | |
| | t | 1/h | 1/h | kg/h | kg/h | 1/ﾊﾞｯﾄ | kg/h | kg/h | 1/ﾊﾞｯﾄ | kg/ﾊﾞｯﾄ |
| **全国** | **65,888** | **2,864,377** | **731,407** | **96,015** | **59,664** | **19,856** | **240,916** | **61,815** | **324,396** | **78,976** |
| （全国農業地域） | | | | | | | | | | |
| 北海道 | 27,850 | 306,156 | 27,333 | 64,022 | 43,270 | 6,031 | 88,934 | 10,018 | 278,697 | 15,625 |
| 東北 | 4,380 | 194,738 | 31,943 | 5,088 | 5,950 | 605 | 32,400 | x | 16,271 | 8,010 |
| 北陸 | 852 | 104,134 | 16,035 | − | x | 265 | 6,840 | − | 740 | 14,017 |
| 関東 | 13,563 | 861,645 | 302,501 | 20,930 | 4,224 | 1,260 | 42,185 | 27,472 | 11,318 | x |
| 東山 | 1,039 | 76,722 | 16,117 | − | − | x | x | x | 4,670 | − |
| 東海 | 4,190 | 275,120 | 62,846 | x | − | 1,598 | 13,120 | x | 2,620 | 11,450 |
| 近畿 | 4,203 | 301,607 | 136,272 | x | − | 234 | 883 | 15,224 | 3,170 | x |
| 中国 | 2,921 | 242,278 | 41,120 | x | x | 3,010 | 13,135 | − | 3,280 | x |
| 四国 | 925 | 72,825 | 10,355 | x | x | x | 1,104 | − | 1,260 | − |
| 九州 | 5,737 | 390,912 | 80,485 | x | 4,840 | 6,637 | 41,375 | x | 2,170 | 14,223 |
| 沖縄 | 228 | 38,240 | 6,400 | − | − | − | x | − | x | − |
| （都道府県） | | | | | | | | | | |
| 北海道 | 27,850 | 306,156 | 27,333 | 64,022 | 43,270 | 6,031 | 88,934 | 10,018 | 278,697 | 15,625 |
| 青森 | x | x | x | x | x | x | x | x | x | x |
| 岩手 | 1,803 | 68,553 | 11,682 | x | x | 349 | 27,650 | x | 2,441 | x |
| 宮城 | 1,015 | 58,430 | 11,860 | − | − | x | x | − | x | − |
| 秋田 | x | x | x | x | x | x | x | x | x | x |
| 山形 | 184 | 24,230 | x | − | − | − | − | x | x | − |
| 福島 | 1,154 | 24,300 | 5,420 | x | x | − | x | − | x | x |
| 茨城 | 3,057 | 134,900 | 62,495 | x | x | − | x | 11,321 | 2,551 | x |
| 栃木 | 1,393 | 91,200 | 11,063 | x | x | 610 | 560 | − | 3,442 | − |
| 群馬 | 2,011 | 82,068 | 47,169 | x | x | 620 | 4,810 | − | 3,620 | − |
| 埼玉 | 741 | 45,541 | 49,858 | x | − | − | x | 2,871 | x | − |
| 千葉 | 1,365 | 186,260 | 29,180 | − | − | − | − | x | x | − |
| 東京 | 1,576 | 126,362 | 40,366 | x | x | x | x | x | x | − |
| 神奈川 | 3,420 | 195,314 | 62,370 | − | − | − | 28,000 | x | x | − |
| 新潟 | 489 | 55,592 | 13,585 | − | x | x | 6,740 | − | x | 14,017 |
| 富山 | x | x | x | x | x | x | x | x | x | x |
| 石川 | 198 | 24,120 | 2,000 | − | − | x | − | − | x | − |
| 福井 | x | x | x | x | x | x | x | x | x | x |
| 山梨 | 83 | 302 | 4,102 | − | − | − | − | − | x | − |
| 長野 | 956 | 76,420 | 12,015 | − | − | x | x | x | 4,090 | − |
| 岐阜 | 891 | 67,180 | 15,418 | − | − | − | 1,410 | − | 780 | − |
| 静岡 | 859 | 66,220 | 8,125 | x | − | x | 5,910 | − | 1,290 | x |
| 愛知 | 2,103 | 111,382 | 33,108 | x | − | x | x | x | − | x |
| 三重 | 337 | 30,338 | 6,195 | − | − | 443 | 800 | − | x | x |
| 滋賀 | 183 | 18,592 | 3,810 | − | − | x | x | x | x | − |
| 京都 | 1,109 | 67,000 | 65,454 | − | − | x | x | − | x | x |
| 大阪 | 1,224 | 95,037 | 37,242 | − | − | − | x | x | x | − |
| 兵庫 | 1,670 | 117,620 | 29,366 | x | − | − | − | 14,524 | 2,480 | − |
| 奈良 | x | x | x | x | x | x | x | x | x | x |
| 和歌山 | x | x | x | x | x | x | x | x | x | x |
| 鳥取 | x | x | x | x | x | x | x | x | x | x |
| 島根 | 237 | 21,830 | 3,220 | − | − | x | x | − | x | x |
| 岡山 | 1,043 | 85,508 | 9,460 | − | x | x | 9,900 | − | 660 | − |
| 広島 | 724 | 58,740 | 18,410 | − | − | − | x | − | − | − |
| 山口 | x | x | x | x | x | x | x | x | x | x |
| 徳島 | x | x | x | x | x | x | x | x | x | x |
| 香川 | x | x | x | x | x | x | x | x | x | x |
| 愛媛 | x | x | x | x | x | x | x | x | x | x |
| 高知 | x | x | x | x | x | x | x | x | x | x |
| 福岡 | 1,586 | 108,230 | 21,230 | − | − | − | x | x | x | − |
| 佐賀 | 118 | 61,500 | x | − | − | − | x | − | x | − |
| 長崎 | 162 | 21,940 | 1,410 | − | − | − | − | − | − | − |
| 熊本 | 2,585 | 100,220 | 19,970 | x | x | 4,216 | 5,180 | − | 900 | x |
| 大分 | 523 | 43,020 | 12,265 | − | x | x | x | − | x | − |
| 宮崎 | 491 | 41,860 | 7,000 | x | x | x | x | − | x | x |
| 鹿児島 | 272 | 14,142 | x | − | − | − | x | − | x | x |
| 沖縄 | 228 | 38,240 | 6,400 | − | − | − | x | − | x | − |

# 19　容器容量別牛乳生産量割合（全国農業地域別・都道府県別）（令和２年10月）

| 全国農業地域・都道府県 | 計 | | ガラスびん | | | | 紙製容器 | | | | その他 | |
|---|---|---|---|---|---|---|---|---|---|---|---|---|
| | | | 500 ml 未満 | | 500 ml 以上 | | 500 ml 未満 | | 500 ml 以上 | | | |
| | 生産量 | 生産量割合 | 生産量 | 生産量割合 | 生産量 | 生産量割合 | 生産量 | 生産量割合 | 生産量 | 生産量割合 | 生産量 | 生産量割合 |
| | kl | % | kl | % | kl | % | kl | % | kl | % | kl | % |
| **全国** | **285,651** | **100.0** | **7,385** | **2.6** | **2,595** | **0.9** | **48,289** | **16.9** | **200,760** | **70.3** | **26,622** | **9.3** |
| （全国農業地域） | | | | | | | | | | | | |
| 北海道 | 44,154 | 100.0 | 204 | 0.5 | 28 | 0.1 | 3,128 | 7.1 | 33,515 | 75.9 | 7,279 | 16.5 |
| 東北 | 18,194 | 100.0 | 408 | 2.2 | 73 | 0.4 | 3,088 | 17.0 | 12,666 | 69.6 | 1,959 | 10.8 |
| 北陸 | 6,527 | 100.0 | 70 | 1.1 | 100 | 1.5 | 1,932 | 29.6 | 4,393 | 67.3 | 32 | 0.5 |
| 関東 | 85,712 | 100.0 | 994 | 1.2 | 608 | 0.7 | 15,577 | 18.2 | 61,919 | 72.2 | 6,614 | 7.7 |
| 東山 | 9,811 | 100.0 | 904 | 9.2 | 334 | 3.4 | 213 | 2.2 | 7,630 | 77.8 | 730 | 7.4 |
| 東海 | 29,023 | 100.0 | 1,552 | 5.3 | 184 | 0.6 | 5,779 | 19.9 | 19,081 | 65.7 | 2,427 | 8.4 |
| 近畿 | 32,781 | 100.0 | 1,374 | 4.2 | 19 | 0.1 | 6,457 | 19.7 | 21,304 | 65.0 | 3,627 | 11.1 |
| 中国 | 18,773 | 100.0 | 942 | 5.0 | 570 | 3.0 | 2,153 | 11.5 | 14,383 | 76.6 | 725 | 3.9 |
| 四国 | 7,473 | 100.0 | 469 | 6.3 | - | - | 2,324 | 31.1 | 3,854 | 51.6 | 826 | 11.1 |
| 九州 | 31,549 | 100.0 | 464 | 1.5 | 679 | 2.2 | 6,901 | 21.9 | 21,137 | 67.0 | 2,368 | 7.5 |
| 沖縄 | 1,654 | 100.0 | 4 | 0.2 | - | - | 737 | 44.6 | 878 | 53.1 | 35 | 2.1 |
| （都道府県） | | | | | | | | | | | | |
| 北海道 | 44,154 | 100.0 | 204 | 0.5 | 28 | 0.1 | 3,128 | 7.1 | 33,515 | 75.9 | 7,279 | 16.5 |
| 青森 | x | x | x | x | x | x | x | x | x | x | x | x |
| 岩手 | 5,938 | 100.0 | 68 | 1.1 | 10 | 0.2 | 679 | 11.4 | 4,720 | 79.5 | 461 | 7.8 |
| 宮城 | 5,787 | 100.0 | 284 | 4.9 | 3 | 0.1 | 998 | 17.2 | 4,310 | 74.5 | 192 | 3.3 |
| 秋田 | x | x | x | x | x | x | x | x | x | x | x | x |
| 山形 | 1,979 | 100.0 | 27 | 1.4 | - | - | 380 | 19.2 | 1,460 | 73.8 | 112 | 5.7 |
| 福島 | 3,344 | 100.0 | 20 | 0.6 | 55 | 1.6 | 505 | 15.1 | 1,575 | 47.1 | 1,189 | 35.6 |
| 茨城 | 16,032 | 100.0 | 47 | 0.3 | 20 | 0.1 | 1,905 | 11.9 | 13,748 | 85.8 | 312 | 1.9 |
| 栃木 | 14,011 | 100.0 | 6 | 0.0 | 539 | 3.8 | 2,484 | 17.7 | 10,159 | 72.5 | 823 | 5.9 |
| 群馬 | 10,010 | 100.0 | 10 | 0.1 | 39 | 0.4 | 1,253 | 12.5 | 7,281 | 72.7 | 1,427 | 14.3 |
| 埼玉 | 7,439 | 100.0 | 11 | 0.1 | - | - | 2,499 | 33.6 | 3,529 | 47.4 | 1,400 | 18.8 |
| 千葉 | 15,233 | 100.0 | 542 | 3.6 | 3 | 0.0 | 3,105 | 20.4 | 11,122 | 73.0 | 461 | 3.0 |
| 東京 | 3,936 | 100.0 | 134 | 3.4 | 7 | 0.2 | 943 | 24.0 | 2,264 | 57.5 | 588 | 14.9 |
| 神奈川 | 19,051 | 100.0 | 244 | 1.3 | - | - | 3,388 | 17.8 | 13,816 | 72.5 | 1,603 | 8.4 |
| 新潟 | 3,329 | 100.0 | 38 | 1.1 | 17 | 0.5 | 874 | 26.3 | 2,381 | 71.5 | 19 | 0.6 |
| 富山 | x | x | x | x | x | x | x | x | x | x | x | x |
| 石川 | 2,347 | 100.0 | 21 | 0.9 | 79 | 3.4 | 603 | 25.7 | 1,631 | 69.5 | 13 | 0.6 |
| 福井 | x | x | x | x | x | x | x | x | x | x | x | x |
| 山梨 | 159 | 100.0 | - | - | - | - | - | - | - | - | 159 | 100.0 |
| 長野 | 9,652 | 100.0 | 904 | 9.4 | 334 | 3.5 | 213 | 2.2 | 7,630 | 79.1 | 571 | 5.9 |
| 岐阜 | 6,652 | 100.0 | 80 | 1.2 | 120 | 1.8 | 1,500 | 22.5 | 4,935 | 74.2 | 17 | 0.3 |
| 静岡 | 7,085 | 100.0 | 118 | 1.7 | 36 | 0.5 | 1,321 | 18.6 | 5,091 | 71.9 | 519 | 7.3 |
| 愛知 | 13,327 | 100.0 | 1,314 | 9.9 | 2 | 0.0 | 2,364 | 17.7 | 7,758 | 58.2 | 1,889 | 14.2 |
| 三重 | 1,959 | 100.0 | 40 | 2.0 | 26 | 1.3 | 594 | 30.3 | 1,297 | 66.2 | 2 | 0.1 |
| 滋賀 | 2,174 | 100.0 | 15 | 0.7 | 6 | 0.3 | 919 | 42.3 | 1,233 | 56.7 | 1 | 0.0 |
| 京都 | 8,621 | 100.0 | 1 | 0.0 | 7 | 0.1 | 748 | 8.7 | 6,137 | 71.2 | 1,728 | 20.0 |
| 大阪 | 9,679 | 100.0 | 1,320 | 13.6 | - | - | 2,388 | 24.7 | 5,692 | 58.8 | 279 | 2.9 |
| 兵庫 | 12,272 | 100.0 | 24 | 0.2 | 2 | 0.0 | 2,402 | 19.6 | 8,227 | 67.0 | 1,617 | 13.2 |
| 奈良 | x | x | x | x | x | x | x | x | x | x | x | x |
| 和歌山 | x | x | x | x | x | x | x | x | x | x | x | x |
| 鳥取 | x | x | x | x | x | x | x | x | x | x | x | x |
| 島根 | 1,313 | 100.0 | 30 | 2.3 | 34 | 2.6 | 301 | 22.9 | 875 | 66.6 | 73 | 5.6 |
| 岡山 | 8,388 | 100.0 | 407 | 4.9 | 4 | 0.0 | 109 | 1.3 | 7,782 | 92.8 | 86 | 1.0 |
| 広島 | 4,516 | 100.0 | 2 | 0.0 | 73 | 1.6 | 1,175 | 26.0 | 3,146 | 69.7 | 120 | 2.7 |
| 山口 | x | x | x | x | x | x | x | x | x | x | x | x |
| 徳島 | x | x | x | x | x | x | x | x | x | x | x | x |
| 香川 | x | x | x | x | x | x | x | x | x | x | x | x |
| 愛媛 | x | x | x | x | x | x | x | x | x | x | x | x |
| 高知 | x | x | x | x | x | x | x | x | x | x | x | x |
| 福岡 | 12,983 | 100.0 | 325 | 2.5 | 519 | 4.0 | 2,846 | 21.9 | 8,637 | 66.5 | 656 | 5.1 |
| 佐賀 | 1,001 | 100.0 | 33 | 3.3 | 1 | 0.1 | 349 | 34.9 | 613 | 61.2 | 5 | 0.5 |
| 長崎 | 1,140 | 100.0 | 7 | 0.6 | 20 | 1.8 | 553 | 48.5 | 549 | 48.2 | 11 | 1.0 |
| 熊本 | 9,176 | 100.0 | 52 | 0.6 | 74 | 0.8 | 1,369 | 14.9 | 6,590 | 71.8 | 1,091 | 11.9 |
| 大分 | 3,840 | 100.0 | 24 | 0.6 | 37 | 1.0 | 620 | 16.1 | 2,886 | 75.2 | 273 | 7.1 |
| 宮崎 | 2,550 | 100.0 | 1 | 0.0 | - | - | 920 | 36.1 | 1,297 | 50.9 | 332 | 13.0 |
| 鹿児島 | 859 | 100.0 | 22 | 2.6 | 28 | 3.3 | 244 | 28.4 | 565 | 65.8 | - | - |
| 沖縄 | 1,654 | 100.0 | 4 | 0.2 | - | - | 737 | 44.6 | 878 | 53.1 | 35 | 2.1 |

注：1　生産量は、10月における１か月間の牛乳の生産量である。
　　2　生産量割合については、表示単位未満を四捨五入しているため、計と内訳の合計が一致しない場合がある。

## 20　容器容量別加工乳・成分調整牛乳生産量割合（全国農業地域別・都道府県別）（令和２年10月）

| 全国農業地域・都道府県 | 計 | | ガラスびん | | | | 紙製容器 | | | | その他 | |
|---|---|---|---|---|---|---|---|---|---|---|---|---|
| | | | 500 ml 未満 | | 500 ml 以上 | | 500 ml 未満 | | 500 ml 以上 | | | |
| | 生産量 | 生産量割合 | 生産量 | 生産量割合 | 生産量 | 生産量割合 | 生産量 | 生産量割合 | 生産量 | 生産量割合 | 生産量 | 生産量割合 |
| | kl | % | kl | % | kl | % | kl | % | kl | % | kl | % |
| **全国** | **32,820** | **100.0** | **206** | **0.6** | **34** | **0.1** | **1,060** | **3.2** | **30,218** | **92.1** | **1,302** | **4.0** |
| （全国農業地域） | | | | | | | | | | | | |
| 北海道 | 7,972 | 100.0 | － | － | － | － | 25 | 0.3 | 7,891 | 99.0 | 56 | 0.7 |
| 東北 | 1,139 | 100.0 | 28 | 2.5 | － | － | － | － | 1,100 | 96.6 | 11 | 1.0 |
| 北陸 | 167 | 100.0 | 19 | 11.4 | － | － | 5 | 3.0 | 143 | 85.6 | － | － |
| 関東 | 10,825 | 100.0 | 45 | 0.4 | － | － | 303 | 2.8 | 9,998 | 92.4 | 479 | 4.4 |
| 東山 | － | － | － | － | － | － | － | － | － | － | － | － |
| 東海 | 3,618 | 100.0 | 12 | 0.3 | 2 | 0.1 | 215 | 5.9 | 3,389 | 93.7 | － | － |
| 近畿 | 2,136 | 100.0 | 32 | 1.5 | － | － | 6 | 0.3 | 2,098 | 98.2 | － | － |
| 中国 | 2,003 | 100.0 | 47 | 2.3 | 29 | 1.4 | 32 | 1.6 | 1,831 | 91.4 | 64 | 3.2 |
| 四国 | 220 | 100.0 | 14 | 6.4 | － | － | 182 | 82.7 | 24 | 10.9 | － | － |
| 九州 | 4,231 | 100.0 | 9 | 0.2 | 3 | 0.1 | 66 | 1.6 | 3,461 | 81.8 | 692 | 16.4 |
| 沖縄 | 509 | 100.0 | － | － | － | － | 226 | 44.4 | 283 | 55.6 | － | － |
| （都道府県） | | | | | | | | | | | | |
| 北海道 | 7,972 | 100.0 | － | － | － | － | 25 | 0.3 | 7,891 | 99.0 | 56 | 0.7 |
| 青森 | x | x | x | x | x | x | x | x | x | x | x | x |
| 岩手 | 560 | 100.0 | 24 | 4.3 | － | － | － | － | 525 | 93.8 | 11 | 2.0 |
| 宮城 | 238 | 100.0 | － | － | － | － | － | － | 238 | 100.0 | － | － |
| 秋田 | x | x | x | x | x | x | x | x | x | x | x | x |
| 山形 | 189 | 100.0 | － | － | － | － | － | － | 189 | 100.0 | － | － |
| 福島 | 8 | 100.0 | 4 | 50.0 | － | － | － | － | 4 | 50.0 | － | － |
| 茨城 | 321 | 100.0 | － | － | － | － | － | － | 309 | 96.3 | 12 | 3.7 |
| 栃木 | 1,039 | 100.0 | 4 | 0.4 | － | － | 199 | 19.2 | 836 | 80.5 | － | － |
| 群馬 | 1,117 | 100.0 | － | － | － | － | － | － | 1,117 | 100.0 | － | － |
| 埼玉 | 773 | 100.0 | － | － | － | － | 10 | 1.3 | 763 | 98.7 | － | － |
| 千葉 | 173 | 100.0 | 33 | 19.1 | － | － | － | － | 140 | 80.9 | － | － |
| 東京 | 1,788 | 100.0 | － | － | － | － | － | － | 1,321 | 73.9 | 467 | 26.1 |
| 神奈川 | 5,614 | 100.0 | 8 | 0.1 | － | － | 94 | 1.7 | 5,512 | 98.2 | － | － |
| 新潟 | 157 | 100.0 | 17 | 10.8 | － | － | － | － | 140 | 89.2 | － | － |
| 富山 | x | x | x | x | x | x | x | x | x | x | x | x |
| 石川 | － | － | － | － | － | － | － | － | － | － | － | － |
| 福井 | x | x | x | x | x | x | x | x | x | x | x | x |
| 山梨 | － | － | － | － | － | － | － | － | － | － | － | － |
| 長野 | － | － | － | － | － | － | － | － | － | － | － | － |
| 岐阜 | 12 | 100.0 | 6 | 50.0 | － | － | － | － | 6 | 50.0 | － | － |
| 静岡 | 540 | 100.0 | 3 | 0.6 | 1 | 0.2 | － | － | 536 | 99.3 | － | － |
| 愛知 | 2,740 | 100.0 | － | － | － | － | 21 | 0.8 | 2,719 | 99.2 | － | － |
| 三重 | 326 | 100.0 | 3 | 0.9 | 1 | 0.3 | 194 | 59.5 | 128 | 39.3 | － | － |
| 滋賀 | － | － | － | － | － | － | － | － | － | － | － | － |
| 京都 | 7 | 100.0 | － | － | － | － | － | － | 7 | 100.0 | － | － |
| 大阪 | 654 | 100.0 | 32 | 4.9 | － | － | 6 | 0.9 | 616 | 94.2 | － | － |
| 兵庫 | 1,475 | 100.0 | － | － | － | － | － | － | 1,475 | 100.0 | － | － |
| 奈良 | x | x | x | x | x | x | x | x | x | x | x | x |
| 和歌山 | x | x | x | x | x | x | x | x | x | x | x | x |
| 鳥取 | x | x | x | x | x | x | x | x | x | x | x | x |
| 島根 | 12 | 100.0 | － | － | － | － | － | － | 12 | 100.0 | － | － |
| 岡山 | 1,450 | 100.0 | 38 | 2.6 | 5 | 0.3 | 25 | 1.7 | 1,320 | 91.0 | 62 | 4.3 |
| 広島 | 215 | 100.0 | － | － | － | － | － | － | 215 | 100.0 | － | － |
| 山口 | x | x | x | x | x | x | x | x | x | x | x | x |
| 徳島 | x | x | x | x | x | x | x | x | x | x | x | x |
| 香川 | x | x | x | x | x | x | x | x | x | x | x | x |
| 愛媛 | x | x | x | x | x | x | x | x | x | x | x | x |
| 高知 | x | x | x | x | x | x | x | x | x | x | x | x |
| 福岡 | 688 | 100.0 | － | － | － | － | － | － | － | － | 688 | 100.0 |
| 佐賀 | － | － | － | － | － | － | － | － | － | － | － | － |
| 長崎 | － | － | － | － | － | － | － | － | － | － | － | － |
| 熊本 | 2,225 | 100.0 | － | － | － | － | 29 | 1.3 | 2,192 | 98.5 | 4 | 0.2 |
| 大分 | 385 | 100.0 | － | － | 3 | 0.8 | － | － | 382 | 99.2 | － | － |
| 宮崎 | 924 | 100.0 | － | － | － | － | 37 | 4.0 | 887 | 96.0 | － | － |
| 鹿児島 | 9 | 100.0 | 9 | 100.0 | － | － | － | － | － | － | － | － |
| 沖縄 | 509 | 100.0 | － | － | － | － | 226 | 44.4 | 283 | 55.6 | － | － |

注：1　生産量は、10月における１か月間の加工乳及び成分調整牛乳の生産量である。
　　2　生産量割合については、表示単位未満を四捨五入しているため、計と内訳の合計が一致しない場合がある。

## 参考　飲用牛乳等の容器容量別工場数（全国）（令和２年10月）

単位：工場

| 区分 | 計 | ガラスびん | | 紙製容器 | | その他 |
|---|---|---|---|---|---|---|
| | | 500 ml 未満 | 500 ml 以上 | 500 ml 未満 | 500 ml 以上 | |
| 牛乳 | 350 | 142 | 92 | 182 | 219 | 135 |
| 加工乳・成分調整牛乳 | 98 | 28 | 7 | 22 | 78 | 9 |

注：1　工場数は、10月末日における工場数である

　　2　「計」は牛乳又は加工乳・成分調整牛乳を製造した工場であり、計と内訳（容器容量別の工場数）は一致しない。

# Ⅲ　累年統計表

# 1　生乳生産量及び用途別処理量（全国）

| 年次・年度 | | 生乳生産量 | | | 処理 | | | | | | | | | |
|---|---|---|---|---|---|---|---|---|---|---|---|---|---|---|
| | | | | | 牛乳等向け | | | | | 乳製品向け | | | | |
| | | | | | | | | 業務用向け | | | | | チーズ向け | |
| | | 実数 | 1日当たり平均 | 対前年比 | 実数 | 対前年比 | 用途別割合 | 実数 | 対前年比 | 実数 | 対前年比 | 用途別割合 | 実数 | 対前年比 |
| | | t | t | % | t | % | % | t | % | t | % | % | t | % |
| 平成8年 | (1) | 8,656,929 | 23,653 | 103.3 | (5,186,482) | (100.8) | (59.9) | … | nc | (3,351,084) | (107.9) | (38.7) | … | nc |
| 9 | (2) | 8,645,455 | 23,686 | 99.9 | (5,156,663) | (99.4) | (59.6) | … | nc | (3,375,030) | (100.7) | (39.0) | … | nc |
| 10 | (3) | 8,572,421 | 23,486 | 99.2 | (5,046,669) | (97.9) | (58.9) | … | nc | (3,420,380) | (101.3) | (39.9) | … | nc |
| 11 | (4) | 8,459,694 | 23,177 | 98.7 | (4,950,069) | (98.1) | (58.5) | … | nc | (3,406,545) | (99.6) | (40.3) | … | nc |
| 12 | (5) | 8,497,278 | 23,217 | 100.4 | (4,970,310) | (100.4) | (58.5) | … | nc | (3,420,517) | (100.4) | (40.3) | … | nc |
| 13 | (6) | 8,300,488 | 22,741 | 97.7 | (4,941,499) | (99.4) | (59.5) | … | nc | (3,266,303) | (95.5) | (39.4) | … | nc |
| 14 | (7) | 8,385,280 | 22,973 | 101.0 | (5,002,265) | (101.2) | (59.7) | … | nc | (3,293,367) | (100.8) | (39.3) | … | nc |
| 15 | (8) | 8,400,073 | 23,014 | 100.2 | (4,974,103) | (99.4) | (59.2) | … | nc | (3,339,775) | (101.4) | (39.8) | … | nc |
| 16 | (9) | 8,328,951 | 22,757 | 99.2 | 4,594,710 | nc | 59.5 | 296,843 | nc | 3,292,397 | nc | 39.5 | … | nc |
| 17 | (10) | 8,285,215 | 22,699 | 99.5 | 4,775,335 | 96.4 | 57.6 | 303,396 | 102.2 | 3,429,456 | 104.2 | 41.4 | … | nc |
| 18 | (11) | 8,137,512 | 22,295 | 98.2 | 4,648,191 | 97.3 | 57.1 | 309,036 | 101.9 | 3,408,095 | 99.4 | 41.9 | … | nc |
| 19 | (12) | 8,007,417 | 21,938 | 98.4 | 4,520,740 | 97.3 | 56.5 | 326,223 | 105.6 | 3,402,339 | 99.8 | 42.5 | (387,813) | nc |
| 20 | (13) | 7,982,030 | 21,809 | 99.7 | 4,442,561 | 98.3 | 55.7 | 335,676 | 102.9 | 3,457,962 | 101.6 | 43.3 | (479,140) | (123.5) |
| 21 | (14) | 7,910,413 | 21,672 | 99.1 | 4,264,106 | 96.0 | 53.9 | 336,403 | 100.2 | 3,570,453 | 103.3 | 45.1 | (450,464) | (94.0) |
| 22 | (15) | 7,720,456 | 21,152 | 97.6 | 4,149,598 | 97.3 | 53.7 | 316,382 | 94.0 | 3,498,582 | 98.0 | 45.3 | (484,152) | (107.5) |
| 23 | (16) | 7,474,309 | 20,478 | 96.8 | 4,058,062 | 97.8 | 54.3 | 298,192 | 94.3 | 3,350,909 | 95.8 | 44.8 | (492,236) | (101.7) |
| 24 | (17) | 7,630,418 | 20,848 | 102.1 | 4,043,870 | 99.7 | 53.0 | 313,883 | 105.3 | 3,527,910 | 105.3 | 46.2 | (504,063) | (102.4) |
| 25 | (18) | 7,508,261 | 20,571 | 98.4 | 3,974,526 | 98.3 | 52.9 | 306,715 | 97.7 | 3,476,528 | 98.5 | 46.3 | (486,429) | (96.5) |
| 26 | (19) | 7,334,264 | 20,094 | 97.7 | 3,910,940 | 98.4 | 53.3 | 305,470 | 99.6 | 3,364,492 | 96.8 | 45.9 | (498,474) | (102.5) |
| 27 | (20) | 7,379,234 | 20,217 | 100.6 | 3,932,861 | 100.6 | 53.3 | 311,867 | 102.1 | 3,389,838 | 100.8 | 45.9 | (466,069) | (93.5) |
| 28 | (21) | 7,393,717 | 20,201 | 100.2 | 3,991,966 | 101.5 | 54.0 | 308,202 | 98.8 | 3,349,178 | 98.8 | 45.3 | (439,076) | (94.2) |
| 29 | (22) | 7,276,523 | 19,936 | 98.4 | 3,986,478 | 99.9 | 54.8 | 322,564 | 104.7 | 3,240,814 | 96.8 | 44.5 | 434,567 | nc |
| 30 | (23) | 7,289,227 | 19,970 | 100.2 | 3,999,805 | 100.3 | 54.9 | 350,351 | 108.6 | 3,243,275 | 100.1 | 44.5 | 431,267 | 99.2 |
| 令和元 | (24) | 7,313,530 | 20,037 | 100.3 | 3,999,655 | 100.0 | 54.7 | 346,127 | 98.8 | 3,269,669 | 100.8 | 44.7 | 425,778 | 98.7 |
| 2 | (25) | 7,438,218 | 20,323 | 101.7 | 4,019,561 | 100.5 | 54.0 | 300,580 | 86.8 | 3,374,111 | 103.2 | 45.4 | 432,063 | 101.5 |
| 平成8年度 | (26) | 8,658,858 | 23,723 | 102.3 | (5,188,157) | (100.7) | (59.9) | … | nc | (3,350,682) | (105.2) | (38.7) | … | nc |
| 9 | (27) | 8,628,863 | 23,641 | 99.7 | (5,122,340) | (98.7) | (59.4) | … | nc | (3,395,895) | (101.3) | (39.4) | … | nc |
| 10 | (28) | 8,549,404 | 23,423 | 99.1 | (5,025,951) | (98.1) | (58.8) | … | nc | (3,419,499) | (100.7) | (40.0) | … | nc |
| 11 | (29) | 8,513,035 | 23,260 | 99.6 | (4,939,127) | (98.3) | (58.0) | … | nc | (3,470,407) | (101.5) | (40.8) | … | nc |
| 12 | (30) | 8,414,523 | 23,053 | 98.8 | (5,003,240) | (101.3) | (59.5) | … | nc | (3,307,294) | (95.3) | (39.3) | … | nc |
| 13 | (31) | 8,311,848 | 22,772 | 98.8 | (4,903,260) | (98.0) | (59.0) | … | nc | (3,316,630) | (100.3) | (39.9) | … | nc |
| 14 | (32) | 8,379,969 | 22,959 | 100.8 | (5,046,042) | (102.9) | (60.2) | … | nc | (3,245,423) | (97.9) | (38.7) | … | nc |
| 15 | (33) | 8,404,999 | 22,964 | 100.3 | 5,017,971 | nc | 59.7 | 287,402 | nc | 3,301,744 | nc | 39.3 | … | nc |
| 16 | (34) | 8,284,746 | 22,698 | 98.6 | 4,902,004 | 97.7 | 59.2 | 302,217 | 105.2 | 3,301,434 | 100.0 | 39.8 | … | nc |
| 17 | (35) | 8,292,696 | 22,720 | 100.1 | 4,738,677 | 96.7 | 57.1 | 304,707 | 100.8 | 3,472,231 | 105.2 | 41.9 | … | nc |
| 18 | (36) | 8,090,754 | 22,166 | 97.6 | 4,620,222 | 97.5 | 57.1 | 310,125 | 101.8 | 3,388,983 | 97.6 | 41.9 | … | nc |
| 19 | (37) | 8,024,247 | 21,924 | 99.2 | 4,508,210 | 97.6 | 56.2 | 329,589 | 106.3 | 3,433,061 | 101.3 | 42.8 | (410,679) | nc |
| 20 | (38) | 7,945,110 | 21,767 | 99.0 | 4,414,770 | 97.9 | 55.6 | 338,715 | 102.8 | 3,450,730 | 100.5 | 43.4 | (473,637) | (115.3) |
| 21 | (39) | 7,881,390 | 21,593 | 99.2 | 4,218,563 | 95.6 | 53.5 | 332,833 | 98.3 | 3,586,821 | 103.9 | 45.5 | (465,357) | (98.3) |
| 22 | (40) | 7,631,304 | 20,908 | 96.8 | 4,109,761 | 97.4 | 53.9 | 300,719 | 90.4 | 3,451,217 | 96.2 | 45.2 | (497,614) | (106.9) |
| 23 | (41) | 7,533,851 | 20,584 | 98.7 | 4,082,898 | 99.3 | 54.2 | 311,362 | 103.5 | 3,387,330 | 98.1 | 45.0 | (496,106) | (99.7) |
| 24 | (42) | 7,607,356 | 20,842 | 101.0 | 4,010,692 | 98.2 | 52.7 | 308,052 | 98.9 | 3,538,102 | 104.5 | 46.5 | (484,989) | (97.8) |
| 25 | (43) | 7,447,032 | 20,403 | 97.9 | 3,964,647 | 98.9 | 53.2 | 308,848 | 100.3 | 3,425,551 | 96.8 | 46.0 | (501,691) | (103.4) |
| 26 | (44) | 7,330,871 | 20,085 | 98.4 | 3,910,165 | 98.6 | 53.3 | 303,229 | 98.2 | 3,361,201 | 98.1 | 45.8 | (485,976) | (96.9) |
| 27 | (45) | 7,407,326 | 20,239 | 101.0 | 3,953,352 | 101.1 | 53.4 | 313,351 | 103.3 | 3,398,469 | 101.1 | 45.9 | (454,709) | (93.6) |
| 28 | (46) | 7,342,475 | 20,116 | 99.1 | 3,989,455 | 100.9 | 54.3 | 310,676 | 99.1 | 3,301,787 | 97.2 | 45.0 | (444,196) | nc |
| 29 | (47) | 7,290,458 | 19,974 | 99.3 | 3,983,712 | 99.9 | 54.6 | 330,415 | 106.4 | 3,257,947 | 98.7 | 44.7 | 437,783 | nc |
| 30 | (48) | 7,282,255 | 19,951 | 99.9 | 4,006,039 | 100.6 | 55.0 | 348,977 | 105.6 | 3,231,140 | 99.2 | 44.4 | 423,134 | 96.7 |
| 令和元 | (49) | 7,362,387 | 20,116 | 101.1 | 3,996,355 | 99.8 | 54.3 | 338,821 | 97.1 | 3,321,553 | 102.8 | 45.1 | 424,273 | 100.3 |

注：1　平成15年4月調査より、牛乳等向けのうち「業務用向け」の調査項目を追加した。また、「牛乳等向け」及び「乳製品向け」の調査定義を変更したため、平成16年及び平成15年度の対前年比を計算不能（nc）とした。
なお、調査定義変更前の数値は、（　）書きで表示した。
2　平成19年1月調査より、乳製品向けのうち「チーズ向け」、「クリーム等向け」及びその他のうち「欠減」の調査項目を追加した。

| 内訳 | | | | | | | | | | | |
|---|---|---|---|---|---|---|---|---|---|---|---|
| 品向け | | | | | | その他向け | | | | | |
| クリーム向け | | 脱脂濃縮乳向け | | 濃縮乳向け | | | | | 欠減 | | |
| 実数 | 対前年比 | 実数 | 対前年比 | 実数 | 対前年比 | 実数 | 対前年比 | 用途別割合 | 実数 | 対前年比 | |
| t | % | t | % | t | % | t | % | % | t | % | |
| … | nc | … | nc | … | nc | 119,363 | 89.8 | 1.4 | … | nc | (1) |
| … | nc | … | nc | … | nc | 113,762 | 95.3 | 1.3 | … | nc | (2) |
| … | nc | … | nc | … | nc | 105,372 | 92.6 | 1.2 | … | nc | (3) |
| … | nc | … | nc | … | nc | 103,080 | 97.8 | 1.2 | … | nc | (4) |
| … | nc | … | nc | … | nc | 106,451 | 103.3 | 1.3 | … | nc | (5) |
| … | nc | … | nc | … | nc | 92,686 | 87.1 | 1.1 | … | nc | (6) |
| … | nc | … | nc | … | nc | 89,648 | 96.7 | 1.1 | … | nc | (7) |
| … | nc | … | nc | … | nc | 86,195 | 96.1 | 1.0 | … | nc | (8) |
| … | nc | … | nc | … | nc | 81,844 | 95.0 | 1.0 | … | nc | (9) |
| … | nc | … | nc | … | nc | 80,424 | 98.3 | 1.0 | … | nc | (10) |
| … | nc | … | nc | … | nc | 81,226 | 101.0 | 1.0 | … | nc | (11) |
| … | nc | … | nc | … | nc | 84,338 | 103.8 | 1.1 | 20,632 | nc | (12) |
| … | nc | … | nc | … | nc | 81,507 | 96.6 | 1.0 | 20,677 | 100.2 | (13) |
| … | nc | … | nc | … | nc | 75,854 | 93.1 | 1.0 | 18,472 | 89.3 | (14) |
| … | nc | … | nc | … | nc | 72,276 | 95.3 | 0.9 | 19,363 | 104.8 | (15) |
| … | nc | … | nc | … | nc | 65,338 | 90.4 | 0.9 | 13,022 | 67.3 | (16) |
| … | nc | … | nc | … | nc | 58,638 | 89.7 | 0.8 | 12,443 | 95.6 | (17) |
| … | nc | … | nc | … | nc | 57,207 | 97.6 | 0.8 | 11,040 | 88.7 | (18) |
| … | nc | … | nc | … | nc | 58,832 | 102.8 | 0.8 | 10,392 | 94.1 | (19) |
| … | nc | … | nc | … | nc | 56,535 | 96.1 | 0.8 | 10,748 | 103.4 | (20) |
| … | nc | … | nc | … | nc | 52,573 | 93.0 | 0.7 | 11,218 | 104.4 | (21) |
| 753,215 | nc | 533,348 | nc | 7,997 | nc | 49,231 | 93.6 | 0.7 | 9,214 | 82.1 | (22) |
| 769,219 | 102.1 | 543,495 | 101.9 | 7,889 | 98.6 | 46,147 | 93.7 | 0.6 | 9,918 | 107.6 | (23) |
| 710,369 | 92.3 | 550,379 | 101.3 | 6,999 | 88.7 | 44,206 | 95.8 | 0.6 | 10,258 | 103.4 | (24) |
| 675,114 | 95.0 | 531,554 | 96.6 | 5,990 | 85.6 | 44,546 | 100.8 | 0.6 | 10,120 | 98.7 | (25) |
| … | nc | … | nc | … | nc | 120,019 | 92.7 | 1.4 | … | nc | (26) |
| … | nc | … | nc | … | nc | 110,628 | 92.2 | 1.3 | … | nc | (27) |
| … | nc | … | nc | … | nc | 103,954 | 94.0 | 1.2 | … | nc | (28) |
| … | nc | … | nc | … | nc | 103,501 | 99.6 | 1.2 | … | nc | (29) |
| … | nc | … | nc | … | nc | 103,989 | 100.5 | 1.2 | … | nc | (30) |
| … | nc | … | nc | … | nc | 91,958 | 88.4 | 1.1 | … | nc | (31) |
| … | nc | … | nc | … | nc | 88,504 | 96.2 | 1.1 | … | nc | (32) |
| … | nc | … | nc | … | nc | 85,284 | 96.4 | 1.0 | … | nc | (33) |
| … | nc | … | nc | … | nc | 81,308 | 95.3 | 1.0 | … | nc | (34) |
| … | nc | … | nc | … | nc | 81,788 | 100.6 | 1.0 | … | nc | (35) |
| … | nc | … | nc | … | nc | 81,549 | 99.7 | 1.0 | … | nc | (36) |
| … | nc | … | nc | … | nc | 82,976 | 101.7 | 1.0 | 20,603 | nc | (37) |
| … | nc | … | nc | … | nc | 79,610 | 95.9 | 1.0 | 19,643 | 95.3 | (38) |
| … | nc | … | nc | … | nc | 76,006 | 95.5 | 1.0 | 19,187 | 97.7 | (39) |
| … | nc | … | nc | … | nc | 70,326 | 92.5 | 0.9 | 18,028 | 94.0 | (40) |
| … | nc | … | nc | … | nc | 63,623 | 90.5 | 0.8 | 12,533 | 69.5 | (41) |
| … | nc | … | nc | … | nc | 58,562 | 92.0 | 0.8 | 12,390 | 98.9 | (42) |
| … | nc | … | nc | … | nc | 56,834 | 97.0 | 0.8 | 10,687 | 86.3 | (43) |
| … | nc | … | nc | … | nc | 59,505 | 104.7 | 0.8 | 10,195 | 95.4 | (44) |
| … | nc | … | nc | … | nc | 55,505 | 93.3 | 0.7 | 10,957 | 107.5 | (45) |
| … | nc | … | nc | … | nc | 51,233 | 92.3 | 0.7 | 10,932 | 99.8 | (46) |
| 763,867 | nc | 536,498 | nc | 8,047 | nc | 48,799 | 95.2 | 0.7 | 9,155 | 83.7 | (47) |
| 756,969 | 99.1 | 546,354 | 101.8 | 7,778 | 96.7 | 45,076 | 92.4 | 0.6 | 10,108 | 110.4 | (48) |
| 703,963 | 93.0 | 549,005 | 100.5 | 6,829 | 87.8 | 44,479 | 98.7 | 0.6 | 10,404 | 102.9 | (49) |

3　平成29年1月調査より、乳製品向けのうち「クリーム等向け」を「クリーム向け」、「脱脂濃縮乳向け」及び「濃縮乳向け」に区分し、また、「クリーム向け」及び「チーズ向け」の調査定義を変更したため、平成29年（各月）及び平成28年度の対前年比を計算不能（nc）とした。
なお、調査定義変更前の数値は、（　）書きで表示した。

# 1　生乳生産量及び用途別処理量（全国）（続き）

| 年次・月別 | | 生乳生産量 | | | 処理 | | | | | | | | | |
|---|---|---|---|---|---|---|---|---|---|---|---|---|---|---|
| | | | | | 牛乳等向け | | | | | 乳製 | | | | |
| | | | | | | | | 業務用向け | | | | | チーズ向け | |
| | | 実数 | 1日当たり平均 | 対前年比 | 実数 | 対前年比 | 用途別割合 | 実数 | 対前年比 | 実数 | 対前年比 | 用途別割合 | 実数 | 対前年比 |
| | | t | t | % | t | % | % | t | % | t | % | % | t | % |
| 平成29年1月 | (50) | 614, 927 | 19, 836 | 98. 0 | 321, 459 | 101. 3 | 52. 3 | 25, 963 | 109. 5 | 289, 266 | 94. 8 | 47. 0 | 36, 832 | nc |
| 2 | (51) | 566, 474 | 20, 231 | 95. 2 | 306, 000 | 97. 6 | 54. 0 | 23, 452 | 96. 5 | 256, 412 | 92. 5 | 45. 3 | 37, 202 | nc |
| 3 | (52) | 633, 944 | 20, 450 | 98. 4 | 322, 188 | 100. 3 | 50. 8 | 27, 148 | 104. 1 | 307, 678 | 96. 7 | 48. 5 | 43, 634 | nc |
| 4 | (53) | 616, 303 | 20, 543 | 97. 8 | 327, 112 | 101. 2 | 53. 1 | 26, 501 | 106. 5 | 285, 126 | 94. 2 | 46. 3 | 36, 796 | nc |
| 5 | (54) | 644, 976 | 20, 806 | 98. 7 | 346, 983 | 99. 1 | 53. 8 | 26, 165 | 100. 6 | 293, 857 | 98. 3 | 45. 6 | 36, 633 | nc |
| 6 | (55) | 614, 343 | 20, 478 | 98. 1 | 346, 235 | 98. 8 | 56. 4 | 24, 511 | 102. 7 | 264, 159 | 97. 2 | 43. 0 | 36, 800 | nc |
| 7 | (56) | 610, 166 | 19, 683 | 96. 7 | 346, 146 | 100. 3 | 56. 7 | 25, 166 | 104. 7 | 259, 905 | 92. 2 | 42. 6 | 36, 363 | nc |
| 8 | (57) | 600, 537 | 19, 372 | 98. 4 | 327, 538 | 99. 6 | 54. 5 | 26, 209 | 106. 7 | 268, 912 | 97. 0 | 44. 8 | 35, 896 | nc |
| 9 | (58) | 580, 703 | 19, 357 | 99. 2 | 349, 672 | 100. 2 | 60. 2 | 27, 173 | 99. 7 | 226, 917 | 97. 8 | 39. 1 | 34, 365 | nc |
| 10 | (59) | 600, 676 | 19, 377 | 100. 0 | 347, 372 | 99. 1 | 57. 8 | 31, 050 | 112. 5 | 249, 086 | 101. 5 | 41. 5 | 30, 974 | nc |
| 11 | (60) | 582, 570 | 19, 419 | 100. 6 | 329, 697 | 99. 8 | 56. 6 | 30, 229 | 105. 6 | 248, 740 | 101. 6 | 42. 7 | 31, 849 | nc |
| 12 | (61) | 610, 904 | 19, 707 | 100. 2 | 316, 076 | 101. 3 | 51. 7 | 28, 997 | 106. 3 | 290, 756 | 99. 0 | 47. 6 | 37, 223 | nc |
| 30年1月 | (62) | 621, 288 | 20, 042 | 101. 0 | 324, 296 | 100. 9 | 52. 2 | 28, 101 | 108. 2 | 292, 995 | 101. 3 | 47. 2 | 38, 560 | 104. 7 |
| 2 | (63) | 568, 874 | 20, 317 | 100. 4 | 303, 308 | 99. 1 | 53. 3 | 27, 022 | 115. 2 | 261, 628 | 102. 0 | 46. 0 | 38, 696 | 104. 0 |
| 3 | (64) | 639, 118 | 20, 617 | 100. 8 | 319, 277 | 99. 1 | 50. 0 | 29, 291 | 107. 9 | 315, 866 | 102. 7 | 49. 4 | 43, 628 | 100. 0 |
| 4 | (65) | 623, 312 | 20, 777 | 101. 1 | 324, 152 | 99. 1 | 52. 0 | 28, 307 | 106. 8 | 295, 369 | 103. 6 | 47. 4 | 36, 433 | 99. 0 |
| 5 | (66) | 647, 555 | 20, 889 | 100. 4 | 351, 840 | 101. 4 | 54. 3 | 29, 555 | 113. 0 | 291, 917 | 99. 3 | 45. 1 | 36, 296 | 99. 1 |
| 6 | (67) | 620, 517 | 20, 684 | 101. 0 | 351, 414 | 101. 5 | 56. 6 | 28, 210 | 115. 1 | 265, 348 | 100. 5 | 42. 8 | 35, 323 | 96. 0 |
| 7 | (68) | 616, 231 | 19, 878 | 101. 0 | 350, 381 | 101. 2 | 56. 9 | 26, 853 | 106. 7 | 261, 977 | 100. 8 | 42. 5 | 37, 166 | 102. 2 |
| 8 | (69) | 606, 470 | 19, 564 | 101. 0 | 333, 318 | 101. 8 | 55. 0 | 28, 568 | 109. 0 | 269, 323 | 100. 2 | 44. 4 | 35, 162 | 98. 0 |
| 9 | (70) | 560, 308 | 18, 677 | 96. 5 | 339, 380 | 97. 1 | 60. 6 | 28, 386 | 104. 5 | 217, 091 | 95. 7 | 38. 7 | 27, 846 | 81. 0 |
| 10 | (71) | 596, 228 | 19, 233 | 99. 3 | 354, 844 | 102. 2 | 59. 5 | 34, 192 | 110. 1 | 237, 565 | 95. 4 | 39. 8 | 31, 958 | 103. 2 |
| 11 | (72) | 579, 820 | 19, 327 | 99. 5 | 332, 984 | 101. 0 | 57. 4 | 32, 328 | 106. 9 | 243, 016 | 97. 7 | 41. 9 | 31, 979 | 100. 4 |
| 12 | (73) | 609, 506 | 19, 661 | 99. 8 | 314, 611 | 99. 5 | 51. 6 | 29, 538 | 101. 9 | 291, 180 | 100. 1 | 47. 8 | 38, 220 | 102. 7 |
| 31年1月 | (74) | 615, 920 | 19, 868 | 99. 1 | 325, 861 | 100. 5 | 52. 9 | 28, 509 | 101. 5 | 286, 198 | 97. 7 | 46. 5 | 37, 684 | 97. 7 |
| 2 | (75) | 567, 072 | 20, 253 | 99. 7 | 305, 411 | 100. 7 | 53. 9 | 26, 369 | 97. 6 | 258, 297 | 98. 7 | 45. 5 | 35, 716 | 92. 3 |
| 3 | (76) | 639, 316 | 20, 623 | 100. 0 | 321, 843 | 100. 8 | 50. 3 | 28, 162 | 96. 1 | 313, 859 | 99. 4 | 49. 1 | 39, 351 | 90. 2 |
| 4 | (77) | 622, 418 | 20, 747 | 99. 9 | 323, 425 | 99. 8 | 52. 0 | 29, 797 | 105. 3 | 295, 369 | 100. 0 | 47. 5 | 35, 441 | 97. 3 |
| 令和元年5月 | (78) | 644, 183 | 20, 780 | 99. 5 | 347, 893 | 98. 9 | 54. 0 | 28, 954 | 98. 0 | 292, 634 | 100. 2 | 45. 4 | 37, 843 | 104. 3 |
| 6 | (79) | 618, 867 | 20, 629 | 99. 7 | 349, 677 | 99. 5 | 56. 5 | 28, 020 | 99. 3 | 265, 471 | 100. 0 | 42. 9 | 36, 006 | 101. 9 |
| 7 | (80) | 623, 259 | 20, 105 | 101. 1 | 339, 492 | 96. 9 | 54. 5 | 25, 650 | 95. 5 | 280, 019 | 106. 9 | 44. 9 | 34, 646 | 93. 2 |
| 8 | (81) | 595, 598 | 19, 213 | 98. 2 | 331, 514 | 99. 5 | 55. 7 | 28, 271 | 99. 0 | 260, 327 | 96. 7 | 43. 7 | 33, 723 | 95. 9 |
| 9 | (82) | 583, 513 | 19, 450 | 104. 1 | 349, 598 | 103. 0 | 59. 9 | 30, 432 | 107. 2 | 230, 154 | 106. 0 | 39. 4 | 32, 322 | 116. 1 |
| 10 | (83) | 601, 947 | 19, 418 | 101. 0 | 356, 019 | 100. 3 | 59. 1 | 32, 097 | 93. 9 | 242, 190 | 101. 9 | 40. 2 | 32, 925 | 103. 0 |
| 11 | (84) | 585, 432 | 19, 514 | 101. 0 | 331, 531 | 99. 6 | 56. 6 | 30, 123 | 93. 2 | 250, 143 | 102. 9 | 42. 7 | 33, 837 | 105. 8 |
| 12 | (85) | 616, 005 | 19, 871 | 101. 1 | 317, 391 | 100. 9 | 51. 5 | 29, 743 | 100. 7 | 295, 008 | 101. 3 | 47. 9 | 36, 284 | 94. 9 |
| 2年1月 | (86) | 624, 875 | 20, 157 | 101. 5 | 325, 479 | 99. 9 | 52. 1 | 26, 576 | 93. 2 | 295, 657 | 103. 3 | 47. 3 | 36, 283 | 96. 3 |
| 2 | (87) | 596, 539 | 20, 570 | 105. 2 | 314, 118 | 102. 9 | 52. 7 | 25, 018 | 94. 9 | 278, 785 | 107. 9 | 46. 7 | 33, 505 | 93. 8 |
| 3 | (88) | 649, 751 | 20, 960 | 101. 6 | 311, 006 | 96. 6 | 47. 9 | 24, 928 | 88. 5 | 335, 008 | 106. 7 | 51. 6 | 41, 458 | 105. 4 |
| 4 | (89) | 633, 914 | 21, 130 | 101. 8 | 314, 441 | 97. 2 | 49. 6 | 21, 552 | 72. 3 | 315, 848 | 106. 9 | 49. 8 | 38, 810 | 109. 5 |
| 5 | (90) | 657, 120 | 21, 197 | 102. 0 | 335, 101 | 96. 3 | 51. 0 | 18, 850 | 65. 1 | 318, 410 | 108. 8 | 48. 5 | 43, 818 | 115. 8 |
| 6 | (91) | 623, 450 | 20, 782 | 100. 7 | 355, 202 | 101. 6 | 57. 0 | 23, 466 | 83. 7 | 264, 526 | 99. 6 | 42. 4 | 35, 701 | 99. 2 |
| 7 | (92) | 627, 939 | 20, 256 | 100. 8 | 359, 884 | 106. 0 | 57. 3 | 24, 875 | 97. 0 | 264, 284 | 94. 4 | 42. 1 | 33, 278 | 96. 1 |
| 8 | (93) | 607, 364 | 19, 592 | 102. 0 | 345, 174 | 104. 1 | 56. 8 | 24, 753 | 87. 6 | 258, 434 | 99. 3 | 42. 6 | 34, 367 | 101. 9 |
| 9 | (94) | 589, 070 | 19, 636 | 101. 0 | 355, 038 | 101. 6 | 60. 3 | 27, 305 | 89. 7 | 230, 274 | 100. 1 | 39. 1 | 32, 761 | 101. 4 |
| 10 | (95) | 612, 391 | 19, 755 | 101. 7 | 352, 934 | 99. 1 | 57. 6 | 28, 548 | 88. 9 | 255, 707 | 105. 6 | 41. 8 | 33, 205 | 100. 9 |
| 11 | (96) | 593, 699 | 19, 790 | 101. 4 | 330, 346 | 99. 6 | 55. 6 | 29, 016 | 96. 3 | 259, 590 | 103. 8 | 43. 7 | 32, 919 | 97. 3 |
| 12 | (97) | 622, 106 | 20, 068 | 101. 0 | 320, 838 | 101. 1 | 51. 6 | 25, 693 | 86. 4 | 297, 588 | 100. 9 | 47. 8 | 35, 958 | 99. 1 |

| 内訳 | | | | | | | | | | | |
| --- | --- | --- | --- | --- | --- | --- | --- | --- | --- | --- | --- |
| 品向け | | | | | | その他向け | | | | | |
| クリーム向け | | 脱脂濃縮乳向け | | 濃縮乳向け | | | | | 欠減 | | |
| 実数 | 対前年比 | 実数 | 対前年比 | 実数 | 対前年比 | 実数 | 対前年比 | 用途別割合 | 実数 | 対前年比 | |
| t | % | t | % | t | % | t | % | % | t | % | |
| 57,982 | nc | 43,294 | nc | 591 | nc | 4,202 | 92.2 | 0.7 | 835 | 97.0 | (50) |
| 54,592 | nc | 38,590 | nc | 461 | nc | 4,062 | 89.9 | 0.7 | 721 | 86.2 | (51) |
| 63,846 | nc | 48,413 | nc | 642 | nc | 4,078 | 88.5 | 0.6 | 765 | 84.1 | (52) |
| 60,239 | nc | 45,196 | nc | 698 | nc | 4,065 | 91.4 | 0.7 | 719 | 66.7 | (53) |
| 61,952 | nc | 47,400 | nc | 626 | nc | 4,136 | 95.5 | 0.6 | 799 | 82.2 | (54) |
| 61,861 | nc | 44,250 | nc | 751 | nc | 3,949 | 93.7 | 0.6 | 809 | 95.0 | (55) |
| 64,519 | nc | 47,521 | nc | 678 | nc | 4,115 | 96.8 | 0.7 | 747 | 85.5 | (56) |
| 62,902 | nc | 47,443 | nc | 708 | nc | 4,087 | 95.6 | 0.7 | 718 | 79.1 | (57) |
| 62,586 | nc | 44,871 | nc | 705 | nc | 4,114 | 94.7 | 0.7 | 751 | 77.5 | (58) |
| 65,291 | nc | 43,981 | nc | 694 | nc | 4,218 | 92.2 | 0.7 | 837 | 69.2 | (59) |
| 66,985 | nc | 42,203 | nc | 849 | nc | 4,133 | 97.4 | 0.7 | 775 | 87.3 | (60) |
| 70,460 | nc | 40,186 | nc | 594 | nc | 4,072 | 96.7 | 0.7 | 738 | 85.7 | (61) |
| 61,565 | 106.2 | 44,087 | 101.8 | 529 | 89.5 | 3,997 | 95.1 | 0.6 | 781 | 93.5 | (62) |
| 58,155 | 106.5 | 41,558 | 107.7 | 579 | 125.6 | 3,938 | 96.9 | 0.7 | 722 | 100.1 | (63) |
| 67,352 | 105.5 | 47,802 | 98.7 | 636 | 99.1 | 3,975 | 97.5 | 0.6 | 759 | 99.2 | (64) |
| 64,365 | 106.8 | 47,144 | 104.3 | 724 | 103.7 | 3,791 | 93.3 | 0.6 | 799 | 111.1 | (65) |
| 64,581 | 104.2 | 48,206 | 101.7 | 622 | 99.4 | 3,798 | 91.8 | 0.6 | 811 | 101.5 | (66) |
| 64,076 | 103.6 | 46,380 | 104.8 | 722 | 96.1 | 3,755 | 95.1 | 0.6 | 765 | 94.6 | (67) |
| 62,891 | 97.5 | 47,844 | 100.7 | 784 | 115.6 | 3,873 | 94.1 | 0.6 | 870 | 116.5 | (68) |
| 63,084 | 100.3 | 46,593 | 98.2 | 803 | 113.4 | 3,829 | 93.7 | 0.6 | 824 | 114.8 | (69) |
| 60,823 | 97.2 | 42,100 | 93.8 | 503 | 71.3 | 3,837 | 93.3 | 0.7 | 1,237 | 164.7 | (70) |
| 64,468 | 98.7 | 47,005 | 106.9 | 634 | 91.4 | 3,819 | 90.5 | 0.6 | 811 | 96.9 | (71) |
| 68,635 | 102.5 | 44,445 | 105.3 | 769 | 90.6 | 3,820 | 92.4 | 0.7 | 824 | 106.3 | (72) |
| 69,224 | 98.2 | 40,331 | 100.4 | 584 | 98.3 | 3,715 | 91.2 | 0.6 | 715 | 96.9 | (73) |
| 56,646 | 92.0 | 46,022 | 104.4 | 496 | 93.8 | 3,861 | 96.6 | 0.6 | 866 | 110.9 | (74) |
| 55,195 | 94.9 | 42,034 | 101.1 | 443 | 76.5 | 3,364 | 85.4 | 0.6 | 769 | 106.5 | (75) |
| 62,981 | 93.5 | 48,250 | 100.9 | 694 | 109.1 | 3,614 | 90.9 | 0.6 | 817 | 107.6 | (76) |
| 61,223 | 95.1 | 46,664 | 99.0 | 702 | 97.0 | 3,624 | 95.6 | 0.6 | 825 | 103.3 | (77) |
| 57,728 | 89.4 | 46,955 | 97.4 | 733 | 117.8 | 3,656 | 96.3 | 0.6 | 856 | 105.5 | (78) |
| 56,864 | 88.7 | 46,541 | 100.3 | 539 | 74.7 | 3,719 | 99.0 | 0.6 | 869 | 113.6 | (79) |
| 59,524 | 94.6 | 48,398 | 101.2 | 546 | 69.6 | 3,748 | 96.8 | 0.6 | 892 | 102.5 | (80) |
| 57,115 | 90.5 | 47,634 | 102.2 | 521 | 64.9 | 3,757 | 98.1 | 0.6 | 906 | 110.0 | (81) |
| 56,008 | 92.1 | 45,235 | 107.4 | 568 | 112.9 | 3,761 | 98.0 | 0.6 | 909 | 73.5 | (82) |
| 60,328 | 93.6 | 45,697 | 97.2 | 632 | 99.7 | 3,738 | 97.9 | 0.6 | 884 | 109.0 | (83) |
| 62,228 | 90.7 | 43,550 | 98.0 | 603 | 78.4 | 3,758 | 98.4 | 0.6 | 906 | 110.0 | (84) |
| 64,529 | 93.2 | 43,399 | 107.6 | 522 | 89.4 | 3,606 | 97.1 | 0.6 | 759 | 106.2 | (85) |
| 56,810 | 100.3 | 44,418 | 96.5 | 518 | 104.4 | 3,739 | 96.8 | 0.6 | 897 | 103.6 | (86) |
| 54,486 | 98.7 | 42,671 | 101.5 | 456 | 102.9 | 3,636 | 108.1 | 0.6 | 797 | 103.6 | (87) |
| 57,120 | 90.7 | 47,843 | 99.2 | 489 | 70.5 | 3,737 | 103.4 | 0.6 | 904 | 110.6 | (88) |
| 46,950 | 76.7 | 45,039 | 96.5 | 431 | 61.4 | 3,625 | 100.0 | 0.6 | 799 | 96.8 | (89) |
| 53,524 | 92.7 | 46,128 | 98.2 | 459 | 62.6 | 3,609 | 98.7 | 0.5 | 786 | 91.8 | (90) |
| 53,909 | 94.8 | 45,568 | 97.9 | 468 | 86.8 | 3,722 | 100.1 | 0.6 | 847 | 97.5 | (91) |
| 57,539 | 96.7 | 46,231 | 95.5 | 568 | 104.0 | 3,771 | 100.6 | 0.6 | 871 | 97.6 | (92) |
| 53,551 | 93.8 | 45,132 | 94.7 | 485 | 93.1 | 3,756 | 100.0 | 0.6 | 855 | 94.4 | (93) |
| 54,510 | 97.3 | 43,019 | 95.1 | 413 | 72.7 | 3,758 | 99.9 | 0.6 | 861 | 94.7 | (94) |
| 60,851 | 100.9 | 43,975 | 96.2 | 666 | 105.4 | 3,750 | 100.3 | 0.6 | 851 | 96.3 | (95) |
| 62,606 | 100.6 | 41,295 | 94.8 | 575 | 95.4 | 3,763 | 100.1 | 0.6 | 862 | 95.1 | (96) |
| 63,258 | 98.0 | 40,235 | 92.7 | 462 | 88.5 | 3,680 | 102.1 | 0.6 | 790 | 104.1 | (97) |

## 2　生乳生産量及び用途別処理量（全国農業地域別）

単位：t

| 全国農業地域・用途別処理内訳 | 年次 | | | | | 年度 | | | | |
|---|---|---|---|---|---|---|---|---|---|---|
| | 平成28年 | 29 | 30 | 令和元 | 2 | 平成27年度 | 28 | 29 | 30 | 令和元 |
| 全国 | | | | | | | | | | |
| 生乳生産量 | 7,393,717 | 7,276,523 | 7,289,227 | 7,313,530 | 7,438,218 | 7,407,326 | 7,342,475 | 7,290,458 | 7,282,255 | 7,362,387 |
| 処理量 | 7,393,717 | 7,276,523 | 7,289,227 | 7,313,530 | 7,438,218 | 7,407,326 | 7,342,475 | 7,290,458 | 7,282,255 | 7,362,387 |
| 牛乳等向け | 3,991,966 | 3,986,478 | 3,999,805 | 3,999,655 | 4,019,561 | 3,953,352 | 3,989,455 | 3,983,712 | 4,006,039 | 3,997,143 |
| うち、業務用向け | 308,202 | 322,564 | 350,351 | 346,127 | 300,580 | 313,351 | 310,676 | 330,415 | 348,977 | 339,609 |
| 乳製品向け | 3,349,178 | 3,240,814 | 3,243,275 | 3,269,669 | 3,374,111 | 3,398,469 | 3,301,787 | 3,257,947 | 3,231,140 | 3,320,765 |
| うち、チーズ向け | (439,076) | 434,567 | 431,267 | 425,778 | 432,063 | (454,709) | (444,196) | 437,783 | 423,134 | 424,273 |
| クリーム向け | … | 753,215 | 769,219 | 710,369 | 675,114 | … | … | 763,867 | 756,969 | 703,963 |
| 脱脂濃縮乳向け | … | 533,348 | 543,495 | 550,379 | 531,554 | … | … | 536,498 | 546,354 | 549,005 |
| 濃縮乳向け | … | 7,997 | 7,889 | 6,999 | 5,990 | … | … | 8,047 | 7,778 | 6,829 |
| その他 | 52,573 | 49,231 | 46,147 | 44,206 | 44,546 | 55,505 | 51,233 | 48,799 | 45,076 | 44,479 |
| うち、欠減 | 11,218 | 9,214 | 9,918 | 10,258 | 10,120 | 10,957 | 10,932 | 9,155 | 10,108 | 10,404 |
| 北海道 | | | | | | | | | | |
| 生乳生産量 | 3,934,183 | 3,892,895 | 3,965,193 | 4,048,197 | 4,153,714 | 3,911,711 | 3,904,628 | 3,922,023 | 3,967,129 | 4,091,916 |
| 処理量 | 3,549,555 | 3,449,089 | 3,475,926 | 3,518,650 | 3,620,890 | 3,573,219 | 3,504,555 | 3,469,556 | 3,474,598 | 3,562,906 |
| 牛乳等向け | 573,044 | 548,156 | 554,893 | 556,498 | 570,743 | 565,124 | 565,039 | 546,681 | 560,384 | 556,628 |
| うち、業務用向け | 71,539 | 71,188 | 73,495 | 74,069 | 62,617 | 71,086 | 71,609 | 71,596 | 74,934 | 70,502 |
| 乳製品向け | 2,952,739 | 2,878,104 | 2,897,634 | 2,939,035 | 3,027,079 | 2,982,198 | 2,916,410 | 2,900,484 | 2,890,524 | 2,982,929 |
| うち、チーズ向け | (431,820) | 427,620 | 425,033 | 419,702 | 426,904 | (447,061) | (436,990) | 431,036 | 416,912 | 418,456 |
| クリーム向け | … | 663,380 | 682,903 | 631,305 | 603,781 | … | … | 673,730 | 673,180 | 626,368 |
| 脱脂濃縮乳向け | … | 529,037 | 539,319 | 545,635 | 527,148 | … | … | 532,369 | 541,901 | 544,379 |
| 濃縮乳向け | … | 7,624 | 7,517 | 6,639 | 5,613 | … | … | 7,675 | 7,411 | 6,469 |
| その他 | 23,772 | 22,829 | 23,399 | 23,117 | 23,068 | 25,897 | 23,106 | 22,391 | 23,690 | 23,349 |
| うち、欠減 | 639 | 553 | 1,012 | 554 | 571 | 451 | 709 | 512 | 1,039 | 567 |
| 東北 | | | | | | | | | | |
| 生乳生産量 | 572,790 | 564,863 | 556,714 | 548,641 | 553,395 | 576,704 | 570,303 | 562,277 | 555,860 | 550,468 |
| 処理量 | 403,035 | 384,390 | 384,370 | 378,418 | 367,869 | 404,309 | 398,858 | 384,388 | 384,112 | 374,706 |
| 牛乳等向け | 296,219 | 289,064 | 296,198 | 290,549 | 277,402 | 289,622 | 294,509 | 291,535 | 296,104 | 286,062 |
| うち、業務用向け | 22,613 | 23,951 | 23,570 | 24,342 | 19,264 | 20,563 | 23,427 | 23,501 | 24,021 | 23,674 |
| 乳製品向け | 102,080 | 90,763 | 84,504 | 84,817 | 87,592 | 109,763 | 99,693 | 88,287 | 84,680 | 85,642 |
| うち、チーズ向け | (2,408) | 2,418 | 2,045 | 1,882 | 1,440 | (2,791) | (2,369) | 2,371 | 2,029 | 1,718 |
| クリーム向け | … | 7,271 | 6,941 | 7,853 | 7,071 | … | … | 7,015 | 7,255 | 8,014 |
| 脱脂濃縮乳向け | … | 576 | 580 | 644 | 473 | … | … | 543 | 614 | 621 |
| 濃縮乳向け | … | - | - | - | - | … | … | - | - | - |
| その他 | 4,736 | 4,563 | 3,668 | 3,052 | 2,875 | 4,924 | 4,656 | 4,566 | 3,328 | 3,002 |
| うち、欠減 | 374 | 310 | 317 | 376 | 354 | 364 | 360 | 313 | 335 | 382 |
| 北陸 | | | | | | | | | | |
| 生乳生産量 | 88,146 | 83,338 | 79,301 | 75,347 | 74,958 | 91,119 | 86,807 | 82,343 | 78,302 | 75,081 |
| 処理量 | 98,082 | 100,386 | 97,657 | 92,694 | 87,730 | 98,890 | 98,813 | 98,839 | 98,077 | 89,341 |
| 牛乳等向け | 95,120 | 97,477 | 94,812 | 89,606 | 84,750 | 95,844 | 95,990 | 95,900 | 95,164 | 86,179 |
| うち、業務用向け | 4,324 | 4,831 | 5,503 | 6,403 | 5,750 | 4,970 | 4,419 | 4,887 | 5,512 | 6,427 |
| 乳製品向け | 2,380 | 2,351 | 2,223 | 2,493 | 2,407 | 2,446 | 2,233 | 2,347 | 2,336 | 2,520 |
| うち、チーズ向け | (64) | 64 | 74 | 78 | 68 | (67) | (62) | 69 | 76 | 74 |
| クリーム向け | … | 1,286 | 1,470 | 1,488 | 1,557 | … | … | 1,431 | 1,484 | 1,489 |
| 脱脂濃縮乳向け | … | 46 | 17 | 73 | 77 | … | … | 45 | 41 | 114 |
| 濃縮乳向け | … | 6 | 3 | - | 17 | … | … | 3 | - | - |
| その他 | 582 | 558 | 622 | 595 | 573 | 600 | 590 | 592 | 577 | 642 |
| うち、欠減 | 111 | 96 | 190 | 298 | 354 | 120 | 122 | 130 | 163 | 384 |
| 関東 | | | | | | | | | | |
| 生乳生産量 | 1,048,064 | 1,036,338 | 1,012,647 | 991,738 | 983,460 | 1,048,928 | 1,043,942 | 1,030,087 | 1,011,507 | 990,781 |
| 処理量 | 1,339,350 | 1,343,075 | 1,339,489 | 1,340,890 | 1,376,695 | 1,329,403 | 1,337,672 | 1,340,951 | 1,341,370 | 1,346,858 |
| 牛乳等向け | 1,235,875 | 1,233,870 | 1,237,256 | 1,246,596 | 1,270,698 | 1,220,119 | 1,233,239 | 1,234,578 | 1,241,509 | 1,250,255 |
| うち、業務用向け | 92,503 | 91,252 | 110,759 | 103,856 | 89,447 | 99,015 | 90,306 | 96,651 | 110,657 | 101,874 |
| 乳製品向け | 91,193 | 98,644 | 93,550 | 86,061 | 97,090 | 97,262 | 92,478 | 95,910 | 91,738 | 88,346 |
| うち、チーズ向け | (424) | 494 | 456 | 481 | 519 | (500) | (411) | 496 | 462 | 489 |
| クリーム向け | … | 33,730 | 33,553 | 29,145 | 26,754 | … | … | 33,232 | 32,613 | 28,199 |
| 脱脂濃縮乳向け | … | - | - | - | - | … | … | - | - | - |
| 濃縮乳向け | … | - | - | - | - | … | … | - | - | - |
| その他 | 12,282 | 10,561 | 8,683 | 8,233 | 8,907 | 12,022 | 11,955 | 10,463 | 8,123 | 8,257 |
| うち、欠減 | 5,628 | 4,028 | 3,889 | 4,145 | 4,141 | 5,134 | 5,379 | 3,930 | 3,966 | 4,114 |
| 東山 | | | | | | | | | | |
| 生乳生産量 | 120,454 | 114,780 | 110,965 | 107,128 | 108,249 | 123,578 | 119,004 | 114,240 | 110,044 | 106,567 |
| 処理量 | 145,683 | 140,006 | 136,388 | 131,949 | 134,283 | 145,627 | 145,054 | 138,523 | 135,902 | 131,173 |
| 牛乳等向け | 137,462 | 135,130 | 132,000 | 126,815 | 128,944 | 137,843 | 137,550 | 133,978 | 131,279 | 125,949 |
| うち、業務用向け | 4,036 | 5,086 | 5,474 | 5,718 | 5,568 | 4,165 | 4,345 | 5,221 | 5,520 | 5,832 |
| 乳製品向け | 6,890 | 3,439 | 3,032 | 3,840 | 3,895 | 6,496 | 6,104 | 3,122 | 3,259 | 3,960 |
| うち、チーズ向け | (1,937) | 1,636 | 1,347 | 1,288 | 889 | (1,687) | (2,004) | 1,488 | 1,339 | 1,201 |
| クリーム向け | … | 446 | 422 | 1,285 | 1,472 | … | … | 338 | 647 | 1,358 |
| 脱脂濃縮乳向け | … | - | - | - | - | … | … | - | - | - |
| 濃縮乳向け | … | - | - | - | - | … | … | - | - | - |
| その他 | 1,331 | 1,437 | 1,356 | 1,294 | 1,444 | 1,288 | 1,400 | 1,423 | 1,364 | 1,264 |
| うち、欠減 | 542 | 663 | 792 | 834 | 913 | 472 | 620 | 649 | 878 | 804 |

注：　平成29年１月調査より、乳製品向けのうち「クリーム等向け」を「クリーム向け」、「脱脂濃縮乳向け」及び「濃縮乳向け」に区分し、また、「クリーム向け」及び「チーズ向け」の調査定義を変更した。
なお、調査定義変更前の数値は、（　）書きで表示した。

単位：t

| 全国農業地域<br>・<br>用途別処理内訳 | 年 | | 次 | | | 年 | | 度 | | |
|---|---|---|---|---|---|---|---|---|---|---|
| | 平成28年 | 29 | 30 | 令和元 | 2 | 平成27年度 | 28 | 29 | 30 | 令和元 |
| 東海 | | | | | | | | | | |
| 生乳生産量 | 365,290 | 358,267 | 345,716 | 339,838 | 334,143 | 367,261 | 363,425 | 356,675 | 343,731 | 339,524 |
| 処理量 | 415,050 | 420,051 | 421,640 | 427,858 | 422,397 | 413,402 | 416,192 | 421,189 | 420,209 | 430,247 |
| 牛乳等向け | 387,418 | 392,049 | 393,027 | 399,705 | 397,104 | 385,502 | 388,940 | 392,895 | 391,735 | 401,592 |
| うち、業務用向け | 29,559 | 31,604 | 37,517 | 36,787 | 28,809 | 30,770 | 29,828 | 33,271 | 37,093 | 34,876 |
| 乳製品向け | 25,043 | 25,503 | 26,125 | 25,628 | 22,767 | 24,974 | 24,753 | 25,740 | 26,029 | 26,082 |
| うち、チーズ向け | (202) | 208 | 187 | 255 | 275 | (212) | (200) | 203 | 193 | 273 |
| クリーム向け | … | 1,356 | 1,532 | 1,373 | 1,177 | … | … | 1,400 | 1,465 | 1,380 |
| 脱脂濃縮乳向け | … | 1 | − | − | − | … | … | − | − | − |
| 濃縮乳向け | … | 367 | 369 | 360 | 360 | … | … | 369 | 367 | 360 |
| その他 | 2,589 | 2,499 | 2,488 | 2,525 | 2,526 | 2,926 | 2,499 | 2,554 | 2,445 | 2,573 |
| うち、欠減 | 1,299 | 1,246 | 1,366 | 1,425 | 1,285 | 1,618 | 1,238 | 1,278 | 1,385 | 1,441 |
| 近畿 | | | | | | | | | | |
| 生乳生産量 | 179,333 | 172,554 | 163,192 | 158,520 | 160,898 | 181,708 | 177,658 | 170,391 | 161,933 | 158,745 |
| 処理量 | 454,830 | 458,141 | 450,308 | 442,432 | 442,940 | 449,020 | 453,096 | 459,896 | 445,143 | 443,755 |
| 牛乳等向け | 433,426 | 447,983 | 442,146 | 436,697 | 440,903 | 427,599 | 433,758 | 450,148 | 437,865 | 438,704 |
| うち、業務用向け | 36,006 | 35,293 | 31,779 | 37,125 | 36,543 | 34,501 | 36,093 | 34,243 | 31,482 | 38,198 |
| 乳製品向け | 20,264 | 8,942 | 6,975 | 4,417 | 854 | 20,234 | 18,205 | 8,523 | 6,139 | 3,636 |
| うち、チーズ向け | (122) | 112 | 132 | 138 | 146 | (124) | (116) | 110 | 141 | 141 |
| クリーム向け | … | 8,745 | 6,560 | 4,136 | 557 | … | … | 8,320 | 5,704 | 3,348 |
| 脱脂濃縮乳向け | … | − | − | − | − | … | … | − | − | − |
| 濃縮乳向け | … | − | − | − | − | … | … | − | − | − |
| その他 | 1,140 | 1,216 | 1,187 | 1,318 | 1,183 | 1,187 | 1,133 | 1,225 | 1,139 | 1,415 |
| うち、欠減 | 435 | 529 | 536 | 846 | 822 | 455 | 438 | 537 | 511 | 995 |
| 中国 | | | | | | | | | | |
| 生乳生産量 | 288,954 | 282,106 | 288,914 | 293,199 | 312,371 | 291,705 | 286,374 | 283,843 | 289,763 | 298,559 |
| 処理量 | 340,928 | 342,480 | 340,123 | 337,179 | 317,828 | 337,866 | 343,380 | 341,323 | 338,974 | 332,835 |
| 牛乳等向け | 308,864 | 314,232 | 313,215 | 311,165 | 292,134 | 306,306 | 312,409 | 312,828 | 312,138 | 306,529 |
| うち、業務用向け | 13,517 | 19,649 | 19,218 | 17,795 | 13,956 | 14,493 | 14,883 | 19,368 | 17,783 | 17,998 |
| 乳製品向け | 29,197 | 25,571 | 24,530 | 23,776 | 23,557 | 28,764 | 28,133 | 25,791 | 24,574 | 24,086 |
| うち、チーズ向け | (745) | 635 | 647 | 606 | 566 | (996) | (647) | 645 | 636 | 594 |
| クリーム向け | … | 5,987 | 5,089 | 4,819 | 4,310 | … | … | 6,030 | 4,972 | 4,674 |
| 脱脂濃縮乳向け | … | − | − | − | − | … | … | − | − | − |
| 濃縮乳向け | … | − | − | − | − | … | … | − | − | − |
| その他 | 2,867 | 2,677 | 2,378 | 2,238 | 2,137 | 2,796 | 2,838 | 2,704 | 2,262 | 2,220 |
| うち、欠減 | 1,358 | 1,195 | 1,142 | 1,062 | 941 | 1,224 | 1,350 | 1,222 | 1,116 | 1,020 |
| 四国 | | | | | | | | | | |
| 生乳生産量 | 125,357 | 121,322 | 116,136 | 113,137 | 112,837 | 127,419 | 124,127 | 120,118 | 115,575 | 112,687 |
| 処理量 | 94,312 | 93,349 | 94,073 | 93,837 | 98,531 | 94,325 | 95,660 | 90,061 | 95,640 | 93,907 |
| 牛乳等向け | 88,277 | 89,662 | 90,784 | 91,553 | 95,594 | 84,119 | 91,678 | 86,388 | 92,633 | 91,370 |
| うち、業務用向け | 8,697 | 9,912 | 10,812 | 8,918 | 8,633 | 7,914 | 9,370 | 10,483 | 9,698 | 9,164 |
| 乳製品向け | 4,534 | 2,422 | 2,497 | 1,909 | 2,626 | 8,193 | 2,661 | 2,407 | 2,407 | 2,218 |
| うち、チーズ向け | (79) | 83 | 84 | 87 | 86 | (88) | (80) | 77 | 86 | 84 |
| クリーム向け | … | 1,917 | 2,018 | 1,510 | 1,391 | … | … | 2,009 | 1,995 | 1,436 |
| 脱脂濃縮乳向け | … | − | − | − | − | … | … | − | − | − |
| 濃縮乳向け | … | − | − | − | − | … | … | − | − | − |
| その他 | 1,501 | 1,265 | 792 | 375 | 311 | 2,013 | 1,321 | 1,266 | 600 | 319 |
| うち、欠減 | 166 | 32 | 36 | 64 | 59 | 453 | 61 | 33 | 39 | 65 |
| 九州 | | | | | | | | | | |
| 生乳生産量 | 645,334 | 625,302 | 626,603 | 614,605 | 621,176 | 660,493 | 640,495 | 624,112 | 624,946 | 614,712 |
| 処理量 | 526,315 | 520,048 | 524,404 | 525,662 | 545,437 | 533,663 | 522,802 | 520,481 | 523,728 | 532,779 |
| 牛乳等向け | 409,786 | 413,415 | 420,676 | 426,555 | 437,763 | 413,795 | 410,046 | 413,589 | 422,773 | 430,041 |
| うち、業務用向け | 23,982 | 28,399 | 30,750 | 29,659 | 28,713 | 24,328 | 25,043 | 29,765 | 30,805 | 29,629 |
| 乳製品向け | 114,856 | 105,075 | 102,205 | 97,693 | 106,244 | 118,135 | 111,117 | 105,336 | 99,454 | 101,346 |
| うち、チーズ向け | (1,275) | 1,297 | 1,262 | 1,261 | 1,170 | (1,183) | (1,317) | 1,288 | 1,260 | 1,243 |
| クリーム向け | … | 29,097 | 28,731 | 27,455 | 27,044 | … | … | 30,362 | 27,654 | 27,697 |
| 脱脂濃縮乳向け | … | 3,688 | 3,579 | 4,027 | 3,856 | … | … | 3,541 | 3,798 | 3,891 |
| 濃縮乳向け | … | − | − | − | − | … | … | − | − | − |
| その他 | 1,673 | 1,558 | 1,523 | 1,414 | 1,430 | 1,733 | 1,639 | 1,556 | 1,501 | 1,392 |
| うち、欠減 | 617 | 541 | 626 | 642 | 624 | 607 | 607 | 539 | 664 | 620 |
| 沖縄 | | | | | | | | | | |
| 生乳生産量 | 25,812 | 24,758 | 23,846 | 23,180 | 23,017 | 26,700 | 25,712 | 24,349 | 23,465 | 23,347 |
| 処理量 | 26,577 | 25,508 | 24,849 | 23,961 | 23,618 | 27,602 | 26,393 | 25,251 | 24,502 | 23,880 |
| 牛乳等向け | 26,475 | 25,440 | 24,798 | 23,916 | 23,526 | 27,479 | 26,297 | 25,192 | 24,455 | 23,834 |
| うち、業務用向け | 1,426 | 1,399 | 1,474 | 1,455 | 1,280 | 1,546 | 1,353 | 1,429 | 1,472 | 1,435 |
| 乳製品向け | 2 | − | − | − | − | 4 | − | − | − | − |
| うち、チーズ向け | (−) | − | − | − | − | (−) | (−) | − | − | − |
| クリーム向け | … | − | − | − | − | … | … | − | − | − |
| 脱脂濃縮乳向け | … | − | − | − | − | … | … | − | − | − |
| 濃縮乳向け | … | − | − | − | − | … | … | − | − | − |
| その他 | 100 | 68 | 51 | 45 | 92 | 119 | 96 | 59 | 47 | 46 |
| うち、欠減 | 49 | 21 | 12 | 12 | 56 | 59 | 48 | 12 | 12 | 12 |

## 3　生乳生産量及び用途別処理量（地方農政局別）

単位：t

| 地方農政局・用途別処理内訳 | 年次 | | | | | 年度 | | | | |
|---|---|---|---|---|---|---|---|---|---|---|
| | 平成28年 | 29 | 30 | 令和元 | 2 | 平成27年度 | 28 | 29 | 30 | 令和元 |
| 関東農政局 | | | | | | | | | | |
| 生乳生産量 | 1,259,443 | 1,241,506 | 1,211,861 | 1,188,225 | 1,180,817 | 1,262,242 | 1,253,949 | 1,234,403 | 1,209,469 | 1,187,475 |
| 処理量 | 1,574,913 | 1,569,729 | 1,563,073 | 1,560,909 | 1,609,898 | 1,563,781 | 1,572,860 | 1,565,509 | 1,564,237 | 1,568,943 |
| 牛乳等向け | 1,451,287 | 1,443,838 | 1,443,837 | 1,447,958 | 1,486,958 | 1,435,063 | 1,449,090 | 1,442,704 | 1,446,703 | 1,453,604 |
| うち、業務用向け | 105,461 | 105,613 | 130,860 | 124,862 | 106,278 | 112,489 | 103,832 | 112,174 | 131,088 | 121,483 |
| 乳製品向け | 109,686 | 113,570 | 108,916 | 103,128 | 112,244 | 114,921 | 110,091 | 110,596 | 107,782 | 105,506 |
| うち、チーズ向け | (2,435) | 2,203 | 1,884 | 1,841 | 1,473 | (2,258) | (2,488) | 2,060 | 1,880 | 1,762 |
| クリーム向け | … | 34,957 | 34,725 | 31,118 | 28,824 | … | … | 34,336 | 33,992 | 30,256 |
| 脱脂濃縮乳向け | … | - | - | - | - | … | … | - | - | - |
| 濃縮乳向け | … | 360 | 360 | 360 | 360 | … | … | 360 | 360 | 360 |
| その他 | 13,940 | 12,321 | 10,320 | 9,823 | 10,696 | 13,797 | 13,679 | 12,209 | 9,752 | 9,833 |
| うち、欠減 | 6,170 | 4,691 | 4,683 | 4,979 | 5,054 | 5,757 | 5,999 | 4,579 | 4,846 | 4,918 |
| 東海農政局 | | | | | | | | | | |
| 生乳生産量 | 274,365 | 267,879 | 257,467 | 250,479 | 245,035 | 277,525 | 272,422 | 266,599 | 255,813 | 249,397 |
| 処理量 | 325,170 | 333,403 | 334,444 | 339,788 | 323,477 | 324,651 | 326,058 | 335,154 | 333,244 | 339,335 |
| 牛乳等向け | 309,468 | 317,211 | 318,446 | 325,158 | 309,788 | 308,401 | 310,639 | 318,747 | 317,820 | 324,192 |
| うち、業務用向け | 20,637 | 22,329 | 22,890 | 21,499 | 17,546 | 21,461 | 20,647 | 22,969 | 22,182 | 21,099 |
| 乳製品向け | 13,440 | 14,016 | 13,791 | 12,401 | 11,508 | 13,811 | 13,244 | 14,176 | 13,244 | 12,882 |
| うち、チーズ向け | (128) | 135 | 106 | 183 | 210 | (141) | (127) | 127 | 114 | 201 |
| クリーム向け | … | 575 | 782 | 685 | 579 | … | … | 634 | 733 | 681 |
| 脱脂濃縮乳向け | … | 1 | - | - | - | … | … | - | - | - |
| 濃縮乳向け | … | 7 | 9 | - | - | … | … | 9 | 7 | - |
| その他 | 2,262 | 2,176 | 2,207 | 2,229 | 2,181 | 2,439 | 2,175 | 2,231 | 2,180 | 2,261 |
| うち、欠減 | 1,299 | 1,246 | 1,364 | 1,425 | 1,285 | 1,467 | 1,238 | 1,278 | 1,383 | 1,441 |
| 中国四国農政局 | | | | | | | | | | |
| 生乳生産量 | 414,311 | 403,428 | 405,050 | 406,336 | 425,208 | 419,124 | 410,501 | 403,961 | 405,338 | 411,246 |
| 処理量 | 435,240 | 435,829 | 434,196 | 431,016 | 416,359 | 432,191 | 439,040 | 431,384 | 434,614 | 426,742 |
| 牛乳等向け | 397,141 | 403,894 | 403,999 | 402,718 | 387,728 | 390,425 | 404,087 | 399,216 | 404,771 | 397,899 |
| うち、業務用向け | 22,214 | 29,561 | 30,030 | 26,713 | 22,589 | 22,407 | 24,253 | 29,851 | 27,481 | 27,162 |
| 乳製品向け | 33,731 | 27,993 | 27,027 | 25,685 | 26,183 | 36,957 | 30,794 | 28,198 | 26,981 | 26,304 |
| うち、チーズ向け | (824) | 718 | 731 | 693 | 652 | (1,084) | (727) | 722 | 722 | 678 |
| クリーム向け | … | 7,904 | 7,107 | 6,329 | 5,701 | … | … | 8,039 | 6,967 | 6,110 |
| 脱脂濃縮乳向け | … | - | - | - | - | … | … | - | - | - |
| 濃縮乳向け | … | - | - | - | - | … | … | - | - | - |
| その他 | 4,368 | 3,942 | 3,170 | 2,613 | 2,448 | 4,809 | 4,159 | 3,970 | 2,862 | 2,539 |
| うち、欠減 | 1,524 | 1,227 | 1,178 | 1,126 | 1,000 | 1,677 | 1,411 | 1,255 | 1,155 | 1,085 |

注：1　全国農業地域と区分が違う地方農政局の集計結果を掲載した。なお、本統計表に掲載していない地方農政局の集計結果は、前ページ「2　生乳生産量及び用途別処理量（全国農業地域別）」に掲載しており、東北農政局は「東北」、北陸農政局は「北陸」、近畿農政局は「近畿」、九州農政局は「九州」の集計結果と同じである。

2　平成29年1月調査より、乳製品向けのうち「クリーム等向け」を「クリーム向け」、「脱脂濃縮乳向け」及び「濃縮乳向け」に区分し、また、「クリーム向け」及び「チーズ向け」の調査定義を変更した。
なお、調査定義変更前の数値は、（　）書きで表示した。

# 4　牛乳等生産量（全国）

| 年次・年度 | | 飲用牛乳等 | | | | | | | | |
|---|---|---|---|---|---|---|---|---|---|---|
| | | 計 | | 牛乳 | | | | | | |
| | | | | | | | 業務用 | | 学校給食用 | |
| | | 実数（A） | 対前年比 | 実数（B） | 対前年比 | (B)／(A) | 実数 | 対前年比 | 実数 | 対前年比 |
| | | kl | % | kl | % | % | kl | % | kl | % |
| 平成８年 | (1) | (5,048,740) | (100.2) | (4,222,023) | (99.3) | (83.6) | … | nc | … | nc |
| 9 | (2) | (4,941,205) | (97.9) | (4,106,059) | (97.3) | (83.1) | … | nc | … | nc |
| 10 | (3) | (4,792,512) | (97.0) | (3,995,644) | (97.3) | (83.4) | … | nc | … | nc |
| 11 | (4) | (4,665,994) | (97.4) | (3,897,435) | (97.5) | (83.5) | … | nc | … | nc |
| 12 | (5) | (4,571,305) | (98.0) | (3,894,563) | (99.9) | (85.2) | … | nc | … | nc |
| 13 | (6) | (4,450,902) | (97.4) | (3,875,298) | (99.5) | (87.1) | … | nc | … | nc |
| 14 | (7) | (4,399,302) | (98.8) | (3,919,824) | (101.1) | (89.1) | … | nc | … | nc |
| 15 | (8) | (4,362,144) | (99.2) | (3,946,191) | (100.7) | (90.5) | … | nc | … | nc |
| 16 | (9) | 4,454,157 | nc | 3,971,177 | nc | 89.2 | 283,978 | nc | … | nc |
| 17 | (10) | 4,289,629 | 96.3 | 3,822,690 | 96.3 | 89.1 | 288,485 | 101.6 | … | nc |
| 18 | (11) | 4,150,372 | 96.8 | 3,701,774 | 96.8 | 89.2 | 294,758 | 102.2 | … | nc |
| 19 | (12) | 4,038,605 | 97.3 | 3,592,408 | 97.0 | 89.0 | 307,771 | 104.4 | 378,939 | nc |
| 20 | (13) | 3,950,584 | 97.8 | 3,508,968 | 97.7 | 88.8 | 317,101 | 103.0 | 376,265 | 99.3 |
| 21 | (14) | 3,804,487 | 96.3 | 3,179,987 | 90.6 | 83.6 | 311,700 | 98.3 | 373,475 | 99.3 |
| 22 | (15) | 3,746,938 | 98.5 | 3,069,268 | 96.5 | 81.9 | 289,226 | 92.8 | 382,572 | 102.4 |
| 23 | (16) | 3,653,095 | 97.5 | 3,064,197 | 99.8 | 83.9 | 281,733 | 97.4 | 367,510 | 96.1 |
| 24 | (17) | 3,585,876 | 98.2 | 3,068,253 | 100.1 | 85.6 | 294,079 | 104.4 | 375,835 | 102.3 |
| 25 | (18) | 3,506,587 | 97.8 | 3,030,519 | 98.8 | 86.4 | 286,883 | 97.6 | 369,211 | 98.2 |
| 26 | (19) | 3,456,269 | 98.6 | 2,988,742 | 98.6 | 86.5 | 284,777 | 99.3 | 366,220 | 99.2 |
| 27 | (20) | 3,456,311 | 100.0 | 3,005,406 | 100.6 | 87.0 | 290,258 | 101.9 | 363,527 | 99.3 |
| 28 | (21) | 3,488,163 | 100.9 | 3,049,421 | 101.5 | 87.4 | 292,833 | 100.9 | 361,083 | 99.3 |
| 29 | (22) | 3,538,986 | 101.5 | 3,090,779 | 101.4 | 87.3 | 299,317 | 102.2 | 361,811 | 100.2 |
| 30 | (23) | 3,556,019 | 100.5 | 3,141,688 | 101.6 | 88.3 | 326,726 | 109.2 | 355,736 | 98.3 |
| 令和元 | (24) | 3,571,543 | 100.4 | 3,160,464 | 100.6 | 88.5 | 322,321 | 98.7 | 351,062 | 98.7 |
| 2 | (25) | 3,573,856 | 100.1 | 3,179,724 | 100.6 | 89.0 | 280,924 | 87.2 | 305,850 | 87.1 |
| 平成８年度 | (26) | (5,016,979) | (99.3) | (4,185,258) | (98.3) | (83.4) | … | nc | … | nc |
| 9 | (27) | (4,908,738) | (97.8) | (4,080,946) | (97.5) | (83.1) | … | nc | … | nc |
| 10 | (28) | (4,759,327) | (97.0) | (3,970,778) | (97.3) | (83.4) | … | nc | … | nc |
| 11 | (29) | (4,644,732) | (97.6) | (3,883,362) | (97.8) | (83.6) | … | nc | … | nc |
| 12 | (30) | (4,565,110) | (98.3) | (3,923,514) | (101.0) | (85.9) | … | nc | … | nc |
| 13 | (31) | (4,402,203) | (96.4) | (3,840,122) | (97.9) | (87.2) | … | nc | … | nc |
| 14 | (32) | (4,430,271) | (100.6) | (3,976,636) | (103.6) | (89.8) | … | nc | … | nc |
| 15 | (33) | 4,478,913 | nc | 4,020,871 | nc | 89.8 | 275,718 | nc | … | nc |
| 16 | (34) | 4,404,370 | 98.3 | 3,926,680 | 97.7 | 89.2 | 288,011 | 104.5 | … | nc |
| 17 | (35) | 4,262,336 | 96.8 | 3,792,626 | 96.6 | 89.0 | 290,121 | 100.7 | … | nc |
| 18 | (36) | 4,125,286 | 96.8 | 3,679,015 | 97.0 | 89.2 | 294,818 | 101.6 | … | nc |
| 19 | (37) | 4,022,544 | 97.5 | 3,578,008 | 97.3 | 88.9 | 311,790 | 105.8 | 378,787 | nc |
| 20 | (38) | 3,917,985 | 97.4 | 3,462,463 | 96.8 | 88.4 | 317,304 | 101.8 | 374,818 | 99.0 |
| 21 | (39) | 3,779,089 | 96.5 | 3,116,850 | 90.0 | 82.5 | 308,637 | 97.3 | 377,375 | 100.7 |
| 22 | (40) | 3,717,134 | 98.4 | 3,048,024 | 97.8 | 82.0 | 276,046 | 89.4 | 375,308 | 99.5 |
| 23 | (41) | 3,659,182 | 98.4 | 3,085,641 | 101.2 | 84.3 | 293,383 | 106.3 | 372,509 | 99.3 |
| 24 | (42) | 3,547,021 | 96.9 | 3,047,409 | 98.8 | 85.9 | 288,659 | 98.4 | 372,267 | 99.9 |
| 25 | (43) | 3,502,069 | 98.7 | 3,026,176 | 99.3 | 86.4 | 288,345 | 99.9 | 368,911 | 99.1 |
| 26 | (44) | 3,455,305 | 98.7 | 2,994,450 | 99.0 | 86.7 | 282,735 | 98.1 | 367,769 | 99.7 |
| 27 | (45) | 3,464,092 | 100.3 | 3,013,922 | 100.7 | 87.0 | 292,936 | 103.6 | 361,941 | 98.4 |
| 28 | (46) | 3,502,873 | 101.1 | 3,059,798 | 101.5 | 87.4 | 293,900 | 100.3 | 361,848 | 100.0 |
| 29 | (47) | 3,534,985 | 100.9 | 3,094,479 | 101.1 | 87.5 | 306,935 | 104.4 | 358,210 | 99.0 |
| 30 | (48) | 3,566,591 | 100.9 | 3,154,165 | 101.9 | 88.4 | 325,103 | 105.9 | 356,063 | 99.4 |
| 令和元 | (49) | 3,568,330 | 100.0 | 3,158,767 | 100.1 | 88.5 | 316,536 | 97.4 | 329,345 | 92.5 |

注：1　平成15年４月調査から、牛乳のうち「業務用」、加工乳・成分調整牛乳のうち「業務用」及び「成分調整牛乳」の調査項目を追加した。また、「牛乳」及び「加工乳・成分調整牛乳」の調査定義を変更したため、平成16年計及び平成15年度計の対前年比を計算不能（nc）とした。
なお、調査定義変更前の数値は、（　）書きで表示した。
2　平成19年１月調査から、牛乳のうち「学校給食用」の調査項目を追加した。

| 加工乳・成分調整牛乳 | | 業務用 | | 成分調整牛乳 | | 乳飲料 | | はっ酵乳 | | 乳酸菌飲料 | | |
|---|---|---|---|---|---|---|---|---|---|---|---|---|
| 実数 | 対前年比 | 実数 | 対前年比 | 実数 | 対前年比 | 実数 | 対前年比 | 実数 | 対前年比 | 実数 | 対前年比 | |
| kl | % | kl | % | kl | % | kl | % | kl | % | kl | % | |
| (826,717) | (104.7) | … | nc | … | nc | 1,027,759 | 111.6 | 534,931 | 109.7 | 207,582 | 99.9 | (1) |
| (835,146) | (101.0) | … | nc | … | nc | 1,155,460 | 112.4 | 603,240 | 112.8 | 184,135 | 88.7 | (2) |
| (796,868) | (95.4) | … | nc | … | nc | 1,191,507 | 103.1 | 643,042 | 106.6 | 179,755 | 97.6 | (3) |
| (768,559) | (96.4) | … | nc | … | nc | 1,259,554 | 105.7 | 719,486 | 111.9 | 176,993 | 98.5 | (4) |
| (676,742) | (88.1) | … | nc | … | nc | 1,216,225 | 96.6 | 695,268 | 96.6 | 173,159 | 97.8 | (5) |
| (575,604) | (85.1) | … | nc | … | nc | 1,232,180 | 101.3 | 685,411 | 98.6 | 176,105 | 101.7 | (6) |
| (479,478) | (83.3) | … | nc | … | nc | 1,186,886 | 96.3 | 785,742 | 114.6 | 181,992 | 103.3 | (7) |
| (415,953) | (86.8) | … | nc | … | nc | 1,163,588 | 98.0 | 792,216 | 100.8 | 183,901 | 101.0 | (8) |
| 482,980 | nc | 16,118 | nc | 181,545 | nc | 1,189,388 | 102.2 | 777,548 | 98.1 | 174,060 | 94.6 | (9) |
| 466,939 | 96.7 | 17,780 | 110.3 | 189,113 | 104.2 | 1,203,215 | 101.2 | 799,936 | 102.9 | 173,629 | 99.8 | (10) |
| 448,598 | 96.1 | 19,813 | 111.4 | 180,872 | 95.6 | 1,242,044 | 103.2 | 839,324 | 104.9 | 166,014 | 95.6 | (11) |
| 446,197 | 99.5 | 28,015 | 141.4 | 196,718 | 108.8 | 1,312,075 | 105.6 | 844,343 | 100.6 | 172,770 | 104.1 | (12) |
| 441,616 | 99.0 | 19,181 | 68.5 | 241,842 | 122.9 | 1,241,363 | 94.6 | 813,404 | 96.3 | 178,850 | 103.5 | (13) |
| 624,500 | 141.4 | 13,555 | 70.7 | 421,921 | 174.5 | 1,179,669 | 95.0 | 821,389 | 101.0 | 198,640 | 111.1 | (14) |
| 677,670 | 108.5 | 25,527 | 188.3 | 435,915 | 103.3 | 1,209,946 | 102.6 | 840,988 | 102.4 | 183,835 | 92.5 | (15) |
| 588,898 | 86.9 | 31,153 | 122.0 | 386,827 | 88.7 | 1,278,500 | 105.7 | 842,820 | 100.2 | 178,357 | 97.0 | (16) |
| 517,623 | 87.9 | 34,036 | 109.3 | 367,468 | 95.0 | 1,331,279 | 104.1 | 983,566 | 116.7 | 163,477 | 91.7 | (17) |
| 476,068 | 92.0 | 35,251 | 103.6 | 347,371 | 94.5 | 1,366,555 | 102.6 | 1,003,238 | 102.0 | 157,298 | 96.2 | (18) |
| 467,527 | 98.2 | 38,910 | 110.4 | 346,348 | 99.7 | 1,330,001 | 97.3 | 1,001,289 | 99.8 | 145,640 | 92.6 | (19) |
| 450,905 | 96.4 | 40,535 | 104.2 | 346,660 | 100.1 | 1,306,315 | 98.2 | 1,054,932 | 105.4 | 148,340 | 101.9 | (20) |
| 438,742 | 97.3 | 42,685 | 105.3 | 339,727 | 98.0 | 1,238,828 | 94.8 | 1,104,917 | 104.7 | 140,011 | 94.4 | (21) |
| 448,207 | 102.2 | 53,573 | 125.5 | 352,642 | 103.8 | 1,177,800 | 95.1 | 1,072,051 | 97.0 | 124,495 | 88.9 | (22) |
| 414,331 | 92.4 | 49,866 | 93.1 | 317,415 | 90.0 | 1,129,372 | 95.9 | 1,067,820 | 99.6 | 125,563 | 100.9 | (23) |
| 411,079 | 99.2 | 58,478 | 117.3 | 288,215 | 90.8 | 1,127,879 | 99.9 | 1,029,592 | 96.4 | 115,992 | 92.4 | (24) |
| 394,132 | 95.9 | 42,612 | 72.9 | 282,329 | 98.0 | 1,108,195 | 98.3 | 1,059,866 | 102.9 | 117,248 | 101.1 | (25) |
| (831,721) | (104.2) | … | nc | … | nc | 1,061,183 | 114.1 | 552,261 | 110.2 | 205,495 | 100.5 | (26) |
| (827,792) | (99.5) | … | nc | … | nc | 1,173,865 | 110.6 | 599,716 | 108.6 | 180,417 | 87.8 | (27) |
| (788,549) | (95.3) | … | nc | … | nc | 1,197,908 | 102.0 | 673,450 | 112.3 | 179,821 | 99.7 | (28) |
| (761,370) | (96.6) | … | nc | … | nc | 1,283,024 | 107.1 | 721,403 | 107.1 | 175,828 | 97.8 | (29) |
| (641,596) | (84.3) | … | nc | … | nc | 1,198,228 | 93.4 | 684,425 | 94.9 | 173,993 | 99.0 | (30) |
| (562,081) | (87.6) | … | nc | … | nc | 1,225,693 | 102.3 | 698,142 | 102.0 | 174,697 | 100.4 | (31) |
| (453,635) | (80.7) | … | nc | … | nc | 1,173,306 | 95.7 | 798,915 | 114.4 | 185,271 | 106.1 | (32) |
| 458,042 | nc | 17,083 | nc | 156,094 | nc | 1,174,909 | 100.1 | 793,335 | 99.3 | 180,076 | 97.2 | (33) |
| 477,690 | 104.3 | 16,420 | 96.1 | 182,454 | 116.9 | 1,185,274 | 100.9 | 782,036 | 98.6 | 172,662 | 95.9 | (34) |
| 469,710 | 98.3 | 18,092 | 110.2 | 191,954 | 105.2 | 1,207,356 | 101.9 | 801,837 | 102.5 | 172,279 | 99.8 | (35) |
| 446,271 | 95.0 | 22,915 | 126.7 | 181,401 | 94.5 | 1,260,541 | 104.4 | 849,741 | 106.0 | 169,354 | 98.3 | (36) |
| 444,536 | 99.6 | 25,989 | 113.4 | 202,655 | 111.7 | 1,320,240 | 104.7 | 838,881 | 98.7 | 172,568 | 101.9 | (37) |
| 455,522 | 102.5 | 16,308 | 62.7 | 263,418 | 130.0 | 1,207,926 | 91.5 | 805,239 | 96.0 | 186,495 | 108.1 | (38) |
| 662,239 | 145.4 | 14,414 | 88.4 | 452,858 | 171.9 | 1,181,741 | 97.8 | 819,252 | 101.7 | 194,245 | 104.2 | (39) |
| 669,110 | 101.0 | 29,406 | 204.0 | 425,758 | 94.0 | 1,215,410 | 102.8 | 836,922 | 102.2 | 179,776 | 92.6 | (40) |
| 573,541 | 85.7 | 32,476 | 110.4 | 383,437 | 90.1 | 1,297,212 | 106.7 | 895,755 | 107.0 | 179,944 | 100.1 | (41) |
| 499,612 | 87.1 | 34,351 | 105.8 | 359,201 | 93.7 | 1,345,290 | 103.7 | 987,772 | 110.3 | 162,429 | 90.3 | (42) |
| 475,893 | 95.3 | 35,851 | 104.4 | 348,295 | 97.0 | 1,366,061 | 101.5 | 1,005,659 | 101.8 | 152,052 | 93.6 | (43) |
| 460,855 | 96.8 | 40,040 | 111.7 | 343,019 | 98.5 | 1,322,360 | 96.8 | 1,005,530 | 100.0 | 146,888 | 96.6 | (44) |
| 450,170 | 97.7 | 40,006 | 99.9 | 349,209 | 101.8 | 1,293,705 | 97.8 | 1,081,270 | 107.5 | 145,327 | 98.9 | (45) |
| 443,075 | 98.4 | 47,075 | 117.7 | 342,619 | 98.1 | 1,226,322 | 94.8 | 1,090,542 | 100.9 | 138,568 | 95.3 | (46) |
| 440,506 | 99.4 | 51,720 | 109.9 | 347,524 | 101.4 | 1,166,007 | 95.1 | 1,074,902 | 98.6 | 125,979 | 90.9 | (47) |
| 412,426 | 93.6 | 51,855 | 100.3 | 311,254 | 89.6 | 1,120,651 | 96.1 | 1,063,141 | 98.9 | 124,287 | 98.7 | (48) |
| 409,563 | 99.3 | 57,844 | 111.5 | 283,614 | 91.1 | 1,139,653 | 101.7 | 1,033,193 | 97.2 | 117,028 | 94.2 | (49) |

# 4　牛乳等生産量（全国）（続き）

| 年次・月別 | | 飲用牛乳等 | | | | | | | | |
|---|---|---|---|---|---|---|---|---|---|---|
| | | 計 | | 牛乳 | | | | | | |
| | | | | | | | 業務用 | | 学校給食用 | |
| | | 実数（A） | 対前年比 | 実数（B） | 対前年比 | (B)／(A) | 実数 | 対前年比 | 実数 | 対前年比 |
| | | kl | % | kl | % | % | kl | % | kl | % |
| 平成29年1月 | (50) | 288,026 | 104.1 | 250,206 | 103.8 | 86.9 | 24,230 | 108.9 | 30,599 | 104.1 |
| 2 | (51) | 273,292 | 98.9 | 238,617 | 98.5 | 87.3 | 21,686 | 94.1 | 37,535 | 100.4 |
| 3 | (52) | 284,595 | 102.3 | 246,976 | 102.0 | 86.8 | 25,121 | 101.9 | 24,027 | 97.6 |
| 4 | (53) | 287,012 | 102.3 | 249,817 | 102.0 | 87.0 | 23,695 | 100.0 | 27,867 | 101.9 |
| 5 | (54) | 306,396 | 100.9 | 268,142 | 100.7 | 87.5 | 24,226 | 97.6 | 36,129 | 101.8 |
| 6 | (55) | 304,923 | 100.8 | 267,054 | 100.2 | 87.6 | 22,561 | 99.9 | 39,216 | 97.1 |
| 7 | (56) | 305,869 | 102.8 | 266,007 | 102.6 | 87.0 | 23,139 | 101.7 | 23,432 | 98.9 |
| 8 | (57) | 286,259 | 99.8 | 246,967 | 99.8 | 86.3 | 24,034 | 102.6 | 5,323 | 96.9 |
| 9 | (58) | 309,190 | 101.4 | 271,763 | 101.7 | 87.9 | 25,234 | 98.0 | 36,141 | 102.8 |
| 10 | (59) | 311,680 | 100.9 | 274,720 | 101.2 | 88.1 | 29,535 | 111.9 | 37,339 | 100.1 |
| 11 | (60) | 296,517 | 101.6 | 261,143 | 101.8 | 88.1 | 28,497 | 104.8 | 36,081 | 97.9 |
| 12 | (61) | 285,227 | 101.8 | 249,367 | 102.2 | 87.4 | 27,359 | 104.1 | 28,122 | 100.5 |
| 30年1月 | (62) | 288,320 | 100.1 | 253,517 | 101.3 | 87.9 | 26,281 | 108.5 | 31,127 | 101.7 |
| 2 | (63) | 271,189 | 99.2 | 239,075 | 100.2 | 88.2 | 25,148 | 116.0 | 35,083 | 93.5 |
| 3 | (64) | 282,403 | 99.2 | 246,907 | 100.0 | 87.4 | 27,226 | 108.4 | 22,350 | 93.0 |
| 4 | (65) | 286,905 | 100.0 | 252,349 | 101.0 | 88.0 | 26,435 | 111.6 | 26,921 | 96.6 |
| 5 | (66) | 313,450 | 102.3 | 277,971 | 103.7 | 88.7 | 27,727 | 114.5 | 37,528 | 103.9 |
| 6 | (67) | 309,690 | 101.6 | 275,493 | 103.2 | 89.0 | 26,128 | 115.8 | 38,004 | 96.9 |
| 7 | (68) | 310,524 | 101.5 | 273,921 | 103.0 | 88.2 | 25,083 | 108.4 | 24,050 | 102.6 |
| 8 | (69) | 290,527 | 101.5 | 253,856 | 102.8 | 87.4 | 26,474 | 110.2 | 5,393 | 101.3 |
| 9 | (70) | 300,744 | 97.3 | 269,418 | 99.1 | 89.6 | 26,414 | 104.7 | 32,488 | 89.9 |
| 10 | (71) | 318,042 | 102.0 | 283,044 | 103.0 | 89.0 | 32,104 | 108.7 | 38,777 | 103.9 |
| 11 | (72) | 298,494 | 100.7 | 264,751 | 101.4 | 88.7 | 30,001 | 105.3 | 36,848 | 102.1 |
| 12 | (73) | 285,731 | 100.2 | 251,386 | 100.8 | 88.0 | 27,705 | 101.3 | 27,167 | 96.6 |
| 31年1月 | (74) | 290,682 | 100.8 | 256,463 | 101.2 | 88.2 | 26,268 | 100.0 | 31,588 | 101.5 |
| 2 | (75) | 275,417 | 101.6 | 243,660 | 101.9 | 88.5 | 24,627 | 97.9 | 35,164 | 100.2 |
| 3 | (76) | 286,385 | 101.4 | 251,853 | 102.0 | 87.9 | 26,137 | 96.0 | 22,135 | 99.0 |
| 4 | (77) | 286,524 | 99.9 | 252,896 | 100.2 | 88.3 | 27,754 | 105.0 | 24,449 | 90.8 |
| 令和元年5月 | (78) | 310,880 | 99.2 | 276,117 | 99.3 | 88.8 | 27,079 | 97.7 | 34,630 | 92.3 |
| 6 | (79) | 308,045 | 99.5 | 274,453 | 99.6 | 89.1 | 26,081 | 99.8 | 37,206 | 97.9 |
| 7 | (80) | 302,327 | 97.4 | 267,240 | 97.6 | 88.4 | 23,747 | 94.7 | 24,502 | 101.9 |
| 8 | (81) | 291,749 | 100.4 | 256,031 | 100.9 | 87.8 | 26,183 | 98.9 | 5,874 | 108.9 |
| 9 | (82) | 314,690 | 104.6 | 279,390 | 103.7 | 88.8 | 28,678 | 108.6 | 33,663 | 103.6 |
| 10 | (83) | 318,455 | 100.1 | 283,435 | 100.1 | 89.0 | 29,910 | 93.2 | 36,530 | 94.2 |
| 11 | (84) | 297,722 | 99.7 | 264,261 | 99.8 | 88.8 | 28,120 | 93.7 | 35,801 | 97.2 |
| 12 | (85) | 288,667 | 101.0 | 254,665 | 101.3 | 88.2 | 27,737 | 100.1 | 29,520 | 108.7 |
| 2年1月 | (86) | 290,446 | 99.9 | 257,189 | 100.3 | 88.5 | 24,555 | 93.5 | 31,145 | 98.6 |
| 2 | (87) | 282,975 | 102.7 | 251,172 | 103.1 | 88.8 | 23,347 | 94.8 | 33,099 | 94.1 |
| 3 | (88) | 275,850 | 96.3 | 241,918 | 96.1 | 87.7 | 23,345 | 89.3 | 2,926 | 13.2 |
| 4 | (89) | 275,150 | 96.0 | 243,968 | 96.5 | 88.7 | 20,093 | 72.4 | 5,345 | 21.9 |
| 5 | (90) | 291,002 | 93.6 | 257,500 | 93.3 | 88.5 | 17,325 | 64.0 | 6,156 | 17.8 |
| 6 | (91) | 313,811 | 101.9 | 281,721 | 102.6 | 89.8 | 21,939 | 84.1 | 34,904 | 93.8 |
| 7 | (92) | 315,761 | 104.4 | 282,839 | 105.8 | 89.6 | 23,146 | 97.5 | 35,035 | 143.0 |
| 8 | (93) | 307,338 | 105.3 | 273,763 | 106.9 | 89.1 | 23,370 | 89.3 | 16,019 | 272.7 |
| 9 | (94) | 315,144 | 100.1 | 281,434 | 100.7 | 89.3 | 25,556 | 89.1 | 35,836 | 106.5 |
| 10 | (95) | 314,876 | 98.9 | 282,061 | 99.5 | 89.6 | 26,788 | 89.6 | 38,741 | 106.1 |
| 11 | (96) | 300,015 | 100.8 | 267,838 | 101.4 | 89.3 | 27,476 | 97.7 | 35,413 | 98.9 |
| 12 | (97) | 291,488 | 101.0 | 258,321 | 101.4 | 88.6 | 23,984 | 86.5 | 31,231 | 105.8 |

| 加工乳・成分調整牛乳 | | | | | | 乳　飲　料 | | は っ 酵 乳 | | 乳酸菌飲料 | | |
|---|---|---|---|---|---|---|---|---|---|---|---|---|
| | | 業務用 | | 成分調整牛乳 | | | | | | | | |
| 実数 | 対前年比 | 実数 | 対前年比 | 実数 | 対前年比 | 実数 | 対前年比 | 実数 | 対前年比 | 実数 | 対前年比 | |
| kl | % | kl | % | kl | % | kl | % | kl | % | kl | % | |
| 37,820 | 106.0 | 4,750 | 137.6 | 28,818 | 104.7 | 89,995 | 95.7 | 87,297 | 95.5 | 8,829 | 88.2 | (50) |
| 34,675 | 101.5 | 4,608 | 141.8 | 26,458 | 100.8 | 82,658 | 94.2 | 82,417 | 92.6 | 9,089 | 92.1 | (51) |
| 37,619 | 104.7 | 5,336 | 148.1 | 28,938 | 105.0 | 94,802 | 96.5 | 92,049 | 96.2 | 10,985 | 104.9 | (52) |
| 37,195 | 104.8 | 5,436 | 162.7 | 29,239 | 106.4 | 96,950 | 94.8 | 91,138 | 94.2 | 11,364 | 83.7 | (53) |
| 38,254 | 102.8 | 4,341 | 122.0 | 30,278 | 104.6 | 105,159 | 96.1 | 95,165 | 95.9 | 12,285 | 92.9 | (54) |
| 37,869 | 104.7 | 4,179 | 150.3 | 30,321 | 104.8 | 104,414 | 96.3 | 92,730 | 97.8 | 12,045 | 93.4 | (55) |
| 39,862 | 104.0 | 4,084 | 126.3 | 32,387 | 106.3 | 112,475 | 96.1 | 92,405 | 99.5 | 11,931 | 89.2 | (56) |
| 39,292 | 100.2 | 4,102 | 122.0 | 31,735 | 101.9 | 112,708 | 95.8 | 88,973 | 97.9 | 10,618 | 78.4 | (57) |
| 37,427 | 99.6 | 3,726 | 107.4 | 30,218 | 102.5 | 107,116 | 95.1 | 90,719 | 101.1 | 9,721 | 85.7 | (58) |
| 36,960 | 99.2 | 3,639 | 102.5 | 29,786 | 102.6 | 97,830 | 90.9 | 89,407 | 96.8 | 9,387 | 84.1 | (59) |
| 35,374 | 99.7 | 4,411 | 105.8 | 27,323 | 102.7 | 88,621 | 95.6 | 85,474 | 97.9 | 9,257 | 88.8 | (60) |
| 35,860 | 99.0 | 4,961 | 100.9 | 27,141 | 103.0 | 85,072 | 93.5 | 84,277 | 99.3 | 8,984 | 88.9 | (61) |
| 34,803 | 92.0 | 4,197 | 88.4 | 27,179 | 94.3 | 85,247 | 94.7 | 88,456 | 101.3 | 10,423 | 118.1 | (62) |
| 32,114 | 92.6 | 3,993 | 86.7 | 24,801 | 93.7 | 78,498 | 95.0 | 82,588 | 100.2 | 9,020 | 99.2 | (63) |
| 35,496 | 94.4 | 4,651 | 87.2 | 27,116 | 93.7 | 91,917 | 97.0 | 93,570 | 101.7 | 10,944 | 99.6 | (64) |
| 34,556 | 92.9 | 4,004 | 73.7 | 27,209 | 93.1 | 93,586 | 96.5 | 92,690 | 101.7 | 11,187 | 98.4 | (65) |
| 35,479 | 92.7 | 3,949 | 91.0 | 27,997 | 92.5 | 97,567 | 92.8 | 95,397 | 100.2 | 11,428 | 93.0 | (66) |
| 34,197 | 90.3 | 3,721 | 89.0 | 27,258 | 89.9 | 96,488 | 92.4 | 93,021 | 100.3 | 11,638 | 96.6 | (67) |
| 36,603 | 91.8 | 3,278 | 80.3 | 29,621 | 91.5 | 104,433 | 92.8 | 92,234 | 99.8 | 11,366 | 95.3 | (68) |
| 36,671 | 93.3 | 3,629 | 88.5 | 28,920 | 91.1 | 104,256 | 92.5 | 89,052 | 100.1 | 10,802 | 101.7 | (69) |
| 31,326 | 83.7 | 3,878 | 104.1 | 22,748 | 75.3 | 105,097 | 98.1 | 86,931 | 95.8 | 9,946 | 102.3 | (70) |
| 34,998 | 94.7 | 4,284 | 117.7 | 25,976 | 87.2 | 100,764 | 103.0 | 89,251 | 99.8 | 9,614 | 102.4 | (71) |
| 33,743 | 95.4 | 4,906 | 111.2 | 24,254 | 88.8 | 88,454 | 99.8 | 83,650 | 97.9 | 9,229 | 99.7 | (72) |
| 34,345 | 95.8 | 5,376 | 108.4 | 24,336 | 89.7 | 83,065 | 97.6 | 80,980 | 96.1 | 9,966 | 110.9 | (73) |
| 34,219 | 98.3 | 4,982 | 118.7 | 24,789 | 91.2 | 82,346 | 96.6 | 87,855 | 99.3 | 9,452 | 90.7 | (74) |
| 31,757 | 98.9 | 4,820 | 120.7 | 23,002 | 92.7 | 76,162 | 97.0 | 81,984 | 99.3 | 9,282 | 102.9 | (75) |
| 34,532 | 97.3 | 5,028 | 108.1 | 25,144 | 92.7 | 88,433 | 96.2 | 90,096 | 96.3 | 10,377 | 94.8 | (76) |
| 33,628 | 97.3 | 4,811 | 120.2 | 23,056 | 84.7 | 91,503 | 97.8 | 89,294 | 96.3 | 9,946 | 88.9 | (77) |
| 34,763 | 98.0 | 4,357 | 110.3 | 24,458 | 87.4 | 99,527 | 102.0 | 89,472 | 93.8 | 10,810 | 94.6 | (78) |
| 33,592 | 98.2 | 3,883 | 104.4 | 23,959 | 87.9 | 97,790 | 101.3 | 87,311 | 93.9 | 9,942 | 85.4 | (79) |
| 35,087 | 95.9 | 4,323 | 131.9 | 24,948 | 84.2 | 102,279 | 97.9 | 86,784 | 94.1 | 10,257 | 90.2 | (80) |
| 35,718 | 97.4 | 4,732 | 130.4 | 25,181 | 87.1 | 105,288 | 101.0 | 83,118 | 93.3 | 9,384 | 86.9 | (81) |
| 35,300 | 112.7 | 4,570 | 117.8 | 24,856 | 109.3 | 108,232 | 103.0 | 85,723 | 98.6 | 8,831 | 88.8 | (82) |
| 35,020 | 100.1 | 5,017 | 117.1 | 23,930 | 92.1 | 102,267 | 101.5 | 83,954 | 94.1 | 10,423 | 108.4 | (83) |
| 33,461 | 99.2 | 5,672 | 115.6 | 22,506 | 92.8 | 88,759 | 100.3 | 83,624 | 100.0 | 10,023 | 108.6 | (84) |
| 34,002 | 99.0 | 6,283 | 116.9 | 22,386 | 92.0 | 85,293 | 102.7 | 80,377 | 99.3 | 7,265 | 72.9 | (85) |
| 33,257 | 97.2 | 5,255 | 105.5 | 22,453 | 90.6 | 85,954 | 104.4 | 84,994 | 96.7 | 9,508 | 100.6 | (86) |
| 31,803 | 100.1 | 4,774 | 99.0 | 21,629 | 94.0 | 81,180 | 106.6 | 84,932 | 103.6 | 9,541 | 102.8 | (87) |
| 33,932 | 98.3 | 4,167 | 82.9 | 24,252 | 96.5 | 91,581 | 103.6 | 93,610 | 103.9 | 11,098 | 106.9 | (88) |
| 31,182 | 92.7 | 1,817 | 37.8 | 24,825 | 107.7 | 92,789 | 101.4 | 93,927 | 105.2 | 11,403 | 114.6 | (89) |
| 33,502 | 96.4 | 2,251 | 51.7 | 25,933 | 106.0 | 97,470 | 97.9 | 95,233 | 106.4 | 11,958 | 110.6 | (90) |
| 32,090 | 95.5 | 2,560 | 65.9 | 23,923 | 99.8 | 98,703 | 100.9 | 91,104 | 104.3 | 11,838 | 119.1 | (91) |
| 32,922 | 93.8 | 2,936 | 67.9 | 24,160 | 96.8 | 100,756 | 98.5 | 90,095 | 103.8 | 11,178 | 109.0 | (92) |
| 33,575 | 94.0 | 2,784 | 58.8 | 24,709 | 98.1 | 104,186 | 99.0 | 88,508 | 106.5 | 8,217 | 87.6 | (93) |
| 33,710 | 95.5 | 3,208 | 70.2 | 23,645 | 95.1 | 99,231 | 91.7 | 85,451 | 99.7 | 8,635 | 97.8 | (94) |
| 32,815 | 93.7 | 3,624 | 72.2 | 22,732 | 95.0 | 92,410 | 90.4 | 88,065 | 104.9 | 9,114 | 87.4 | (95) |
| 32,177 | 96.2 | 4,284 | 75.5 | 21,911 | 97.4 | 83,261 | 93.8 | 83,327 | 99.6 | 7,513 | 75.0 | (96) |
| 33,167 | 97.5 | 4,952 | 78.8 | 22,157 | 99.0 | 80,674 | 94.6 | 80,620 | 100.3 | 7,245 | 99.7 | (97) |

# 5　牛乳等生産量（全国農業地域別）

単位：kl

| 全国農業地域・牛乳等内訳 | 年次 | | | | | 年度 | | | | |
|---|---|---|---|---|---|---|---|---|---|---|
| | 平成28年 | 29 | 30 | 令和元 | 2 | 平成27年度 | 28 | 29 | 30 | 令和元 |
| 全国 | | | | | | | | | | |
| 飲用牛乳等 | 3, 488, 163 | 3, 538, 986 | 3, 556, 019 | 3, 571, 543 | 3, 573, 856 | 3, 464, 092 | 3, 502, 873 | 3, 534, 985 | 3, 566, 591 | 3, 568, 330 |
| 牛乳 | 3, 049, 421 | 3, 090, 779 | 3, 141, 688 | 3, 160, 464 | 3, 179, 724 | 3, 013, 922 | 3, 059, 798 | 3, 094, 479 | 3, 154, 165 | 3, 158, 767 |
| うち、業務用 | 292, 833 | 299, 317 | 326, 726 | 322, 321 | 280, 924 | 292, 936 | 293, 900 | 306, 935 | 325, 103 | 316, 536 |
| 学校給食用 | 361, 083 | 361, 811 | 355, 736 | 351, 062 | 305, 850 | 361, 941 | 361, 848 | 358, 210 | 356, 063 | 329, 345 |
| 加工乳・成分調整牛乳 | 438, 742 | 448, 207 | 414, 331 | 411, 079 | 394, 132 | 450, 170 | 443, 075 | 440, 506 | 412, 426 | 409, 563 |
| うち、業務用 | 42, 685 | 53, 573 | 49, 866 | 58, 478 | 42, 612 | 40, 006 | 47, 075 | 51, 720 | 51, 855 | 57, 844 |
| 成分調整牛乳 | 339, 727 | 352, 642 | 317, 415 | 288, 215 | 282, 329 | 349, 209 | 342, 619 | 347, 524 | 311, 254 | 283, 614 |
| 乳飲料 | 1, 238, 828 | 1, 177, 800 | 1, 129, 372 | 1, 127, 879 | 1, 108, 195 | 1, 293, 705 | 1, 226, 322 | 1, 166, 007 | 1, 120, 651 | 1, 139, 653 |
| はっ酵乳 | 1, 104, 917 | 1, 072, 051 | 1, 067, 820 | 1, 029, 592 | 1, 059, 866 | 1, 081, 270 | 1, 090, 542 | 1, 074, 902 | 1, 063, 141 | 1, 033, 193 |
| 乳酸菌飲料 | 140, 011 | 124, 495 | 125, 563 | 115, 992 | 117, 248 | 145, 327 | 138, 568 | 125, 979 | 124, 287 | 117, 028 |
| 北海道 | | | | | | | | | | |
| 飲用牛乳等 | 545, 463 | 547, 655 | 553, 875 | 546, 980 | 556, 848 | 538, 250 | 545, 854 | 545, 231 | 559, 169 | 544, 203 |
| 牛乳 | 418, 875 | 418, 499 | 428, 005 | 444, 812 | 461, 024 | 408, 121 | 418, 764 | 417, 346 | 433, 609 | 448, 111 |
| うち、業務用 | 68, 518 | 67, 965 | 69, 962 | 69, 485 | 58, 716 | 67, 953 | 68, 640 | 68, 279 | 71, 271 | 65, 869 |
| 学校給食用 | 16, 272 | 16, 257 | 15, 589 | 15, 524 | 13, 387 | 16, 533 | 16, 262 | 15, 953 | 15, 631 | 14, 409 |
| 加工乳・成分調整牛乳 | 126, 588 | 129, 156 | 125, 870 | 102, 168 | 95, 824 | 130, 129 | 127, 090 | 127, 885 | 125, 560 | 96, 092 |
| うち、業務用 | 1, 140 | 1, 281 | 1, 392 | 2, 679 | 1, 787 | 1, 231 | 1, 155 | 1, 303 | 1, 426 | 2, 845 |
| 成分調整牛乳 | 123, 175 | 126, 753 | 123, 172 | 97, 123 | 91, 437 | 126, 319 | 124, 021 | 125, 443 | 122, 307 | 91, 189 |
| 乳飲料 | 26, 095 | 21, 847 | 24, 959 | 25, 824 | 24, 299 | 26, 956 | 24, 681 | 23, 182 | 25, 074 | 25, 460 |
| はっ酵乳 | 23, 714 | 23, 179 | 22, 898 | 24, 775 | 27, 293 | 23, 806 | 23, 453 | 23, 125 | 22, 765 | 25, 977 |
| 乳酸菌飲料 | 7, 286 | 5, 109 | 4, 681 | 4, 926 | 4, 650 | 7, 892 | 6, 567 | 4, 936 | 4, 875 | 4, 733 |
| 東北 | | | | | | | | | | |
| 飲用牛乳等 | 242, 976 | 240, 591 | 247, 141 | 241, 314 | 228, 508 | 238, 889 | 243, 085 | 242, 807 | 246, 718 | 236, 753 |
| 牛乳 | 228, 554 | 224, 689 | 231, 774 | 227, 116 | 214, 438 | 223, 894 | 228, 437 | 226, 641 | 231, 995 | 222, 490 |
| うち、業務用 | 22, 125 | 23, 543 | 22, 853 | 23, 736 | 18, 820 | 20, 147 | 22, 955 | 23, 119 | 23, 151 | 23, 150 |
| 学校給食用 | 27, 253 | 27, 101 | 26, 273 | 25, 525 | 23, 305 | 27, 054 | 27, 450 | 26, 643 | 26, 196 | 24, 010 |
| 加工乳・成分調整牛乳 | 14, 422 | 15, 902 | 15, 367 | 14, 198 | 14, 070 | 14, 995 | 14, 648 | 16, 166 | 14, 723 | 14, 263 |
| うち、業務用 | 2 | 40 | 68 | 99 | 122 | 3 | 4 | 49 | 74 | 111 |
| 成分調整牛乳 | 9, 560 | 13, 410 | 12, 397 | 11, 309 | 11, 370 | 9, 531 | 9, 965 | 13, 927 | 11, 777 | 11, 347 |
| 乳飲料 | 76, 495 | 71, 810 | 66, 853 | 65, 881 | 64, 472 | 79, 925 | 75, 274 | 71, 043 | 65, 669 | 67, 172 |
| はっ酵乳 | 48, 648 | 45, 562 | 45, 840 | 46, 908 | 48, 092 | 49, 516 | 47, 255 | 45, 599 | 45, 853 | 47, 771 |
| 乳酸菌飲料 | 5, 123 | 4, 864 | 4, 712 | 4, 342 | 3, 895 | 5, 415 | 5, 065 | 4, 834 | 4, 674 | 4, 198 |
| 北陸 | | | | | | | | | | |
| 飲用牛乳等 | 81, 273 | 83, 237 | 81, 410 | 77, 129 | 73, 612 | 82, 289 | 81, 971 | 81, 909 | 81, 650 | 74, 514 |
| 牛乳 | 79, 062 | 81, 128 | 79, 474 | 75, 177 | 71, 504 | 79, 909 | 79, 785 | 79, 877 | 79, 730 | 72, 495 |
| うち、業務用 | 4, 196 | 4, 620 | 5, 333 | 6, 195 | 5, 588 | 4, 812 | 4, 287 | 4, 680 | 5, 331 | 6, 237 |
| 学校給食用 | 14, 501 | 14, 408 | 13, 716 | 12, 993 | 11, 544 | 14, 747 | 14, 510 | 14, 130 | 13, 610 | 12, 088 |
| 加工乳・成分調整牛乳 | 2, 211 | 2, 109 | 1, 936 | 1, 952 | 2, 108 | 2, 380 | 2, 186 | 2, 032 | 1, 920 | 2, 019 |
| うち、業務用 | － | － | － | － | － | － | － | － | － | － |
| 成分調整牛乳 | 824 | 751 | 712 | 855 | 1, 085 | 856 | 807 | 716 | 729 | 939 |
| 乳飲料 | 18, 339 | 17, 449 | 14, 949 | 9, 569 | 5, 631 | 18, 955 | 18, 125 | 16, 866 | 14, 513 | 7, 708 |
| はっ酵乳 | 15, 110 | 14, 242 | 14, 187 | 14, 616 | 14, 609 | 14, 027 | 15, 037 | 14, 125 | 14, 320 | 14, 824 |
| 乳酸菌飲料 | 17, 079 | 16, 818 | 17, 483 | 15, 810 | 4, 171 | 16, 636 | 16, 958 | 17, 223 | 17, 562 | 15, 303 |
| 関東 | | | | | | | | | | |
| 飲用牛乳等 | 1, 043, 864 | 1, 056, 434 | 1, 056, 671 | 1, 079, 126 | 1, 097, 000 | 1, 033, 144 | 1, 048, 807 | 1, 053, 396 | 1, 063, 760 | 1, 084, 138 |
| 牛乳 | 900, 055 | 918, 880 | 936, 000 | 941, 005 | 964, 610 | 886, 784 | 904, 051 | 921, 039 | 940, 473 | 943, 616 |
| うち、業務用 | 85, 513 | 82, 838 | 101, 759 | 96, 048 | 84, 119 | 87, 455 | 83, 384 | 88, 013 | 101, 626 | 94, 667 |
| 学校給食用 | 111, 887 | 111, 739 | 112, 076 | 109, 073 | 91, 455 | 111, 197 | 111, 954 | 111, 050 | 112, 322 | 102, 264 |
| 加工乳・成分調整牛乳 | 143, 809 | 137, 554 | 120, 671 | 138, 121 | 132, 390 | 146, 360 | 144, 756 | 132, 357 | 123, 287 | 140, 522 |
| うち、業務用 | 27, 799 | 27, 201 | 23, 997 | 26, 189 | 16, 605 | 24, 659 | 29, 120 | 25, 764 | 25, 050 | 24, 872 |
| 成分調整牛乳 | 86, 664 | 80, 970 | 66, 330 | 72, 250 | 71, 817 | 89, 735 | 85, 760 | 77, 977 | 66, 036 | 73, 041 |
| 乳飲料 | 498, 043 | 476, 634 | 458, 562 | 456, 905 | 448, 097 | 494, 395 | 496, 043 | 471, 243 | 456, 226 | 462, 415 |
| はっ酵乳 | 573, 807 | 591, 119 | 595, 115 | 582, 647 | 598, 922 | 557, 657 | 574, 409 | 595, 960 | 593, 313 | 585, 465 |
| 乳酸菌飲料 | 65, 776 | 53, 968 | 50, 434 | 51, 517 | 70, 157 | 65, 104 | 64, 853 | 54, 979 | 50, 164 | 54, 598 |
| 東山 | | | | | | | | | | |
| 飲用牛乳等 | 125, 989 | 123, 222 | 119, 936 | 116, 235 | 116, 790 | 124, 773 | 126, 284 | 121, 876 | 119, 526 | 115, 992 |
| 牛乳 | 125, 989 | 123, 222 | 119, 936 | 116, 235 | 116, 790 | 124, 773 | 126, 284 | 121, 876 | 119, 526 | 115, 992 |
| うち、業務用 | 3, 918 | 4, 995 | 5, 364 | 5, 570 | 5, 443 | 4, 029 | 4, 237 | 5, 122 | 5, 399 | 5, 691 |
| 学校給食用 | 9, 180 | 8, 845 | 8, 408 | 7, 976 | 6, 955 | 9, 367 | 9, 128 | 8, 682 | 8, 323 | 7, 543 |
| 加工乳・成分調整牛乳 | － | － | － | － | － | － | － | － | － | － |
| うち、業務用 | － | － | － | － | － | － | － | － | － | － |
| 成分調整牛乳 | － | － | － | － | － | － | － | － | － | － |
| 乳飲料 | 10, 309 | 10, 694 | 10, 784 | 11, 174 | 13, 350 | 10, 456 | 10, 442 | 10, 639 | 10, 812 | 11, 697 |
| はっ酵乳 | 25, 718 | 24, 961 | 26, 063 | 28, 190 | 28, 378 | 24, 741 | 25, 144 | 25, 430 | 26, 870 | 27, 859 |
| 乳酸菌飲料 | － | － | － | － | － | － | － | － | － | － |

単位：kl

| 全国農業地域・牛乳等内訳 | 年次 | | | | | 年度 | | | | |
|---|---|---|---|---|---|---|---|---|---|---|
| | 平成28年 | 29 | 30 | 令和元 | 2 | 平成27年度 | 28 | 29 | 30 | 令和元 |
| 東海 | | | | | | | | | | |
| 飲用牛乳等 | 337, 335 | 347, 673 | 354, 262 | 366, 343 | 363, 146 | 336, 947 | 339, 509 | 350, 064 | 353, 765 | 368, 827 |
| 牛乳 | 301, 889 | 312, 496 | 322, 194 | 325, 841 | 321, 259 | 300, 324 | 303, 672 | 315, 617 | 322, 357 | 326, 288 |
| うち、業務用 | 27, 231 | 29, 207 | 35, 270 | 34, 653 | 26, 848 | 28, 099 | 27, 421 | 30, 974 | 34, 934 | 32, 747 |
| 学校給食用 | 48, 905 | 48, 498 | 46, 371 | 46, 533 | 40, 255 | 48, 313 | 49, 029 | 47, 850 | 46, 289 | 43, 776 |
| 加工乳・成分調整牛乳 | 35, 446 | 35, 177 | 32, 068 | 40, 502 | 41, 887 | 36, 623 | 35, 837 | 34, 447 | 31, 408 | 42, 539 |
| うち、業務用 | 3, 696 | 4, 598 | 4, 517 | 4, 638 | 5, 624 | 3, 545 | 4, 287 | 4, 142 | 4, 588 | 5, 519 |
| 成分調整牛乳 | 28, 905 | 27, 781 | 24, 882 | 23, 387 | 24, 178 | 30, 342 | 28, 622 | 27, 596 | 23, 939 | 23, 675 |
| 乳飲料 | 166, 656 | 151, 513 | 158, 004 | 156, 704 | 152, 434 | 174, 913 | 162, 034 | 153, 208 | 156, 875 | 157, 362 |
| はっ酵乳 | 119, 362 | 108, 184 | 93, 143 | 88, 056 | 88, 420 | 97, 342 | 118, 099 | 103, 619 | 92, 457 | 88, 272 |
| 乳酸菌飲料 | 16, 845 | 20, 740 | 19, 234 | 19, 970 | 15, 505 | 16, 781 | 17, 782 | 20, 341 | 19, 006 | 20, 466 |
| 近畿 | | | | | | | | | | |
| 飲用牛乳等 | 392, 234 | 397, 606 | 394, 306 | 389, 919 | 387, 678 | 388, 920 | 390, 941 | 398, 932 | 391, 847 | 390, 836 |
| 牛乳 | 355, 022 | 360, 407 | 361, 005 | 360, 595 | 359, 802 | 351, 969 | 353, 348 | 362, 325 | 360, 134 | 361, 121 |
| うち、業務用 | 35, 185 | 34, 438 | 30, 938 | 36, 070 | 35, 512 | 33, 638 | 35, 266 | 33, 414 | 30, 629 | 37, 124 |
| 学校給食用 | 51, 302 | 52, 063 | 51, 659 | 52, 165 | 45, 871 | 52, 406 | 51, 216 | 51, 810 | 51, 860 | 49, 096 |
| 加工乳・成分調整牛乳 | 37, 212 | 37, 199 | 33, 301 | 29, 324 | 27, 876 | 36, 951 | 37, 593 | 36, 607 | 31, 713 | 29, 715 |
| うち、業務用 | 43 | 41 | 35 | 30 | 10 | 50 | 40 | 44 | 29 | 31 |
| 成分調整牛乳 | 31, 618 | 32, 345 | 25, 796 | 20, 967 | 19, 592 | 30, 451 | 32, 236 | 31, 770 | 23, 664 | 21, 100 |
| 乳飲料 | 164, 549 | 164, 321 | 163, 233 | 164, 483 | 170, 370 | 201, 441 | 162, 282 | 166, 400 | 160, 203 | 169, 636 |
| はっ酵乳 | 139, 266 | 121, 628 | 132, 359 | 108, 010 | 121, 305 | 147, 223 | 132, 925 | 124, 650 | 130, 112 | 106, 913 |
| 乳酸菌飲料 | 3, 925 | 3, 470 | 3, 264 | 1, 005 | 244 | 4, 049 | 3, 841 | 3, 424 | 3, 222 | 288 |
| 中国 | | | | | | | | | | |
| 飲用牛乳等 | 248, 697 | 261, 924 | 261, 106 | 261, 675 | 243, 233 | 244, 688 | 253, 432 | 261, 516 | 260, 145 | 257, 835 |
| 牛乳 | 221, 056 | 233, 102 | 235, 791 | 235, 468 | 220, 317 | 215, 750 | 225, 546 | 232, 959 | 235, 824 | 231, 225 |
| うち、業務用 | 13, 002 | 18, 457 | 18, 634 | 17, 174 | 13, 215 | 13, 854 | 14, 311 | 18, 190 | 17, 243 | 17, 308 |
| 学校給食用 | 22, 235 | 22, 529 | 21, 666 | 21, 837 | 19, 876 | 22, 566 | 22, 231 | 22, 376 | 21, 705 | 20, 340 |
| 加工乳・成分調整牛乳 | 27, 641 | 28, 822 | 25, 315 | 26, 207 | 22, 916 | 28, 938 | 27, 886 | 28, 557 | 24, 321 | 26, 610 |
| うち、業務用 | 9, 807 | 11, 418 | 10, 855 | 12, 919 | 9, 713 | 10, 326 | 10, 005 | 11, 452 | 10, 863 | 13, 303 |
| 成分調整牛乳 | 17, 422 | 17, 681 | 14, 151 | 13, 084 | 13, 035 | 18, 118 | 17, 472 | 17, 399 | 13, 165 | 13, 129 |
| 乳飲料 | 134, 120 | 126, 714 | 105, 073 | 99, 066 | 84, 872 | 140, 346 | 133, 576 | 122, 817 | 100, 069 | 98, 392 |
| はっ酵乳 | 79, 712 | 71, 560 | 70, 248 | 70, 675 | 70, 553 | 87, 749 | 75, 996 | 71, 394 | 70, 504 | 70, 540 |
| 乳酸菌飲料 | 9, 811 | 6, 053 | 11, 222 | 5, 165 | 7, 532 | 14, 837 | 9, 126 | 6, 819 | 9, 895 | 4, 965 |
| 四国 | | | | | | | | | | |
| 飲用牛乳等 | 78, 488 | 78, 895 | 80, 378 | 81, 348 | 85, 398 | 76, 651 | 80, 945 | 75, 957 | 82, 041 | 81, 261 |
| 牛乳 | 74, 559 | 75, 261 | 76, 981 | 78, 580 | 82, 801 | 72, 478 | 77, 114 | 72, 378 | 78, 730 | 78, 597 |
| うち、業務用 | 8, 572 | 9, 631 | 10, 493 | 8, 667 | 8, 372 | 7, 889 | 9, 199 | 10, 193 | 9, 402 | 8, 901 |
| 学校給食用 | 9, 982 | 10, 432 | 10, 246 | 10, 210 | 9, 242 | 9, 825 | 10, 190 | 10, 275 | 10, 300 | 9, 510 |
| 加工乳・成分調整牛乳 | 3, 929 | 3, 634 | 3, 397 | 2, 768 | 2, 597 | 4, 173 | 3, 831 | 3, 579 | 3, 311 | 2, 664 |
| うち、業務用 | – | – | – | – | – | – | – | – | – | – |
| 成分調整牛乳 | 3, 199 | 2, 989 | 2, 870 | 2, 427 | 2, 321 | 3, 308 | 3, 132 | 2, 959 | 2, 825 | 2, 347 |
| 乳飲料 | 33, 853 | 29, 672 | 20, 649 | 21, 906 | 24, 133 | 33, 365 | 34, 020 | 26, 344 | 21, 137 | 22, 218 |
| はっ酵乳 | 7, 884 | 6, 950 | 7, 099 | 6, 655 | 6, 264 | 7, 216 | 7, 841 | 6, 906 | 7, 036 | 6, 548 |
| 乳酸菌飲料 | 2, 841 | 2, 896 | 2, 753 | 2, 516 | 2, 508 | 2, 773 | 2, 849 | 2, 873 | 2, 721 | 2, 488 |
| 九州 | | | | | | | | | | |
| 飲用牛乳等 | 363, 497 | 374, 032 | 380, 314 | 386, 049 | 396, 801 | 370, 324 | 363, 699 | 375, 965 | 381, 648 | 388, 704 |
| 牛乳 | 322, 004 | 321, 304 | 329, 447 | 335, 175 | 347, 137 | 326, 639 | 320, 474 | 322, 928 | 330, 940 | 338, 434 |
| うち、業務用 | 23, 215 | 22, 275 | 24, 725 | 23, 365 | 23, 079 | 23, 571 | 22, 906 | 23, 586 | 24, 721 | 23, 504 |
| 学校給食用 | 43, 032 | 43, 446 | 43, 293 | 42, 978 | 38, 573 | 43, 351 | 43, 375 | 43, 051 | 43, 372 | 40, 351 |
| 加工乳・成分調整牛乳 | 41, 493 | 52, 728 | 50, 867 | 50, 874 | 49, 664 | 43, 685 | 43, 225 | 53, 037 | 50, 708 | 50, 270 |
| うち、業務用 | – | 8, 828 | 8, 756 | 11, 668 | 8, 560 | – | 2, 270 | 8, 787 | 9, 571 | 10, 919 |
| 成分調整牛乳 | 38, 360 | 49, 962 | 47, 105 | 46, 813 | 47, 494 | 40, 549 | 40, 604 | 49, 737 | 46, 812 | 46, 847 |
| 乳飲料 | 100, 168 | 96, 396 | 95, 773 | 106, 150 | 109, 804 | 102, 383 | 99, 509 | 93, 529 | 99, 557 | 107, 384 |
| はっ酵乳 | 68, 779 | 62, 674 | 58, 988 | 57, 637 | 54, 480 | 70, 047 | 67, 486 | 62, 117 | 58, 188 | 57, 540 |
| 乳酸菌飲料 | 7, 894 | 7, 383 | 8, 829 | 8, 155 | 6, 273 | 8, 381 | 8, 113 | 7, 396 | 9, 259 | 7, 524 |
| 沖縄 | | | | | | | | | | |
| 飲用牛乳等 | 28, 347 | 27, 717 | 26, 620 | 25, 425 | 24, 842 | 29, 217 | 28, 346 | 27, 332 | 26, 322 | 25, 267 |
| 牛乳 | 22, 356 | 21, 791 | 21, 081 | 20, 460 | 20, 042 | 23, 281 | 22, 323 | 21, 493 | 20, 847 | 20, 398 |
| うち、業務用 | 1, 358 | 1, 348 | 1, 395 | 1, 358 | 1, 212 | 1, 489 | 1, 294 | 1, 365 | 1, 396 | 1, 338 |
| 学校給食用 | 6, 534 | 6, 493 | 6, 439 | 6, 248 | 5, 387 | 6, 582 | 6, 503 | 6, 390 | 6, 455 | 5, 958 |
| 加工乳・成分調整牛乳 | 5, 991 | 5, 926 | 5, 539 | 4, 965 | 4, 800 | 5, 936 | 6, 023 | 5, 839 | 5, 475 | 4, 869 |
| うち、業務用 | 198 | 166 | 246 | 256 | 191 | 192 | 194 | 179 | 254 | 244 |
| 成分調整牛乳 | – | – | – | – | – | – | – | – | – | – |
| 乳飲料 | 10, 201 | 10, 750 | 10, 533 | 10, 217 | 10, 733 | 10, 570 | 10, 336 | 10, 736 | 10, 516 | 10, 209 |
| はっ酵乳 | 2, 917 | 1, 992 | 1, 880 | 1, 423 | 1, 550 | 1, 946 | 2, 897 | 1, 977 | 1, 723 | 1, 484 |
| 乳酸菌飲料 | 3, 431 | 3, 194 | 2, 951 | 2, 586 | 2, 313 | 3, 459 | 3, 414 | 3, 154 | 2, 909 | 2, 465 |

## 6　牛乳等生産量（地方農政局別）

単位：kl

| 地方農政局・牛乳等内訳 | 年次 | | | | | 年度 | | | | |
|---|---|---|---|---|---|---|---|---|---|---|
| | 平成28年 | 29 | 30 | 令和元 | 2 | 平成27年度 | 28 | 29 | 30 | 令和元 |
| 関東農政局 | | | | | | | | | | |
| 飲用牛乳等 | 1,243,010 | 1,251,999 | 1,249,170 | 1,267,723 | 1,298,149 | 1,230,453 | 1,249,153 | 1,246,808 | 1,255,580 | 1,275,482 |
| 牛乳 | 1,094,085 | 1,108,480 | 1,122,854 | 1,123,921 | 1,158,960 | 1,079,197 | 1,098,640 | 1,109,008 | 1,126,639 | 1,128,400 |
| うち、業務用 | 96,559 | 95,275 | 120,102 | 115,331 | 99,308 | 98,664 | 94,938 | 101,735 | 120,329 | 112,557 |
| 学校給食用 | 132,813 | 132,202 | 130,875 | 127,704 | 108,006 | 132,411 | 132,761 | 131,276 | 130,735 | 120,144 |
| 加工乳・成分調整牛乳 | 148,925 | 143,519 | 126,316 | 143,802 | 139,189 | 151,256 | 150,513 | 137,800 | 128,941 | 147,082 |
| うち、業務用 | 31,495 | 31,799 | 28,514 | 30,827 | 22,229 | 28,204 | 33,407 | 29,906 | 29,638 | 30,391 |
| 成分調整牛乳 | 87,564 | 81,975 | 67,147 | 72,980 | 72,461 | 90,580 | 86,695 | 78,969 | 66,791 | 73,767 |
| 乳飲料 | 539,076 | 515,196 | 494,845 | 495,546 | 492,171 | 532,542 | 538,062 | 508,588 | 491,988 | 503,453 |
| はっ酵乳 | 606,624 | 623,560 | 627,495 | 616,627 | 633,065 | 587,771 | 607,133 | 628,569 | 626,404 | 619,034 |
| 乳酸菌飲料 | 66,900 | 54,999 | 51,422 | 52,446 | 71,051 | 66,431 | 65,946 | 55,998 | 51,138 | 55,519 |
| 東海農政局 | | | | | | | | | | |
| 飲用牛乳等 | 264,178 | 275,330 | 281,699 | 293,981 | 278,787 | 264,411 | 265,447 | 278,528 | 281,471 | 293,475 |
| 牛乳 | 233,848 | 246,118 | 255,276 | 259,160 | 243,699 | 232,684 | 235,367 | 249,524 | 255,717 | 257,496 |
| うち、業務用 | 20,103 | 21,765 | 22,291 | 20,940 | 17,102 | 20,919 | 20,104 | 22,374 | 21,630 | 20,548 |
| 学校給食用 | 37,159 | 36,880 | 35,980 | 35,878 | 30,659 | 36,466 | 37,350 | 36,306 | 36,199 | 33,439 |
| 加工乳・成分調整牛乳 | 30,330 | 29,212 | 26,423 | 34,821 | 35,088 | 31,727 | 30,080 | 29,004 | 25,754 | 35,979 |
| うち、業務用 | - | - | - | - | - | - | - | - | - | - |
| 成分調整牛乳 | 28,005 | 26,776 | 24,065 | 22,657 | 23,534 | 29,497 | 27,687 | 26,604 | 23,184 | 22,949 |
| 乳飲料 | 135,932 | 123,645 | 132,505 | 129,237 | 121,710 | 147,222 | 130,457 | 126,502 | 131,925 | 128,021 |
| はっ酵乳 | 112,263 | 100,704 | 86,826 | 82,266 | 82,655 | 91,969 | 110,519 | 96,440 | 86,236 | 82,562 |
| 乳酸菌飲料 | 15,721 | 19,709 | 18,246 | 19,041 | 14,611 | 15,454 | 16,689 | 19,322 | 18,032 | 19,545 |
| 中国四国農政局 | | | | | | | | | | |
| 飲用牛乳等 | 327,185 | 340,819 | 341,484 | 343,023 | 328,631 | 321,339 | 334,377 | 337,473 | 342,186 | 339,096 |
| 牛乳 | 295,615 | 308,363 | 312,772 | 314,048 | 303,118 | 288,228 | 302,660 | 305,337 | 314,554 | 309,822 |
| うち、業務用 | 21,574 | 28,088 | 29,127 | 25,841 | 21,587 | 21,743 | 23,510 | 28,383 | 26,645 | 26,209 |
| 学校給食用 | 32,217 | 32,961 | 31,912 | 32,047 | 29,118 | 32,391 | 32,421 | 32,651 | 32,005 | 29,850 |
| 加工乳・成分調整牛乳 | 31,570 | 32,456 | 28,712 | 28,975 | 25,513 | 33,111 | 31,717 | 32,136 | 27,632 | 29,274 |
| うち、業務用 | 9,807 | 11,418 | 10,855 | 12,919 | 9,713 | 10,326 | 10,005 | 11,452 | 10,863 | 13,303 |
| 成分調整牛乳 | 20,621 | 20,670 | 17,021 | 15,511 | 15,356 | 21,426 | 20,604 | 20,358 | 15,990 | 15,476 |
| 乳飲料 | 167,973 | 156,386 | 125,722 | 120,972 | 109,005 | 173,711 | 167,596 | 149,161 | 121,206 | 120,610 |
| はっ酵乳 | 87,596 | 78,510 | 77,347 | 77,330 | 76,817 | 94,965 | 83,837 | 78,300 | 77,540 | 77,088 |
| 乳酸菌飲料 | 12,652 | 8,949 | 13,975 | 7,681 | 10,040 | 17,610 | 11,975 | 9,692 | 12,616 | 7,453 |

注：　全国農業地域と区分が違う地方農政局の集計結果を掲載した。なお、本統計表に掲載していない地方農政局の集計結果は、前ページ「5　牛乳等生産量（全国農業地域別）」に掲載しており、東北農政局は「東北」、北陸農政局は「北陸」、近畿農政局は「近畿」、九州農政局は「九州」の集計結果と同じである。

# 7　乳製品生産量（全国）

| 年次・年度 | | 全粉乳 | 脱脂粉乳 | 調製粉乳 | ホエイパウダー | | | バター |
|---|---|---|---|---|---|---|---|---|
| | | | | | | タンパク質含有量25%未満 | タンパク質含有量25%以上45%未満 | |
| | | t | t | t | t | t | t | t |
| 平成８年 | (1) | 23,656 | 200,335 | 37,688 | … | … | … | 86,330 |
| 9 | (2) | 18,890 | 199,853 | 37,635 | … | … | … | 87,192 |
| 10 | (3) | 18,665 | 201,770 | 34,470 | … | … | … | 88,931 |
| 11 | (4) | 17,833 | 191,119 | 35,864 | … | … | … | 85,349 |
| 12 | (5) | 18,331 | 193,758 | 33,584 | … | … | … | 87,579 |
| 13 | (6) | 17,803 | 175,071 | 33,465 | … | … | … | 79,537 |
| 14 | (7) | 16,580 | 182,518 | 37,318 | … | … | … | 82,744 |
| 15 | (8) | 16,136 | 182,618 | 36,957 | … | … | … | 80,079 |
| 16 | (9) | 14,942 | 182,657 | 34,758 | … | … | … | 80,097 |
| 17 | (10) | 14,366 | 186,766 | 32,037 | … | … | … | 84,070 |
| 18 | (11) | 13,794 | 180,750 | 31,189 | … | … | … | 80,476 |
| 19 | (12) | 14,027 | 172,545 | 30,039 | … | … | … | 75,058 |
| 20 | (13) | 13,543 | 158,179 | 30,197 | … | … | … | 71,698 |
| 21 | (14) | 12,565 | 167,256 | 34,914 | … | … | … | 80,998 |
| 22 | (15) | 13,250 | 155,625 | 32,942 | … | … | … | 73,621 |
| 23 | (16) | 14,302 | 137,141 | 27,559 | … | … | … | 62,845 |
| 24 | (17) | 12,451 | 138,598 | 23,914 | … | … | … | 68,984 |
| 25 | (18) | 10,765 | 136,354 | 22,915 | … | … | … | 68,303 |
| 26 | (19) | 12,077 | 119,844 | 26,659 | … | … | … | 60,762 |
| 27 | (20) | 11,862 | 128,610 | 26,309 | … | … | … | 64,810 |
| 28 | (21) | 11,505 | 127,598 | 27,657 | … | … | … | 66,210 |
| 29 | (22) | 9,415 | 121,063 | 26,728 | 19,008 | 18,956 | 53 | 59,808 |
| 30 | (23) | 9,795 | 120,004 | 27,771 | 19,367 | 19,311 | 56 | 59,499 |
| 令和元 | (24) | 9,994 | 124,900 | 27,336 | 19,371 | 19,332 | 39 | 62,441 |
| 2 | (25) | 9,067 | 139,953 | 28,232 | 18,859 | 18,818 | 41 | 71,520 |
| 平成８年度 | (26) | 21,808 | 200,357 | 37,752 | … | … | … | 85,958 |
| 9 | (27) | 18,378 | 201,997 | 37,146 | … | … | … | 87,618 |
| 10 | (28) | 18,524 | 198,088 | 34,615 | … | … | … | 88,111 |
| 11 | (29) | 18,215 | 196,556 | 34,859 | … | … | … | 89,562 |
| 12 | (30) | 17,989 | 184,650 | 34,625 | … | … | … | 79,929 |
| 13 | (31) | 17,456 | 177,855 | 34,006 | … | … | … | 83,172 |
| 14 | (32) | 17,021 | 178,905 | 36,876 | … | … | … | 79,598 |
| 15 | (33) | 15,010 | 184,372 | 36,427 | … | … | … | 81,566 |
| 16 | (34) | 14,659 | 182,656 | 35,269 | … | … | … | 80,555 |
| 17 | (35) | 14,523 | 189,737 | 31,225 | … | … | … | 85,467 |
| 18 | (36) | 13,882 | 177,036 | 29,740 | … | … | … | 78,001 |
| 19 | (37) | 13,825 | 171,441 | 30,561 | … | … | … | 75,058 |
| 20 | (38) | 13,573 | 155,282 | 30,591 | … | … | … | 71,898 |
| 21 | (39) | 12,010 | 170,179 | 35,829 | … | … | … | 81,972 |
| 22 | (40) | 14,242 | 148,786 | 32,015 | … | … | … | 70,119 |
| 23 | (41) | 13,166 | 134,912 | 24,830 | … | … | … | 63,071 |
| 24 | (42) | 12,307 | 141,431 | 24,742 | … | … | … | 70,118 |
| 25 | (43) | 11,016 | 128,818 | 24,344 | … | … | … | 64,302 |
| 26 | (44) | 11,604 | 120,922 | 25,609 | … | … | … | 61,652 |
| 27 | (45) | 12,526 | 130,184 | 27,101 | … | … | … | 66,295 |
| 28 | (46) | 10,382 | 123,500 | 27,739 | … | … | … | 63,583 |
| 29 | (47) | 9,866 | 121,581 | 26,963 | 19,615 | 19,565 | 50 | 59,996 |
| 30 | (48) | 9,623 | 120,065 | 27,445 | 18,965 | 18,911 | 53 | 59,828 |
| 令和元 | (49) | 10,297 | 130,497 | 27,541 | 19,190 | 19,147 | 43 | 65,495 |

注：　平成29年１月分から、「ホエイパウダー」の調査項目を追加し、また、「クリーム」の調査定義を変更した。
なお、調査定義変更前の数値は、（　）書きで表示した。

| クリーム | チーズ | 直接消費用ナチュラルチーズ | 加糖れん乳 | 無糖れん乳 | 脱脂加糖れん乳 | 乳脂肪分８％以上のアイスクリーム | |
|---|---|---|---|---|---|---|---|
| t | t | t | t | t | t | kl | |
| (63, 609) | 108, 954 | 11, 821 | 41, 908 | 1, 707 | 9, 192 | 152, 955 | (1) |
| (67, 999) | 114, 041 | 13, 064 | 35, 408 | 2, 158 | 8, 089 | 117, 655 | (2) |
| (70, 659) | 123, 815 | 14, 539 | 33, 764 | 2, 149 | 7, 750 | 105, 653 | (3) |
| (74, 723) | 123, 538 | 15, 562 | 34, 961 | 1, 597 | 6, 448 | 109, 801 | (4) |
| (73, 370) | 121, 936 | 15, 228 | 34, 452 | 1, 641 | 5, 353 | 107, 539 | (5) |
| (86, 663) | 118, 723 | 14, 386 | 32, 117 | 1, 855 | 5, 644 | 108, 710 | (6) |
| (91, 308) | 116, 564 | 13, 692 | 30, 453 | 2, 452 | 5, 068 | 99, 765 | (7) |
| (93, 228) | 118, 778 | 13, 635 | 33, 921 | 1, 738 | 6, 453 | 103, 433 | (8) |
| (91, 496) | 119, 572 | 12, 323 | 34, 599 | 1, 649 | 5, 658 | 112, 622 | (9) |
| (90, 985) | 122, 549 | 13, 471 | 34, 366 | 1, 256 | 6, 737 | 116, 320 | (10) |
| (95, 567) | 124, 886 | 15, 770 | 34, 384 | 1, 137 | 5, 961 | 128, 585 | (11) |
| (103, 109) | 125, 392 | 17, 486 | 37, 458 | 1, 041 | 6, 349 | 134, 035 | (12) |
| (107, 535) | 118, 347 | 20, 649 | 36, 956 | 1, 016 | 6, 094 | 126, 179 | (13) |
| (104, 898) | 122, 129 | 19, 506 | 39, 203 | 943 | 5, 307 | 128, 614 | (14) |
| (107, 441) | 124, 964 | 19, 176 | 36, 314 | 921 | 4, 498 | 130, 589 | (15) |
| (111, 681) | 131, 329 | 20, 422 | 36, 463 | 820 | 4, 791 | 137, 072 | (16) |
| (112, 995) | 135, 715 | 21, 856 | 37, 800 | 723 | 4, 836 | 138, 046 | (17) |
| (113, 502) | 135, 093 | 22, 358 | 34, 553 | 679 | 3, 981 | 143, 433 | (18) |
| (116, 911) | 134, 713 | 22, 846 | 33, 829 | 677 | 4, 661 | 144, 724 | (19) |
| (113, 796) | 145, 338 | 21, 942 | 34, 722 | 635 | 4, 402 | 134, 093 | (20) |
| (111, 029) | 148, 611 | 23, 119 | 35, 323 | 601 | 4, 117 | 141, 767 | (21) |
| 115, 848 | 149, 586 | 24, 047 | 34, 635 | 470 | 3, 985 | 147, 708 | (22) |
| 116, 190 | 156, 998 | 24, 147 | 32, 412 | 461 | 3, 845 | 148, 253 | (23) |
| 116, 297 | 155, 991 | 24, 989 | 34, 203 | 419 | 3, 831 | 146, 909 | (24) |
| 110, 125 | 159, 796 | 25, 807 | 30, 329 | 388 | 3, 321 | 131, 543 | (25) |
| (65, 061) | 109, 377 | 11, 723 | 40, 762 | 1, 746 | 8, 938 | 149, 673 | (26) |
| (69, 306) | 117, 081 | 13, 812 | 34, 754 | 2, 118 | 8, 241 | 111, 898 | (27) |
| (72, 928) | 123, 729 | 14, 827 | 33, 697 | 2, 034 | 7, 557 | 109, 369 | (28) |
| (72, 396) | 124, 941 | 15, 978 | 34, 756 | 1, 627 | 6, 073 | 116, 204 | (29) |
| (79, 961) | 120, 557 | 14, 628 | 34, 293 | 1, 674 | 4, 901 | 98, 366 | (30) |
| (85, 695) | 116, 362 | 14, 159 | 31, 899 | 1, 778 | 5, 806 | 105, 875 | (31) |
| (92, 100) | 118, 779 | 13, 448 | 31, 911 | 2, 573 | 5, 395 | 102, 427 | (32) |
| (91, 915) | 119, 342 | 13, 773 | 33, 106 | 1, 645 | 6, 047 | 103, 921 | (33) |
| (91, 273) | 119, 496 | 12, 104 | 35, 253 | 1, 528 | 5, 933 | 112, 622 | (34) |
| (92, 053) | 123, 170 | 13, 941 | 32, 282 | 1, 269 | 6, 723 | 119, 793 | (35) |
| (97, 928) | 124, 186 | 16, 267 | 36, 112 | 1, 106 | 6, 053 | 132, 290 | (36) |
| (104, 156) | 125, 763 | 18, 276 | 36, 453 | 1, 006 | 6, 140 | 132, 092 | (37) |
| (107, 521) | 116, 877 | 20, 204 | 38, 340 | 1, 016 | 6, 119 | 123, 569 | (38) |
| (103, 663) | 122, 997 | 19, 729 | 37, 730 | 944 | 4, 913 | 127, 632 | (39) |
| (107, 984) | 127, 029 | 19, 856 | 36, 254 | 882 | 4, 614 | 131, 875 | (40) |
| (114, 211) | 134, 305 | 20, 680 | 38, 081 | 795 | 4, 941 | 139, 426 | (41) |
| (112, 897) | 133, 326 | 21, 454 | 36, 110 | 695 | 4, 561 | 138, 737 | (42) |
| (114, 508) | 136, 378 | 22, 917 | 35, 697 | 700 | 4, 108 | 144, 898 | (43) |
| (116, 176) | 136, 223 | 22, 523 | 33, 653 | 689 | 4, 603 | 143, 075 | (44) |
| (113, 142) | 145, 202 | 21, 814 | 34, 560 | 647 | 4, 468 | 135, 660 | (45) |
| (111, 884) | 150, 412 | 23, 959 | 34, 851 | 586 | 4, 131 | 144, 186 | (46) |
| 116, 179 | 146, 671 | 23, 727 | 35, 339 | 415 | 3, 962 | 148, 960 | (47) |
| 116, 109 | 157, 545 | 24, 533 | 32, 217 | 441 | 3, 721 | 147, 301 | (48) |
| 115, 838 | 156, 788 | 24, 995 | 33, 265 | 460 | 3, 672 | 145, 258 | (49) |

## 7　乳製品生産量（全国）（続き）

| 年次・月別 | | 全粉乳 | 脱脂粉乳 | 調製粉乳 | ホエイパウダー | | | バター |
|---|---|---|---|---|---|---|---|---|
| | | | | | | タンパク質含有量25%未満 | タンパク質含有量25%以上45%未満 | |
| | | t | t | t | t | t | t | t |
| 平成29年1月 | (50) | 1,135 | 11,154 | 2,272 | 1,279 | 1,270 | 9 | 6,030 |
| 2 | (51) | 755 | 9,425 | 2,316 | 1,700 | 1,697 | 3 | 4,883 |
| 3 | (52) | 981 | 12,308 | 2,243 | 2,106 | 2,103 | 2 | 6,082 |
| 4 | (53) | 565 | 11,637 | 2,518 | 1,628 | 1,623 | 6 | 5,718 |
| 5 | (54) | 774 | 11,555 | 2,264 | 1,639 | 1,632 | 7 | 6,190 |
| 6 | (55) | 769 | 9,452 | 2,319 | 1,633 | 1,626 | 7 | 4,854 |
| 7 | (56) | 716 | 8,605 | 2,249 | 1,571 | 1,567 | 4 | 4,307 |
| 8 | (57) | 915 | 9,593 | 1,348 | 1,599 | 1,595 | 4 | 4,961 |
| 9 | (58) | 523 | 7,074 | 2,258 | 1,547 | 1,541 | 6 | 3,330 |
| 10 | (59) | 766 | 8,917 | 2,271 | 1,309 | 1,308 | 1 | 4,170 |
| 11 | (60) | 770 | 9,002 | 2,565 | 1,363 | 1,362 | 1 | 3,989 |
| 12 | (61) | 748 | 12,342 | 2,105 | 1,634 | 1,630 | 4 | 5,295 |
| 平成30年1月 | (62) | 1,037 | 11,466 | 1,965 | 1,805 | 1,803 | 2 | 5,884 |
| 2 | (63) | 961 | 9,667 | 2,484 | 1,815 | 1,808 | 7 | 5,000 |
| 3 | (64) | 1,324 | 12,273 | 2,617 | 2,071 | 2,069 | 3 | 6,299 |
| 4 | (65) | 844 | 11,666 | 2,099 | 1,715 | 1,711 | 4 | 5,986 |
| 5 | (66) | 940 | 11,046 | 2,361 | 1,674 | 1,671 | 2 | 5,804 |
| 6 | (67) | 860 | 9,391 | 2,708 | 1,614 | 1,610 | 4 | 4,823 |
| 7 | (68) | 710 | 8,650 | 2,058 | 1,603 | 1,595 | 9 | 4,687 |
| 8 | (69) | 857 | 9,581 | 2,097 | 1,567 | 1,562 | 5 | 4,932 |
| 9 | (70) | 477 | 7,278 | 1,786 | 1,150 | 1,143 | 7 | 3,117 |
| 10 | (71) | 479 | 7,811 | 2,644 | 1,312 | 1,308 | 4 | 3,760 |
| 11 | (72) | 536 | 8,584 | 2,609 | 1,367 | 1,363 | 4 | 3,747 |
| 12 | (73) | 770 | 12,592 | 2,345 | 1,672 | 1,668 | 4 | 5,460 |
| 平成31年1月 | (74) | 1,108 | 10,984 | 2,156 | 1,734 | 1,728 | 6 | 6,111 |
| 2 | (75) | 978 | 9,720 | 2,290 | 1,642 | 1,639 | 3 | 4,953 |
| 3 | (76) | 1,063 | 12,762 | 2,295 | 1,914 | 1,914 | - | 6,448 |
| 4 | (77) | 877 | 12,226 | 2,024 | 1,623 | 1,622 | 1 | 6,071 |
| 令和元年5月 | (78) | 1,001 | 11,591 | 2,421 | 1,745 | 1,741 | 4 | 5,974 |
| 6 | (79) | 739 | 9,749 | 2,613 | 1,633 | 1,629 | 4 | 4,999 |
| 7 | (80) | 851 | 10,439 | 2,196 | 1,621 | 1,617 | 4 | 5,465 |
| 8 | (81) | 839 | 9,099 | 1,469 | 1,480 | 1,475 | 5 | 4,721 |
| 9 | (82) | 396 | 7,837 | 2,032 | 1,418 | 1,414 | 4 | 3,833 |
| 10 | (83) | 551 | 8,493 | 2,787 | 1,445 | 1,444 | 1 | 3,978 |
| 11 | (84) | 695 | 9,218 | 2,878 | 1,513 | 1,511 | 3 | 4,108 |
| 12 | (85) | 896 | 12,783 | 2,175 | 1,603 | 1,599 | 4 | 5,780 |
| 令和2年1月 | (86) | 1,113 | 12,525 | 1,976 | 1,690 | 1,686 | 4 | 6,526 |
| 2 | (87) | 1,036 | 11,950 | 2,428 | 1,482 | 1,477 | 4 | 6,040 |
| 3 | (88) | 1,303 | 14,588 | 2,541 | 1,936 | 1,932 | 3 | 8,000 |
| 4 | (89) | 1,071 | 14,118 | 2,262 | 1,670 | 1,668 | 3 | 8,472 |
| 5 | (90) | 819 | 13,680 | 2,349 | 1,994 | 1,993 | 1 | 7,555 |
| 6 | (91) | 513 | 10,197 | 2,787 | 1,642 | 1,639 | 3 | 5,478 |
| 7 | (92) | 621 | 9,895 | 2,799 | 1,462 | 1,458 | 4 | 5,029 |
| 8 | (93) | 687 | 9,804 | 2,074 | 1,427 | 1,422 | 6 | 5,127 |
| 9 | (94) | 286 | 8,267 | 2,012 | 1,387 | 1,383 | 4 | 3,970 |
| 10 | (95) | 380 | 10,212 | 2,538 | 1,372 | 1,366 | 6 | 4,652 |
| 11 | (96) | 474 | 11,001 | 2,518 | 1,277 | 1,277 | - | 4,679 |
| 12 | (97) | 764 | 13,715 | 1,948 | 1,519 | 1,517 | 2 | 5,992 |

| クリーム | チーズ | | 加糖れん乳 | 無糖れん乳 | 脱脂加糖れん乳 | 乳脂肪分8％以上のアイスクリーム | |
|---|---|---|---|---|---|---|---|
| | | 直接消費用ナチュラルチーズ | | | | | |
| t | t | t | t | t | t | kl | |
| 9, 280 | 11, 599 | 2, 063 | 3, 718 | 63 | 334 | 8, 881 | (50) |
| 8, 852 | 11, 677 | 1, 985 | 2, 944 | 45 | 420 | 10, 816 | (51) |
| 10, 273 | 12, 429 | 1, 989 | 3, 415 | 60 | 370 | 11, 874 | (52) |
| 9, 806 | 12, 551 | 2, 070 | 3, 406 | 33 | 312 | 13, 659 | (53) |
| 9, 175 | 12, 045 | 1, 916 | 3, 281 | 24 | 397 | 13, 559 | (54) |
| 9, 094 | 12, 779 | 2, 027 | 3, 194 | 23 | 339 | 14, 305 | (55) |
| 9, 269 | 12, 196 | 1, 958 | 2, 255 | 56 | 369 | 14, 545 | (56) |
| 9, 310 | 11, 948 | 1, 961 | 2, 266 | 30 | 319 | 13, 284 | (57) |
| 9, 311 | 12, 060 | 1, 991 | 1, 494 | 25 | 271 | 12, 782 | (58) |
| 9, 992 | 13, 142 | 1, 921 | 2, 724 | 40 | 244 | 13, 249 | (59) |
| 10, 312 | 13, 644 | 2, 025 | 2, 564 | 34 | 288 | 12, 637 | (60) |
| 11, 173 | 13, 516 | 2, 140 | 3, 374 | 37 | 321 | 8, 117 | (61) |
| 9, 278 | 11, 736 | 1, 872 | 3, 827 | 55 | 373 | 9, 277 | (62) |
| 9, 146 | 11, 869 | 1, 817 | 3, 299 | 46 | 435 | 10, 769 | (63) |
| 10, 312 | 13, 522 | 2, 027 | 3, 654 | 12 | 292 | 12, 777 | (64) |
| 9, 814 | 13, 760 | 2, 040 | 3, 629 | 46 | 263 | 13, 277 | (65) |
| 9, 722 | 12, 736 | 2, 004 | 2, 710 | 29 | 397 | 14, 631 | (66) |
| 9, 139 | 13, 252 | 1, 871 | 2, 618 | 57 | 279 | 14, 746 | (67) |
| 9, 154 | 13, 424 | 2, 022 | 2, 101 | 54 | 481 | 14, 451 | (68) |
| 9, 212 | 12, 405 | 2, 017 | 2, 476 | 49 | 344 | 14, 051 | (69) |
| 9, 268 | 11, 590 | 1, 792 | 1, 369 | 36 | 253 | 10, 976 | (70) |
| 9, 833 | 14, 459 | 2, 203 | 1, 693 | 24 | 245 | 14, 400 | (71) |
| 10, 534 | 14, 493 | 2, 195 | 2, 029 | 46 | 195 | 11, 358 | (72) |
| 10, 777 | 13, 750 | 2, 285 | 3, 006 | 8 | 286 | 7, 540 | (73) |
| 9, 326 | 12, 061 | 2, 096 | 3, 556 | 34 | 362 | 9, 344 | (74) |
| 9, 125 | 12, 169 | 1, 895 | 3, 446 | 29 | 324 | 9, 957 | (75) |
| 10, 204 | 13, 445 | 2, 111 | 3, 585 | 29 | 290 | 12, 570 | (76) |
| 10, 166 | 14, 165 | 2, 045 | 3, 390 | 36 | 331 | 15, 012 | (77) |
| 9, 388 | 12, 735 | 2, 079 | 3, 318 | 29 | 399 | 12, 076 | (78) |
| 9, 056 | 12, 740 | 1, 956 | 2, 362 | 40 | 243 | 13, 307 | (79) |
| 9, 442 | 13, 503 | 2, 088 | 2, 752 | 47 | 508 | 14, 027 | (80) |
| 9, 117 | 12, 167 | 2, 059 | 2, 836 | 30 | 415 | 13, 573 | (81) |
| 9, 049 | 11, 811 | 1, 982 | 1, 415 | 40 | 208 | 11, 955 | (82) |
| 9, 972 | 13, 820 | 2, 179 | 1, 743 | 36 | 194 | 14, 092 | (83) |
| 10, 449 | 13, 914 | 2, 257 | 2, 548 | 33 | 272 | 12, 055 | (84) |
| 11, 004 | 13, 461 | 2, 240 | 3, 253 | 36 | 284 | 8, 941 | (85) |
| 9, 542 | 12, 058 | 1, 983 | 3, 588 | 41 | 338 | 8, 858 | (86) |
| 9, 286 | 12, 513 | 1, 998 | 2, 940 | 40 | 268 | 10, 473 | (87) |
| 9, 368 | 13, 900 | 2, 127 | 3, 119 | 53 | 212 | 10, 889 | (88) |
| 7, 541 | 14, 323 | 1, 919 | 3, 014 | 26 | 232 | 12, 272 | (89) |
| 8, 566 | 12, 350 | 2, 086 | 2, 484 | 9 | 414 | 8, 891 | (90) |
| 8, 524 | 13, 868 | 2, 129 | 2, 415 | 9 | 359 | 12, 094 | (91) |
| 9, 180 | 13, 821 | 2, 174 | 2, 173 | 19 | 335 | 13, 700 | (92) |
| 8, 604 | 12, 360 | 2, 237 | 1, 865 | 48 | 241 | 11, 298 | (93) |
| 8, 592 | 13, 389 | 2, 153 | 1, 193 | 37 | 235 | 11, 012 | (94) |
| 9, 873 | 14, 494 | 2, 303 | 2, 016 | 37 | 225 | 13, 095 | (95) |
| 10, 388 | 13, 444 | 2, 325 | 2, 533 | 48 | 186 | 11, 045 | (96) |
| 10, 660 | 13, 276 | 2, 371 | 2, 988 | 22 | 276 | 7, 916 | (97) |

## 参考１　乳用牛の年次別飼養戸数及び頭数（２月１日現在）

| 年次 | 飼養戸数 | 飼養頭数（めす） | | | | | | | 搾乳牛頭数割合 | 子畜頭数割合 | 1戸当たり飼養頭数 | 対前年比 | |
|---|---|---|---|---|---|---|---|---|---|---|---|---|---|
| | | 合計 | ２歳以上 | | | | | 子畜（２歳未満の未経産牛） | | | | 飼養戸数 | 飼養頭数 |
| | | | 計 | 経産牛 | | | 未経産牛 | | | | | | |
| | | | | 小計 | 搾乳牛 | 乾乳牛 | | | | | | | |
| | 千戸 | 千頭 | 千頭 | 千頭 | 千頭 | 千頭 | 千頭 | 千頭 | % | % | 頭 | % | % |
| 平成８年 | 41.6 | 1,927.0 | 1,334.0 | 1,211.0 | 1,035.0 | 175.8 | 123.2 | 593.3 | 85.5 | 30.8 | 46.3 | 93.9 | 98.8 |
| 9 | 39.4 | 1,899.0 | 1,320.0 | 1,205.0 | 1,032.0 | 172.6 | 115.3 | 578.4 | 85.6 | 30.5 | 48.2 | 94.7 | 98.5 |
| 10 | 37.4 | 1,860.0 | 1,301.0 | 1,190.0 | 1,022.0 | 168.1 | 111.0 | 558.6 | 85.9 | 30.0 | 49.7 | 94.9 | 97.9 |
| 11 | 35.4 | 1,816.0 | 1,279.0 | 1,171.0 | 1,008.0 | 163.5 | 107.2 | 537.4 | 86.1 | 29.6 | 51.3 | 94.7 | 97.6 |
| 12 | 33.6 | 1,764.0 | 1,251.0 | 1,150.0 | 991.8 | 157.9 | 101.4 | 513.2 | 86.2 | 29.1 | 52.5 | 94.9 | 97.1 |
| 13 | 32.2 | 1,725.0 | 1,221.0 | 1,124.0 | 971.3 | 153.1 | 96.2 | 504.7 | 86.4 | 29.3 | 53.6 | 95.8 | 97.8 |
| 14 | 31.0 | 1,726.0 | 1,219.0 | 1,126.0 | 966.1 | 160.3 | 92.7 | 506.7 | 85.8 | 29.4 | 55.7 | 96.3 | 100.1 |
| 15 | 29.8 | 1,719.0 | 1,210.0 | 1,120.0 | 964.2 | 156.0 | 89.4 | 509.2 | 86.1 | 29.6 | 57.7 | 96.1 | 99.6 |
| 16 | 28.8 | 1,690.0 | 1,180.0 | 1,088.0 | 935.8 | 152.0 | 92.1 | 510.5 | 86.0 | 30.2 | 58.7 | 96.6 | 98.3 |
| 17 | 27.7 | 1,655.0 | 1,145.0 | 1,055.0 | 910.1 | 144.9 | 89.8 | 510.2 | 86.3 | 30.8 | 59.7 | 96.2 | 97.9 |
| 18 | 26.6 | 1,636.0 | 1,131.0 | 1,046.0 | 900.0 | 146.1 | 84.6 | 505.3 | 86.0 | 30.9 | 61.5 | 96.0 | 98.9 |
| 19 | 25.4 | 1,592.0 | 1,093.0 | 1,011.0 | 871.2 | 140.1 | 81.2 | 499.6 | 86.2 | 31.4 | 62.7 | 95.5 | 97.3 |
| 20 | 24.4 | 1,533.0 | 1,075.0 | 998.2 | 861.5 | 136.7 | 76.5 | 458.0 | 86.3 | 29.9 | 62.8 | 96.1 | 96.3 |
| 21 | 23.1 | 1,500.0 | 1,055.0 | 985.2 | 848.0 | 137.2 | 69.6 | 445.1 | 86.1 | 29.7 | 64.9 | 94.7 | 97.8 |
| 22 | 21.9 | 1,484.0 | 1,029.0 | 963.8 | 829.7 | 134.1 | 65.6 | 454.9 | 86.1 | 30.7 | 67.8 | 94.8 | 98.9 |
| 23 | 21.0 | 1,467.0 | 999.6 | 932.9 | 804.7 | 128.2 | 66.7 | 467.8 | 86.3 | 31.9 | 69.9 | 95.9 | 98.9 |
| 24 | 20.1 | 1,449.0 | 1,012.0 | 942.6 | 812.7 | 129.9 | 69.7 | 436.7 | 86.2 | 30.1 | 72.1 | 95.7 | 98.8 |
| 25 | 19.4 | 1,423.0 | 992.1 | 923.4 | 798.3 | 125.1 | 68.7 | 431.3 | 86.5 | 30.3 | 73.4 | 96.5 | 98.2 |
| 26 | 18.6 | 1,395.0 | 957.8 | 893.4 | 772.5 | 121.0 | 64.4 | 436.8 | 86.5 | 31.3 | 75.0 | 95.9 | 98.0 |
| 27 | 17.7 | 1,371.0 | 934.1 | 869.7 | 750.1 | 119.6 | 64.4 | 437.2 | 86.2 | 31.9 | 77.5 | 95.2 | 98.3 |
| 28 | 17.0 | 1,345.0 | 936.7 | 871.0 | 751.7 | 119.3 | 65.8 | 408.3 | 86.3 | 30.4 | 79.1 | 96.0 | 98.1 |
| 29 | 16.4 | 1,323.0 | 913.8 | 852.1 | 735.2 | 116.9 | 61.7 | 409.3 | 86.3 | 30.9 | 80.7 | 96.5 | 98.4 |
| 30 | 15.7 | 1,328.0 | 906.9 | 847.2 | 731.1 | 116.1 | 59.7 | 421.1 | 86.3 | 31.7 | 84.6 | 95.7 | 100.4 |
| 31 | 15.0 | 1,332.0 | 900.5 | 839.2 | 729.5 | 109.7 | 61.3 | 431.1 | 86.9 | 32.4 | 88.8 | 95.5 | 100.3 |
| 31（参考値） | 14.9 | 1,339.0 | 903.7 | 840.7 | 717.0 | 123.7 | 63.0 | 435.7 | 85.3 | 32.5 | 89.9 | nc | nc |
| 令和２ | 14.4 | 1,352.0 | 900.3 | 838.9 | 715.4 | 123.5 | 61.4 | 452.0 | 85.3 | 33.4 | 93.9 | 96.6 | 101.0 |
| 3 | 13.8 | 1 356.0 | 909.9 | 849.3 | 726.0 | 123.3 | 60.6 | 445.8 | 85.5 | 32.9 | 98.3 | 95.8 | 100.3 |

注：１　この統計表は、「畜産統計」（農林水産省統計部）によるものである（ただし、平成７、12年は畜産予察調査及び情報収集等による。）。
　　２　表示単位未満を四捨五入している関係で内訳の計は必ずしも総数に一致しない。
　　３　平成31年（参考値）及び令和２年以降の数値は、牛個体識別全国データベース等の行政記録情報を用いて集計した加工統計である。
　　４　令和２年の対前年比は、平成31年（参考値）との比較である。

## 参考２　経産牛１頭当たり搾乳量

単位：kg

| 年度 | 全国 | 北海道 | 都府県 |
|---|---|---|---|
| 平成８年度 | 7,168 | 7,256 | 7,109 |
| 9 | 7,206 | 7,309 | 7,134 |
| 10 | 7,242 | 7,392 | 7,132 |
| 11 | 7,336 | 7,433 | 7,263 |
| 12 | 7,401 | 7,380 | 7,416 |
| 13 | 7,388 | 7,481 | 7,312 |
| 14 | 7,462 | 7,630 | 7,325 |
| 15 | 7,613 | 7,729 | 7,518 |
| 16 | 7,732 | 7,753 | 7,714 |
| 17 | 7,894 | 7,931 | 7,861 |
| 18 | 7,867 | 7,849 | 7,879 |
| 19 | 7,988 | 8,032 | 7,945 |
| 20 | 8,012 | 8,046 | 7,977 |
| 21 | 8,088 | 8,027 | 8,149 |
| 22 | 8,047 | 8,046 | 8,048 |
| 23 | 8,034 | 7,988 | 8,083 |
| 24 | 8,154 | 8,017 | 8,306 |
| 25 | 8,198 | 8,056 | 8,356 |
| 26 | 8,316 | 8,218 | 8,425 |
| 27 | 8,511 | 8,407 | 8,631 |
| 28 | 8,522 | 8,394 | 8,674 |
| 29 | 8,581 | 8,518 | 8,655 |
| 30 | 8,636 | 8,568 | 8,719 |
| 令和元 | 8,767 | 8,945 | 8,554 |
| 2 | 8,806 | 8,943 | 8,640 |

注：この統計表は、「牛乳乳製品統計調査」及び「畜産統計」（農林水産省統計部）の結果を用いて、次の計算式により算出した。

$$\frac{\text{年度生乳生産量}}{(\text{当該年経産牛頭数}+\text{翌年経産牛頭数})\times 1/2}$$

なお、令和２年度の算出に使用した「令和２年度（令和２年４月～令和３年３月）の生乳生産量」は概数値である。
また、令和元年度以降の算出に使用した経産牛頭数の数値は、牛個体識別全国データベース等の行政記録情報を用いて集計した加工統計である。

# 付　表
# 調査票

別記様式第１号（第５条関係）

| 秘 |
|---|
| 農林水産省 |

| 統計法に基づく基幹統計 |
|---|
| 牛乳乳製品統計 |

# 令和　　年　牛乳乳製品統計調査
# 基　礎　調　査　票

政府統計

統計法に基づく国の統計調査です。調査票情報の秘密の保護に万全を期します。

| 調査年 | 都道府県 | 管理番号 | 分類符号 | 工　場 |
|---|---|---|---|---|
| | | | | |

・網掛け部分は記入の必要はありません。

| 記入者氏名 |
|---|
| |

**1　経営組織**

1：会社
2：農業協同組合
3：個人・その他

**2　常用従業者数（12月31日現在）**　　人

**3　生乳の送受乳量及び処理内訳（12月の月間）**

単位：t

| 区　分 | 受　乳　量 | | | | | 他工場・処理場への送乳量 | 生　乳　の　処　理　内　訳 | | | | | | | | |
|---|---|---|---|---|---|---|---|---|---|---|---|---|---|---|---|
| | 計 | 生産者・集乳所から | | 他工場・処理場から | | | 総処理量 | 牛乳等向け | うち、業務用向け | 乳製品向け | うち、チーズ向け | うち、クリーム向け | うち、脱脂濃縮乳向け | うち、濃縮乳向け | 欠　減 |
| | | 県　内 | 県　外 | 県　内 | 県　外 | | | | | | | | | | |
| 12月の月間 | | | | | | | | | | | | | | | |

**4　牛乳等の生産量及び出荷状況（１月～12月）**

単位：kl

| 区　分 | 飲　用　牛　乳　等　生　産　量 | | | | | | | 乳　飲　料 | はっ酵乳 | 乳酸菌飲料 |
|---|---|---|---|---|---|---|---|---|---|---|
| | 計 | 牛　乳 | うち、業務用 | うち、学校給食用 | 加工乳・成分調整牛乳 | うち、業務用 | うち、成分調整牛乳 | | | |
| １月～12月 | | | | | | | | | | |

飲用牛乳等の県外出荷の実績又は予定の有無（１月～12月）

有る：１
無し：２

**5　飲用牛乳等の容器容量別生産量（10月の月間）**

単位：kl

| 区　分 | 計 | ガラスびん | | 紙製容器 | | その他 |
|---|---|---|---|---|---|---|
| | | 500ml未満 | 500ml以上 | 500ml未満 | 500ml以上 | |
| 牛　乳　（10月の月間） | | | | | | |
| 加工乳・成分調整牛乳　（10月の月間） | | | | | | |

**6　生産能力（12月31日現在）**

| 区　分 | 生乳の貯乳能力（t） | 飲用牛乳等（l／h） | はっ酵乳（l／h） | 粉　乳（kg／h） | バター | | クリーム（kg／h） | チーズ | | れん乳（kg／バット） |
|---|---|---|---|---|---|---|---|---|---|---|
| | | | | | 連続式（kg／h） | バッチ式（l／バット） | | 連続式（kg／h） | バッチ式（l／バット） | |
| 生産能力（12月31日現在） | | | | | | | | | | |

**7　乳製品の生産量（１月～12月）及び年末在庫量（12月31日現在）**

単位：kg

| 区　分 | 全粉乳 | 脱脂粉乳 | 調製粉乳 | ホエイパウダー | うち、タンパク質含有量25%未満 | うち、タンパク質含有量25～45% | バター | クリーム | チーズ | うち、直接消費用ナチュラルチーズ | れ　ん　乳 | | | 乳脂肪分８%以上のアイスクリーム（単位：kl） |
|---|---|---|---|---|---|---|---|---|---|---|---|---|---|---|
| | | | | | | | | | | | 加糖れん乳 | 無糖れん乳 | 脱脂加糖れん乳 | |
| 生産量（１月～12月） | | | | | | | | | | | | | | |
| 在庫量（合計）（12月31日現在） | | | | | | | | | | | | | | |
| 在庫量（国産）（12月31日現在） | | | | | | | | | | | | | | |
| 在庫量（輸入）（12月31日現在） | | | | | | | | | | | | | | |

注：年末在庫量については、本社が複数の工場・倉庫分を一括で把握している場合は記入する必要はありません。

別記様式第２号（第５条関係）

5131

牛乳乳製品統計調査

# 月別調査票（牛乳処理場・乳製品工場用）

（令和　　年　　月分）

| 秘 |
|---|
| 農林水産省 |

政府統計

統計法に基づく国の統計調査です。調査票情報の秘密の保護に万全を期します。

入力方向

- 記載は、１枠１文字で記入してください。
- 網掛け部分は記入の必要はありません。
- この調査票は、直接機械で読みとりますので、汚したりしないでください。
  また、数字の記入に当たっては以下の記入見本を参考にして黒い鉛筆を使用し、間違えた場合には消しゴムできれいに消してください。

| 統計法に基づく基幹統計 |
|---|
| 牛乳乳製品統計 |

| 記入見本 | 0 | 1 | 2 | 3 | 4 | 5 | 6 | 7 | 8 | 9 |
|---|---|---|---|---|---|---|---|---|---|---|

| 調査年 | 調査月 | 都道府県 | 管理番号 | 工場 |
|---|---|---|---|---|
| | | | | |

| 記入者氏名 |
|---|
| |

## 1　生乳の送受乳量及び繰越、繰入量（トン単位で記入してください。）

単位：t

| 生産者・集乳所からの受乳量 | | 他工場・処理場からの受乳量 | | 他工場・処理場への送乳量 | | 先月からの繰入量（キ） | 翌月への繰越量（ク） |
|---|---|---|---|---|---|---|---|
| 県内から（ア） | 県外から（イ） | 県内から（ウ） | 県外から（エ） | 県内へ（オ） | 県外へ（カ） | | |
| | | | | | | | |

（イ）の内訳　単位：t

| 都道府県名 | 受乳量 |
|---|---|
| | |
| | |
| | |
| | |
| | |
| | |
| | |
| | |
| | |

（エ）の内訳　単位：t

| 都道府県名 | 工場・処理場名 | 受乳量 |
|---|---|---|
| | | |
| | | |
| | | |
| | | |
| | | |
| | | |
| | | |
| | | |
| | | |

（カ）の内訳　単位：t

| 都道府県名 | 工場・処理場名 | 送乳量 |
|---|---|---|
| | | |
| | | |
| | | |
| | | |
| | | |
| | | |
| | | |
| | | |
| | | |

## 2　生乳の処理量（トン単位で記入してください。）

単位：t

| 生乳処理量 (ア)+(イ)+(ウ)+(エ)−(オ)−(カ)+(キ)−(ク) | 処理内訳 | | | | | | | |
|---|---|---|---|---|---|---|---|---|
| | 牛乳等向け | うち、業務用向け | 乳製品向け | うち、チーズ向け | うち、クリーム向け | うち、脱脂濃縮乳向け | うち、濃縮乳向け | 欠減 |
| | | | | | | | | |

## 3　牛乳等の生産量（キロリットル単位で記入してください。）

単位：kl

| 飲用牛乳等 | | | | | | | 乳飲料 | はっ酵乳 | 乳酸菌飲料 |
|---|---|---|---|---|---|---|---|---|---|
| 計 (ケ)+(コ) | 牛乳 (ケ) | うち、業務用 | うち、学校給食用 | 加工乳・成分調整牛乳(コ) | うち、業務用 | うち、成分調整牛乳 | | | |
| | | | | | | | | | |

## 4　飲用牛乳等の都道府県別出荷量（キロリットル単位で記入してください。）

単位：kl

| 番号 | | | | | | | | | | | | | | | | | | | |
|---|---|---|---|---|---|---|---|---|---|---|---|---|---|---|---|---|---|---|---|
| 都道府県名 | 計 | | 自県 | | | | | | | | | | | | | | | | |
| 出荷量 | | | | | | | | | | | | | | | | | | | |

| 番号 | | | | | | | | | | | | | | | | | | |
|---|---|---|---|---|---|---|---|---|---|---|---|---|---|---|---|---|---|---|
| 都道府県名 | | | | | | | | | | | | | | | | | | |
| 出荷量 | | | | | | | | | | | | | | | | | | |

## 5　乳製品の生産量及び月末在庫量（キログラム単位で記入してください。ただし、アイスクリームはキロリットル単位で記入してください。）

単位：kg

| 区分 | 全粉乳 | 脱脂粉乳 | 調製粉乳 | ホエイパウダー | うち、タンパク質含有量25%未満 | うち、タンパク質含有量25～45% |
|---|---|---|---|---|---|---|
| 生産量 | | | | | | |
| 在庫量(合計) | | | | | | |
| 在庫量(国産) | | | | | | |
| 在庫量(輸入) | | | | | | |

| 区分 | バター | クリーム | チーズ | うち、直接消費用ナチュラルチーズ | 加糖れん乳 | 無糖れん乳 |
|---|---|---|---|---|---|---|
| 生産量 | | | | | | |
| 在庫量(合計) | | | | | | |
| 在庫量(国産) | | | | | | |
| 在庫量(輸入) | | | | | | |

| 区分 | 脱脂加糖れん乳 | 乳脂肪分８％以上のアイスクリーム（単位：kl） |
|---|---|---|
| 生産量 | | |

注：月末在庫量については、本社が複数の工場・倉庫分を一括で把握している場合は記入する必要はありません。

別記様式第３号（第５条関係）

5141

| 秘 |
|---|
| 農林水産省 |

統計法に基づく基幹統計
牛乳乳製品統計

# 牛乳乳製品統計調査
## 月別調査票（本社用）

（令和　　年　　月分）

政府統計

統計法に基づく国の統計調査です。調査票情報の秘密の保護に万全を期します。

入力方向

- 記載は、１枠１文字で記入してください。
- 網掛け部分は記入の必要はありません。
- この調査票は、直接機械で読みとりますので、汚したりしないでください。
  また、数字の記入に当たっては以下の記入見本を参考にして黒い鉛筆を使用し、間違えた場合には消しゴムできれいに消してください。

| 記入見本 | 0 | 1 | 2 | 3 | 4 | 5 | 6 | 7 | 8 | 9 |
|---|---|---|---|---|---|---|---|---|---|---|

| 調査年 | 調査月 | 都道府県 | 管理番号 | 工場 |
|---|---|---|---|---|
| | | | | |

| 記入者氏名 |
|---|
| |



**乳製品の月末在庫量**（キログラム単位で記入してください。）

単位：kg

| 区分 | 全粉乳 | 脱脂粉乳 | バター |
|---|---|---|---|
| 在庫量（合計） | | | |
| 在庫量（国産） | | | |
| 在庫量（輸入） | | | |

| 区分 | ホエイパウダー | うち、タンパク質含有量25%未満 | うち、タンパク質含有量25～45% |
|---|---|---|---|
| 在庫量（合計） | | | |
| 在庫量（国産） | | | |
| 在庫量（輸入） | | | |

注：　月末現在で、倉庫に在庫として存在している乳製品の実数量を記入してください。
帳簿上の動きではなく、実際の荷動きについて記入してください。

令和２年　牛乳乳製品統計

令和４年２月　発行　　　　　　　　　定価は表紙に表示してあります。

編集　〒100-8950　東京都千代田区霞が関１－２－１
農林水産省大臣官房統計部

発行　〒141-0031　東京都品川区西五反田7-22-17　TOCビル
一般財団法人　農林統計協会
振替　00190-5-70255　TEL 03(3492)2987

ISBN978-4-541-04364-1 C3061